中国风景园林学会
女风景园林师分会

2023年会论文集

中国风景园林学会女风景园林师分会
《中国园林》杂志社有限公司
金荷仙　王磐岩　主编

詩意的風景園林

中国建筑工业出版社

图书在版编目（CIP）数据

中国风景园林学会女风景园林师分会2023年会论文集 / 金荷仙，王磐岩主编. -- 北京：中国建筑工业出版社，2024. 11. -- ISBN 978-7-112-30585-8

Ⅰ. TU986. 2-53

中国国家版本馆CIP数据核字第2024EJ5924号

责任编辑：兰丽婷　杜　洁
责任校对：芦欣甜

中国风景园林学会女风景园林师分会2023年会论文集

中国风景园林学会女风景园林师分会
《中国园林》杂志社有限公司　　　　主编
金荷仙　王磐岩

*

中国建筑工业出版社出版、发行（北京海淀三里河路9号）
各地新华书店、建筑书店经销
北京光大印艺文化发展有限公司制版
北京中科印刷有限公司印刷

*

开本：880毫米×1230毫米　1/16　印张：17½　字数：616千字
2024年11月第一版　　2024年11月第一次印刷
定价：**85.00**元

ISBN 978-7-112-30585-8
（43904）

如有内容及印装质量问题，请与本社读者服务中心联系
电话：（010）58337283　QQ：2885381756
（地址：北京海淀三里河路9号中国建筑工业出版社604室　邮政编码：100037）

编委会

目 录

风景园林理论

002 生态文明背景下“能量美学”的概念提出与设计探索 千 茜 袁俊峰 何春燕 丁 蓓
011 从微花园到广田园——乡村公共空间环境设计微更新途径 侯晓蕾 董 微
023 “三生共荣”理念下新旧共生的城市诗意景观营造——以无锡运河公园景观更新为例 王文姬* 谈旭君 李泽丰
029 基于情境教育的大栅栏公共空间适儿化文教场景研究 齐 羚 李明慧 龙欣雨 孙嘉翊 熊 文
041 北京国家文创实验区文化数字化新场景体系构建研究 齐 羚 李甜婧 谢佳萌 宋志生*
049 诗意生态视角下沣西新城渭河新沙湾景观规划研究 周叶舟* 郭 明
055 赓续传承 守正创新——风景名胜区整合优化工作回顾与思考 吴 韵 李 鑫
060 都市田园，诗意栖居——“三生融合”视角下的都市农业景观构建 楼加晨
065 生境质量评估提升优先的郊野公园选址优化研究——以武汉市环城郊野公园为例 罗诗戈 万明暄 韩依纹*
072 童趣共生——儿童游憩景观场景力评价研究 戴月琳* 王 玮 王 喆
084 基于 AHP 的工业遗产保护价值评价与应用研究——以哈尔滨香坊木材厂为例 牛紫涵 李东咛 殷利华*
091 体验视角下传统园林游憩产品优化设计研究 刘 璐 樊亚明*
098 浅谈“天人合一”视域下传统历史文化街区的保护与传承——以河南省周口市川汇区关帝庙老街区为例 艾诗语 刘亦卉 龚嘉程 谢贝宁 韩 冬*

绿色基础设施

106 高密度居住区背景下的社区绿道建设实践与思考：以上海市甘泉社区绿道为例 李 婧 张 浪* 张桂莲 仲启铖 余浩然
114 我国多尺度城市绿地研究内容的范围综述 李一姣 宋钰红* 袁 西 黄琳云
124 上海市中心城区绿地生态网络演化多情景模拟及景观连接度评价 刘 杰 胡国华 张 浪*
135 城市综合体立体绿化的价值意蕴与发展路径研究 武艺萌 肖冠延 王桢栋*

风景园林促进乡村振兴

146 乡土的图像：重庆传统聚落农业生计景观类型研究 王平妤 李超越
155 基于 sDNA 和 POI 数据的桂林龙脊梯田景区村寨地理空间分异及发展优化探析 陈江碧 张 艺

164　“韧性”视角下宁南山区乡村景观水适应智慧研究——以宁夏彭阳县茹河流域为例
师立华　王　军　靳亦冰*
172　21 世纪以来中国传统村落研究综述　袁　西　宋钰红*　陆泓邑　贺凯航
182　阳江海陵岛传统乡村的村落景观格局特征研究　张　娜　潘　莹*

风景园林植物

196　明清平遥古城建筑植物纹样探析　刘慧媛　云嘉燕*
206　屋顶花园植物景观美景度评价研究——以同济大学运筹楼为例　阳光明媚　林泳宜　金董惠　陈　静*

风景园林文史哲

216　闽南廊桥东关桥的营造特色和文化内涵　郑慧铭　姚洪峰
222　近代佛山华侨宅园的诗意栖居：秩序、功能衍生与糅合式重构　何司彦　曾丽娟　张艳华
230　中国绍兴寓园的园林营造研究　杨碧香
236　当代观演场景构成视角下的古典园林空间模式　曹宇超　张　楠*　师晓龙
249　中国古典园林的核心精神——以晋祠为例　贾泽慧
254　诗意栖居的东方美学　李丹秋子　杨芳绒*
260　折柳送别习俗视角下的柳树文化与造景研究　王　熠　赵纪军　李景奇
266　清末广东潮阳三园营造特征探析　梁泳茵　李晓雪*　郑焯玲

风景园林理论

生态文明背景下“能量美学”的概念提出与设计探索①

The Concept and Design Exploration of “Energy Aesthetics” in the Context of Ecological Civilization

千 茜 袁俊峰 何春燕 丁 蓓

摘 要：提出“能量美学”这一全新的理念，该理念的核心在于通过能量和资源的高效利用创造美好空间，同时促进环境保护和社会进步，推动生态文明建设和可持续发展。从背景与缘起、概念与解析、价值与意义、路径与实践、趋势与影响、结论与展望6个方面，阐释“能量美学”作为一种全新的理念，在生态价值、经济价值和文化价值方面都具有重大的战略意义，并通过应用实例，得出“能量美学”不仅在理论上具有创新性，而且在实际操作中也展现出极高的可行性和有效性。通过提升能量使用的效率和审美价值，创造更加绿色和谐的生活环境，满足人民对美好生活的追求，为构建更加和谐、绿色的未来提供新路径和新视角。

关键词：风景园林；能量美学；生态文明；高品质设计；开源理念；可持续发展

Abstract: This paper proposes a new concept of “energy aesthetics”, and its core is to create a better space through the efficient use of energy and resources, and at the same time promote environmental protection and social progress, the national strategy of ecological civilization construction, and sustainable development. This paper explains that “energy aesthetics” as a new concept has great strategic significance in terms of ecological, economic and cultural values from six aspects: background and origin, concept and analysis, value and significance, path and practice, trend and impact, and conclusion and prospect. It concludes that “energy aesthetics” is not only innovative in theory, but also highly feasible and effective in practical operation. By improving the efficiency and aesthetic value of energy use, creating a greener and more harmonious living environment, and satisfying people's pursuit of a better life, it provides a new path and perspective for building a more harmonious and green future.

Keywords: Landscape Architecture; Energy Aesthetics; Ecological Civilization; High-quality Design; Open Source Concept; Sustainable Development

1 背景与源起

在21世纪的今天，随着全球气候变化和环境退化问题的日益严重，生态文明建设已成为全人类共同面临的重大课题。生态文明不仅关乎自然环境的保护和修复，更涉及经济发展模式、社会进步方式及人类生活质量的全面提升。

① 本文已发表于《中国园林》，2024，40（5）：77-83。

作为世界上人口最多的国家和一个负责任的大国，中国在全球生态环境保护中扮演着重要角色。21 世纪初，我国提出生态文明建设的概念，尤其是从 2012 年党的十八大之后的 10 余年内，生态文明建设被提升到了前所未有的高度，成为一个重要的国家战略，也是中华民族实现伟大复兴的关键路径。

建设生态文明，对各行各业都提出了要求，需要整个社会经济体系的全面深刻转型，更需要我们从更深层次上进行思考和探索。在这样的背景下，“能量美学”理念应运而生，这是一个涉及社会、经济、科技、生活、国家治理、哲学和思维的广泛层面的深刻课题。笔者将其定义为一个“开源理念”，欢迎各位方家、专业精英来丰富完善，使之更加成熟。

2 概念与解析

在生态文明建设日益成为全球共识的今天，“能量美学”为我们提供了一个新的视角，帮助各行各业在工作实践中更好地融入生态文明的理念。通过实施“能量美学”，不仅能够有效应对环境挑战，还能推动社会向更加绿色、可持续的方向发展。“能量美学”的提出，代表了价值观念和发展内容向生态文明方向转变而做出的一种思考，这种转变不仅涉及技术和经济层面的创新，更涉及社会文化和价值观念的根本变革。

本研究聚焦“能量美学”理念在建设和设计领域的思考与实践。“能量美学”倡导的是一种尊重自然、顺应自然的设计和建设逻辑。在这种思想的指导下，设计师和建设者不仅要考虑人类的需求，还要考虑生态环境的保护和自然资源的合理利用。通过这种方式，可以实现人与自然的和谐共生，促进生态文明的发展。

2.1 能源革命是推动文明进步的基础和动力

在人类文明的发展历程中，其形态不断进步的基础和动力是能源的革命。本文分别从第一文明（农业文明）、第二文明（工业文明）和第三文明（信息或后工业文明）的角度进行探讨。

第一文明（农业文明）：在农业文明阶段，人类从依赖于原始的狩猎采集转变为农耕生活方式。这一转变的动力在于对自然资源（如水、土壤）的利用和管理，以及相应的农业工具和技术的发明。虽然这个时期的能源主要基于人力和畜力，但对自然能源（如水力）的初步利用为农业生产提供了支持，从而使文明得以进步。

第二文明（工业文明）：工业文明的兴起与化石能源的大规模开发和利用密切相关。煤炭的使用推动了第一次工业革命，随后石油和天然气的开发又推动了第二次工业革命。这些能源的使用极大地提升了生产力，促进了城市化、交通运输和通信技术的发展。

第三文明（信息或后工业文明）：在信息时代，虽然化石能源仍然重要，但新的能源形式（如核能、太阳能、风能）及能源使用效率的提升变得越来越关键。此外，信息技术的发展需要大量的能源支持，能源革命在此阶段主要体现为对清洁、可持续能源的探索和利用，以及智能化能源管理系统的发展。

在每一个文明阶段，能源的发展和利用都与当时的技术进步、社会结构和生活方式密切相关，它们共同推动了人类文明的进步。从对自然资源的初步利用到化石能源的大规模开发，再到现代的清洁能源技术，能源的革命反映了人类对自然界的不断理解和利用，是推动人类社会发展的重要动力。现代非化石能源（可再生能源与核能）的巨大进步，正在推动人类社会从工业文明走向生态文明[1]。

2.2 人类文明形态的发展影响价值观和审美诉求

从农耕文明、工业文明到生态文明，经济基础影响上层建筑，而审美作为价值观的一部分，会不可避免地受到经济基础的影响。例如在工业化时期，发展的主要驱动力是工业财富的积累和经济增长，人们更多关注的是物质财富，如炫富心态，其价值观就是怎么“豪”怎么来，“豪”就是美，甚至不惜以牺牲环境为代价。然而，随着环境问题的加剧和人们生活水平的提高，公众开始意识到仅有物质财富并不能带来全面的幸福感。因此，越来越多的人开始追求更加平衡和可持续的生活和生产方式。从强调工业生产的高碳财富到物质适度的绿色低碳的改变，反映了价值观念的深刻转变[2]。

2.3 “能量美学”概念的提出及诠释

“能量美学”起源于军事概念，来自美军空战格斗术里的“能量机动理论”，通过把复杂的战术机动和空中追逐等军事动作简化为保证自身能量的有效使用，使自身能量越来越高，敌人能量越来越低，以达到空战胜利的目的。“能量美学”在建设发展领域中，体现在如何将能源的高效利用与审美理念相结合，以实现更加和谐、可持续的发展模式。

首先，“能量美学”是基于效率和秩序创造美的概念。在这一理念下，美被视为一种效率的体现。人类对美的追求不仅局限于形式或视觉上的享受，更扩展到了对效率和秩序的欣赏。在物理学中，熵的概念描述了系统的无序度。熵增现象具有普遍性，熵值越高，越无序，意味着离效率越远，也离审美越远。因此需要吸收能量，使它变得熵减。在人类整个发展过程中，实际上就是消耗能量，使得熵减，然后排放碳的一个过程。“能量美学”通过优化能量使用来降低熵，从而创造出更有秩序、更高效的系统。这样的系统不仅功能上高效，而且也有更好的美学效果。

其次，从碳中和和碳达峰的角度来看，“能量美学”与经济发展的关系显而易见。实现碳中和目标的核心在于提高能量使用的效率，这意味着在达到相同的发展目标时消耗更少的能源。这种方法论在设计和建设过程中至关重要，它要求在不牺牲经济发展和人民生活质量的前提下，寻找更加节能和环保的解决方案。

最后，“能量美学”提倡在设计和建设中融入能量高效使用的理念，这不仅有助于减少环境污染和温室气体排放，还能创造出既美观又实用的空间，满足人民对美好生活的追求。这种设计理念强调在满足功能性的同时，也要追求审美和生态的和谐统一。

因此，“能量美学”是一种旨在通过有效率地使用能量来创造美的设计理念。它不仅回应了全球气候变化的挑战，也提供了一种新的思路来推动经济和社会的高质量发展。在这个过程中，“能量美学”强调的是一种全面的、可持续的发展模式，旨在实现人类活动与自然环境之间的和谐共生。

3 价值与意义

3.1 “能量美学”理念提出的价值意义

“能量美学”作为一种全新的设计和生活理念，在当代社会中扮演着至关重要的战略角色。该理念的核心在于推动可持续发展，实现资源的高效利用，同时促进环境保护和社会进步。

3.1.1 生态价值

“能量美学”提倡在实现既定目标和功能的同时，优化能量的使用。这种方法与可持续发展和生态整体观念相符[3]，强调系统及其各要素的平衡、稳定和繁荣。面对长期的高消耗、高污染和高排放导致的资源过度开发和生态破坏，“能量美学”提出了一种新的思维模式和生活方式，与生态文明建设的目标相一致。在这一框架下，设计师和建设者被鼓励探索更优、更先进的发展方式，引导社会走向健康的生态文明[4]。

3.1.2 经济价值

在经济结构调整和产业升级转型的关键时期，“能量美学”有助于引导产业布局向低能耗、低碳方向发展。这符合“十四五”规划期间中国的发展目标，即通过绿色转型、节能战略和低碳产业的发展来引领经济的健康可持续增长。作为一种新的消费动力，“能量美学”不仅提高能源利用效率，减少浪费，还为经济增长注入新的活力。

3.1.3 文化价值

“能量美学”在审美上融合了功能性和情感性。功能性审美强调在最优能量使用下的物质使用效率，而情感性审美则强调满足人的精神需求，为人们提供精神上的满足和愉悦。随着中国完成脱贫攻坚任务和全面建成小康社会，人民的需求逐渐从基本生存转向文化层面。在此背景下，“能量美学”所倡导的创新、绿色、低碳、环保的审美理念具有特别的文化价值，不仅丰富了人民的精神生活，也推动了社会文化的进步。

3.2 推广“能量美学”理念的必要性

在生态文明的新时代背景下，响应国家的发展战略，即“进入新发展阶段、实施新发展理念、构建新发展格局，并致力于推动高质量发展”[5] 变得尤为重要。这包括深化科教兴国战略、推动创新驱动发展，以及优化国家创新系统，加速向科技强国迈进，实现科技的自主发展。“能量美学”作为一种创新理念，对于推动这一进程具有重要的现实意义。

实现中国特色现代化的关键路径：党的二十大提出的“中国特色现代化”，意味着中国将走一条与传统西方工业化不同的发展道路。面对全球能源和环境危机，传统的西方工业文明模式已显示出其高能耗、高成本和高风险的局限性。中国追求的生态文明建设，是走向民族伟大复兴的必然路径。“能量美学”作为这一过程的指导理念，强调在国家层面上对能源的高效和正确利用，确保社会经济资源的有效和持续保障。

符合新时代的可持续发展需求：自党的十九大以来，国家不断强调高质量发展，将其作为建设现代化社会主义国家的首要任务[6]。“能量美学”理念与高质量发展战略紧密相连，其核心在于追求效率、和谐、持续的发展目标，强调绿色发展的价值，涉及科技创新、经济模式的调整、生活方式的转变等领域的全面变革。

以科技创新应对全球挑战：在全球竞争日益激烈的今天，科技创新成为国家发展的关键。从“科学技术是第一生产力”的理念到落实创新驱动发展战略，“能量美学”理念强调在生产、生活包括军事技术等各领域中，科学、合理地使用能量，其核心在于科技创新的驱动。

满足人民对美好生活的追求：随着中国社会主要矛盾的变化，即从“物质文化需求与落后社会生产的矛盾”转向“人民对美好生活的需求与不平衡不充分的发展之间的矛盾”。对美好的追求用什么来构建？是堆砌很多的能量去实现美好，还是从能量的正确使用中传递给人们美好的审美体验？哪种更科学或更符合当下及未来的发展潮流？这就是我们提出“能量美学”这一观点的必要性和意义所在。建设者和设计师在这一理念的指导下，致力于创造高品质、高效率的城市空间，提升人民的幸福感和获得感。

4 路径与实践

我国目前正处于工业文明向生态文明转型的关键时期，这为各行各业带来了新的挑战和机遇。积极应对气候变化并推动绿色低碳发展已成为国家生态文明建设的重点任务，为实现这一目标，必须寻找合适的方向和路径。本文基于笔者的研究和实践经验，提出“能量美学”理念在城市建设领域的应用建议。

4.1 碳汇素材的开发与应用

根据《联合国气候变化框架公约》对碳汇的定义，城乡建设领域中应重点考虑碳汇素材的开发和应用。建议建立一套碳汇价值评估体系，对不同材料及建设方法在全生命周期内的碳汇价值进行全面评估。优选具有高碳汇价值的材料和方法，并将其应用于城市绿地、公园及其他开放空间的设计中。此外，应鼓励使用本土植被和增加绿化覆盖率，以提升城市的生态效益和碳中和能力。

由大地创想+东南大学+ADA BARCELONA ARCHITECTURE TEAM, S. L联合体设计的《深圳湾超级总部基地中央绿轴与片区景观系统设计》优胜方案——“都市伊甸园”的案例展现了一种创新的设计理念，不仅考虑到了城市的美学需求，还深入挖掘了生态与人类文明的和谐共生。中国工程院院士、东南大学教授王建国先生高瞻远瞩地提出了一个独特的理念：重启生态进程，让生态文明在都市之中绽放，实现“生态文明的逆袭”。项目团队通过对人流、交通、生态、微气候和视觉5个专题的深入研究，提出了一系列创新的设计策略。这些策略围绕生态绿轴、生活绿轴和循环绿轴，旨在高密度的城市环境中实现人工系统与自然系统的和谐共处，塑造一个科学、合理、健康的城市格局[7]（图1）。

图1 深圳湾超级总部中央绿轴设计图

项目位于曾经的深圳湾原始岸线所在区域，拥有独特的红树林生态系统和丰富的生态资源，如今却面临着城市发展与自然保护的双重挑战（图2）。面对挑战，设计团队采用了创新的思路和方法：通过城市空间形态与微气候的关联分析[8-9]，利用风、光、热模拟，制定了相应的设计策略（图3）。例如，在中央绿轴区域，通过设置廊道和遮阳篷等减少太阳直射，创造舒适的公共空间。又如，为了降低室外温度，增加了绿化和水体。值得一提的是，“云门绣影”这一景观构筑物是一种“微气候编辑器”，结合了现代科技与空间舒适度的需求，根据人流量的变化，能够自动调节模拟自然中云的效果，为人们带来凉爽和舒适，是一种将智慧科技与自然环境相结合的设计（图4）。

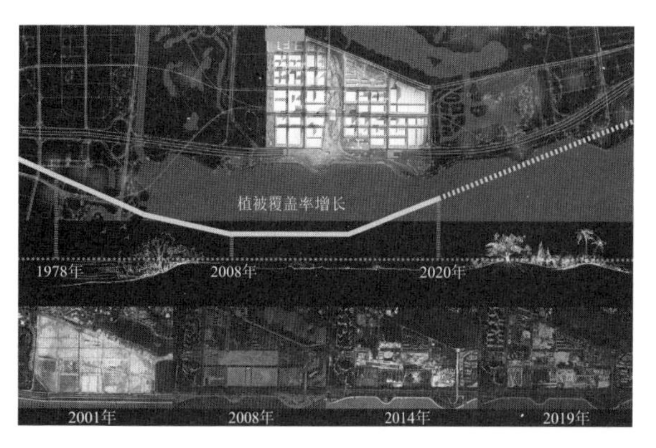

图2 深圳湾超级总部中央绿轴生态环境的自然演进过程

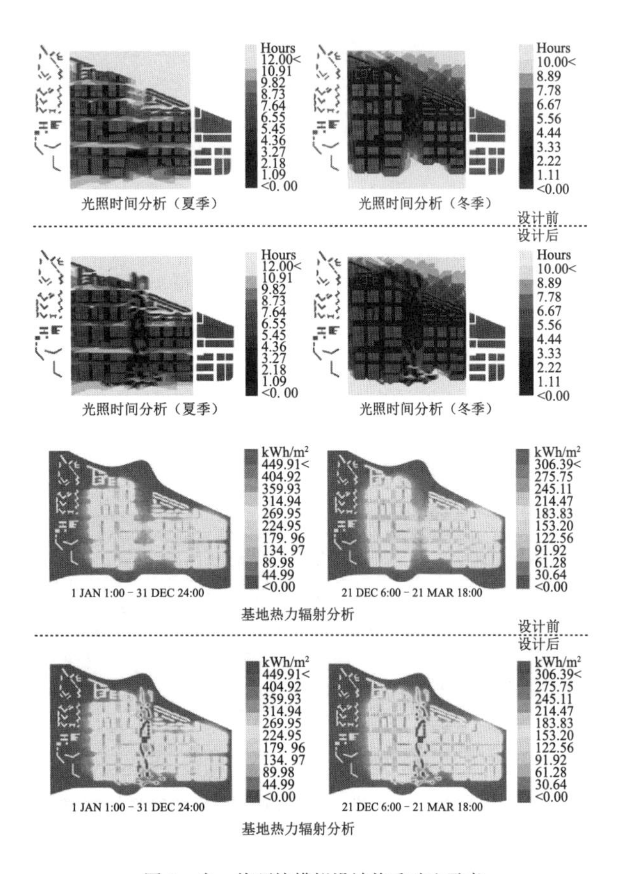

图3　光、热环境模拟设计前后对比示意
（图片来源：东南大学王建国院士、陈宇教授团队提供）

图4　“云门绣影”设计图

图5　“500年塔”剖面图

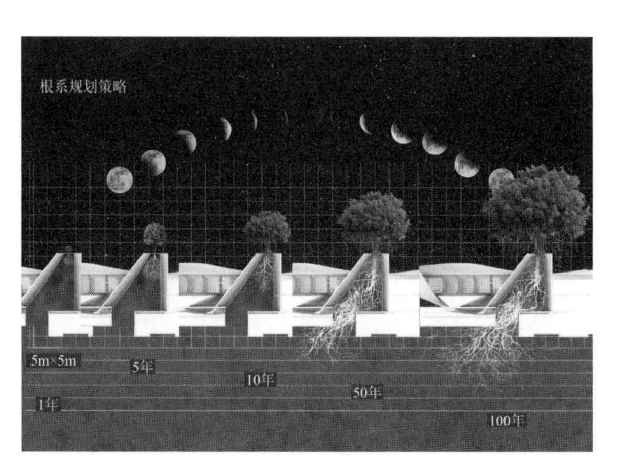

图6　“500年塔”植栽方式规划图

图7　“500年塔”设计图

“500年塔”的设计构想融合了生态活力和统一规划的理念，强调场地内树木根系的生长与地下轨道交通相结合。这一设计创造了一个集垂直交通、通风管道和大型种植空间于一体的独特结构，使得植物可以在这里“自由生长500年”（图5、图6）。随着时间的推移，最初种植的幼苗将与城市共同成长，形成森林与城市交融的和谐景象。随着树木的成长，它们的碳吸收能力将不断增强，“500年塔”（图7）将成为一个持续的绿色碳汇来源。

此外，地下的“生命之泉”与“超级海绵”共同构成了一个富有趣味性和生态功能的水循环系统。考虑到项目地下空间的复杂性，设计团队创造了一个具有海绵城市特征的多层次立体储水地形，通过雨水的收集和循环利用，不仅构成了一个“超级海绵”，也成为一个生态据点（图8）。这种立体的储水调蓄构想，在智慧城市技术的支持下，有效调节了局部微气候，不仅提升了环境舒适度，还创造了独特的景观效果。“生命之泉”则利用场地的高差设计出一个自然奇观般的景观空间，与地铁交通枢纽的

图 8 “超级海绵”剖立面图

图 9 “生命之泉”设计图

人行通道相结合，完美地连接地下、地面和车站空间（图 9）。通过地下水循环系统收集水资源，并在必要时利用这些水资源形成一个生态水景，增强了生态完整性，营造了一个“共生城市”。

4.2 立足可持续发展的创新设计

在生态文明背景下，“能量美学”提倡节能、环保和可持续发展，即在消耗最少资源的情况下达到最佳效果。这种方法在设计和生产中尤为重要，旨在减少浪费和提高能量的使用效率，用最小的力量达到最大的效果，体现智慧、有效率地使用能量的重要性。

水景是景观设计中最常见的一种景观要素，尤其是人工水景，动态的水景一定是靠能量去支撑的，在能量的支撑下我们往往欣赏它的高度、变化和流动感。水景的动态变化就是能量带给我们的一种审美体验，流动的水、变化的云，大千世界带给我们丰富的审美体验。能量美学也是从自然审美中过渡而来的由客观现象带给人的一种主观体验，所有的景观都离不开审美体验，而审美体验离不开能量的参与。那么能量的运用如何更加高效、更加科学？以舞蹈为例，它并不是越费力越好，而是越优美越好，优美和力的使用是有关系的，即拧巴的形态让人难受，舒展的舞姿使人愉悦，这其实就是能量在被正确使用时给人带来的美的享受。“能量美学”概念的提出，为我们理解节能减排和可持续发展提供了一个新的维度。

在景观设计项目中，应用“能量美学”理念，摒弃耗能的传统设计方式，转而采用节能减排的方法。例如，在水景设计中，应更多地考虑使用自然流动的水体，减少对泵和其他机械设备动力的依赖，摒弃传统的耗能型水景设计，如高瀑布和多样化喷泉，转而倾向于使用较少的能量或零能耗，不仅让水动起来，还展现了水的美丽形态。这种设计理念被称为“流体美学”。

以深圳粤海体育休闲公园为例，该公园是“大东湖”生态休闲景观带的重要组成部分。设计围绕粤港供水 50 年的历史文化，力求打造具有中国特色的“水线公园”。公园以“春风化暖雨，无言的馈赠”为主题，以多元化的运动场地和简洁别致的水景元素为特色，旨在营造一个充满文化内涵的体育休闲公园（图 10）。

图 10 粤海体育休闲公园剖面图

考虑到场地下方有正在运行的粤港供水管道，设计师在保护这些管道的同时，将这一挑战转化为设计亮点。通过“浣花溪”（图 11）和“游子泉”（图 12）的设计，利用长约 400m 的多态水景象征“游子归心”，展示了创新、高互动的“流体美学”设计手法。当时提出的做法是从沙湾河取水，上游取水、下游出水，完全利用水自身的势能，基本上不用额外的能量展示水的自然美态，同时易维护。设计的一个难点是营造“浣花溪”的多变水景，需要通过水流量变化及水道不同形态的共同作用，形成丰富多变的水景观，这是用常规的设计手法无法实现的。为此，项目团队采用伯努利原理和流体力学原理，运用 3D 流体力学模拟计算造景水帘和流道。这是在国内景观设计中率先创新运用水工模拟的技术手段，精密验证以确保实施效果与设计创想相符（图 13）。

通过深入研究空间和场地，结合科学方法和创新思路，设计成功地将“能量美学”应用于实际项目中，创造了既节能又易维护的高品质空间。这种对于难度较高、独创性强的设计的探索，展现了科学验证和创新思维在工程实践中的重要作用。

图 11 “浣花溪”手绘概念图
（图片来源：袁俊峰 绘）

图 12 “游子泉”设计图

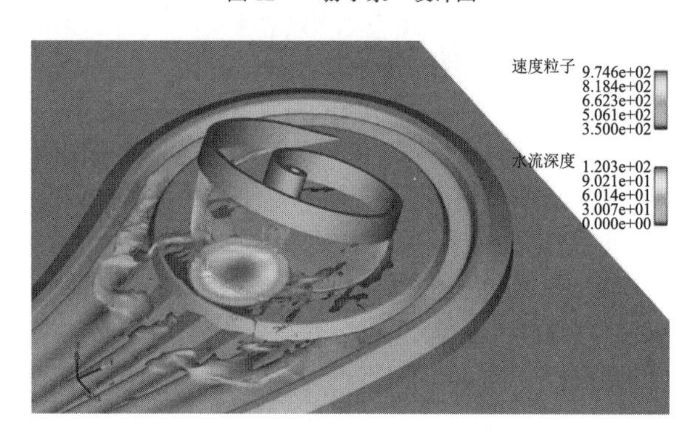

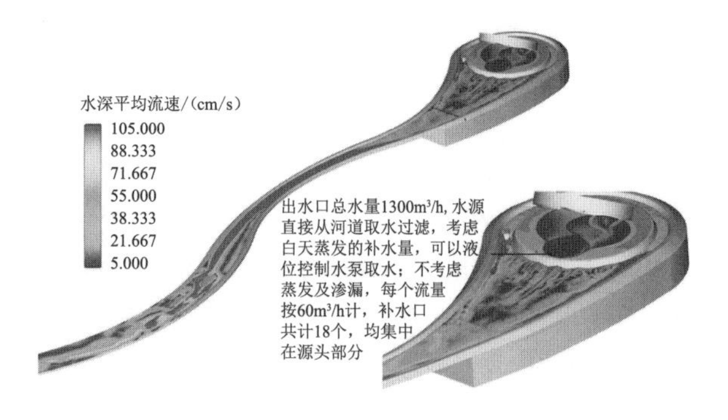

图 13 3D 流体力学模拟

4.3 推广慢行系统和绿色出行

为降低交通领域的碳排放，应推广慢行系统和绿色出行方式[10]。例如，在城市规划中，应加强对步行和自行车道的建设，创建连贯、安全、舒适的慢行网络。同时，通过优化城市绿地布局，提升公共空间的美观性和功能性，鼓励市民采用低碳的出行方式。笔者在“深圳市罗湖综合慢行系统”项目中，通过银湖立体慢行休闲公园的设计，优化步行空间，提升景观品质和步行游憩感受，引导居民积极开展户外休闲活动，扩大居民步行可达范围（图 14a、图 14b）。

（a）

（b）

（c）

图 14 银湖立体慢行休闲公园实景（图片来源：郭术君 摄）

深圳银湖水库位于银湖国际度假区东南侧，周边环境有待改善，包括年久失修的残破老旧步道和设施，且场地狭小局促，无法达到慢行系统贯通的空间条件。"银湖碧道"景观项目作为罗湖综合慢行系统的一部分，旨在打造一个立体慢行休闲公园，以提升城区环境。在设计初期，团队对水库的自然环境进行了全面细致的调查，几乎保留了场地绝大部分的原生树种，同时考虑湖库的蓄水泄洪功能和边坡安全，通过重建植被群落和动植物生态栖息地，提升湖区的生态品质，促进人与自然的和谐共存（图 14c）。

设计围绕"碧道走廊服务带"的定位，聚焦"健康、行走"的目标，将自然生态与居住生活相结合，形成了一个融入山林环境的独特景观，使罗湖综合慢行系统的通达性得到提升，人与景观的互动变得更加友好（图 15a）。

利用湖库型碧道特点，建设复合立体多层级慢行休闲公园（图 15b），顶层设有慢跑和骑行道，底面则为遮阳棚廊，下层是人行木栈道，上层的底面为下层的行人提供了遮阳避雨的功能，这也是针对深圳亚热带海洋性气候而构想的创新性设计。为了保护水库的生态系统，施工过程中采用了精密的预制连接件组装方法。此外，通过聚龙阁（图 16）和群贤林等景点的设计，集合艺术、科教和宣传元素，强化了深圳人才发展的主题。在莲塘湿地段，保留

（a）

（b）

图 15 银湖立体慢行休闲公园夜景（图片来源：郭术君 摄）

图 16 "聚龙阁"实景（图片来源：郭术君 摄）

原生态植被，增添了莲等水生植物，为湖库的生态系统多样性和水质净化提供了良好条件。

综上所述，为了更好地在城市建设领域实施"能量美学"，需要从材料选择、交通规划及设计创新等多方面入手，全面考虑生态效益、经济效益和美学价值。通过这些综合措施，可以有效推动城市向更加可持续和低碳的方向发展。

5 趋势与影响

随着全球对可持续发展和环境保护的关注不断增加，"能量美学"在未来生态文明建设的发展趋势中将展现出更加显著的影响力和重要性，并有广泛的应用领域，因为这不仅是对现有设计理念和实践的改进，更是对未来可持续生活方式的积极探索。

（1）创新驱动

持续的创新是"能量美学"发展的核心驱动力。设计领域需要不断探索新的方法和技术，更加有效地整合能源效率、环保和美学。这种创新不仅限于技术层面，也包括设计理念、方法论及实践过程。

（2）跨学科融合

"能量美学"的深化需要多学科知识的融合。建筑、风景园林、工程、环境科学、艺术和设计等领域的知识和技能应共同作用于创造具有"能量美学"特征的作品。这种跨学科的合作不仅能够激发新的创意，还能提高设计的实用性和效率。

（3）应对全球性挑战

在全球气候变化和资源匮乏的背景下，探索和深化"能量美学"在设计领域中的应用，对于应对这些挑战至关重要。通过实施"能量美学"，设计领域能够为减少环

境破坏、保护生物多样性和促进资源可持续利用作出实质性贡献。

（4）社会文化影响

“能量美学”的深化也意味着对社会文化的积极影响。通过创造美观、实用且环保的设计作品，可以提升公众对环境保护和可持续生活方式的认识，从而推动更广泛的社会变革。

（5）经济可持续性

在经济层面，“能量美学”的深化有助于发展新的市场机遇和经济模式。环保和节能的设计解决方案不仅满足了市场需求，也促进了绿色经济的发展。

因此，持续探索和深化“能量美学”在设计领域中的应用，不仅是设计行业的需要，也是社会可持续发展的需要。面向未来，这一理念的深化将在促进生态文明建设和实现全球可持续发展目标中发挥关键作用。

6 结语

“能量美学”与生态文明的密切关系在于它们共同的核心目标——实现人类活动与自然环境的和谐共存。在这一背景下，“能量美学”不仅是一种设计理念，更是实现生态文明目标的重要途径。

首先，从环境保护的角度来看，“能量美学”提倡的高效能源使用和环保材料的应用直接促进了对自然资源的可持续利用。通过减少能源浪费和碳排放，有效地应对了全球气候变化和环境退化的挑战。

其次，在经济发展方面，“能量美学”不仅有助于降低长期运营成本，还通过创新设计和技术的应用推动了绿色经济的发展。这种经济模式不仅可持续，而且具有巨大的市场潜力和竞争优势。

再次，在社会文化层面，“能量美学”强化了公众对生态环境的意识和责任感。它通过美学的力量提升生态设计的吸引力，激发人们对美好生活环境的追求，从而促进更广泛的社会参与和文化变革。

最后，“能量美学”在城乡建设领域中的应用，展示了如何在保证功能性的同时，创造出既美观又环保的空间。这种设计理念不仅提高了城乡居民的生活质量，还提升了城市的整体美学价值和生态效益。

因此，通过推广和实施“能量美学”这一全新的理念，我们不仅能够促进生态友好的设计实践，还能进一步推动社会整体向生态文明的方向发展，有助于构建一个更加绿色、可持续的未来，实现人类与自然的和谐共生。

（注：文中图片除注明外，均由深圳大地创想建筑景观规划设计有限公司提供）

参考文献

[1] 杜祥琬，温宗国，王宁，等．生态文明建设的时代背景与重大意义[J]．中国工程科学，2015(8)：8-15.

[2] 陈迎，巢清尘．碳达峰碳中和100问[M]．北京：人民日报出版社，2021：8.

[3] 秦书生．社会主义生态文明建设研究[M]．沈阳：东北大学出版社，2015：11.

[4] (德)费林·加弗龙，(荷)格·胡伊斯曼，(奥)弗朗茨·斯卡拉．生态城市：人类生态居所及实现途径[M]．李海龙，译．北京：中国建筑工业出版社，2016：9.

[5] 习近平．把握新发展阶段、贯彻新发展理念、构建新发展格局[EB/OL]．(2021-04-30)[2024-01-10]．http://www.qstheory.cn/dukan/qs/2021-04/30/c_1127390013.htm.

[6] 习近平．决胜全面建成小康社会夺取新时代中国特色社会主义伟大胜利：在中国共产党第十九次全国代表大会上的报告[J]．中国人力资源社会保障，2017(11)：8-21.

[7] 王建国．生态原则与绿色城市设计[J]．建筑学报，1997(7)：8-12.

[8] 丁沃沃，胡友培，窦平平．城市形态与城市微气候的关联性研究[J]．建筑学报，2012(7)：16-21.

[9] 王振，李保锋，黄媛．从街道峡谷到街区层峡：城市形态与微气候的相关性分析[J]．南方建筑，2016(3)：5-10.

[10] 王敏，宋昊阳．影响碳中和的城市绿地空间特征与精细化管控实施框架[J]．风景园林，2022，29(5)：17-23.

作者简介

千茜，1965年生，女，江苏扬州人，广东省工程勘察设计大师，深圳大地创想建筑景观规划设计有限公司创始人，教授级高级工程师，国家一级注册建筑师。研究方向为“泛空间创意实践”。

袁俊峰，1977年生，男，江西景德镇人，深圳大地创想建筑景观规划设计有限公司联合创始人、首席创意官，高级资深建筑师，深圳市改革开放40年行业领军人物。研究方向为“泛空间创意实践”。

何春燕，1993年生，女，江西赣州人，深圳大地创想建筑景观规划设计有限公司首席创意官助理，风景园林设计师。研究方向为风景园林规划与设计。

丁蓓，1973年生，女，湖北黄石人，深圳大地创想建筑景观规划设计有限公司副总建筑师，高级风景园林师，国家一级注册建筑师。研究方向为建筑及风景园林设计。

从微花园到广田园[1]

——乡村公共空间环境设计微更新途径

From Microgarden to Wide Field

—A Micro-Renewal Approach to the Environmental Design of Rural Public Spaces

侯晓蕾　董　微

摘　要：本研究从乡村微花园到广田园，从微观到宏观进行层级递进论述，对乡村公共空间从传统到现代的多样类型和整体系统进行建构，并在此基础上进行乡村公共空间的微更新途径探索。乡村公共空间微更新的目标在于建立人与人、人与空间之间的联结。乡村的环境建设是一个起点，通过环境空间搭建物质空间与精神内涵之间的联系。研究针对乡村公共空间的现状问题，通过生活美学营造和参与式设计，立足村民需求改善生活环境品质，微介入地使这些"村民花园""乡村田园"得到系统提升和再生，同时保留其原真性，让景观艺术真正进入寻常百姓家。

关键词：社区营造；微更新；乡村公共空间；乡村景观；设计介入

Abstract: This study progresses from the rural micro-garden to the wide field from micro to macro, constructs the diverse types and overall system of rural public space from traditional to modern, and explores the micro-renewal path of rural public space on this basis. The goal of micro-renewal of rural public space is to establish the connection between people and people, people and space. The environmental construction of the countryside is a starting point, and the link between the physical space and the spiritual connotation is built through the environmental space. The study focuses on the current situation of rural public space, through the creation of aesthetics of life and participatory design, based on the needs of villagers to improve the quality of the living environment, micro-intervention to make these "villagers' gardens", "countryside idylls" to be systematically upgraded and regenerated, while retaining their original The authenticity of these "villagers' gardens" and "rural gardens" can be systematically upgraded and regenerated through micro-interventions, while preserving their originality, so that landscape art can really enter the homes of ordinary people.

Keywords: Community Creation; Micro-regeneration; Rural Public Space; Rural Landscape; Design Interventions

1　研究背景与意义

1.1　研究背景

随着国家经济发展不断加速，经历了快速城镇化冲击的乡村公共空间，其自然地理风貌

① 基金项目：本研究由国家社科基金艺术学重大项目新发展理念下乡村振兴艺术设计战略研究（编号：22ZD16）支持。

及村落空间格局碎片化的同时，传统的乡村景观空间被不断侵占，精神文化空间也在逐步衰落[1]。新中国成立后，乡村建设力度的不断加强虽然取得了大量实践成果，乡村作为人类与自然环境相互作用的产物[2]，更新后传统的公共空间被新增功能模板化建筑压缩，原生历史文脉断裂，空间特质消失，村民的内在需求与生活空间建设难以匹配的问题也愈加突出[3]。我国对乡村公共空间的相关文献研究的主视点整体由以社会秩序主导向以空间建构主导转变[4]；前者在对乡村公共空间的提升方面倾向意识形态上的更新与重构，空间更新途径多是以乡村社会秩序重构，促进民俗文化空间传承为主[5-7]；后者逐渐聚焦于能够承载乡村文化及村落共同意识的空间建构，在对社会历史研究的基础上寻找统一规律从而指导空间提升[8-10]。近年来，对于乡村公共空间的更新研究多属于乡村空间秩序建构[11]、乡村景观特征及规划策略[12-13]、村落空间演变及保护开发[14] 等方面，但对乡村整体性历史文脉及空间构成的挖掘浮于表象，缺少在“人的视角”下对乡村公共空间需求的研究实践。

1.2 相关政策

我国乡村公共空间的建设主要由政府主导，从“十一五”至“十三五”发展期间，整体政策最开始在乡村整体规划中坚持把发展农业生产力作为首要任务，期间“美丽乡村”计划不断推动，并强调推动城乡协调发展，提出健全生态环境质量总体改善，推进政府与社会资本合作。十五年间，乡村公共空间的建设重心逐步转向环境发展及文化发展[15]。2017年，党的十九大报告首次提出实施乡村振兴战略；2022年，党的二十大报告提出坚持城乡融合发展，扎实推进乡村产业、人才、文化、生态、组织振兴，强调统筹乡村基础设施和公共服务布局。同年提出的《乡村振兴责任制实施办法》中提到挖掘乡村多元价值，深化群众性精神文明创建，组织实施乡村建设行动等。

整体而言，近年来，国家逐渐将乡土风貌及传统文化建设作为乡村建设的重点，乡村内部的文化性、地域性、民族性开始得到人们的重视，乡村公共空间的建设也开始基于乡土场所精神进行更新，组织相关基层建设活动逐步出现，开始强调“人民主体、多方参与”，积极推进乡村“自下而上”建设[16]。

1.3 研究意义

近年来，国内乡村空间照搬城市的更新手段与地域性乡村景观的破坏，抹去了乡村空间所包含的特色性、地域性及民俗性符号。村民对集体记忆和历史文化的认同感与归属感不断降低，空间自主更新的内生动力不断减弱[17]。对古村落空间格局的分析研究，探析乡土空间记忆的规律及特征，归纳乡村公共空间景观更新方法，并结合乡村公共空间微更新相关实践进行总结分析研究，能够为促进“以人为本”的文化景观更新、保留人们的特定场所空间记忆、满足村民的生活行为需求、提升乡村自我发展能力贡献力量。

本文以风景园林的视角总结乡村公共空间更新面临的困境，通过对传统村落空间格局的整合建构乡村景观环境体系，梳理“微花园-广田园”两个维度所产生的耦合关系，根据现状乡村公共空间存在问题提出“微花园”作为空间微更新途径的合理性及必要性，对提升传统乡村地域文化性、满足村民社会需求、加强社会基层治理的更新设计途径进行探讨，为乡村公共空间更新方式提供参考（图1）。

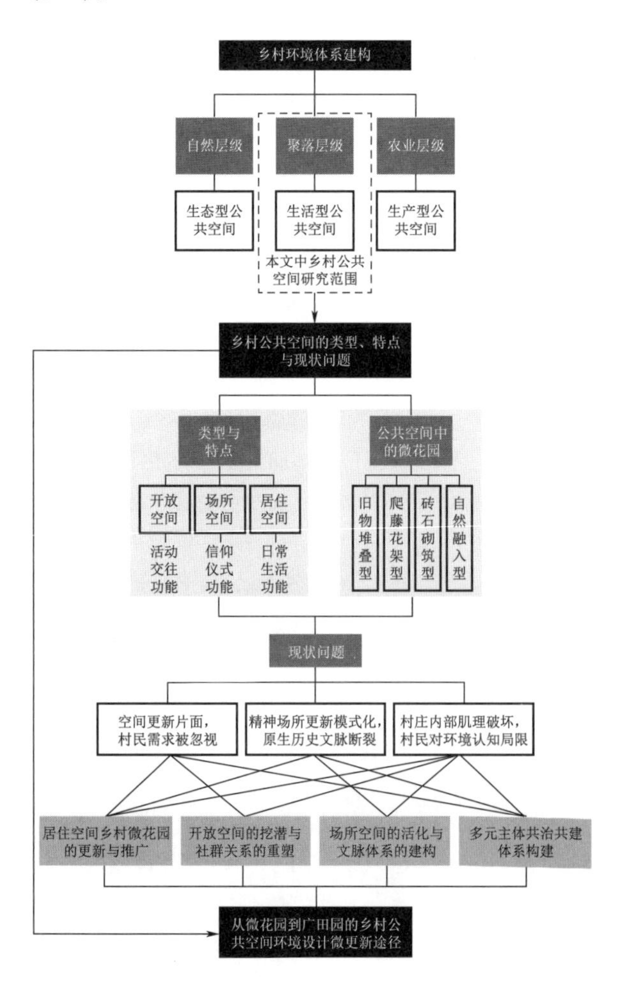

图1 本文整体研究结构

2 乡村景观环境体系建构

乡村景观是一系列自然和文化相互作用的结果[18]，我国的乡土景观作为一个复杂的自然与人工融合叠加的复合性系统，包括反映地质塑造过程的自然系统，源于自然形式与土地使用相结合的耕作系统，以农田水利网络、开垦机制为特征的聚落系统。自然与文化作用下形成的三层系统在历史中累积层叠下存在叠加-堆积的连续嵌套关系，整体构成了乡村景观环境体系层级（图2）。

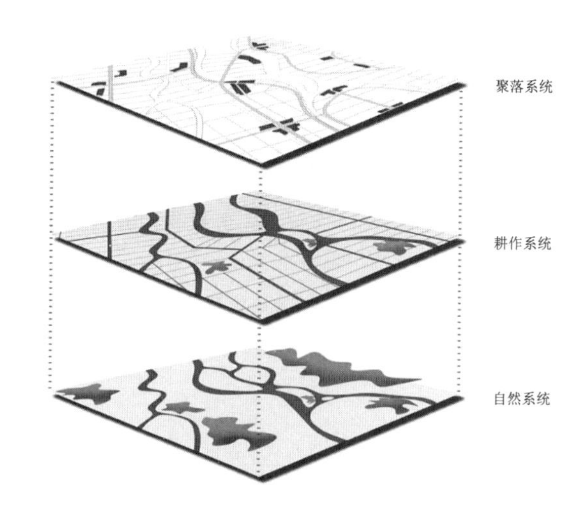

图2 乡村景观环境体系层级

2.1 根植于土地的乡土景观——自然层级

“土与水”是组成自然层级的基本要素。在自然地理角度下，其包括了不同地域的土壤结构元素及历史演变过程、地表形态塑造的形态特征，以及基于地形高差产生的水系网络及排水方式。例如绍兴会稽山的河流与钱塘江潮水的相互作用形成了潮间泥滩、河流台地、潟湖沼泽等三角洲自然景观，其所形成的地形的高程、坡度变化是山会地区圩田农业景观形成的基础。在社会文化的角度下，其包括了传统风水理念，例如徽州古村落空间布局为“枕山、环水、面屏”的传统风水理念：背靠祖山、少祖山、主山，左右是左辅右弼的砂山——青龙白虎，前有水流及水塘绕过，对面要有对景案山及更远处朝山的理想化布局要求长期影响下的既定布局模式。自然系统的演变和塑造以及风水理念的传承决定了村落生产生活的方式与发展方向，是构成乡村景观环境体系的基本层级。

2.2 乡村园林系统化——农业层级

农业层级与生产型公共空间相对应，主要为农田水利空间。农田空间经历悠久的历史开发后，其占据的面积及多样化的景观形态是乡村景观空间的主要组成部分，是先民不断发展的开垦技术与自然层级中的土壤、排水等元素相互协调的结果。水利空间包括堤坝、沟渠、水闸，蓄排水系统、泵水系统等，根据不同地区对水系的利用方式产生了独特的地域性水利发展史。其能够有效调节控制河流，自然层级中的沼泽、林地等能够演变为阡陌纵横的沃野，将自然景观转化为人文尺度的耕作单元，从而影响乡村聚落的空间定位及内部格局，是自然、农业、聚落三个层级联系的关键纽带。

2.3 乡土特性的城乡园林渗透——聚落层级

聚落层级与生活型公共空间相对应，由开放空间、场所空间、居住空间等元素组成，自然层级与农业层级是聚落的选址与形态确定的基础。《西递明经胡氏壬派宗谱》内提道：“山多拱秀，水势西流……风燥水聚，土厚泉甘”，其意为有数条山谷从盆地向山系延伸，于是西递村便诞生于北部山谷发育出的金溪、前边溪、后边溪三溪合一处。聚落层级聚焦于聚落整体格局肌理，主要包括聚落边界和形态、建筑密度与肌理特征、公共景观系统、道路交通系统等部分。村落的总体空间布局模式在稳定的历史时期可保持空间结构肌理基本不变。

微花园主要以点状或面状的空间形态存在于聚落层级的各类生活型公共空间内，分布广且随机性强，是村民以自身认知自然并投影于生活型公共空间的产物。

2.4 乡村景观环境体系建构

综合上文中对自然、农业、聚落三个层级，并与之相对应的生态型、生产型、生活型公共空间的分析，其由自然至聚落层级跨越广田园-微花园两个维度，广田园倾向于宏观的自然维度，以山水林地等大面积斑块肌理为主；微花园则是倾向于微观的生活维度，聚焦于村民在形成聚落空间后，以山水天地的自然文化为意象打造的面积微小、自发性强的人工空间造景。最终得出乡村景观环境体系的整体建构（图3）。

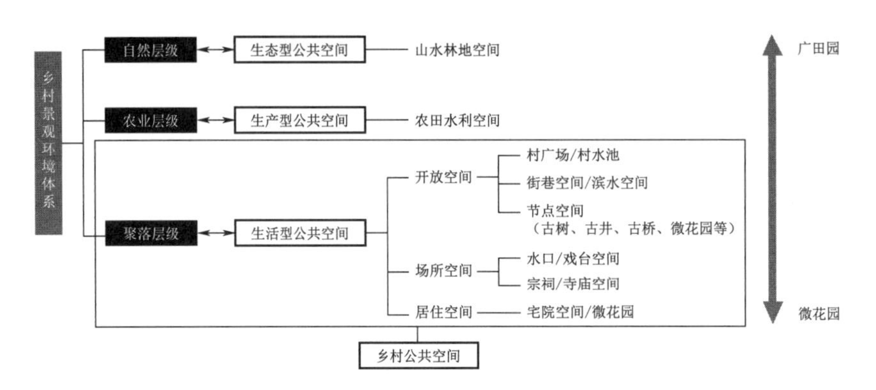

图 3　乡村景观环境体系整体结构图

3　乡村公共空间的类型、特点与现状问题

3.1　乡村公共空间的类型与形态特征

本文针对乡村公共空间的讨论研究范围为乡村景观环境体系中生活型公共空间的部分，对所有村民开放并能够自由进出，并通过村民之间的交往而开展公共活动的空间载体为主的公共空间进一步研究。

聚落的空间句法结构是乡村礼俗社会的伦理秩序和社群关系的空间投影[19]。费孝通先生提出的差序格局中“聚落-氏族-家庭”的层级投影于乡村公共空间内，形成“开放空间-场所空间-居住空间”三层空间关系，对这三种类型的空间形态与空间结构进行研究（表 1）。

乡村公共空间的类型与空间形态　　**表 1**

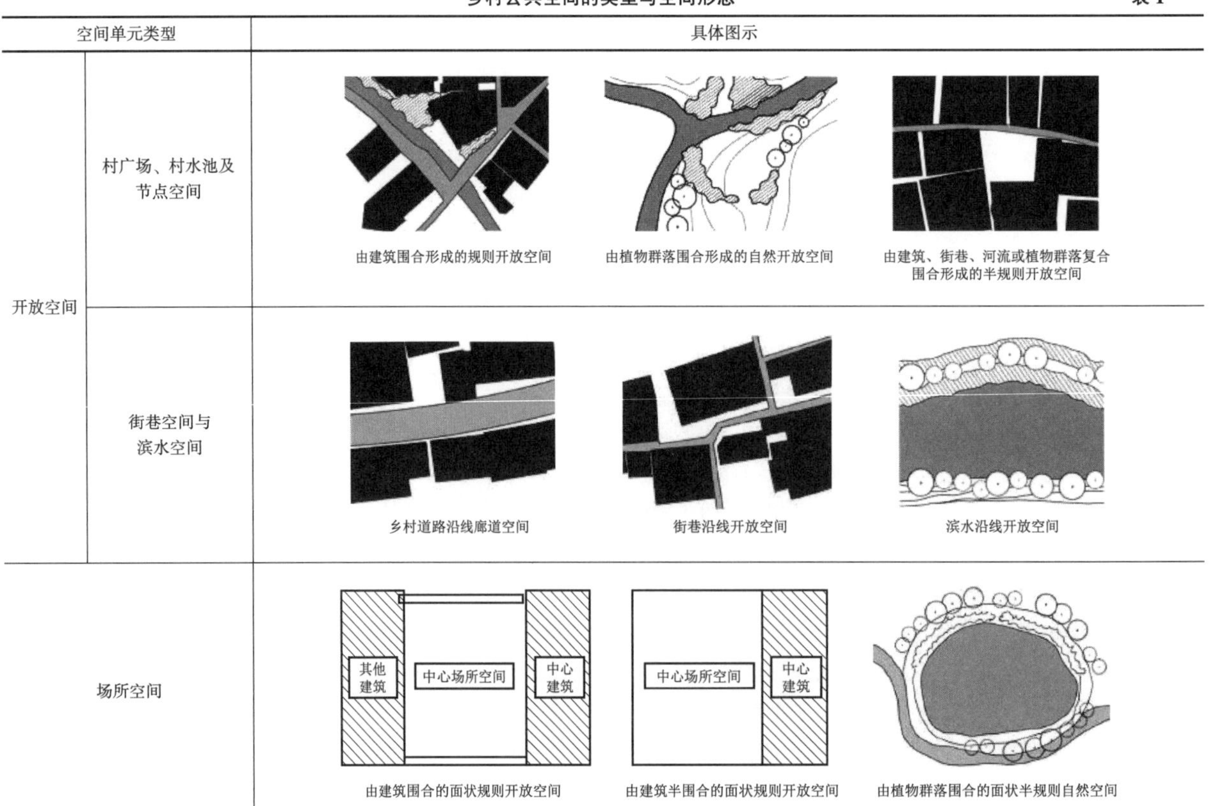

空间单元类型		具体图示		
开放空间	村广场、村水池及节点空间	由建筑围合形成的规则开放空间	由植物群落围合形成的自然开放空间	由建筑、街巷、河流或植物群落复合围合形成的半规则开放空间
	街巷空间与滨水空间	乡村道路沿线廊道空间	街巷沿线开放空间	滨水沿线开放空间
场所空间		其他建筑 / 中心场所空间 / 中心建筑 由建筑围合的面状规则开放空间	中心场所空间 / 中心建筑 由建筑半围合的面状规则开放空间	由植物群落围合的面状半规则自然空间

续表

空间单元类型	具体图示
居住空间	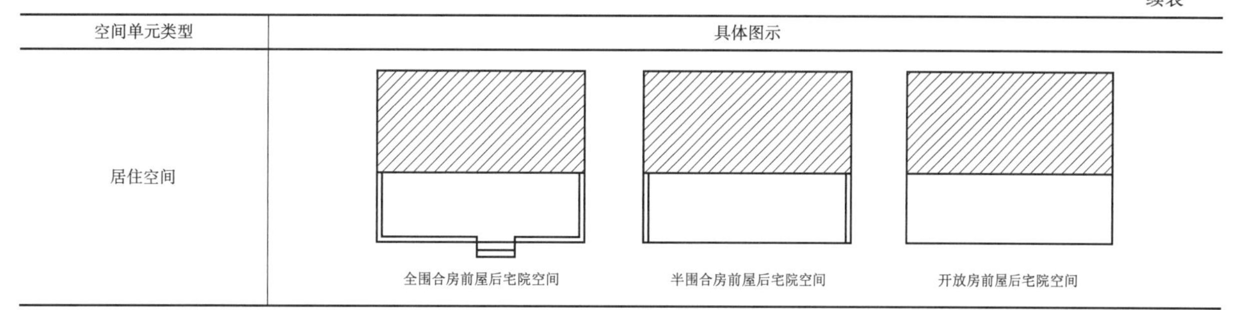

3.1.1　开放空间

开放空间分为村广场、村水池此类村民商议事务、健身运动、休闲娱乐等活动的空间，以街巷空间、滨水空间为主的廊道交通空间，以及包括古树、古井、古桥、洗衣台、微花园等具有历史存留性及地域性生活意象的节点空间。

开放空间多是由建筑围合形成的规则开放空间、由植物群落围合形成的自然开放空间，以及由建筑、街巷、河流或植物群落复合围合形成的半规则开放空间等。空间形态呈现不规则性、多样性及变化性，现状多是根据围合面积大小呈点状与面状分布于聚落中。

其中街巷空间与滨水空间以线性空间为主，根据村落面积大小不同决定了其空间范围大小。街巷空间分为乡村道路沿线廊道空间及街巷沿线开放空间，前者形态较为规则，现状基本沿村内主路形成，通达性较好；而后者尺度较小，整体形态受历史沿革影响较大，部分由植物群落围合，较为原生自然。滨水空间基本与历史空间肌理保持一致，多受植物群落和建筑的影响，在特定历史阶段会有改道等情况发生，整体形态自然性强。

开放空间一般作为村落内开放性的空间节点，具有满足村民社交、停留休憩、日常生活、休闲活动等需求的场所，具有场所标识性及易识别性，承载活动交往功能。

3.1.2　场所空间

场所空间包括水口、戏台、祠堂及寺庙等。场所空间多是有信仰性、精神性、文化性建筑（宗祠、戏台、塔、庙等）围合形成的面状规则的开放或半开放空间，其多是以较大的建筑单体或是独立建筑单元作为空间主导，空间形态基本为矩形或正方形，具有规则性及不变性。其中也有例如水口一类影响村落整体布局及肌理、符合村民传统生活习惯，且具有生活文化性的自然围合空间，由水口为圆心影响四周的空间形态，整体形态常以圆形出现，生态性强。

场所空间具有宗族性、信仰性、历史沿革性，是以礼乐秩序和血缘秩序为内在秩序规则的具有场所意义的空间，承载信仰仪式功能。

3.1.3　居住空间

居住空间多分布于单个建筑房前与屋后，在有密集建筑组团时，其空间形态多会受到其他建筑单元及道路等因素影响具有多样性，一般较为规则，且在村落内部普遍分布。居住空间分为全围合、半围合和开放空间三种类型。居住空间是以家庭院落为单位的独立单元院落空间，主要是家庭聚集交流及每日生活的空间场所，承载日常生活功能。

3.2　乡村公共空间中的微花园

微花园是长久以来村民对自然的认知在乡村公共空间的具象化表达，也即“广田园”在村内空间的缩影，是能够展现乡村社群历史记忆与场所精神的重要介质。

乡村与城市不同，其坐落于自然生态之中，在长期生产生活中形成了人与自然的和谐互动模式，因此乡村微花园是经历史考验的、人工与自然共存的产物。乡村微花园根据不同村落的地域意象及村民的个人喜好习惯与文化背景，整体呈现多元化、个性化的特点，其代表了乡村生活智慧在空间上的体现及村民对与自然共生的向往。

村民由于具有丰富的种植知识技术、经验及养护能力，自发形成的乡村微花园数量多且分布广，由此可以看出乡村公共空间具有较强的内生性和自我微更新的潜力。除了场所空间内部分功能性、信仰仪式性较强的空间，村民可自发利用的空间不多，乡村微花园的形式出现较少外，开放空间与居住空间均具有种植基础，以乡村微花园的不同类型出现。

乡村微花园的类型主要有旧物堆叠型、爬藤花架型、砖石砌筑型、自然融入型四种（表2）。使用的材料及方式都较为质朴，种植植物更倾向于蔬果等食用类品种，结合部分观赏植物形成街角花园或家庭菜园。现基本由村民自发养护，且在部分闲置空地处随时有村民播种或放置，乡村微花园的出现呈现随机性与日常性。

乡村微花园的类型与特征 表2

类型	照片示例	内容与特征
旧物堆叠型		常摆放村内旧物，例如旧菜筐、旧花盆、塑料油桶、废弃铁桶与木桶、破损的盆及痰盂等，旧物堆叠型花园占地面积小且放置密度高，在村内分布零散，处处可见，是最为常见的乡村微花园类型。其中植物多是观赏花草类，蔬果以辣椒、小番茄为主，种类丰富。同时村民会利用村内砖石、废弃木桩与植物摆放相结合，层叠式搭建小景
爬藤花架型		村民会利用墙面、管道、晾衣架、梯子等搭建角落小景，部分绿植与空调外机结合；搭建起的杆子同时也作为晾衣架、晒物架（晾晒干货）供村民日常生活使用。爬藤花架型微花园多是位于院落前或是房屋周边墙壁，在光线充足的空间分布较多。其中种植种类多为葡萄、丝瓜、藤本月季等，整体以蔬果为主，观赏植物为辅
砖石砌筑型		砖石砌筑型微花园中会使用村内当地材料：石头、砖石、建筑废料等，由村民自发修砌成花池。此类微花园多位于屋后院落空间，占地面积较大，形态较为规则，位置相对固定。其中种植种类以蔬果为主，例如番茄、茄子、丝瓜、南瓜、冬瓜等，蔬果种类较为丰富，也有部分种植观叶观花植物，但以可食用植物为主
自然融入型		村民将绿植放置于自然绿地中，或是种植于水土较好的自然闲置绿地处，在乡村中常见于闲置废弃空地、杂草丛生处、废墟建筑处。有村民自发播种养护，植物种类丰富，整体生态性好，为见缝插针式绿地。自然融入型微花园面积大小不等，无明确边界，常与自然植物融合，人工干扰少，自然生态性强

3.3 乡村公共空间的现状问题

3.3.1 乡村公共空间更新片面，村民需求被忽视

由外部力量主导的乡村公共空间更新中，由于对“村民”为更新对象的主体性理解模糊化、对本土资源特殊性利用盲目化、对传统空间内场所精神认知片面化，导致乡村公共空间的建设方式标准化、建设过程形式化、建设结果模式化。

在村落更新建设中规划者多是根据城市更新经验，违背传统村落肌理形成方式，未能实际根据乡村空间功能特性考虑，导致快速建设后大量闲置空地产生，原生资源难以利用。村内公共空间使用功能单一，缺乏与现代化发展产生的新需求相对应的功能性空间，从而导致已建成空间被破坏逐步荒废，乡村整体环境质量降低。

以规划者的视角进行的乡村更新难以真正理解村民实际需求，村民也难以表达自身物理及精神需求。在现状“空心村”的情况下，加上更新手段的粗暴也导致村内原有社群关系逐步破坏，邻里关系缺少交往空间及相关活动维系，集体记忆消逝，乡村原生社群文化的特殊性式微。

3.3.2 精神场所更新模式化，原生历史文脉断裂

在对村内场所空间的建设中侧重于对环境质量的整

治，村内重要的精神场所例，如祠堂、寺庙等多是使用统一仿古手法盲目更新，忽略原有风水、地域性建造手法与传统空间形式，未能尊重保护原有文化遗产，且快速化建造与修复留有一定安全隐患。现状更新常利用当地文化符号的具象化使用融入设计，但设计多是统一生搬硬套已有具象化建造模板，忽略本土建造材料与形成方式，导致最终设计成果表现形式化，地域文化特殊性被抹去，最终形成“千村一面”的状态。

在物理空间遭受模式化更新后，综合村民对精神场所的信仰性降低，对村落历史文脉传承忽视，传统观念被现代思想动摇等原因，村落历史文化沿革、民俗节庆活动、非物质文化遗产缺少留存，逐渐消失于人们视野中，难以得到有效留存及宣传。

3.3.3 村庄内部肌理破坏，村民对环境认知局限

在村落内部宅院的更新建设过程中，常大量建设仿西化的村内别墅及庭院；大量加建、拆除使得村庄内部肌理破坏，片面化更新使得传统乡村庭院空间的独特性难以维护和留存，从而进一步导致村民自主意识减弱，对乡土文化自信度及传统观念认同感降低。

随着时代发展，在调研中发现村内已有部分宅间花园治理维护较好，但大部分依旧局限于村民家庭经济条件或自身文化素养等原因，村民易忽视自主性身份认知，未能重视居住环境质量，缺乏对传统宅院景观资源有效留存利用的能力，导致建成结果中乡村风貌拼凑混杂。

4 从微花园到广田园的乡村公共空间环境设计微更新途径

我国乡村现状整体较为复杂，呈现出传统与更新空间的杂糅态。其中对于乡村内的传统空间，即基本未经历更新，保有原有空间结构与形式的开放空间，在更新中需要保证空间安全性与便利性的原则，以弱干预手段介入，尽可能多地保护与修复乡土建筑及园林文化遗产。同时优化空间内部结构，推动传统空间新旧功能复合发展。而对于已更新空间，即经过现代化大规模冲击后重建或大面积更新的空间，需要遵从空间文化性与地域性的原则，在充分理解群众需求的基础上与村民一同参与空间营建，在现有空间基础上探究现状空间格局与传统格局如何相呼应，就地取材，在形式、尺度、材料等方面适应乡村环境与村民的生活习惯。

根据上文乡村景观环境体系中聚落层级分为开放空间、场所空间、居住空间三类空间类型，通过团队的研究与实践提出与之相适应的微更新营建治理途径。

4.1 居住空间乡村微花园的更新与推广

乡村微花园作为公共空间内景观微更新实践的有效途径，在乡村公共空间内具有较多分布，基本具有绿色种植基础，加之村民具备专业种植养护能力，乡村微花园在地广泛应用性较强，推广容易且成本低廉，简单易操作的治理途径更加适用于乡村公共空间。

在对乡村的长期田野调查中，村民作为长期与乡村公共空间共生的重要群体，他们对乡村的认知能够更积极地影响乡村生活环境塑造。尤其是乡村的居住空间内，宅前屋后空间现状已经具有微花园的雏形及村民的种植习惯，因此团队决定将村民作为主体，在设计师的引导设计下，通过公众参与的方式，在宅前屋后微花园现状基础上，以保留微花园原生性为原则，以居住空间为主，开放空间及场所空间为辅，根据空间类型、形态，与村民一同探讨乡村微花园的更新可能，设计师与村民共同协作完成微花园的更新。

在微花园介入乡村公共空间的整体规划中，前期以微花园试点的形式介入村内宅前屋后空间，后期在培养村民微花园种植习惯，以及乡村环境质量提升后将微花园推广至其他类型公共空间。推广乡村微花园示范中心的建设为村民更新自家花园提供实际参考，整体引导村内居住空间的提升方向和营造方式。同时保留村民利用旧物的生活习惯，为他们提供更多“变废为宝”的可能性，从而激发村民对生活空间自主营造的积极性，例如团队于丹江口蔡湾村与村民一同共绘旧物花盆，并且将花盆运用于之后的蔡湾村微花园示范中心建设中，在村民积极参与下，该活动成为村民的共同记忆，提升了社群的关系性（图 4）。乡村内老人与儿童都是参与微花园建设的重要部分，在营造过程中设计师需要注重引导适老、适幼空间的建设。在宣传活动方面，通过发放微花园实践手册及种子包，鼓励村民共同参与社区治理，提升社区凝聚力。或是举办宅院微花园展览活动，通过村民评选出村内最美花园，激发村民自主营造宅院微花园的积极性。

根据在村内的实际调研走访，村内很多家庭保留有石磨、腌菜缸、搓衣板、秤砣等传统生活老物件，并有部分家庭已自发性通过乡村美育课堂推广旧物新用的创造性方式，使用旧物作为自家院子的装饰，将破损后的陶罐等嵌入墙壁，在已坏的座椅中种植鲜花等；或是发动村民进行旧物改造活动，设计师辅助村内家庭更新自家微花园及探讨后续维护方式。例如团队在蔡湾村与村民一同利用旧物搭建艺术装置（图 5），拓宽村民的艺术性视野和思路，帮助村民一同更好共建居住空间。

图4 蔡湾村微花园示范中心（上）蔡湾村旧物改造盆栽设计工作坊（下）

图5 蔡湾村旧物搭建活动——旧时光沙发

4.2 开放空间的挖潜与社群关系的重塑

4.2.1 空间潜力挖掘

在对乡村的长期田野调查后，整体观察乡村资源的空间分布，综合传统生活空间与现代生活空间，识别村内具有传统文化遗留、人群活动丰富，但由于空间闲置或环境破坏难以使用的小尺度空间，尤其是村内水口、洗衣台空间、古树、古井等具有场所文化精神的空间。再通过村民的视角，了解本地人对特定空间的物理与精神需求，发现乡村中具有更新潜力的开放公共空间。通过微更新软性介入的方式，对空间内功能、材质、铺装、绿植等多个部分与场地文化艺术化后有机融合。例如西湖乡磻溪村的洗衣台空间更新，利用当地原生竹子以原有形式进行搭建，替换已破损洗衣台棚；在保障原有功能的基础上，整体提升场地的环境质量（图6）。以及采取非常规性景观设计，如景观艺术事件、户外展览等设计方式，同时结合周边环境整体性提升区域环境品质，从而由点成面式更新村落整体。

街巷空间与滨水空间作为乡村的空间框架，需要最大程度保留原有肌理，在现状使用的基础上连通难以通行的街巷空间，并利用当地材料修补部分破损区域；以生态手段介入滨水空间治理，尊重传统的乡村使用方式，减弱人工干预，为村民生活提供便利并减少孤立闲置空间的产生。

4.2.2 社群关系的塑造与经营

设计师需要深入村民生活调研，结合乡村的未来发展进行文化定位，在此基础上推动系列性社群活动举办，例如乡村营造活动、乡村交换市集、乡村美育馆、乡村历史博物馆等，同时建立运转维护机制，保障社群活动的持续动力与历史资料留存。通过实物、图片和文字相结合的方式介绍承载社区集体记忆事件的发展历程，将具有历史感与当地感的民俗文化通过各种物理媒介具象化，刺激村民及观者形成视觉化冲击，同时推动村民共同参与乡村空间更新，增强主人公精神，促使村民形成强烈的文化心理认同。例如蔡湾村的活动广场以工作坊的形式，引导村民积极表达对活动广场的设想，提出自己的需求，场地的设计以居民的想法为基础，激发村民后期参与营建、维护活动广场的热情（图7）。

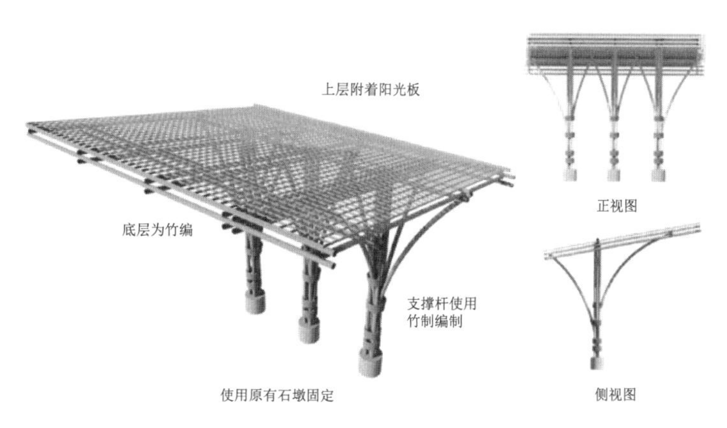

图6 磻溪村洗衣台更新后效果（上）洗衣台棚搭建方式及使用材料（下）

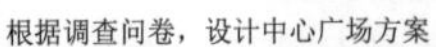

根据调查问卷，设计中心广场方案　　给居民讲解中心广场方案　　居民提出自己设想，在图纸上画出自己想要的广场样式

图7　村民参与蔡湾村的活动广场设计（上）蔡湾村活动广场建成后（下）

通过各类社群活动激发社区成员在互动中形成信任关系，在交往中形成互惠机制，在共同参与中形成社区意识。例如召集社群集体共同过传统节日，增强人与人、人与社区之间形成强烈的归属感和凝聚力。或者举办爱心募捐等社区活动，在倡导关爱精神的同时实现村民互助，营造祥和且有温度的社区氛围，在氛围及结果引导下，推动更多村民参与活动，实现持续性公众参与。

4.3　场所空间的活化与文脉体系的建构

4.3.1　场所空间的保护与活化

传统村落内有古祠堂、古寺、古庙等具有历史文明性质的空间需要进行专业性的修缮及符合历史性的复原，修复时需要注重与传统空间格局的呼应，了解村史记载中的传统景观意象，同时在更新时复合性考虑在空间尺度、传统材料、民族色彩等方面如何塑造场景叙事性与生活日常性。村落的传统节日民俗都有其地域性特点，在保留传统习惯的基础上融入景观营建，保留原生空间节事性，并结合现在村民的使用方式，促使中心场所空间与新时代空间功能复合。

4.3.2　建构地域文脉体系

挖掘在地历史和传统文化是保护乡村原真性的有效途径。对乡村当地的社会历史背景、民俗文化进行研究，聚焦于“人”的视角，结合乡村历史文化、乡村活动文化、乡村场景文化、乡村行为文化，对空间所代表的文化意象进行探究；挖掘在地历史文化基因，探讨当代乡建传承方式，在查阅大量历史资料的基础上，经过长期田野调查记录村民口述史，以展览和书籍编撰、宣传等形式作为辅助，研究村民对当地空间环境的使用习惯或生活规范与空间之间的关系。

结合当地民俗，深度挖掘和传承保护“非物质文化”遗产，如工艺手法、村规村约、家风家训等乡村遗产资源和伦理规范、历史遗存的文化载体，以及石磨、木雕、土坑等传统乡村印迹，渗透于乡村公共空间更新设计理念中，实现民俗与历史文脉的融合，让传统民俗文化回归本位。并且保留现状村内各年代历史建筑原样，以村内建筑现状书写建筑历史，呈现传统与现代的有机结合。通过多元视角建构乡村的地域性文脉体系，作为乡村公共空间微更新的精神框架。

4.4 多元主体共治共建体系构建

整体营造流程首先为带领村民共同建设乡村微花园示范中心，在村民对已有范式理解的基础上，开展持续性共建活动，产生“触媒式”空间效应，以点带面式激发自发性乡村空间营建。将村委空间转化为共享平台：推动政府部门、居民、企业、社会组织和专业团队在一个沟通交流的平台上共同促进项目的实施，从而建立包含基层管理部门、居民、设计师和其他相关部门等在内的多元参与的微更新平台。

其次在设计团队对乡村公共空间的整体规划设计的指导下，政府专项负责人提供支持及帮助，通过挖掘乡村能人和培育自组织，由各项乡村负责人与设计团队一同组织村民共同参与，通过“工作坊”参与式设计的方式，举办共同缔造乡村微花园、乡村营造课堂、促成景观艺术事件等活动，调动村民积极性共同参与互动展览与乡村营造活动，同时形成线上线下持续互动，激发村民形成共建思维，为乡村内生性更新奠定思想基础。公共空间景观微更新的后期运营和维护机制将直接关联到社区营造活动的可持续性。因此，需要针对具体情况，由社会组织和乡村社区自组织主导相应的运营维护条例，组织村民大胆发言，共同制定可持续管理维护机制。

最终通过实践为乡村提供多种类型的微花园样板空间，形成设计引导村内院落空间的提升方向，同时通过平台构建的方式，形成参与式的更新过程。从空间层级化、设计引导、平台构建、可持续维护四个方面形成“以点带面”的乡村公共空间的多元主体共治共建体系（图 8）。

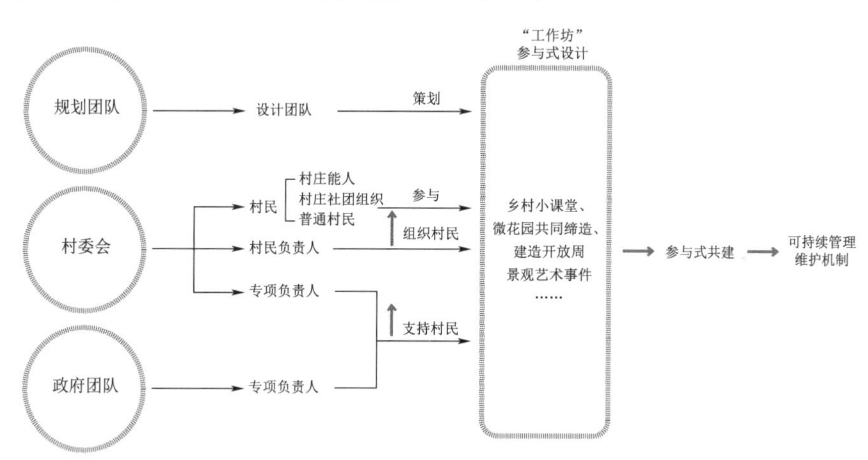

图 8 乡村公共空间多元主体共治共建体系构建

5 结语

从“微花园”到“广田园”，“微花园”作为广田园体系在乡村中的缩影，是我国人民在长期历史发展中与自然的互动，以及对自然的向往于乡村环境空间中的投射。在乡村的传统空间被现代化发展不断侵蚀的背景下，通过景观微更新的手段触媒介入乡村公共空间，提出基于不同空间类型下村落开放空间挖潜、中心场所空间活化、宅院居住空间优化三方面的微更新营建途径，促进乡村微花园以点带面渐进式更新与推动村民共建共治共享，从而实现乡村环境质量的内生性提升与乡村精神文化内涵的持续性留存。

参考文献

[1] 王云才，申佳可 . 乡村景观格局特征及演变中的多尺度空间过程探索：以乌镇为例[J]. 风景园林，2020，27(4)：62-68.

[2] 陆琦，李自若 . 时代与地域：风景园林学科视角下的乡村景观反思[J]. 风景园林，2013(4)：56-60.

[3] 黄丽坤 . 基于文化人类学视角的乡村营建策略与方法研究[D]. 杭州：浙江大学，2015.

[4] 武笑笑，刘娜娜，龚克 . 基于 CiteSpace 的乡村公共空间研究进展及可视化分析[J]. 城市建筑，2022，19(5)：5.

[5] 曹海林 . 村落公共空间：透视乡村社会秩序生成与重构的一个分析视角[J]. 天府新论，2005(4)：88-92.

[6] 王玲 . 乡村公共空间与基层社区整合——以川北自然村落 H 村为例[J]. 理论与改革，2007(1)，95-97.

[7] 袁瑾．传统庙会与乡村公共文化空间的建构——以绍兴舜王庙会为个案的讨论［J］．遗产与保护研究，2016，1(2)，9-94.
[8] 王丽洁，聂蕊，王舒扬．乡村空间治理的现实逻辑、困境及路径探索[J]．规划师，2021，37(24)，46-53.
[9] 李娜，刘建平．传统庙会与乡村公共文化空间的建构——以绍兴舜王庙会为个案的讨论[J]．中国园林，2016，32(10)，65-67.
[10] 何悦，陈荣，张云路．基于原住民地方依恋的新型农村社区公共景观感知与优化策略：以北京田仙峪村为例[J]．风景园林，2022，29(3)：31-36.
[11] 魏萍，蔺宝钢，张晓瑞．社会治理结构演变的乡村公共空间响应特征研究——以西安白鹿原地区乡村为例[J]．中国园林，2021，37(10)：95-99.
[12] 郝军，贺勇，浦欣成．乡村公共生活空间网络结构分析与优化策略——以浙江省安吉县鄣吴村为例[J]．中外建筑，2020(7)：85-89.
[13] 韦诗誉．人类学视野下的乡村聚落景观研究——以龙脊村和弗林村为例[J]．风景园林，2018，25(12)：110-115.
[14] 洪磊．基于景观人类学的中国文化景观遗产特征与保护[J]．河南教育学院学报（哲学社会科学版），2018，37(2)：23-28.
[15] 潘莹，黎国庆．中国近期乡建发展概况与类型解析[J]．南方建筑，2018(6)：15-22.
[16] 陈波．公共文化空间弱化：乡村文化振兴的“软肋”[J]．人民论坛，2018，21：125-127.
[17] 李娜，刘建平．乡村空间治理的现实逻辑、困境及路径探索[J]．规划师，2021，37(24)：46-53.
[18] 侯晓蕾，郭巍．场所与乡愁——风景园林视野中的乡土景观研究方法探析[J]．城市发展研究，2015，22(3)：80-85.
[19] 费孝通．乡土中国[M]．上海：上海人民出版社，2006.

作者简介

侯晓蕾，1981年生，女，博士，中央美术学院建筑学院，教授、博士生导师、研究生部主任。研究方向为乡村景观保护与更新、城市公共空间设计与社区营造、街区更新和社区更新、风景园林规划与设计等。

董微，1998年生，女，中央美术学院在读硕士研究生。研究方向为乡村景观保护与更新、城市公共空间设计与社区营造。

“三生共荣”理念下新旧共生的城市诗意景观营造
——以无锡运河公园景观更新为例

The Creation of an Urban Poetic Landscape that Coexists the Old and the New under the ‘Co-prosperity of Production, Life, and Ecology’ Theory
—Taking the Landscape Renewal of Wuxi Canal Park as an Example

王文姬* 谈旭君 李泽丰

摘　要：当下无锡的城市更新已进入以场景更新为主要模式的新一轮发展，城市空间不断地更新演变，新旧景观面貌需要找到共存的方式。为此需要尊重历史文化，提升功能活力，延续生态风貌，遵循“升级业态（生产）、提升文态（生活）、修复生态（生态）”的和谐共荣理念，以贴合市民对美好生活向往。在此理念下，景观为一种重要的阐释手段和叙述语言，串联起“人、城、境、业”的和谐统一。以无锡运河公园景观更新为例，围绕如何充分利用开发原有场地，展现地方特色诗意，从营造商业场景、打造亲水生活、重塑城市生境三个方面探讨了“三生共荣”理念下新旧共生景观的营造策略。
关键词：风景园林；城市更新；“三生共荣”；景观改造；诗意景观

Abstract: At present, Wuxi's urban renewal has entered a new round of development with scene renewal as the main mode. Urban space is constantly updated and evolved, and new and old landscapes need to find ways to coexist. To this end, it is necessary to respect history and culture, enhance functional vitality, continue ecological style, and follow the concept of harmony and co-prosperity of “upgrading business (production), improving culture (life), and restoring ecology (ecology)” to meet citizens' yearning for a better life. Under this concept, landscape is an important means of interpretation and narrative language, connecting the harmonious unity of “people, city, environment, and industry”. Taking the landscape renewal of Wuxi Canal Park as an example, focusing on how to make full use of the original site and show the poetry of local characteristics, we discussed the symbiosis of the old and the new under the concept of “three lives and co-prosperity” from three aspects: creating a commercial scene, creating a water-friendly life, and reshaping the urban habitat. Landscape creation strategies.
Keywords: Landscape Architecture; Urban Renewal; Co-prosperity of Production, Life, Ecology; Landscape Transformation; Poetic Landscape

引言

随着无锡城市建设发展，无锡新旧城的建设不协调、开放空间缺失、生活配套不完善、城市历史文化节点被破坏等城市问题亦日渐凸显。为此，无锡正探索一条产城良性互动融合，生产、生活、生态“三生共荣”的城市更新之路。

城市更新，更新的不但是城市建设内容，更是城市发展的理念。摒弃急功近利、大拆大建的更新思路，转而在有序“留、改、拆”中重塑城市风貌、传承文化底蕴、焕新升级产业、补足民生短板，在加速城市蝶变中，“更”出锡城新气派、发展新空间、民生新福祉、生态新改善。

无锡老城区普遍存在基础设施落后、产业发展空心化、存量空间不足、土地资源稀缺等问题，既不适合大拆大建，全方位保护也不可取。因此，无锡市政府提出了要实现老城厢的复兴发展，就要努力达到生产、生活、生态的“三生共荣”，宜居、宜业、宜商、宜游、宜创的“五宜兼具”，以及“科产城人文”的协调发展。

由无锡城建发展集团有限公司打造的无锡运河公园景观更新项目，就是贯彻“三生共荣”理念，聚焦市民群众对公共艺术文化的新需求，以城市更新手法进行改造，是无锡老城实现“逆生长”的样板之一。

1 运河公园景观更新策略

运河，是无锡的文化根脉所在，这也决定了运河周边的城市更新需要“新旧融合”。作为无锡大运河文化带建设的重要地标，无锡运河公园区别于一般的城市更新项目，它依托原有建筑与景观，通过“三生共荣”的诗意景观营造，重构生产、生活、生态空间，对公园的整体功能、绿化品质、景观亮化和配套设施等进行提升和优化，全面打开滨水空间，让黄金水道驳岸景观重现昔日繁华。

运河公园原为无锡米市和新中国成立后粮油运输、仓储、加工业的集中地，有着不同时代的文化景观遗存，因此，区别于一般的城市更新项目，更需要强调“新旧融合”。在充分保护的基础上合理利用，通过提升景观绿化、构建慢行体系、引入时尚新业态等形式，抓住本土运河文化的“核心”，打造有诗意的园林美学空间，以书写独特的城市生态环境、城市生活美学和城市多元业态，满足群众多元文化新需求，“远看是风景，近看是生活”。

依托公园内的古建筑、原有文化商业构筑、防洪堤岸等保留的场地基础，用景观的手法赋予场地功能、激活场地活力，使之成为传统与现代对话的新空间联动（图1），给“运河生活”带来更年轻、更精彩的诗意，“颜值”和“内涵”齐在线，以全新的姿态实现“逆生长”。

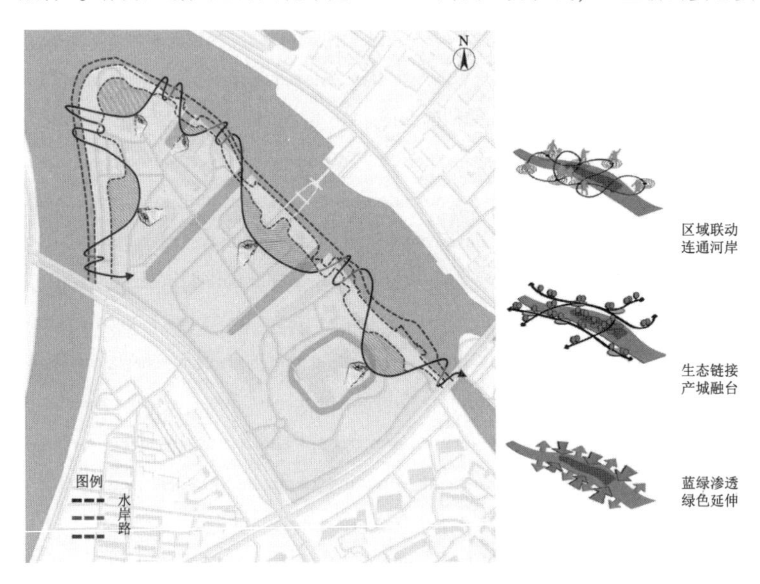

图1 运河公园更新三生分布联动图

2 生产视角：依托原有建筑，实现业态空间重生与蜕变

运河公园内现存民国、新中国成立初期、城市建设期留存下来的文化建筑共17处，如何振梁与奥林匹克陈列馆、运河音乐厅、中国民族音乐博物馆等，以及标志性的运河滨河长廊，其中陈列着无锡最长的汉白玉浮雕画卷《运河无锡图纪》，记录无锡的城市发展历程。原有业态主要依托于这些文化建筑，但分布散乱、风格多样不统一、功能单一、与周围环境融合度差，没有形成点线面互动的产业链，多级消费较少，潜力挖掘不够（图2）。

运河公园业态空间的复兴，仍然依托于这些文化建筑。但不是简单恢复其原有功能，而是要满足现代产业发展需求，通过整体保护、修缮改造、渐进式微更新，引入生态的技术手段，唤醒城市文化资产，营造舒适的商业休闲场景，真正实现文化建筑场地的重生和蜕变。

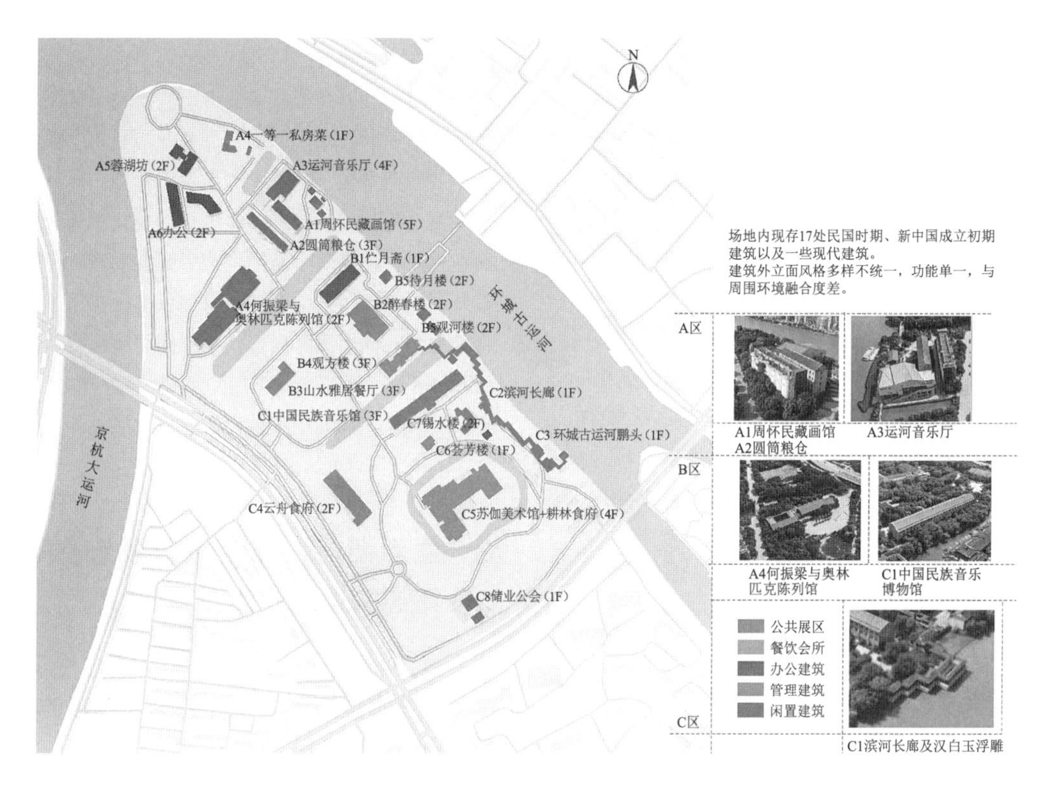

图 2　运河公园现有建筑布点图

其中，最具代表性的，是位于运河滨河长廊端点、毗邻音乐博物馆的古建筑“涵翠楼”的业态升级策略。“涵翠楼”的改造策略，一方面是运用景观手段和现代科技手段进行美化和修缮，提升“颜值”和节能保温效果，为修缮后发展运营打下基础；另一方面则是打破室内外界限，实现功能延伸，最大化利用场地。

2.1 引入新材料和新节能技术，提高古建筑节能效果和舒适度，为发展运营创造条件

涵翠楼作为古建筑，其空间尺寸相对固定、节能保温隔音性能均较差，是后期利用的天然缺陷。通过现场勘查，涵翠楼内存在着屋面容易漏水、地面容易返潮、隔音效果差等问题[1]。为此，在景观改造中，结合传统建筑的结构、工艺特点及文物法规的要求[2]，在地面增设防潮层、屋面运用保温砂浆和防水卷材相结合的双层体系、窗扇运用中空玻璃、外墙采用隔热保温材料等（图 3）。

为了更好保障涵翠楼等古建筑后续的运营管理，还基于大数据管理、文物安全、修缮管理、移动巡检、公众展示等需求建设了综合性数字化管理平台，通过数字化建库，包括保护对象信息库、空间数据库、三维数据库、图片库、视频库等，为古建筑商业空间的运营管理提供了数据支撑。

图 3　涵翠楼古建筑改造

2.2 利用古建筑附属场地，打破内外界限，营造诗意休闲商业空间

清代无锡诗人秦夔在其《竹枝词》中写道“环翠楼边拟扣船，无腔小曲唱当筵”，诗中勾画的正是古建筑室内室外的情景交融，让人心生感慨。

而改造前的涵翠楼附属场地一直闲置，仅用绿化阻隔边界。为此，在运河公园景观改造时，对这块“灰色空

间”进行空间的打开，采用新中式手法将其塑造为小庭院，室内外都可以拓展喝茶、休憩、赏景，以及宾客接待等用途。让室内外景观交融，与周边环境相映成趣，以展现诗意的和谐互融之情景。

庭院从运河公园原有的乌桕中汲取灵感，乌桕枝干虬曲、形态婀娜多姿，有良好的光影效果，又是秋季的色叶树种、有强辨识度，适宜打造光影变化丰富的室外休闲体验[3]。庭院内植物种植以乌桕、草坪，或苔藓、佛甲草两种植物为主，配以点石，体现“简、素、雅”的诗意休憩。

取“芦根系艇谁敲火，木末开扉独揽秋”诗句之意，书大道至简、返璞归真之义，故将小庭院取名为“揽秋园”。地处安静的角落，简单、素朴，适合禅思冥想。通过微地形的起伏变化、乌桕树形的光影婆娑，配上瓦片收边的小景，共同营造了禅意幽静的户外休闲商业空间。

从前场空间步入运河滨河长廊之中，在秋日的晕染之下，光与影达到和谐的配比，显现出明晰的轮廓弧线。这里可以供人以停留、休憩、冥想、行走，追求由意境向心境的转变。阳光从乌桕树梢间凭隙而透，斑驳的光影落在景墙、铺地、院内外摆放的桌椅上，树影、光影都成为景观的一部分，连接着人、植物与古建筑，连接着生活、生态与户外休闲商业。“揽秋园”庭中无不体现光与影交融哲学，“开”与“合”遥相呼应，体现空间延续性与层次感，阐述了园林的诗情意境（图4）。

图4　涵翠楼附属庭院“揽秋园”

2.3　活用滨水空间，丰富商业形态

锡丰浜、生河浜、李家浜是运河公园内历史悠久的河浜，原先仅作为区块划分使用，滨水空间仅以植物种植起到遮挡、阻隔的作用，旱溪等节点也受到遮蔽早已失去了使用功能。

在运河公园景观改造中，考虑滨水空间有着极大的商业发展潜力，通过保留现状地形关系，营造高低两层不同的商业空间，丰富滨河商业形态，实现了从无人问津到滨水活力商业的转变。围绕文创商业与品质生活的融合，为当下的消费升级，量身定制新滨水业态[4]。

改造保留现状树林，将餐饮建筑化整为零，散点式布置在林间，以品质生活为定位，强调滨河休闲特色。林间设置休闲茶室、气泡餐吧、营地餐吧、树屋等，将建筑与树林融为一体。同时结合亲水空间，将部分驳岸在原基础上下降至低于路面0.3m，然后设置室外咖啡、餐饮座椅，形成自然生态的城市交往空间。

3　生活视角：激活景观服务空间，打造诗意的运河生活

3.1　艺术景观活化水岸空间，连接传统与现代生活

“梁溪风情、莲蓉烟雨”，运河水文化，是无锡人的文化图腾，链接着无锡城市生活的过去与未来。运河公园，则是无锡运河文明的赓续与诗意生活的展示窗口。因此，运河公园内的诗意生活景观打造，首先是围绕水文化进行展开的，多元亲水景观的打造，还原“生活着的河流”场景，将城市生活重新推回水边[5]。

3.1.1　创新采用竹木栏杆与坐凳进行一体化艺术打造

为活化水岸空间，增加更多功能性，提升市民舒适度与参与感，运河公园景观改造中独创地发掘竹木材料潜能，使用生态环保的竹木材料，打造造型的栏杆结合座椅的形式，将造型艺术、实用性、艺术性发挥极致，给公园带来浓厚的艺术生活氛围。每一片都不同，每张凳都因地制宜。扶手和座椅高度符合人体工学，根据变化强化座椅舒适感，提升亲水性和观赏性，增加趣味性。根据驳岸变化制作竹木围栏，制作工艺复杂精湛，需平衡栏杆的推力与扭力，施工难度大，经多次尝试工艺调整，将匠心发挥到极致。在锡丰浜月洞门处，还暖心地设置了一些抱枕、坐垫等，展现了休憩空间打造的温度（图5）。

绿色环保、可靠安全的竹木栏杆，连接了原有驳岸、古典的春申亭与极富现代感的艺术雕塑景观。作为一种生态材料，既以其自然木色与亭契合，又以极富现代感的造型与艺术雕塑接洽，成功连接了古典与现代、园林与艺术。

图5 锡丰浜月洞门艺术栏杆坐凳

3.1.2 陈旧滨水设施改造为全新的休憩空间

原先沿河陈旧的防洪墙易翻越，临水无设施，存在安全隐患。改造时，因地制宜，在保留原有防洪墙功能的基础上，在上部新做木制吧台，并在台面上开槽种植趣味植被，可观、可休、可赏、可玩，激活了沿河的场地（图6）。

图6 防洪堤改造为休闲吧台

休闲的吧台还围绕周边居民的生活展开不同主题。运河公园近年来一直是部分市民自发练习音乐演奏的场地，因此在其中部分吧台上，也用彩绘的方式，体现了强烈的音乐艺术主题——“琴键”的台面、充满音符感的吧台立面，传递着由市民兴起的浓烈音乐氛围。

在河浜岸还打造了滨水休息平台，凭栏远望，可以欣赏碧波荡漾，也可以观无锡城市建设发展的日新月异。现代与人文、城市与运河、音乐与运动、艺术与烟火气，围绕水岸缤纷呈现，实现运河公园周边社区与城市发展的“活力再造”。

3.2 全龄友好景观，打造诗意、趣味的“运河烟火”

“红漆车儿驾白羊，吴盐空酒竹枝香”，无锡的运河生活，一向是充满了烟火气的。运河公园辐射周边社区，以居民区与周边学校为主。因此景观改造充分考虑吸引儿童、青年向往、关爱老人的全龄友好，为不同年龄段的人考虑与景观的互动表达，打造有“烟火气”和“人情味”的休闲聚集地和公益阵地[6]。为孩子们打造的沉浸式童话秘境、夜晚开放热闹的市集、节庆各色主题活动，让人们闲暇饭后之余便不约而同相聚在此，为运河公园带来更广更大的生活吸引力[7]。

3.2.1 提炼无锡运河故事，为儿童打造主题场景体验

运河公园内原先的儿童活动空间纯玩为主，缺乏沉浸体验及自然研学。在景观改造时，将无锡运河的发展历程，从战国初年春申君立无锡塘、治无锡湖始，一步步发展到通江连河、河道成网的水城历史提炼，围绕“运河的水、治水的人、江南的米”等主题，结合活动场地、多巴胺标识营造等方式，向儿童讲述运河公园里三个关于水的故事、介绍三个历史里的人物。

在公园C入口的对面交接处，摆放艺术感的风动艺术装置，组成“金穗听风”场景——看不见风但可以看见金穗献给风的螺旋舞。在芙蓉湖中心岛用水景打造“魔幻水岸”场景，让孩子在游戏中了解水利的知识。沿岸边种植物围合水岸保证场地使用的安全性，同时连接自然水系和人工水系；设施周边设置躺网和坐凳看护区域，提供多样的休憩选择。

3.2.2 赋能树下空间，打造青年喜闻乐见的萌宠乐园

在滨河长廊尽头，根据场地地貌依托于良好的林下基底，结合市民越来越多的宠物需求，打造幸福感十足的萌宠乐园，供市民集中遛狗、给宠物爱好者提供一个家门口的交流场地。保证景观效果的同时融入互动体验，是一个让人忘却烦恼、放松心灵的边角乐园。

4 生态视角：飞鸟还巢，趣味生态生境中“留住乡愁”

4.1 围绕原有生态资源，打造趣味生境花园

如清代无锡文人倪尧的诗句“结伴春游兴自浓，风和芳径去从容”，生意盎然、木欣欣以向荣的自然之美一直是无锡人的生态追求。运河公园的改造中始终遵循生态优先，保护原有生态资源、守护生态本底，以修复和美化为主，为城市生态的面貌锦上添花[8]。

最有代表性的就是位于运河公园内康复医院北侧的地

块，这里原植有七株大银杏，但进场前已被白蚁蛀干、主干受害严重，一部分分枝成活，部分枯死，根部有杂苗、护栏腐朽，整体长势不佳。

运河公园景观改造中，通过对原有的七株大银杏首先采取清理、防腐、修剪、病虫害放置、施肥、土壤改良等处理，实现银杏的更新复壮。然后因树起势，借树造景，形成绚丽的秋景（图7）。

图7 "七株银杏和它的小伙伴们"

同时将实用、美观融入生态理念之中。利用原有银杏的树洞及表面进行彩绘，引入银杏的"动物伙伴们"，为场地带来活力[9]。在树上悬挂鸟笼，吸引城市中的鸟类，营造生境家园，引导飞鸟还巢。整个区域因树起势，借树造景，用温馨的植物组合与生态的小青砖场地，塑造"小伙伴们"的城市家园，助力无锡的城市生物保护[10]。

4.2 就地取材打造石趣景观，长廊周边场地新生

在营造滨河滨河长廊与主道路之间的空间时，通过就地取材，利用C区入口原有的、改造中多余的景石进行组景，混合色彩鲜明的花卉、观赏草、多肉等，打造出师法自然，刚柔并济的石趣景观带，给人带来视觉的趣味性和多样。不仅层次突出、色彩多样、具有自然美，而且维护费用低。静谧的石趣景观，创造一种禅意般的感觉，给人以诗意的观赏体验。

5 结语

运河公园景观更新遵循"生产、生活、生态共荣共生"的理念，从过去的仅关注空间到现在关注"人"优先，从人们的审美情趣、消费体验等综合视角出发，重点让人获得"诗意"的景观空间体验，营造人地互动下的真实生活空间。充分尊重原有景观和文化遗留，通过业态创意升级焕新文化资产，通过生活场景营造践行生活美学，通过生态空间修复重塑城市生境。在旧景观的基础上采用景观手法进行创造与优化、赋予空间更多功能和活力，最终提升城市更新的吸引力，让城市更加引人、聚人、留人。

参考文献

[1] 汪红蕾．传承传统文化 推动建筑设计创新——中华建筑文化传承创新与新型城镇化高峰论坛侧记[J]．建筑，2014(19)：8-17.

[2] 祁昭，靳建华，殷铭．一座古宅的重生和蜕变——潘祖荫故居一期保护利用解析[J]．中国勘察设计，2014(11)：47-51.

[3] 俞婷，韦希，陈宏辉，等．彩叶乡土引鸟植物乌桕景观构建探讨——以宁波奉化为例[J]．现代园艺，2018(19)：102-104.

[4] 李赠．滨水商业景观带景观功能优化和生态营造策略[J]．现代园艺，2022，45(24)：106-107，200.

[5] 白雅文．成都城市更新2.0：生活场景营造[J]．城市开发，2023(3)：82-85.

[6] 赵秀霞，刘岩．新时代的老城区景观提升改造——以沙州乐园为例探讨旧城区微景观改造[J]．人文园林，2021(2)：98-101.

[7] 庞琳，罗文杰．全龄友好型社区景观设计[J]．传媒，2023(3)：104.

[8] 王向颖．社区生境花园的设计与应用实践——以上海市长宁区社区生境花园项目为例[J]．现代园艺，2022，45(12)：131-133.

[9] FRANKIE G, PAWELEK J, CHASE M, et al. Native pollinators of avocado as affected by constructed pollinator habitat gardens in southern California[C]//XXX Intemational Horticultural Congress IHC2018 Ⅶ Intemational Symposium on Tropical and Subtropical Fruits, Avocado Ⅱ 1299, 2018: 329-332.

[10] BAUER N. The California wildlife habitat garden: How to attract bees, butterflies, birds, and other animals[M]. Berkeley: University of California Press: 2012.

作者简介

（通信作者）王文姬，1970年生，女，硕士，无锡市市政和园林局园林管理处处长、研究员级高级工程师，江南大学校外硕士生导师，中国女风景园林师委员会委员。研究方向为园林史、园林文化、园林管理。

谈旭君，1972年生，女，本科，无锡文旅建设发展有限公司，副总经理，正高级工程师。

李泽丰，1995年生，男，本科，无锡文旅建设发展有限公司，职员、二级建造师。

基于情境教育的大栅栏公共空间适儿化文教场景研究①②

Research on Child-Friendly Educational Landscape Scene of Public Open Space in Dashilar Historic District Based on Situational Education Theory

齐 羚 李明慧 龙欣雨 孙嘉翊 熊 文*

摘 要：目前历史街区公共空间更新开始关注儿童需求，包括自然性和游戏性，但缺少从儿童教育性视角的研究。借助大栅栏街区丰富的文化资源，利用胡同街巷线性空间特点，从承载文化教育功能视角，研究大栅栏历史街区公共空间适儿化改造对儿童友好背景下的城市更新具有借鉴意义。首先以大栅栏街区公共空间为研究对象，挖掘北京历史文化街区中华优秀文化基因，通过人本观察、儿童心生理认知实验和语义分割等方法，研究儿童认知特征及文化认知偏好，建立大栅栏适儿化文化教育基因库；其次梳理大栅栏公共空间类型和模式，构建大栅栏适儿化文教场景体系；最后通过归纳景观场景范式提出优化策略，并结合党建引领、多元共融的社区营造工作体系下开展的“党建四合院”“大栅栏儿童责任规划师”和“大栅栏文化童学路”3个特色项目实践，探索具有文保区特色的儿童友好城市建设模式和路径。

关键词：风景园林；儿童友好；情境教育；大栅栏公共空间；适儿化更新设计

Abstract: At present, the renewal of public space in historical blocks has begun to pay attention to children's needs, including naturalness and playfulness, but it lacks the perspective of children education. With the help of the rich cultural resource endowment of Dashilar block and the linear space characteristics of Hutong streets, and from the perspective of carrying cultural and educational functions, it is of great significance to study the child-friendly transformation of public open space in Dashilar historical district for urban renewal under the background of child-friendly city development. Firstly, taking the public space of Dashilar block as the research object, this paper excavates the excellent Chinese cultural genes in Beijing historical and cultural blocks. Through the methods of humanistic observation, children's psychophysiological cognitive experiment and semantic segmentation, this paper studies children's cognitive characteristics and cultural cognitive preferences, and establishes a gene bank of Dashilar suitable for children's cultural education. Secondly, it sorts out the types and modes of public open space in Dashilar historical district, and constructs a cultural and educational scene system suitable for children in Dashilar. Finally, by summarizing the landscape scene paradigm, the optimization strategy is proposed, and combined with the three characteristic project practices of "Party Building Courtyard", "Dashilar Children's Responsibility Planner" and "Dashilar Children's Learning Road" under the community construction work system led by Party building and pluralistic integration, the model and path of child-friendly city construction with the characteristics of cultural protection area are explored.

① 本文已发表于《中国园林》，2024，40（5）：90-96。

② 基金项目：北京工业大学城市建设学部教育教学研究课题（编号：ERCJ202203）、科技部国际合作项目（编号：9Q012001202201）和教育部人文社科项目（编号：3C035001202301）共同资助。

Keywords: Landscape Architecture; Child-friendly; Situational Education; Public Open Space in Dashilar Historical District; Child-friendly Renewal Design

引言

儿童高质量发展是国家实现可持续发展和现代化目标的根本所在。2023年，国家印发《〈城市儿童友好空间建设导则（试行）〉实施手册》[1]，要求结合城市更新行动，构建儿童友好空间体系。同年，北京市出台《北京市儿童友好城市建设实施方案》[2]，提出“到2025年，在3到5个区开展国家儿童友好城市建设试点，到2030年全市全面建成儿童友好城市”的总目标。

西城区是国家第二批儿童友好城市建设试点区，大栅栏街道是西城区4个儿童友好建设试点街道之一，拥有众多非遗传承物。大栅栏街区丰富的文化资源和胡同街巷线性空间的特点，决定其公共空间适儿化改造特点是扬长避短，突出体现文化教育性和趣味性，利用线性空间进行叙事性的游览路线组织和文化空间场景营造，使其成为儿童的户外课堂，实现在中华优秀传统文化保护、传承和更新中讲好中国故事，在润物无声中将中华文化基因根植于儿童内心的设计目标。2024年发改委在西城区重点街区通学路、城市公共空间项目谋划中也明确提出“城南烟火、旧巷新生”多元文化体验区的规划定位。

研究通过情境教育理论，结合非遗传承，将大栅栏街区公共空间适儿化改造与中华优秀传统文化传承相结合，丰富和拓展儿童友好空间研究的理论内涵和视角。建立大栅栏历史文化和红色文化共融的适儿化文化教育基因库，梳理公共空间类型和模式，构建多尺度、多维度的大栅栏公共空间适儿化文教场景体系，结合党建引领、多元共融的社区营造工作体系下开展的“党建四合院”“大栅栏儿童责任规划师”和“大栅栏文化童学路”3个特色项目实践，探索具有文保区特色的儿童友好城市建设模式和路径。

1 研究对象及问题诊断

1.1 研究范围和研究对象

大栅栏街区位于天安门广场西南侧，东起前门大街，西至南新华街，南起珠市口西大街，北至前门西大街，所辖面积1.26km²。包含9个社区、113条街巷和胡同。户籍人口5.4万人，常住人口2.9万人。辖区内95%为平房区，平房院落3294个。辖区0~5岁常住人口占总常住人口的4%，6~12岁常住人口占5%，13~18岁常住人口占3%，居住儿童人口总占比12%，辖区有1所中学、4所小学、10所幼儿园及1所青少年美术馆等15所教育机构，在读学生8000余名。

本研究公共空间是城市居民进行公共交往、举行各种活动的开放性场所，仅指户外开敞空间。以6~17周岁学龄儿童为人群研究对象，分为通勤就读（求学）儿童、长期居住（生活）儿童和短期旅游儿童3类。

1.2 适儿化公共空间问题诊断

大栅栏历史文化街区适儿化公共资源及空间包括：历史保护建筑23处、民俗展览馆11处、老字号17处、儿童闲置空间3处、社区儿童之家10处、儿童阅读室1处、绿地18处、街旁空地17处、运动场2处和儿童腾退空间2处。街区空间狭窄，缺乏适儿化游乐或活动空间，现存潜在空间缺乏系统性，连接度低。公共空间绿地分布较分散，开放性绿地较少；老旧基础设施存在安全隐患，缺乏适儿化设计，视觉吸引力差，缺乏合理利用；可供儿童游憩和教育的空间不足，空间没有有效地融入并传承大栅栏的文化特色（图1）。

2 研究现状及研究框架

2.1 国内外研究现状

在情境教育研究方面，国内外呈现多元发展态势。它是通过情境预设，通过创设真实或虚拟的环境场景，引导使用者在营造的特定情境中进行参与、体验与探索，激发其主动性与积极性。

情境教学的萌芽是教育家苏格拉底的产婆术。20世纪美国教育家约翰·杜威最早在著作《经验与教育》中提出情境教育[3]。由Brown、Collin、Duguid在《情境认知与学习文化》论文中提出情境教学[4]。让·皮亚杰提出情境创设问题，国内学者大多基于李吉林的情境教育理论[5]，从中国传统文化的“意境”概念出发，将情境教育与中国的美学和哲学思想相结合，探索了情感和美育在儿童发展中的作用[5-9]。这一研究方向不仅丰富了情境教

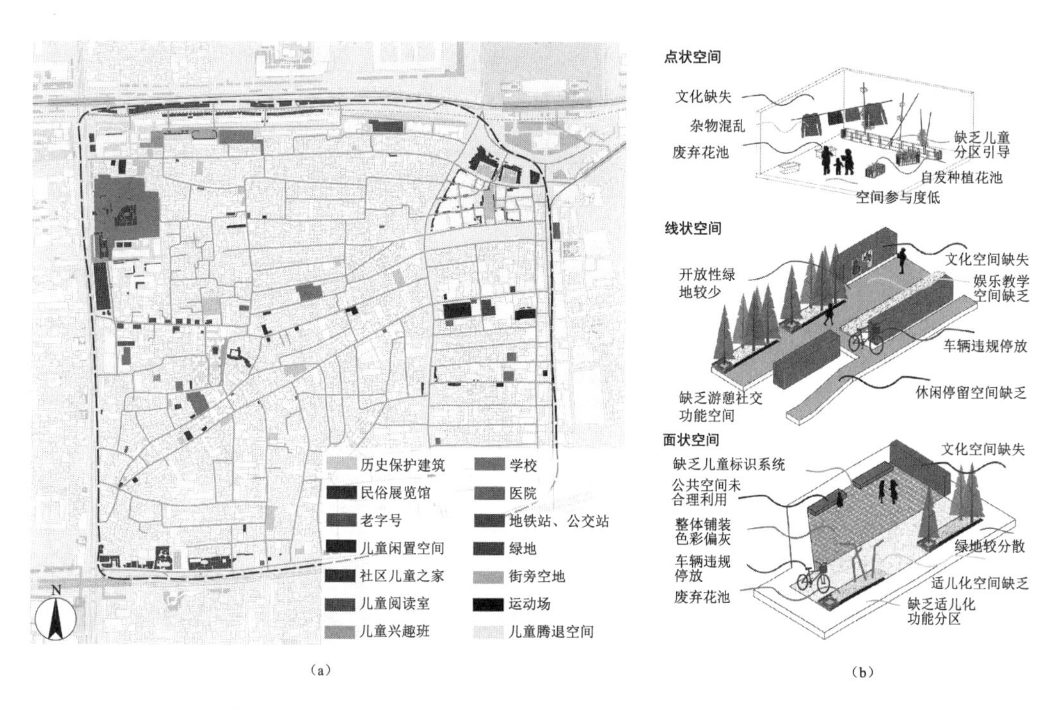

图1 大栅栏适儿化公共资源和空间现状分布图（左）及现状公共空间问题诊断示意图（右）

育的理论基础，也为情境景观空间设计提供了新的视角和方法。林瑛[10]、齐羚等[11] 将景观空间与情境教育相结合，探索了如何利用自然和建成环境促进学习和发展[12]。

此外，针对不同年龄儿童行为认知特征及感知特征的研究，揭示环境对儿童学习和发展的重要影响，探讨“环境-行为”和“环境-行为-心理”之间的关系，分析环境设计对个体行为和心理状态的影响。这些研究增强了情境教育理论的深度和广度，为实践者提供了实用的指导原则。

总之，情境教育作为一种多学科交叉的教育理论，其研究涵盖教育学、心理学、社会学和环境科学等多个领域。情境教育理论和方法对教育性景观设计具有重要的借鉴意义。

2.2 研究框架

2.2.1 情境教学法与文教场景

情境教学法是指在教学过程中引入具有情绪色彩、形象为主题的生动场景，帮助学生获取知识技能，使学生心理机能发展的教学方法[13]。

历史街区文教场景营造以情境教育为媒介，历史街区作为物理场景空间载体，将丰富的历史文化信息进行有效传递。以儿童认知特征和需求偏好为目标，通过特征提取、价值分析对教学（设计）内容从适儿化文化主体要素和非物质文化主体要素方面进行归纳，构建大栅栏历史文化和红色文化共融的适儿化文化教育基因库。教学（设计）场景从适儿化社会和物理空间模式对空间特征、空间要素进行分析，总结公共空间类型和模式（图2）。

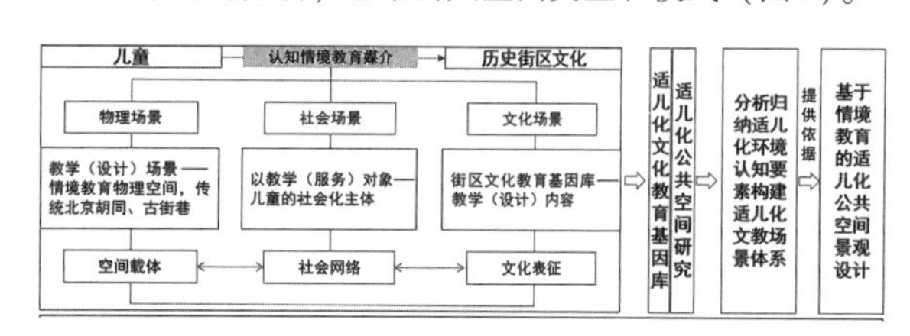

图2 情境构建分析图

2.2.2 情境教学作用机制与文教场景

本研究以儿童情境教育为核心，借鉴情境教学法的理论框架，从风景园林设计师的角度出发，视儿童为主要教学（服务）对象，以丰富的文化教育基因库为教学（设计）内容，选取街区公共空间作为教学（设计）的实践场所。通过情境教学设计反馈和评估情境营造的优劣，进一步优化教育情境，充分发挥已有历史文化资源对儿童的认知教育作用（图3）。

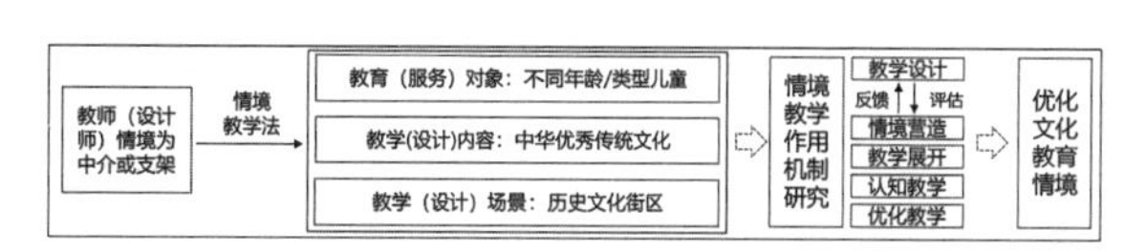

图3 情境教学作用机制图

2.3 小结

借鉴情境教学法，利用历史街区公共空间作为教学场景，将文化教育内容与儿童的认知特征相结合，从而创造出具有教育性和趣味性的适儿化公共空间，为公共空间适儿化改造提供了新的思路和方法，使得儿童友好城市建设更具多元性，避免陷入一刀切、模式化、处处游乐场式的“千园一面”误区。

3 大栅栏街区文化教育基因库构建

3.1 构建方法及过程

研究构建文化教育基因库，重点关注儿童心生理特征及适儿化文化认知要素。通过采用行为速写方法，观察记录不同儿童群体的日常行为模式，归纳行为特征；组织人本观察大栅栏活动，通过学习任务卡，引导儿童志愿者观察、拍摄和记录文化资源、场地环境和问题需求，系统了解儿童的认知需求；并进一步通过眼动实验，收集街景环境要素的儿童偏好特征。通过与大栅栏街道、中国儿童中心、联合国儿基会、北规院、清华同衡联合举办“童心规未来·共划大栅栏”大栅栏儿童责任规划师欢度世界儿童日活动，在小小规划师环节获取30位大栅栏儿童责任规划师的兴趣点及公共空间场景行为需求（表1）。

儿童参与的研究方法统计表　　表1

数据收集方法	内容	可获取信息	优势
拍照映射法	引导儿童观察、拍摄和记录文化资源、场地环境、街区感兴趣要素等	获取儿童视角下的街区兴趣要素	儿童视角更具代表性
眼动实验法	通过儿童游览街区拍摄的照片，记录儿童观看照片时的注视热点、注视时长及注视轨迹等眼动数据	收集街区环境儿童偏好特征	数据结果较为直观
游览引导法	通过引导儿童游览特定游线场景并进行访谈记录，了解儿童关注环境要素的理由	儿童偏好特征、空间需求	激发儿童主动性
兴趣点标记法	张贴代表儿童友好空间的蓝点，绘制儿童友好地图	街区空间儿童兴趣点	
需求选择	将街区具有代表性的3类公共空间进行分类设计模式图的表达，各年龄段儿童进行模式需求选取	各年龄段儿童空间需求	儿童参与设计，需求直观化表达

3.2 儿童心生理特征

3.2.1 行为速写

运用人本观察及行为速写的方法，深入观察个体行为。通勤就读儿童行为方式为交通通勤、交流互动、家长陪伴；长期居住儿童行为方式为游憩娱乐、日常生活行为；短期旅游儿童行为方式为游览观光、研学记录等（图4）。

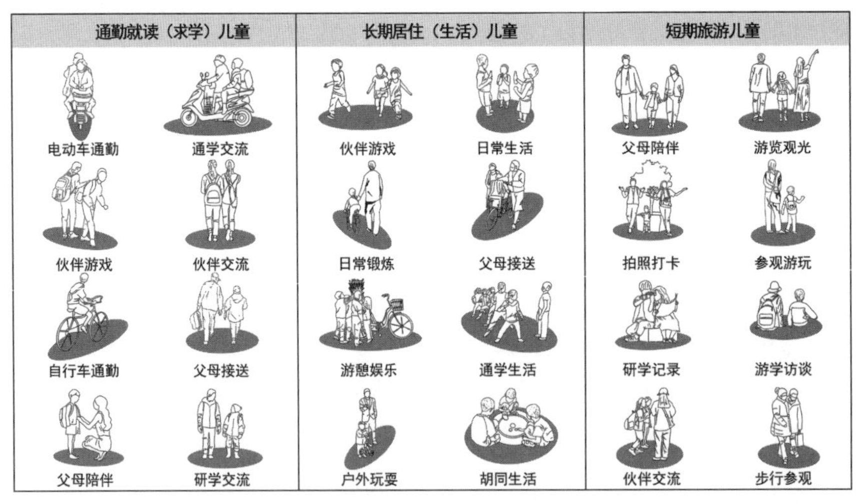

图4 行为速写模式图

3.2.2 眼动实验

在本研究中，选取街区30名不同年龄段儿童作为实验对象，引导儿童进行漫游式的游览，根据个人兴趣随机拍摄公共空间的照片，共识别出30个关键公共空间节点，使用Tobii Pro台式眼动仪捕获儿童在观看照片时的眼动数据，以此来分析历史街区环境儿童偏好特征。

研究结果显示，被试者注意力主要集中于牌匾文字、建筑主体、构筑物、植物及图片透视交点处。街区独特的文字、建筑装饰吸引被试者花费更多时间去认知，易形成视觉热点，儿童对于颜色丰富、内涵多样的景观元素会给予更多关注。儿童作为被试群体兴趣点较多，使得分析结果呈现注视点较为分散的特点，形成多个注视热点区域，但辐射面积相对较小。由聚合热力及注视轨迹分析结果可知（图5），第一个注视点由于被试群体的特殊性，注视点较为分散，之后转移到文字类构筑物、建筑物、植物等，与眼动聚合热力图一致。

图5 聚合热力及注视轨迹分析示意图（部分示例）

本研究通过定义7个关键指标——注视时长、注视次数、感兴趣区域（AOI）的面积和占比、首次注视AOI的时间和时长，以及平均注视时长和信息密度构建儿童兴趣特征图谱（图6）。

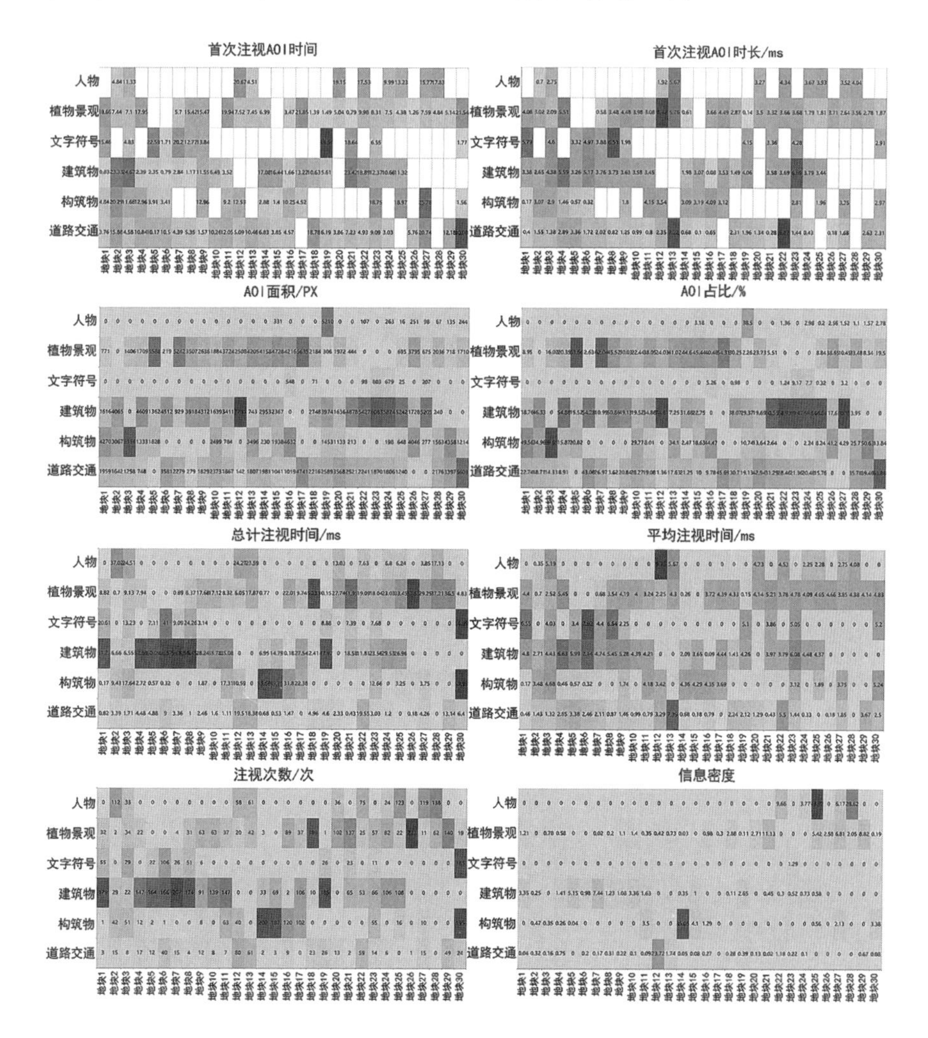

图6 儿童认知特征图谱

提取6类关键对象：道路交通、构筑物、建筑物、文字符号、植物景观和人物，并分析了儿童对这些要素的眼动反应，以探讨他们在公共空间中的要素感知特征。

结果表明，植物景观、建筑物和道路交通在首次被注视的时间较短但持续时间较长，说明这些要素在街区中较为显眼且能有效吸引儿童注意。建筑物、植物景观和构筑物占据较大AOI面积，在注视时长、次数和平均注视时间上是儿童关注的重点。此外，构筑物在特定区域的信息密度较高，表明其在儿童视觉偏好中占据重要位置。不同年龄段儿童在历史街区公共空间中所呈现的心生理及需求偏好呈现不同特征（表2）。

不同年龄阶段心生理特点统计表　　表2

年龄	生理行为特征	心理行为特征	需求偏好特征
0~3岁	主要依据视觉感知获取知识	对色彩及特征鲜明的事物兴趣高	自然式教育
4~6岁	依据视觉、听觉进行认知与模仿	可初步进行物体与空间的联系	事物认知能力形成并快速发展
7~18岁	依据五感进行全面认知体验	具备空间认知特征，文化、记忆、情感需求增强	独立性增强，喜欢文化、娱乐型活动

3.3　适儿化文化认知要素

以街区“文化的再情境化”营造来关联儿童认知活动的体验性及情感，对儿童传统文化的教育传播具有重要作用。对60名儿童的人本观察结果及问卷访谈等进行数据汇总（图7）。云词主要以新旧结合、古韵、老字号、文化墙、文物古物等为主。将场景地图进行童稚化转绘，公共空间分为公园绿地、通学空间、街旁公共空间3类。

结果显示，儿童对不同空间类型模式及设施要素呈现不同的选择。公园绿地中儿童对自然式和人工式绿地不具有明显偏好性，以健身游乐设施、绿化设施、休憩设施为主；通学空间中儿童大部分选择娱乐式空间，以交通设施、物质文化设施为主；街旁公共空间中，5~9岁儿童不具有明显偏好性，10~18岁大部分偏向动态式空间，以绿化设施、物质文化设施为主。不同年龄的儿童呈现不同的偏好特征，设施作为文化认知要素的载体，呈现出大栅栏特殊的文教特征。

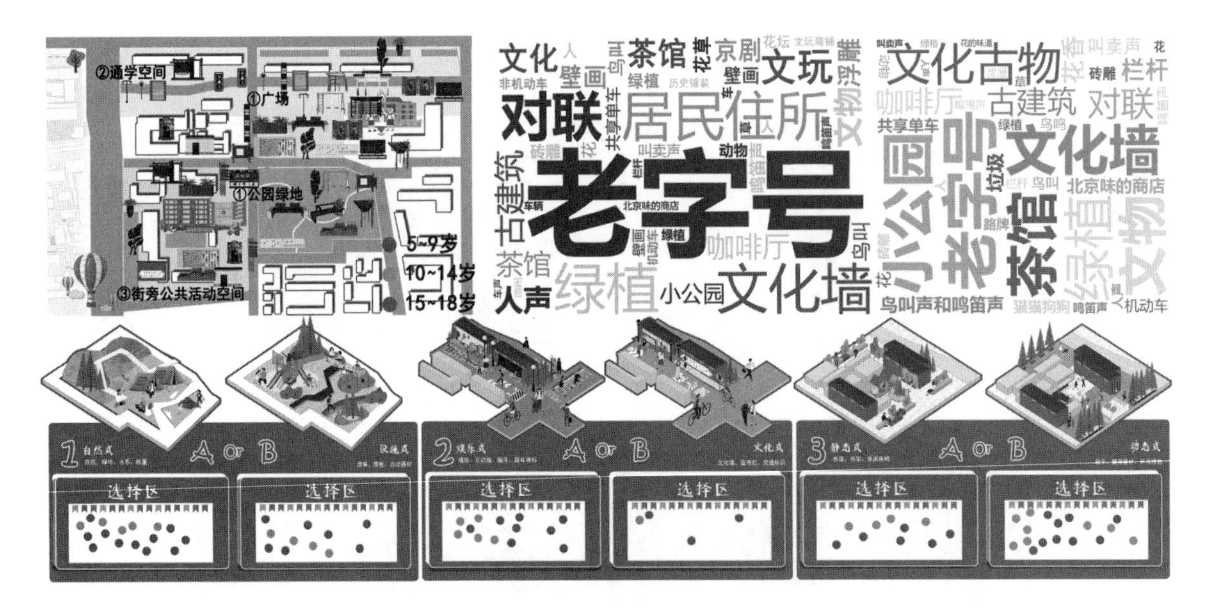

图7　大栅栏场景模式及文化印象云词图

3.4　小结

通过以上研究，综合运用民族志、田野调查等社会学方法与工具，借助自然语言处理和眼动实验等手段采集并处理海量信息，分类归纳北京历史文化街区中华优秀文化教育基因库。

4　大栅栏街区公共空间研究

4.1　公共空间特征

大栅栏街区公共空间主要由点状、线性、面状空间组成（图 8）。适儿化公共空间共有 46 处，其中点状空间 18 处、重要历史胡同 16 条、面状绿地空间 6 处（图 9）。

图 8　公共空间分布图

序号	节点名称	面积（m²）	序号	节点名称	面积（m²）	
1	延寿街24号建筑前空间	8.0	7	陕西巷南入口同仁堂前广场	13.0	点状空间
2	延寿街36号建筑前空间	6.5	8	陕西巷中段街旁空地	8.0	
3	延寿街90号建筑前空间	7.5	9	陕西巷南入口街旁空地	3.0	
4	延寿街北部入口空间	12.0	10	耀武胡同中段	4.0	
5	延寿街南部交叉口空间	9.8	11	北火扇胡同中段	3.4	
6	扁担胡同中段街旁空间	3.0	12	北火扇胡同扬威胡同交叉口	3.9	
7	陕西巷南入口同仁堂前广场	13.0	8	陕西巷中段街旁空地	8.0	
9	陕西巷南入口街旁空地	3.0	10	耀武胡同中段	4.0	
11	北火扇胡同中段	3.4	12	北火扇胡同扬威胡同交叉口	3.9	
13	扬威胡同中段	3.0	14	扬威胡同炭儿胡同交叉口	6.3	
15	大宏巷大耳朵胡同交叉口	4.2	16	大宏巷胡同中段	2.2	
17	花草堂	18.0	18	五道庙	54.0	

序号	街巷名称	宽度/m	长度/m	
1	煤市街	12.0	1 100.0	线性空间
2	琉璃厂东街	6.5	406.9	
3	大栅栏街	6.0	274.8	
4	大栅栏西街	6.0	320.9	
5	堂子街	6.0	98.0	
6	铁树斜街	5.5	593.9	
7	西河沿	5.4	1 191.5	
8	五道街	5.0	108.0	
9	粮食店街	4.5	510.0	
10	棕树斜街	4.5	308.0	
11	棕树二条	4.5	196.0	
12	石头胡同	4.5	450.0	
13	樱桃胡同	4.5	109.0	
14	韩家胡同	4.5	380.0	
15	百顺胡同	4.5	259.0	
16	和平门外东街	12.0	1 210.0	

序号	节点名称	面积（m²）	序号	节点名称	面积（m²）	
1	第一实验小学前广场	984.0	4	京韵园1-4期	3 034.0	面状空间
2	北师大附中前广场	830.0	5	百花园	1 850.0	
3	月亮湾公园	1 960.0	6	十号楼前广场	186.0	

图 9　公共空间分布统计图

4.1.1　点状空间

公共空间节点为街旁空地、公共院落空间及腾退空间 3 种。院落公共空间通过门房与街巷空间、广场空间直接相连，构成完整的公共空间体系，现状适于儿童活动的节点 16 个，总面积 97.8m^2；腾退院落 2 个，总面积 72m^2。

4.1.2　线性空间

街巷胡同依据其现状及功能将其分为商业型、居住型、商住混合型 3 种类型。与儿童活动密切相关的重要历史胡同 16 条，主要为商业型、商住混合型街道，主要宽度为 4~6.5m，主要交通路线长度为 12m。

4.1.3　面状空间

街区内面状空间分布较分散，面积较小，主要为广场和小公园，总占地面积 8844m^2。

4.2　公共空间文化要素

历史街区公共空间是历史文化的承载空间，包括建筑、设施、自然和商业 4 类要素，是儿童可认知的主要文化要素，且通过丰富的物质载体呈现（图 10）。

要素类型			文化要素载体
物质文化要素	建筑要素	建筑形式	四合院、瓦房
		建筑结构	门廊、横梁、屋檐斗拱、木雕、花窗
		建筑材质	青砖、木材、瓦片、石材、琉璃瓦……
	设施要素	街道家具	座椅、路灯、垃圾桶、晾衣架
		标识设施	牌坊、雕塑、壁画、牌匾、招牌、铺装
	自然要素	胡同植物	古树名木、农作物、盆栽、攀缘植物
	商业要素	手工艺品	篆刻、文房四宝、刺绣、陶瓷、雕漆
		特色食品	糖葫芦、茶汤、卤煮、烤鸭、爆肚

图 10　公共空间文化要素统计图

4.3　适儿化公共空间影响因素分析

4.3.1　适儿化影响因素识别

在街区随机选取 30 个不同年龄段的儿童实验样本，以儿童视角与高度进行兴趣图片的收集与拍摄，共获取 300 余张照片。

采取全卷积网络模型对获取图片进行图像语义分割，识别适儿化影响因素。选取分析要素占比前十的要素用于评测分析（图 11）。图片中因行人与车辆占比会影响景观要素提取与分析，将其作特殊类别标注。

要素类型			要素特征
点状空间、线性空间、面状空间	景观要素	天空	图片中未经遮挡的天空
		植被	街巷、建筑周边的植物
		建筑物	保护建筑、现代建筑等
		道路	街巷、胡同
		栏杆	具有保护措施的构筑物
		标识牌	老字号牌坊、路牌、路灯等
		楼梯	保护性符号构筑物
		花坛	观赏花坛、草坪边缘花坛、居民自发种植花卉
		座椅	特色文化符号休憩设施
	活动要素	行人	不同年龄段人群
		车辆	机动车、非机动车

图 11　历史街区适儿化评测要素分类情况统计图

4.3.2　适儿化影响因素分析

通过人工比对分割结果图片与现状照片，优化校正差异较大的图片样本，生成语义分割数据库图集（图 12）。统计各组图片量化指标，生成各类空间总体景观要素占比，用于分析历史街区儿童景观要素视觉占比差异。

经图像语义分割发现，座椅视觉占比较小，依次为建筑物>街巷>绿植>花坛>墙体>车辆>标识牌>座椅。以不同层次公共空间类型分析，点状空间中人行道、建筑物、植物有较高占比，文化牌坊、休憩座椅、栏杆有别于线状空间被识别；线状空间中建筑物、街巷、车辆、植物具有较高占比；面状空间中，建筑物、墙体、树木、植物具有较高占比。这些影响要素对于适儿化公共空间改造设计具有重要影响（图 13）。

图 12　街区评测图片统计示意图

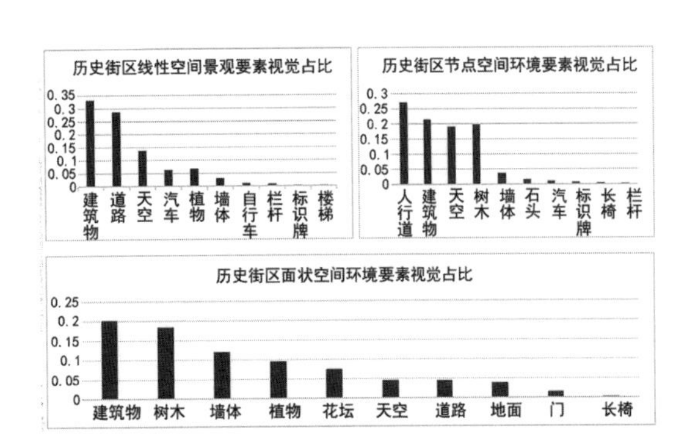

图 13　历史街区各类空间景观要素视觉占比统计图

4.4　文教场景体系构建

对 60 名儿童公共空间偏好进行数据叠加，形成儿童偏好认知地图。以街区活力点较高的场地为基础，构建井字形公共空间文教场景网络体系。营造 36 处点状空间、18 处线性空间和 10 处面状空间，构建点、线、面相融合的文教场景体系（图 14）。

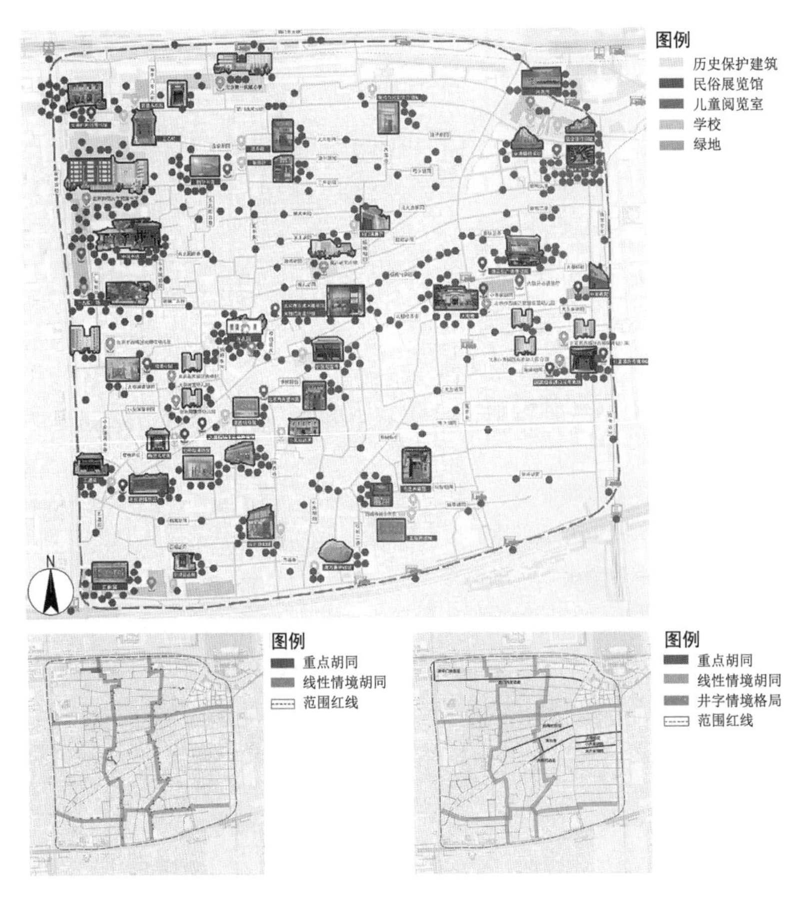

图 14　认知地图及文教场景体系示意图

4.5 小结

通过分析空间特征及适儿化影响因素，街区适儿化空间以点状和线性空间为主，公共空间适儿化影响因素集中于建筑物、街巷、墙体、植物等。在适儿化场景营造中重点关注建筑物立面改造、街巷整体风貌更新、墙体立面改造及植物配置等。

5 情境教育适儿化公共空间场景范式

依据文化教育基因库和文教场景体系，归纳总结各类空间文教情境适儿化设计手法与策略并进行场景范式营建。利用历史街区线性空间来建设满足传承中华优秀文化和文化教育功能的适儿化、叙事性户外场所（图 15），并形成文教场景体系设计导则（图 16）。

5.1 文教场景主题建构

结合大栅栏通学路、文化探访路串联重要老字号文化资源进行适儿化改造设计。通过再现、转译、融合、联想等方法进行文化价值识别与设计转化，构建游憩情境、文教情境、生活情境、通学情境等集文化宣传、户外教育、儿童友好于一体的儿童友好街区，以文教场景主题为依据进行总体功能分区，植入文教情境基因，进行场景的叙事性设计（图 17）。

5.2 历史文化与学科知识相融合

挖掘大栅栏历史文化街区传统的老字号历史文化，与学科教学知识点进行有机结合，开展儿童户外寓教于乐的童学课堂。

以叙事性景观空间为载体，提取老字号和衣食住行文

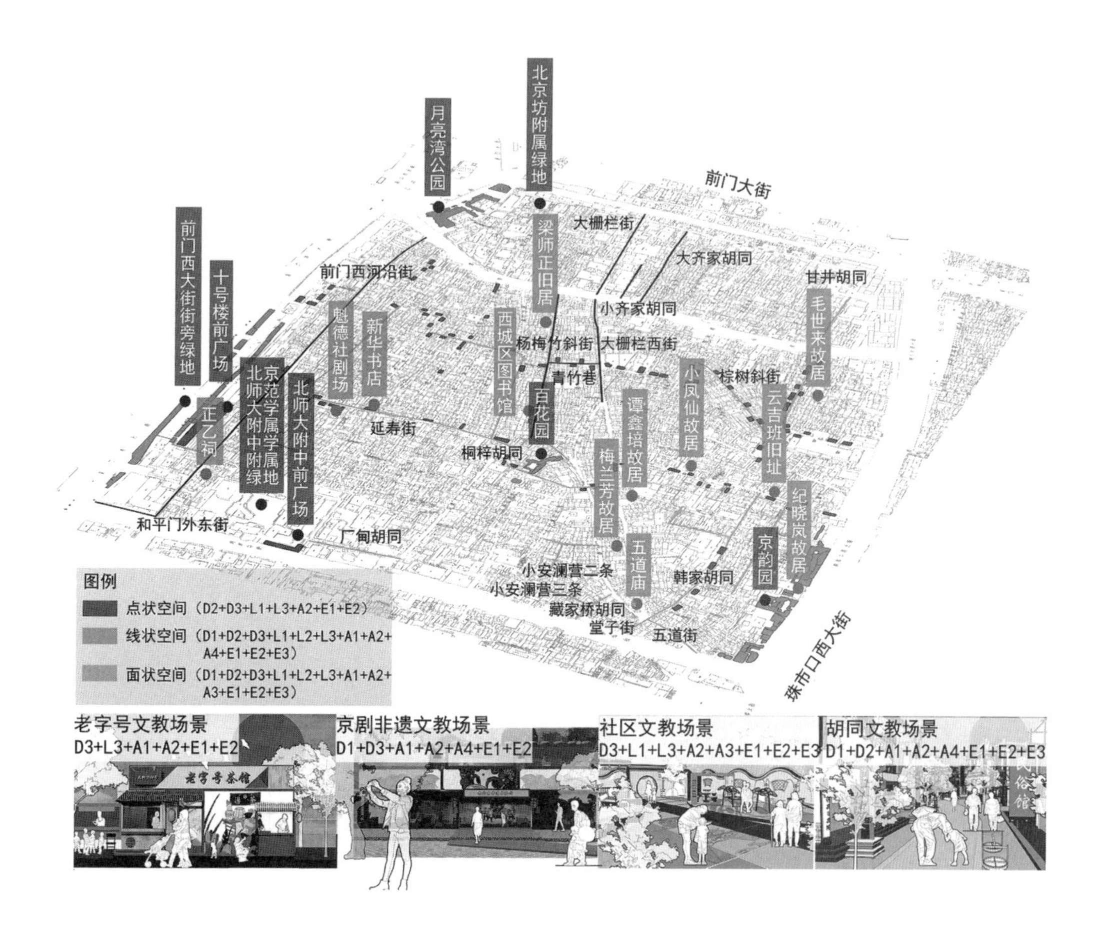

图 15　多尺度公共空间文教场景示意图

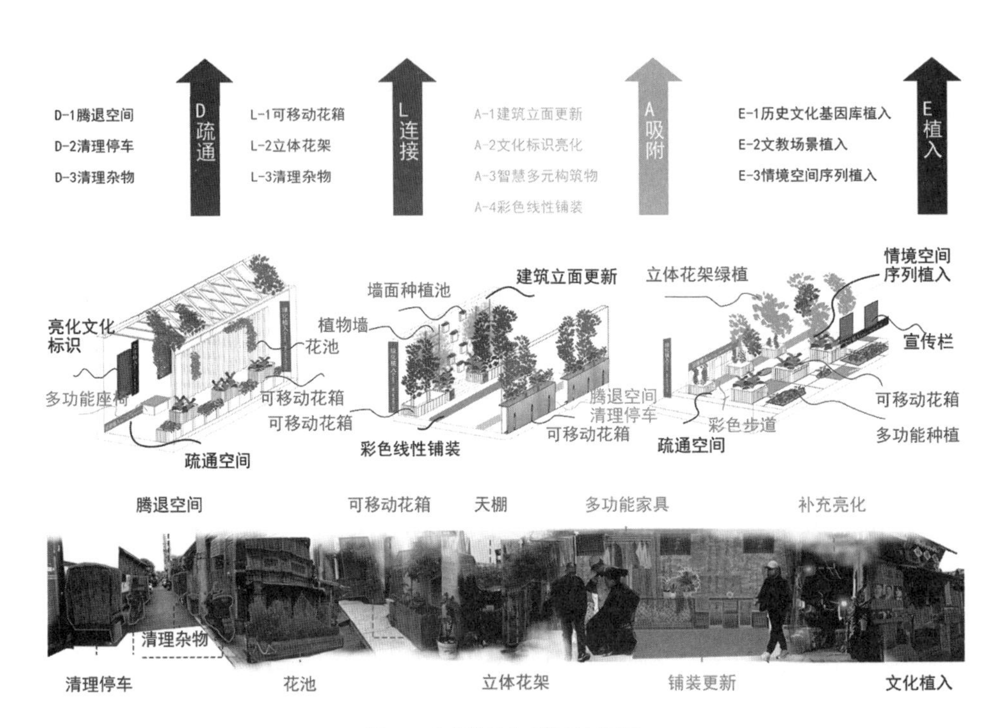

图16 文教场景体系设计导则图

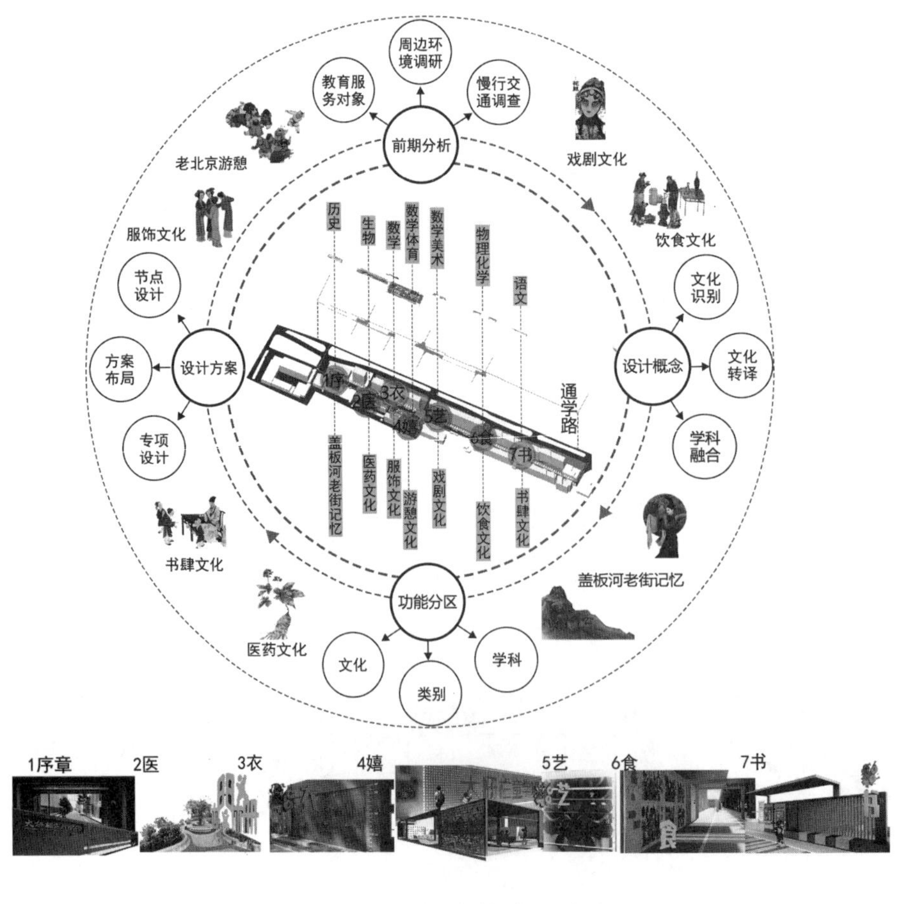

图17 文化价值设计转译路径示意图

化娱乐相关的要素，结合学生语文、数学、物理、化学、音乐、美术、体育、生物、历史等学科知识点，借鉴课堂情境化教学环节，将知识要素、传授方法和形式转译到景观设计中。

5.3 点线面空间设计策略

（1）点空间：为街区环境的最小构成单元，将零散空间进行疏通、更新与再利用，通过加入适儿化的文化标识和设施营造情境。

（2）线空间：点状空间的延伸构成了线性空间，通过疏通、整理街巷空间，重塑和构建街巷两侧多功能文教立面和空间序列组织，并通过垂直绿化、移动花箱等绿化方式形成绿脉网络。

（3）面空间：增加空间复合性，结合竖向设计和种植设计提升场地品质，增加儿童可参与性空间和配备安全的文教性游戏设施，结合不同年龄段儿童认知特征，为设施加入明确的学习目标和主题。建设儿童美育微空间，激发儿童想象力和创造力。

6 结语

历史街区公共空间因其丰富的文化资源和空间格局特殊性，是连接儿童认知、情感、社会化发展的特殊户外教育场所。通过情境教育理论将大栅栏历史文化街区公共空间适儿化改造与传承中华优秀传统文化结合，探究公共空间文教情境适儿化改造策略，为儿童友好建设提供参考。

总结大栅栏适儿化文教场景营造构建过程：一是整合街区以老字号为代表的历史文化资源，利用胡同街巷的线性空间，以建设满足传承中华优秀文化和承载文化教育功能的场所为目标，通过街区“文化的再情境化”营造来关联儿童认知活动的体验性及情感，促进对儿童传统文化的教育传播；二是挖掘街区中华优秀文化要素，结合儿童认知特征特点和需求偏好，构建大栅栏历史文化和红色文化共融的适儿化文化教育基因库；三是依托街区公共空间更新、环境和交通整治、儿童友好空间建设、老字号复兴等工作。梳理公共空间类型和模式，对公共空间进行适儿化改造，营造点、线、面相融合的大栅栏文化教育场景体系，探索具有文保区特色的儿童友好城市建设的模式和路径。通过大栅栏通学路、健康绿道、文化探访路三网合一的格局，形成文化传承、儿童友好和康养健身三线合一的生态胡同体系，结合胡同净化、空间腾退、清理杂物和慢行交通治理的疏通工作，综合绿化连接、设施吸附、文化滋养措施打造融合文化性、生活性和景观性的胡同空间场景。

致谢：感谢北京市西城区大栅栏街道工委与办事处、北京工业大学城市建设学部人本街道实验室与大栅栏责任规划师团队师生提供的帮助；感谢北京工业大学李甜婧、谢佳萌，航天规划设计集团有限公司董文辉及大栅栏儿童责任规划师志愿者对本文的帮助。

参考文献

[1] 中华人民共和国中央人民政府．住房城乡建设部办公厅、国家发展改革委办公厅、国务院妇儿工委办公室印发《〈城市儿童友好空间建设导则（试行）〉实施手册》[EB/OL].（2023-09-27）[2023-08-16]. https://www.gov.cn/zhengce/zhengceku/2023008/content_690094.htm.

[2] 北京市发展改革委，市妇儿工委办公室．北京市儿童友好城市建设实施方案[Z]．北京，2023.

[3] 杜威．经验与教育[M]．刘同敏，译．上海：华东师范大学出版社，2014.

[4] Brow J S, Collin A, Duguid P. Situated Cognition and the Culture of Learning[J]. *Educational Research*, 2014: 18(1): 155-181.

[5] 周宗奎．现代儿童发展心理学[M]．合肥：安徽人民出版社，1999：146.

[6] 郎筠．皮亚杰认知发展理论简析[J]．科技信息，2011(15)：159-160.

[7] 李吉林．李吉林与情境教育[M]．北京：北京师范大学出版社，2019.

[8] 米俊魁．情境教学法理论探讨[J]．教育研究与实验，1990(3)：24-28.

[9] 车丽．情境教学的心理特征浅析[J]．普教研究，1995(4)：41.

[10] 林瑛．基于情节建构的儿童景观场所设计[J]．中国园林，2013，29(8)：49-53.

[11] 齐羚，龙欣雨，李甜婧，等．教育戏剧理念下儿童剧场性户外空间景观设计研究[J]．中国园林，2022，38(S2)：78-83.

[12] 王灿明．情境教育促进儿童创造力发展：理论探索与实证研究[M]．北京：中国社会科学出版社，2019.

[13] 王庆忠．情境教学法在思政课中的理论建构及实践运用[J]．学校党建与思想教育，2017(19)：70-73.

作者简介

齐羚，1979年生，女，安徽池州人，北京工业大学城市建设学部城乡规划系副教授、硕士生导师。研究方向为风景园林规划设计与理论。

李明慧，1998 年生，女，内蒙古呼和浩特人，北京工业大学城市建设学部城乡规划系在读硕士研究生。研究方向为风景园林规划设计与理论。

龙欣雨，1998 年生，女，内蒙古包头人，北京工业大学城市建设学部城乡规划系在读硕士研究生。研究方向为风景园林规划设计与理论。

孙嘉翊，2001 年生，女，河北沧州人，北京工业大学城市建设学部城乡规划系在读硕士研究生。研究方向为风景园林规划设计与理论。

（通信作者）熊文，1979 年生，男，陕西西安人，北京工业大学城市建设学部城乡规划系副教授、硕士生导师。研究方向为慢行交通与历史街区更新。

北京国家文创实验区文化数字化新场景体系构建研究①②

Research on the New Cultural-Digitalization Scenarios of National Cultural Innovation Zone, Beijing

齐 羚 李甜婧 谢佳萌 宋志生*

摘 要：在国家文化数字化战略背景下，北京朝阳国家文化产业创新实验区作为全国首个国家级文化产业实验区具有明显的示范性，将文化数字化落实到场景空间，通过文化产业园作为空间载体营造具体文化场景对于实现文化产业和园区的高质量发展有着重要意义。在既有研究基础上，梳理相关研究文献界定文化数字化新场景的内涵；结合实地调研分析国家文创实验区发展的现状特征和需求，并进行问题诊断。结果显示：当前实验区存在空间形态不满足数字化需求、数字化产业生态有待提升和文化资源活化创新不足等问题。因此结合不同群体对于文化产业园数字化发展的需求特征，从场景展示层、场景应用层、场景支撑层和场景感知层4个层面构建多尺度、多层次、系统化的体系架构。提出完善空间形态、优化产业业态、创新文化资源、布局智慧景观和搭建交互平台等发展策略，为后续结合示范项目提出具体优化路径和以前置规划引领统筹园区文化数字化发展等工作提供理论基础。

关键词：国家文创实验区；文化产业园；文化数字化新场景；场景营造

Abstract: Under the backdrop of the national cultural digitization strategy, Beijing Chaoyang National Cultural Industry Innovation Experimental Zone, the country's first national-level cultural industry experimental zone, demonstrates significant exemplariness. It integrates cultural digitization into spatial scenarios, leveraging cultural industry parks as spatial carriers to create specific cultural scenes, which are crucial for realizing the high-quality development of cultural industries and parks. Building upon existing research, this study delineates the connotations of new cultural digitization scenarios by reviewing relevant literature. It diagnoses the status and needs of national cultural innovation zones through field research. The results indicate that the current experimental zone faces issues such as spatial forms needing to meet digitization needs, the need to enhance the digital industry ecosystem, and insufficient activation and innovation of cultural resources. Therefore, based on the diverse demands of different groups for the digital development of cultural industry parks, a multi-scale, multi-level, and systematic architectural framework is proposed across four dimensions: scene presentation layer, scene application layer, scene support layer, and scene perception layer. Development strategies are suggested, including improving spatial forms, optimizing industrial formats, innovating cultural resources, designing smart landscapes, and establishing interactive platforms. which provide a theoretical basis for optimizing strategies for subsequent demonstration projects and guiding the integrated digital development of park culture through pre-planning.

Keywords: National Cultural Innovation Zone; Cultural Industry Park; New Cultural-digitalization Scenarios; Scenario Construction

---

① 本文已发表于《园林》，2024，41（07）：50-56。

② 基金项目：教育部人文社会科学研究一般项目“大运河国家文化公园交互性景观活态文化资源挖掘与设计策略研究”（编号：3C035001202301）；北京工业大学城市建设学部教育教学研究课题“‘为人民而设计’的大栅栏历史街区产教融合示范实践教育基地建设研究与实践”（编号：ERCJ202203）；科技部国际合作项目“‘双碳’目标下的‘一带一路’沿线中外可持续建筑材料与城市再生研究”（编号：9Q012001202201）。

引言

“场景营城”是基于场景理论和公园城市建设目标提出的一种统筹空间形态、景观生态、文化仪态、消费业态、组织活态等多维要素共同营造城市氛围的新理念[1]。成都、重庆等城市率先通过夯实数字基础设施、营造健康的数字生态环境、搭建丰富的应用场景体系等举措从城市层面构建多元化、立体化的场景全链路体系[2]。2022 年，中共中央办公厅、国务院办公厅印发《关于推进实施国家文化数字化战略的意见》。场景化是文化数字化战略的基本特征，交互是核心手段[3]。文化产业园区是数字经济与文旅产业高质量发展的重要载体，其高质量发展有利于实现城市产业要素的有序集聚和城市空间的高效利用[4]。北京市积极推动文化产业园区集聚创新发展，各类特色园区正在成为文化消费打卡地。北京朝阳国家文化产业创新实验区（简称国家文创实验区）在推进园区数字化转型升级和文化产业科技融合发展方面极具代表性和示范性[5]。在从国家到地方出台的多份有关推动实验区高质量的相关指导意见中也特别指出，要坚持文化科技双向赋能，推进智慧园区建设，培育壮大数字文化企业集群，加快发展线上演播、数字娱乐、沉浸式体验等新业态[6]。面对文化数字化的高质量发展新要求和新方向，当前实验区的前置规划组织未成体系，营造路径尚不清晰，面临着基础服务设施配套与数字化发展需求不适配、数字化文化景观创新不足等问题。场景理论对文化产业园区空间营造具有形塑作用，是统合文化生产与消费、布局多样化设施、激活多方主体参与的内在动力机制。

综上，探索文化数字化战略背景下以国家文创实验区为空间载体的新场景理论体系具有重要的理论和应用价值。本研究通过综合前人研究界定文化数字化新场景的内涵，进行实地调研分析实验区现状特征和需求，对标发展问题，提出国家文创实验区文化数字化新场景的体系研究。提出国家文创实验区文化数字化新场景的体系研究，以此为文化产业园数字化转型和智慧型公园城市发展提供理论依据和技术支撑。

1 相关概念及研究评述

1.1 场景及场景营城

特里·克拉克在消费城市背景下提出的场景理论将场景从纯粹的空间区域概念转变成为具有社会学视野的综合性概念[7]。从文化视角解释场景，它是与文化有关的活动和设施的综合，既包括物理形体空间，也蕴涵社会性的精神价值[8]。在城市社会学领域，多是从场景要素、维度分析、测度评价的角度讨论不同尺度的城市空间的场景营造[9-11]。禹建湘、陈波、祁述裕等[12-14]在文化空间建构、区域文化消费及城市发展转型等方面开展了讨论，提出以场景引导的城市更新与开发模式。王忠杰等[15]结合“公园城市”提出“场景营城”理念，指出其核心在于运用多种手段营造城市物质空间及社会、经济、文化、生态等方面的整体环境氛围，以实现城市发展目标。

1.2 文化产业园场景营造研究

作为文化生产与消费同时发生的最佳场所，文化产业园区是后工业城市中影响最深远的文化空间，营建场景有助于其更有力地吸引文化消费，拉动文化生产，促使价值最大化。罗兰等[16]提出多元化住房场景、多元化公服体系、智慧化数字场景、精细化开放空间、多层次交通体系的创新空间场景营造策略。张铮、宋孟丽、房芳等[17-19]学者结合场景理论分析国内文化产业园的发展路径、模式和文化空间治理。杨欣傲[20]结合创意阶层就业偏好需求提出东郊记忆与西村大院文创园的场景营造建议。江海燕等[21]以广州琶醍啤酒文创园为例，分析线上线下社交作用下园区文化空间场景营造的特征和策略。

1.3 文化产业园数字化发展研究

数字化发展背景下，科技创新能够促进文化释放更强的生产力，实现文化产业转型，推动文化消费升级，促进文化消费场景由线下到线上线下一体化的转变[22]。数字技术能够实现文化资源的创造性转换和创新发展，从内容建设、展示方式、传播途径、交互手段等方面丰富用户文化体验[23]。因此将文化数字化落实到场景空间，通过文化产业园作为空间载体营造具体文化场景对于实现文化产业和园区的高质量发展有着重要意义[24]。全国各地的文化产业园都在进行科技融合的数字化转型探索实践，学术界关于园区数字化发展的理论研究刚刚起步，现有成果较少，仅有部分学者从不同视角进行了初步探索[25]。目前鲜有研究涉及对文化产业园文化数字化新场景的概念内涵、发展特征、构建方法和与实践路径等方面的研究，尚未形成较为完整、普适的理论体系，主要停留在个别案例解析层面，缺乏新形势下的系统性思考和深层次体制机制研究。

1.4 文化数字化新场景的内涵界定

结合当前数字技术全面赋能文化产业全链条的发展态势，本文将文化数字化新场景的内涵界定为以数字技术为支撑、以文化产业为核心、与文化数字化发展相关的园区文化活动与文化设施的综合，包括物理场景、社会场景和信息场景三大维度的多元化空间，是文化数字化背景下文化产业园线上线下多维度呈现的复合化场景空间。文化数字化新场景是场景理论在文化产业园发展领域的实践与运用，具体可体现为文化生产场景、文化消费场景和文化运营场景（图 1）。即在全息呈现、数字孪生、多语言交互、人工智能等新型技术迅速发展并广泛应用的背景下，借助增强现实技术提升沉浸式互动体验，融合元宇宙打造数字孪生园区，实现文化空间由实体性的文化场景向数字和数实融合文化场景的拓展升级，满足文化企业及管理者追求文化创新、文化传承、文化科技交融的发展愿景，契合新时期人民群众追求高品质、多元化、互动型、沉浸式的文化体验需求。

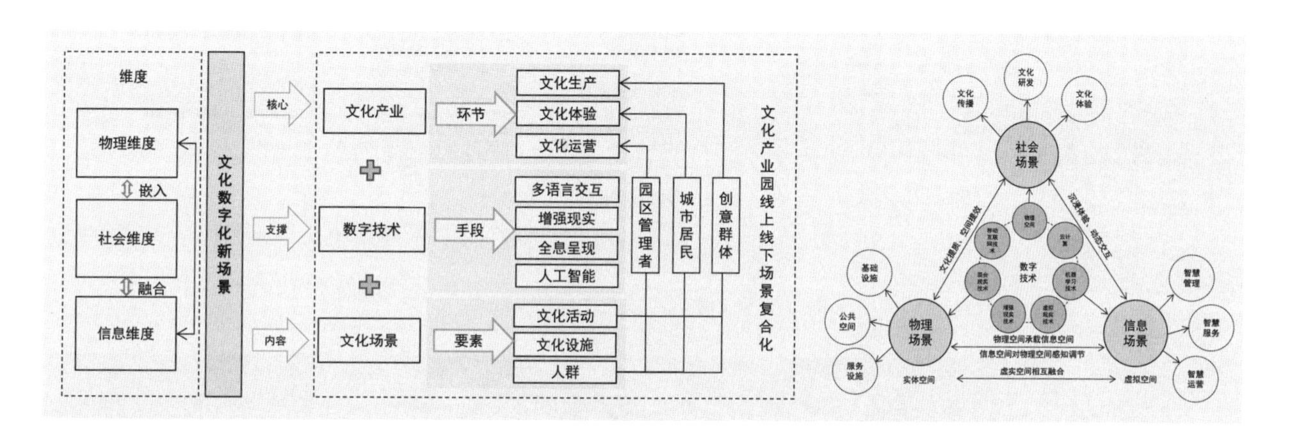

图 1 文化数字化新场景内涵解读

2 国家文创实验区数字化发展现状及问题

2.1 研究区域

2014 年文旅部以“北京商务中心区（CBD）——定福庄”一带 78km² 为核心承载空间批复设立国家文创实验区。随后为响应《朝阳分区规划（国土空间规划）》提出的构建全区创意文化发展新格局的号召，实验区建设管理范围从核心区扩展至朝阳区全域，为文化产业集聚和高质量发展提供了优质充足的空间承载，所培育的文创园区数量已经从约 50 家拓展为 99 家，根据主导行业不同园区类型可分为综合创意类、文化传媒类、文化科技类和休闲娱乐类（图 2）。在文化与科技融合的驱动下，国家文创实验区紧抓数字文化产业发展机遇，深入实施“文化+”战略，从文化产业和文化景观、文化空间、运营服务、产品创新等层面加快数字化进程，不断解锁文化数字化发展的新场景。

2.2 文化数字化转型发展问题

2.2.1 空间形态不满足数字化需求

国家文创实验区范围内文化产业园的基础配套服务设施和空间环境建设情况良莠不齐。小部分园区的服务设施较好地满足文化科技融合发展需求，例如首创·郎园 station 建有占地面积约 1hm² 的东坝数字文化产业基地（图 3），东亿国际传媒产业园区建有东亿美术馆、演播厅、综合数字展厅等配套服务设施。但仍有一些传统园区在面对数字化发展需求时表现出配套支持匮乏及内生动力不足等问题。此外，公共文化空间建设不足且难以满足文化体验和数字交互的新需求。为满足文化产业数字化升级、“文化+”各类新业态发展，园区的配套服务设施和空间环境有必要结合数字化发展新态势进行品质提升。

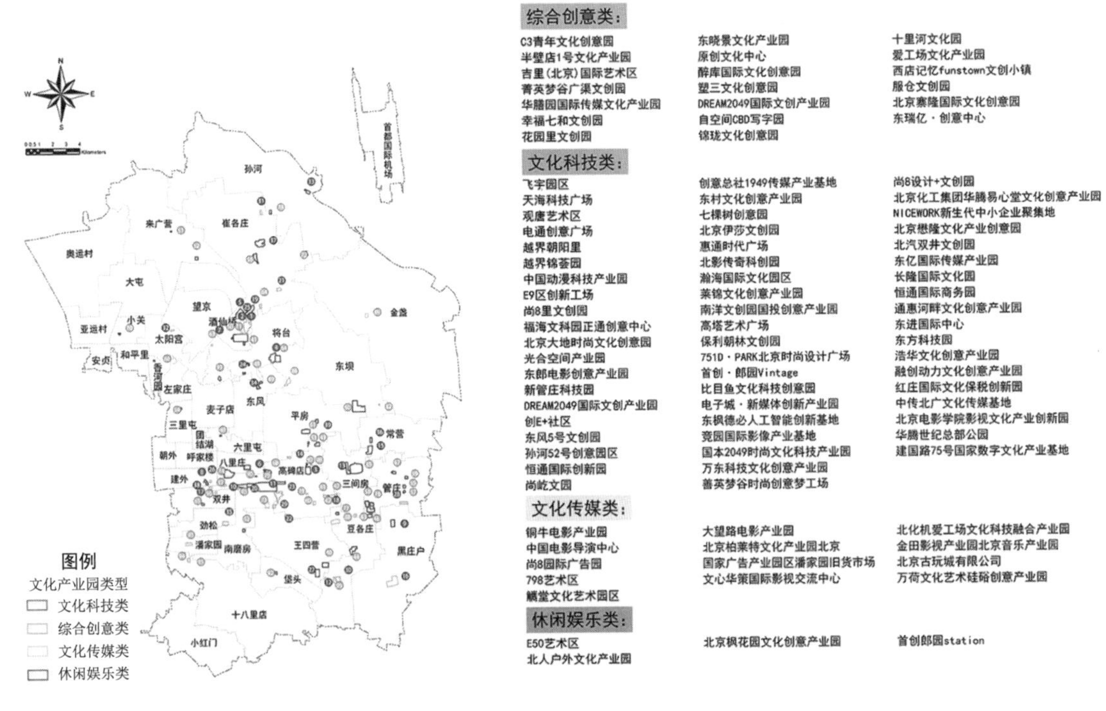

图 2　国家文创实验区文化产业园空间分布

图 3　首创・朗园 station 现状平面布局

2.2.2 数字化产业生态有待提升

国家文创实验区在创意设计业、影视传媒业、动漫游戏业、艺术品交易业等文化产业存在优越的资源基础和较强的比较优势，但在文化科技融合业态与数字文化产业发展方面仍存在短板，需要加快布局文化科技融合产业新赛道，从文化生产、传播、运营、消费、体验多端构建文化产业数字化新生态。

2.2.3 文化资源活化创新不足

文化资源是文化产业园可持续运营发展的重要基础，国家文创实验区现有园区中有 71 家是由工业厂房改造建设而成，拥有极其丰富的工业文化遗产资源，同时还有着大运河文化、北京灯彩、点翠、相声、京绣、内画鼻烟壶、连环画等众多物质与非物质文化遗产，对这类独特的文化资源进行数字化的创新性利用再开发，能够有效地实现保护园区文化特色，塑造文化景观以及传承城市文脉记忆等目标。但当前部分园区本土文化资源挖掘和利用不充分，未能将文化资源有效转化为文化景观，也未能将文化景观进行数字化和场景化的创新性考量，现有文化品牌影响力不足。

3 国家文创实验区文化数字化新场景体系构建

3.1 文化产业园数字化需求特征

文化产业园面向主要的群体包括创意群体、城市居民和园区管理者，基于三类人群的活动类型和对应的数字化供给现状，解读不同群体对于文化设施数字化的发展需求（图 4），进而总结文化数字化场景的特征，其具体表现为数字技术链接生产、科技手段创新文化体验和智慧终端优化文化运营三个方面。

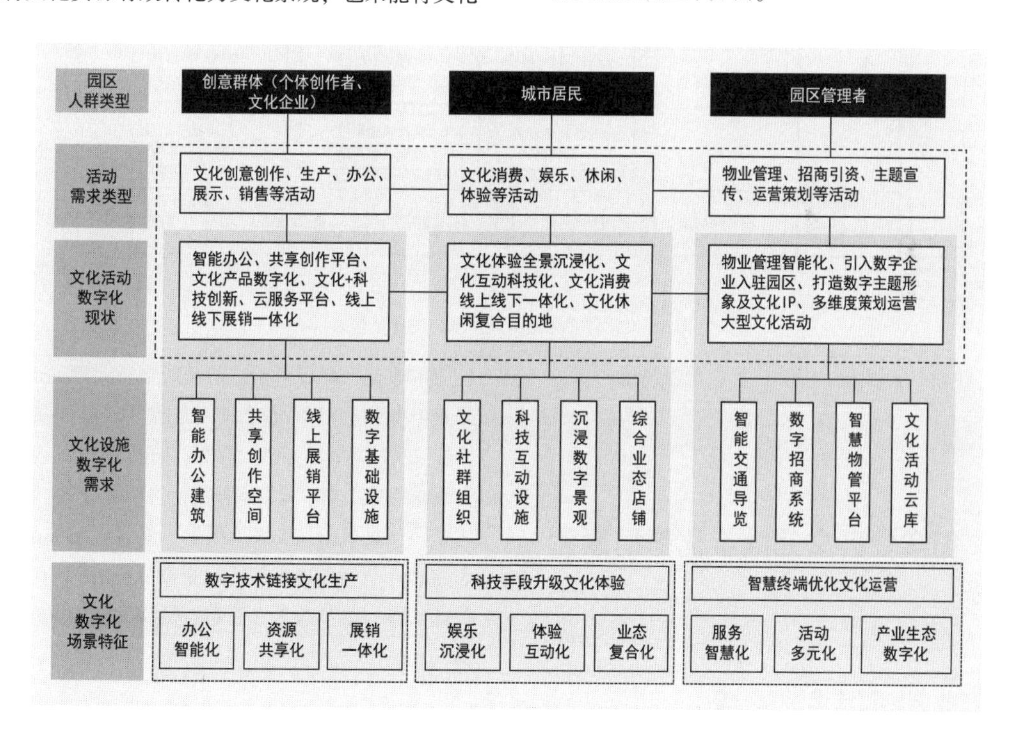

图 4 数字化现状特征需求

3.2 文化数字化新场景理论体系构建

结合需求特征，从场景展示层、场景应用层、场景支撑层和场景感知层 4 个层面提出多尺度、多层次、系统化的国家文创实验区的文化数字化新场景营造体系（图 5），以全局视角进行谋划发展，将实验区园区作为文化科技融合发展的主阵地，从文化品牌确立、文化产业布局、文化空间营建等方面拟定园区数字化发展总体规划，为文化数字化新场景的营造提供切实的发展路径，结合园区的文化资源禀赋和产业链体系划定园区的数字化发展方向，随后对标新场景发展类型，从物理场景、社会场景和信息场景

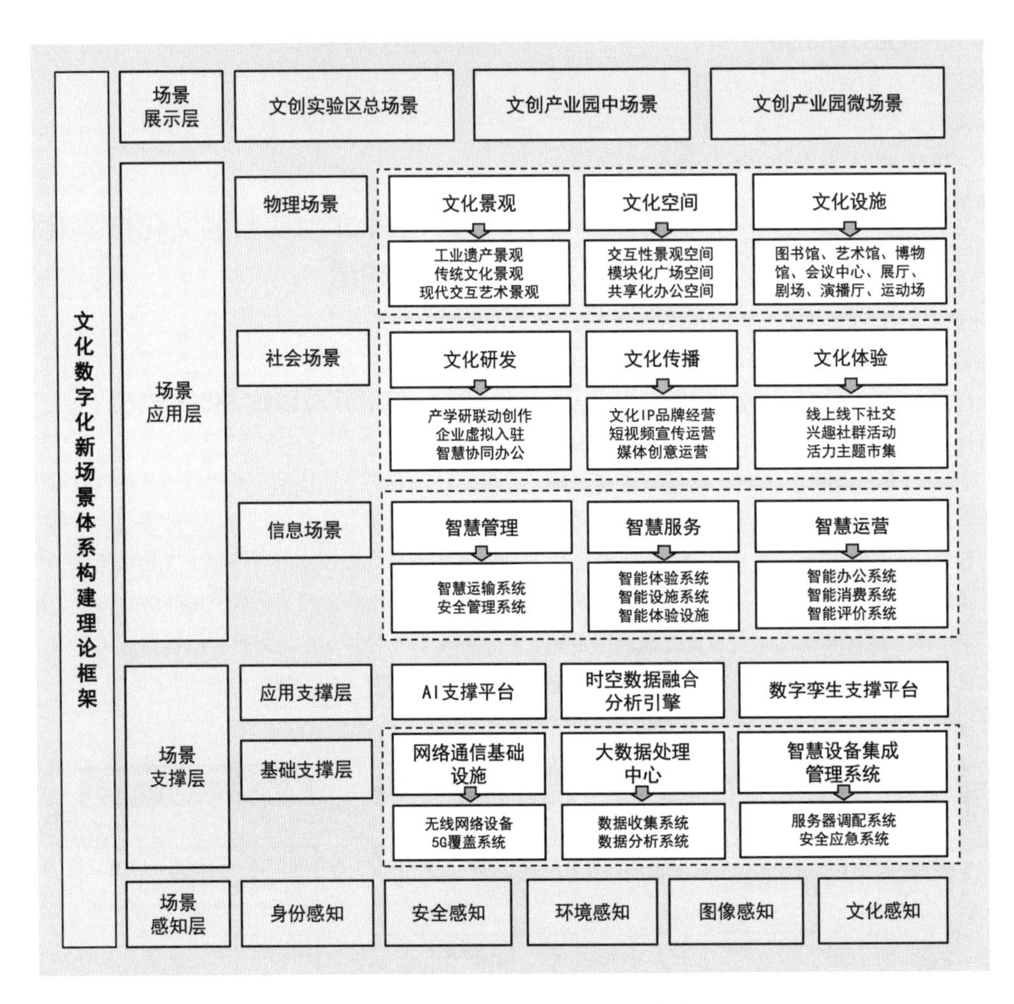

图5 文化数字化新场景体系构建理论框架

三大维度进行建设，为各展示层文化数字化新场景的营造提供顶层设计。

4 国家文创实验区文化数字化新场景营造策略

4.1 文化产业园场景营造要素分析

场景理论的基本要素为邻里社区、舒适物设施、多样性人群，活动的组合和文化价值。文化产业园区作为城市中特殊的发展形态，是聚集文化相关产业，具有文化特色的地理空间，并向外界提供新消费体验和生活方式的集生产、生活、休闲娱乐等综合服务于一体的复合场所，可将其场景营造要素解读为空间、产业、文化、景观、活力5个方面[26]。空间形态方面包括建筑、道路与基础服务设施等的改造，是场景营造的基础物质要素。产业业态方面是指产业结构的优化升级，是园区转型发展的重要驱动力；文化方面包括文化资源的活化与传承，活力方面以人群需求为主，即文化活动策划、公共空间建设等内容，二者是园区场景营造的关键要素；景观生态方面涉及绿地形态重塑、空间环境更新、景观设施升级等内容。5个要素彼此支撑，是具有内在联系、围绕共同场景营建目标的整体（图6）。

4.2 文化数字化新场景营造策略

4.2.1 完善园区物理空间形态

高水准的基础设施和配套服务设施是激发创意阶层创新活力的空间载体和催化剂，扩大实验区的数字基础设施建设覆盖面，推动传统基础设施智能化建设与改造，构建能为园区提供良好数字化服务的硬件设备，丰富现有的数字化技术手段，依托数字基础设施，通过大数据、云计算

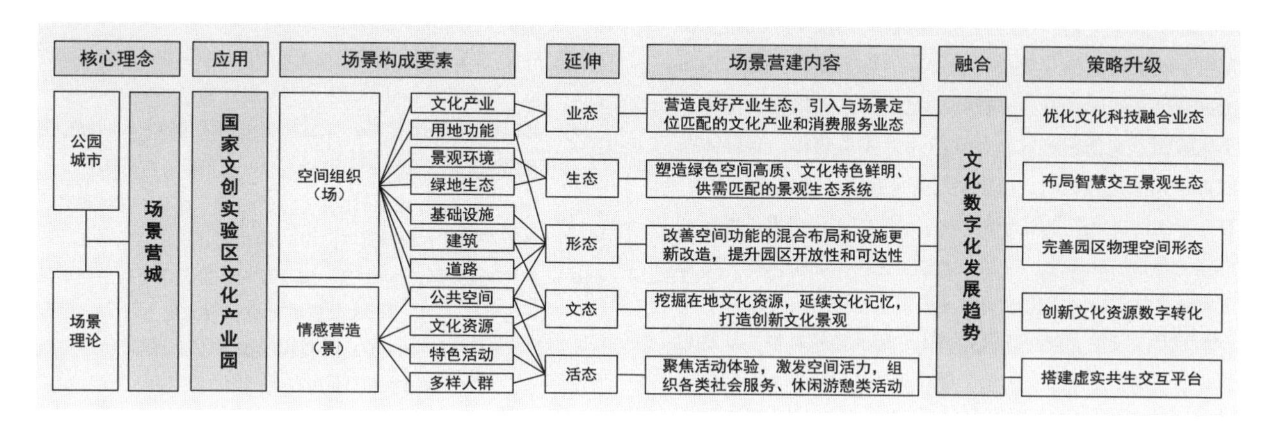

图6 文化数字化新场景营造策略

等技术，形成新的应用场景和服务模式，为新技术、新应用、新场景、新模式、新业态的发展提供重要载体和平台，为文化数字化新场景营造奠定坚实的物质基础。

4.2.2 优化文化科技融合业态

以文化产业园为重要空间载体，推进文化企业数字化转型升级，优化文化与科技融合的创新生态，培育壮大数字文化企业集群，扩充数字经济新赛道，主动培育和引入数字文化企业，打造和延长文化科技类产业链，推动传统文化业态与数字技术结合，提升演艺娱乐、工艺美术、文化会展等行业的科技创新应用水平，加快发展线上演播、数字创意、数字艺术、数字娱乐、沉浸式体验等新业态，打造完整的“文化+”复合业态链条，为文化数字化新场景营造提供良好的产业生态。

4.2.3 创新文化资源数字转化

充分挖掘国家文创实验区的本土文化资源、有效利用工业文化遗产、开发自然景观，在完成物理层面保护的同时，发掘园区物质景观所包含的情感和记忆因素，借助AR、VR、MR和数字交互技术与其进行跨越时空的互动，实现人与文化景观的互动关系在时间和空间的活态表达，以科技创新为支撑点，文化价值为引领，打造园区特色数字化文化IP，拓展文化创意周边产品，提升文化附加值，延续传统文化的同时实现文化景观的数字化创新表达，持续提升文化产业园区品牌影响力与竞争力，为文化数字化新场景营造提供良好的文化基底。

4.2.4 布局智慧交互景观生态

文化产业园作为城市重要的公共文化空间，优良的景观生态环境有助于完善园区功能，满足多样人群的使用需求，提高园区的吸引力和人群活力，有效成为城市游憩和生态功能的补充。在信息时代，物理空间是基础，沉浸式感官体验是目标。在文化产业园区的文化数字化场景营造时可根据用户需求及空间场景布局景观智慧设施打造多样的沉浸式体验空间，实现用户、物质空间、虚拟空间的交互。景观智慧设施主要由智慧平台和智慧终端构成，将数字技术作为交互体验的媒介，重构人、人工智能与环境的交互关系。智慧交互景观主要包括行为感知的交互景观、环境感知交互景观和虚拟交互景观三类。其中智慧平台是景观智慧设施的核心，为智慧管理、智慧应用、智慧服务和智慧运营提供全链数据支撑。智慧终端利用AI系统、现代传感技术和5G物联网等先进技术赋能景观设施，通过传感器收集用户信息，及时做出反馈，吸引人群参与互动，对接用户移动终端，将与人的交互传到智慧平台，再由终端做出系统性反馈[27]，为文化数字化新场景营造提供交互式的景观环境。

4.2.5 搭建虚实共生交互平台

逐步搭建国家文创实验区“元宇宙”，融合物联网、大数据、云计算、区块链、人工智能、电子游戏和交互等数字技术，搭建更注重用户参与和多模块集成的数字交互云平台，全面打通用户、供应链、场景的数字化链路，构建数字化、智能化、沉浸式场景化的内容布局，全方位服务于政府部门、园区管理者、文化企业、创意群体和社会公众等各类群体。通过数字孪生、VR、AR等技术手段连接虚拟世界和现实世界，通过虚拟身份、沉浸交互、线上社群、数字交易等方式实现全面、深度的数字化，推进文化资源的创新转化实现文化价值，完善园区运营服务模式并发展数字文旅产业实现经济价值，凝聚虚拟社群并重塑社会网络实现社会价值。让文化的生产和消费两端直接对接，推动“云园区”与实体园区及各类场景的深度融合，助力文化企业数智化转型，为文化数字化新场景营造提供良好的平台支撑。

5 结语

文化与科技的深度融合是当前文化数字化高质量发展

的必然趋势，文化产业园是实施国家文化数字化战略、实现数字经济与文旅产业高质量发展的重要载体，北京朝阳国家文创实验区具有独一性和示范性。在文化数字化背景下完善国家文创实验区新场景应用的体系建构，健全体系内各单元的协同机制，增强规划政策合力，优化规划策略，有助于创新文化产业园高质量发展研究的理论成果。本研究借鉴已有的场景理论，界定文化数字化新场景的内涵，立足国家级文创实验区文化数字化发展现状特征和发展问题，结合不同群体对于文化产业园数字化发展的需求特征，从场景展示层、场景应用层、场景支撑层和场景感知层4个层面入手建构文化数字化新场景的理论框架体系，提出完善园区物理空间形态、优化文化科技融合业态、创新文化资源数字化、布局交互景观生态和搭建虚实共生平台等策略方法，后续研究将进一步结合示范项目展开实践应用。由于本研究为探索性研究，迄今为止的研究工作在严密性和适用性方面难免存在不足，尚且需要在今后的研究中不断深化和完善。

参考文献

[1] 王忠杰，吴岩，景泽宇．公园化城，场景营城——“公园城市”建设模式的新思考[J]．中国园林，2021，37(S1)：7-11.
[2] 吴军，王修齐，刘润东．消费场景视角下国际消费中心城市建设路径探索——以成都为例[J]．现代城市研究，2022(10)：9-15.
[3] 郭雪飞，顾伟忠，赵嫚，等．数字生态构建与场景营造的理论与实践研究——基于成都市数字生态构建实践的评价分析[J]．价格理论与实践，2022(11)：102-106.
[4] 张铮．文化产业数字化战略的内涵与关键[J]．人民论坛，2021(26)：96-99.
[5] 李焱．朝阳出台国家文创实验区“政策50条”[J]．投资北京，2019(4)：58-60.
[6] 邵旭涛，唐燕．老旧厂房发展文化创意产业的政策影响分析——以北京市级文化产业园为例[J]．建筑创作，2022(3)：183-190.
[7] 丹尼尔·亚伦·西尔，特里·尼科尔斯·克拉克．场景：空间品质如何塑造社会生活[M]．祁述裕，吴军，等译．北京：社会科学文献出版社，2019.
[8] 罗伯特·斯考伯，谢尔·伊斯雷尔．即将到来的场景时代[M]．赵乾坤，周宝曜，译．北京：北京联合出版公司，2014.
[9] 李和平，靳泓，TERRY N C，等．场景理论及其在我国历史城镇保护与更新中的应用[J]．城市规划学刊，2022(3)：102-110.
[10] 周详，成玉宁．基于场景理论的历史性城市景观消费空间感知研究[J]．中国园林，2021，37(3)：56-61.
[11] 吴军．文化场景营造与城市发展动力培育研究—— 基于北京三个案例的比较分析[Z]．中国文化产业评论，2019：305-323.
[12] 禹建湘，汪妍．基于文化场景理论的我国城市文化创新路径探究[J]．城市学刊，2020，41(2)：23-29.
[13] 陈波，吴云梦汝．场景理论视角下的城市创意社区发展研究[J]．深圳大学学报(人文社会科学版)，2017，34(6)：40-46.
[14] 祁述裕．建设文化场景 培育城市发展内生动力——以生活文化设施为视角[J]．东岳论丛，2017，38(1)：25-34.
[15] 吴岩，王忠杰，束晨阳，等．“公园城市”的理念内涵和实践路径研究[J]．中国园林，2018，34(10)：30-33.
[16] 罗兰，周天鹏，孙斌，等．基于创新人群需求下的空间场景营造研究——以贵阳大数据科创城控规为例[C]// 人民城市，规划赋能——2022中国城市规划年会论文集(17详细规划)．北京：中国建筑工业出版社，2023.
[17] 张铮，于伯坤．场景理论下我国文化产业园区的发展路径探析[J]．出版发行研究，2019(8)：33-37.
[18] 宋孟丽．场景理论视阈下我国文化产业园区发展模式研究[D]．济南：山东大学，2021.
[19] 房芳．场景理论下城市文化产业园公共文化空间的治理重构[J]．上海城市管理，2023，32(1)：22-29.
[20] 杨欣傲．基于场景理论的文化创意产业园的创意阶层就业偏好与场景建设研究[D]．兰州：兰州大学，2021.
[21] 江海燕，宋天昊，夏燕，等．数字化背景下工业遗产场景营造与社会交往相互作用研究——以广州琶醍啤酒文化创意产业园为例[J]．装饰，2023(8)：124-126.
[22] 余东华，李云汉．数字经济时代的产业组织创新——以数字技术驱动的产业链群生态体系为例[J]．改革，2021(7)：24-43.
[23] 罗仕鉴，杨志，卢杨，等．文化产业数字化发展模式与协同体系设计研究[J]．包装工程，2022，43(20)：132- 145.
[24] 孙淼，朱怡晨．虚实共生视角下的工业遗产景观数字化构建方法[J]．风景园林，2023，30(6)：61-69.
[25] 许松．地方传统文化产业的数字化转型——以W市影视产业的数字化发展为例[J]．传媒经济与管理研究，2022(2)：183-203.
[26] 曹露，王正．基于“场景营城”理念的老旧厂区更新策略初探[C]// 人民城市，规划赋能——2023中国城市规划年会论文集(02城市更新)．北京：中国建筑工业出版社，2023.
[27] 毛艺霖．景观智慧娱乐设施在公园场景营造中的运用[J]．美与时代(城市版)，2023(12)：68-70.

作者简介

齐羚，1979年生，女，安徽池州人，博士，北京工业大学建筑与城市规划学院，副教授。研究方向为风景园林设计与实践。

李甜婧，1999年生，女，河北唐山人，北京工业大学建筑与城市规划学院在读硕士研究生。研究方向为风景园林设计与实践。

（通信作者）宋志生，1977年生，男，河南南阳人，硕士，清华大学建筑设计研究院有限公司，高级工程师。研究方向为规划设计与空间治理。

诗意生态视角下沣西新城渭河新沙湾景观规划研究

Landscape Planning Research of Weihe Xinshawan in FengXi New City from the Respective of Poetic Ecology

周叶舟* 郭 明

摘 要：以沣西新城渭河新沙湾公园为研究对象，以提高城市发展宜居性与营造诗意景观环境为目标，通过实地调研、文献查阅等方法进行上位解读和现状分析，得出亟待解决的主要矛盾点。为此明确了“三生”共融的规划思路，并应用到新沙湾景观规划研究中；提出了“在水一方”的设计主题，以场地文化为灵魂，以创新港生态为依托，融入多样化的配套功能，构建天人合一的诗意景观，满足人民对美好生活的向往；通过研究探索总结出以“法诗画之美，保护生境，开拓画境，延续意境”的设计策略，旨在打造人与自然和谐共生的生态文明典范，以期为今后构建诗意生态的景观环境提供一定参考。

关键词：诗意生态；三境共荣；天人合一；新沙湾公园

Abstract: This paper takes Weihe Xinshawan Park in Fengxi New City as the research object and takes improvinglivability of urban development and creating poetic landscape environment as the goal. Through field research, literature review and other methods are used to carry out the superior interpretation and status quo analysis, and athe main contradiction point that needs to be solved urgently are obtained. To this end, the planning idea of co-prosperity of three realms is clarified and applied to the landscape planning study of Xinshawan; then the designtheme of “On the Waterfront” is proposed, with the culture of the site as the soul, the ecology of the innovationHarbor as the basis, and the integration of diversified ancillary functions, to build a poetic landscape of the unityof the heavens and mankind and to satisfy the people's desire for a better life. Through the research, the desigrstrategy of “the beauty of poetry and painting, protecting the habitat, developing the painting environment, andcontinuing the meaning of the environment” is summarized, aiming at creating a model of ecological civilizationmn which human beings and nature coexist harmoniously, so as to provide a certain reference for the constructiorof an ecological landscape environment in the future.

Keywords: Poetic Ecology; Three Realms of Co-prosperity; Unity of Man and Nature; Xinshawan Park

引言

中国园林景观的特色是“景面文心”，景为外在表现，心为文化内涵，中国传统园林的立意构思都弥漫着浓厚的人文色彩，蕴含着丰富的精神，不仅追求视觉上的愉悦，更在心理和精神层面寻求寄托。当代风景园林师肩负时代使命，从未停下前行的脚步，历来高度重视中国传统文化，守正创新，致力于建设更为和谐的生态环境，讲究有景有文。“山水以形媚道”意指自然山水借其壮丽的形态景观感染人心，启发心灵，陶冶情操，反映了中国传统文化中山水画与文化道德的紧密联系，在中国文化传统中，自然景观往往被视为道德修养的重要途径之一。傅抱石先生说过“艺术为一国历史之最大表白”，而园林景观是作为载体用来讲好故事，那么我国园林也是一国之最大表白。风景园林师在追求诗意生态的风景园林过程中，倡导诗画思维，融合诗画创作中的精神氛围，致力于构建“三生”空间和谐共融的诗意天地。下面以沣西新城渭河新沙湾景观设计方案为例，进行详细论述。

1 项目背景

1.1 场地概况

沣西新城渭河新沙湾公园（以下简称“新沙湾公园”）总占地约 370hm^2，位于陕西省西咸新区沣西新城渭河南侧滩地，北至渭河，南至渭河大堤，东起新河入渭口，西至新西宝高速。其对岸和东侧均为已建成或在建的湿地公园，南侧为交大创新港西安交通大学（以下简称西安交大）新校区。这里不仅是海绵城市重要载体，肩负生态重任，也将成为沣西新城休闲、娱乐、生活和工作的重要场所。渭河是中华文化的摇篮地之一，八水绕长安的故事在这里发生；《诗经》中有近 2/3 的内容描写渭河。浓厚的历史文化背景更加坚定了项目规划的必要性，场地建设规划应基于对中国传统文化思想的延续，寓情于景，情景交融，打造自然、人文景观与城市融为一体的景观面貌，打造天人合一的生态典范。

1.2 上位研究

沣西新城位于西安、咸阳两城之间，是国务院批准的全国首个以创新城市发展方式为主题的国家级新区的生态屏障。近年来，沣西新城秉承“公园融城”的理念优化城市生态空间格局，推进实现城市、自然与人的和谐共生，同时也肩负“创新城市发展方式”的使命和转变经济发展方式的任务，努力拓宽产业格局。渭河湿地、新渭沙湿地、生态农田围绕下的创新港具有绝对的生态辐射力，因而未来将通过设计与校园内部的西安交大校园绿轴相连通，形成新的绿地生态体系，实现田园城市的目标。

新沙湾是渭河流域大西安都市圈重要节点，在国家级创新引领区尽享文化景观是创新港重要的城市名片。渭河新沙湾是一条延续大地景观完整性和乡土物种栖息的生态廊道，是一条回忆过去、展望未来的城市记忆廊道，是人与自然、城市交流的城市景观廊道，更是传播高校底蕴的文化界面。

1.3 规划愿景

西安交大秉承老交大精勤求学、敦笃励志、果毅力行、忠恕任事的传统，发扬西迁精神，坚定不移地走钱学森道路。在“绿色低碳生态城市、科技创新高地、生态乐活家园、以绿水包裹，城田相依为布局特色的发展示范区”的定位下，规划设计需将西安交大的传统与千年渭河文化联系在一起，形成人与自然和谐共生的生态文明典范，让渭河文明和西安交大文化在创新港全新的生态理念中创造新的价值。

2 策略构建

2.1 三生空间之挑战

新沙湾公园的建设需完善基础设施，满足西安交大师生及创新港其他人群需求，提供全面的服务保障，优化居住环境，打造富有特色的现代都市风貌。同时，场地未来将开展国际级别的航模比赛、国际校际赛艇比赛等各类体育健身活动和比赛。因而，如何在满足高校文创价值和体育运动功能最大化的同时，实现经营项目性价比最大化，带动区域发展需要在设计中探寻成为重大挑战。

现状水系由自然水体、鱼塘、采沙坑三类组成，局部存有裸露沙地；场地植被以关中平原草本植物为主，有少量乔木，部分场地有农业作物种植；现状涉禽聚集地主要分布于涝河入河口，水禽聚集地主要位于新河入河口，此区域在东亚—澳大利亚西亚的水鸟迁徙通道上，因此在设计中必须考虑如何将人为干预降至最低。此外，场地是渭河的河滩地，水质浑浊，有洪水淹没隐患，场地南侧为已建成的百年一遇标准防洪堤坝。项目作为渭河生态走廊的一部分，需考虑与其他生态走廊共同构建山水林田湖一体化的区域生态基础设施，建设生态水系与城市公园一体发展的现代公园体系。

2.2 三生共融，活化共生

基于综合规划和场地现状分析，将场地“三生”空间所面临的挑战解构为几大主要矛盾点，即如何平衡公园建设与河道防洪？如何平衡生态涵养与使用需求？如何平衡城市文化与高校文化？如何平衡养护成本与运营收益？设计应从统筹生态、生活、生产三大格局出发，提出“三生共融”的规划策略。“三生共融”是生态、生活和生产的融合共生，通过营造构建可持续的自然生态系统，在满足设施配套和游憩需求基础上，引领创新的生活方式，在生产上拓展文创业、服务业，提升附加值，实现对场地资源综合利用和最大化挖掘综合效益。因此为建立平灾结合的河滩景观，首先，根据规划中洪水位线位置优先确定活动控制红线，将所有集中活动均控制在活动控制区以内；同时，为保证场地内鸟类迁徙路线的连续完整及东西两侧湿地生态连续性，设置生态控制线。根据生态控制线及活动控制线将场地规划为三区：活动控制区、生态参与区、生态涵养区。遵循“两线三区”的控制原则，在“三生共融”的规划策略下将场地划分为五区：竞赛湖区、运动休闲区、湿地互动区、渭河文化区和生态涵养区。竞赛湖区、运动休闲区位于活动控制线内紧邻大堤布置，湿地互动区、渭河文化区位于生态参与区，作为生态与活动的过渡带。校园文化与渭河文化融合于此，强调场地文化记忆，塑造生态与人文并重的生活格局；规划分区融入了综合性运动场及文创大道，在满足高校文创价值最大化和体育运动功能最大化的同时，实现经营项目性价比的最大化，以此满足项目养护成本与运营收益的收支平衡，为生态格局、生活格局的建立提供现实保障的策略。

3 设计实践

3.1 法诗画之美

诗指意境，画即空间。法诗画之美，指顺应自然，应地所需，把诗画的场景以“本于自然、高于自然”的境界用具体的空间展现出来，呈现“以诗如画、因画成景”的景象。从来多古意，可以赋新诗。新沙湾公园的规划设计中，笔者就融合诗词创作中的诗画理念，营造美意绵延的精神氛围，打造诗画美景之地，让渭河文明和交大文化在创新港结合碰撞出新价值，成为沣西新城旅游和创新港师生工作生活休闲的重要场所。“一水兴八朝”，渭河是史上最强盛、最为古老朝代的发祥地，这里有很多文化遗迹，如上林苑和关中八景之一的咸阳古渡，还有大禹治水、渭水垂钓、渭河浮桥等故事在此发生。从古至今有许多诗词歌赋描写这里的盛景。“蒹葭苍苍，白露为霜。所谓伊人，在水一方。”这是《诗经》对这里的生动描述，为场地形态塑造和采用“在水一方”的设计理念提供了依据（图1）。

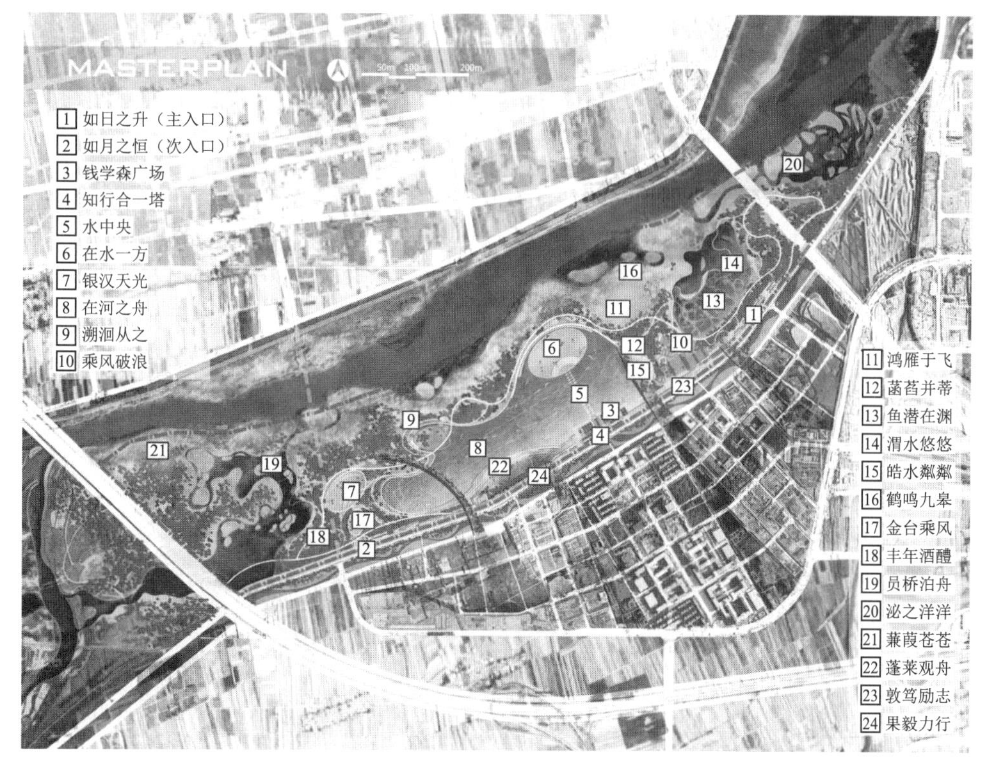

图1　方案平面总图

3.2 保护生境

“赏心”渭河文化区紧邻主入口。充分利用现状鱼塘，通过生态修复措施还原湿地景观，再现《诗经》中的美丽画面，以湿地栈道长廊为游线依托，将渭河的悠久历史娓娓道来，重点打造“鱼潜在渊”和“渭水悠悠”两大节点。其中“鱼潜在渊”源自《诗经·小雅·鹤鸣》，利用原有沙坑、鱼塘，营建大水面，构建沙心洲、岛屿。对坡度较大的坑塘削坡后运用植被修复技术固坡，重建水生植物群落，并利用植物作为护岸面源阻控，形成坑塘湿地，并在此基础上运用生态浮床技术，自然净化湿地水体，增加坑塘湿地景观丰富性，形成自然坑塘湿地景观，营造游客创意垂钓观鱼的假日闲适氛围（图2）。“渭水悠悠”指渭河文化长廊，通过建立环形湿地栈道长廊及文化设施小品，展示“八水绕长安”“一水兴八朝”的历史进程和生态变迁。

图2 “鱼潜在渊”效果展示

“醉醇”生态涵养区位于生态控制线北侧河岸沿线。因地制宜针对不同生态问题，采用相应的生态修复措施，将现状涉禽聚集地和水禽聚集地与湿地景观相结合，形成生境丰富的鸟类栖息地，建立可持续性的生态系统，重点打造“鹤鸣九皋、蒹葭苍苍、泌之洋洋”景点，还原渭河《诗经》所描述的“蒹葭苍苍，白露为霜”的美景。其中“鹤鸣九皋”景点位于生态涵养区西侧涝河口的三角洲上，通过对鸟类、鱼类、两栖类、昆虫类栖息地环境的综合打造，完善动物食物链，营造生物群落的多样性。在湿地互动区能观赏鸟类的活动，聆听此起彼伏的鸟鸣，身临其境，放松心情远离城市喧嚣。“蒹葭苍苍”节点作为两大鸟类栖息地的生态廊道，为再现古代诗人笔下此地的优美盛景，以芦苇、水葱等水生植物为主，呈现天蓝水净、地绿林茂、飞鸟成群场景，重回蒹葭之境。

3.3 开拓画境

利用《诗经》中“在水一方”的诗意，延续意境，开拓画境，结合高校文化载体，打造国家级创新基地，形成绿色低碳的有人文情怀的休闲高地。笔者将设计地块与创新港整体考虑，以“一湾生机”的规划框架为指导，将百年交大精神延续，以知行合一的景观轴线为抓手，打造知轴和行轴两道横纵景观轴，知轴将场地与校园纵向联通，行轴将湿地与创新港横向缝合；渭河流域位于中国西部，数千年前，这里气候宜人，四季分明，设计中将具有代表性的四季景观浓缩于四廊之中，形成“春·绣烟”“夏·听雨”“秋·醉风”“冬·香雪”的四大主题。再现画境之胜，诗意绵延。以《诗经》中的《风》《雅》《颂》为创作源泉，赋予五区名称：“荡漾”竞赛湖区、“悦畅”运动休闲区、“寻幽”湿地互动区、“赏心”渭河文化区和“醉醇”生态涵养区，将渭河文化与分区具体景点融合。

“知轴”高校景观轴出自西安交大的校训“精勤求学，敦笃励志，果毅力行，忠恕任事”，重点打造钱学森广场、精勤求学环两大景点。其中钱学森广场为轴线起点，紧邻堤顶路，吸纳了西安交大校园的景观元素，成为校园与草坪空间的过渡。广场上整齐的梧桐树阵象征梧桐引凤，有凤来仪的美好愿望，与西安交大求贤若渴，海纳百川的校园文化融为一体（图3）。利用水域打造一个精彩亮丽的风景线。知轴的终点，呈现椭圆草坡静卧湖面，中央的精勤求学环，暗喻“见微知著”探求真理的精神。为多种校园文化交流活动提供场地。“行轴”文创商业轴以文创商业的形式，布局于堤顶路西侧，拓出20~50m架空平台，形成活力开放界面，服务于创新港及周边人群。“行轴”重点打造“如日之升”和“如月之恒”两大景点，以主入口与次入口的雕塑为精神体现，双入口分别布

图3 “钱学森广场”效果展示

局于堤顶路两侧，形状磅礴大气，展现《诗经・天保》中“之恒，如日之升”的美好寓意。以两道逐渐抬升的抽象几何雕塑为标志，如日之升，彰显着新时代与西安交大的强大生命力。

3.4 延展意境

荡漾（竞赛湖区）位于场地中部，满足专业赛道直线布置需求。通过梳理水系，打造出自然湖面及湖中岛，将笔直的赛道景观化处理，满足赛艇功能的同时实现生态与景观的最大化，主广场承接看台与集散功能，重点打造“在河之舟、溯洄从之、蓬莱观舟、菡萏并蒂”。其中“在河之舟”指竞赛湖面，笔者采用柔性设计的手法，拓宽赛道，软化边界，形成微微荡漾的自然湖面，兼顾赛时赛后的需求：赛时可举办高水平国际高校赛艇比赛，赛后可进行综合性水上运动及游船活动；“溯洄从之”指赛事回旋区，隐于湖面北侧。赛时可举办皮划艇激流比赛，赛后可作为大众漂流场所；“蓬莱观舟”指生态草阶看台，开阔的湖面，缓缓入水的草阶，游人们或坐或卧于自然的怀抱中，展现出竞赛湖区的无限生机。

“寻幽”湿地互动区位于河道上游，紧邻次入口，通过梳理现状湿地，重塑形态，提升景观环境，将这里打造成集生态、休闲、体验于一体的湿地互动体验园。其中“员桥泊舟”打造湿地互动中心区，设置环形景观连廊、步道、亲水平台、竹筏码头、观鸟台等，修建游船码头。呈现人鸟共生、“天人合一”的景象，让游人在湿地内感受历史，学习湿地生态保护知识。

“悦畅”运动休闲区位于竞赛湖区东侧，紧邻大堤布置，最大程度减少运动板块对生态的干扰。结合平坦地势及上层挑出的文创商业街平台，运动休闲区整体下降 1m，形成更宽敞的竖向活动空间，兼顾人群的遮阴需求。其中，景点“鸿雁于飞”为航模比赛区，按比赛要求设 100m×20m 硬质航模跑道，铺设草坪与周围环境融合，远离水体及鸟类栖息地。让航模爱好者自由“飞行”（图 4）。“皓水粼粼”为大型水幕，从夏廊一侧倾泻而下，波光粼粼，可放映水幕电影及视频广告；改造原有沙地，创造无边界泳池及沙滩排球一体的休闲娱乐场地，包含标准泳池及人造冲浪设施，为举办无界戏水节营造良好条件。“乘风破浪”是球类运动区，创造集味、竞技于一体的体育活动空间。提供 31 个专类球类运动场及 10 个三合一球类运动场。慢行系统穿插其中，成为运动酷玩的绝佳场所。

图 4 “皓水粼粼”效果展示

4 结论与讨论

寻求构建“三生”共融示范地是风景园林发展新趋势，在实践中首先建立在保护场地原有生境的基础上，尊重场地承载的记忆去延续意境，充分挖掘地域景观及其文化内涵，开拓意境，从而探索实现生产、生活、生态空间的共融发展。“渭水银河清，横天流不息”，诗仙李白赞誉渭河宛如银河一般清澈辽阔，天上的银河，地下的渭河，滋养着沿岸的精神文明，是中华文明的浓缩。本文立足于诗意生态视角，以沣西新城渭河新沙湾景观规划为例，针对场地“三生”空间之挑战，提出“三生”共融的规划思路和“法诗画之美，保护生境，开拓画境，延续意境”的设计策略，规划设计以场地文化为灵魂，表现《诗经》的意境，打造诗意生态，践行景面文心，延续华夏民族灿烂文明。因此场地能在满足功能最大化的同时带来可观的经济和社会效益，给人民铺展一幅美丽宜居画卷，构建“文化交融、人河共融、科创汇融”的生态典范。为顺应新时代的要求，风景园林设计需守正以创新，始终在追求探索“诗与远方”的道路上，以独特的空间感知力，理解人与自然的关系，在设计中法诗画之美，在建设宜居城市中不断探索创新举措，为实现天人合一的目标做出不断努力，为探索诗意的风景园林提供更广阔的思路。

参考文献

[1] 刘晓晖．诗境规划设计思想刍论[D]．重庆：重庆大学，2010.

[2] 李金路．思辨体悟 诗意栖居：风景园林文集[M]．北京：中国建筑工业出版社出版，2012.

[3] 陈琳．诗意地安居——景观设计与安居环境[J]．浙江建筑，2006，23(8)：16-18.

[4] 俞孔坚．寻常景观的诗意[J]．中国园林，2004，20(12)：25-26.

[5] 吕在利，闫国艳．创造诗意的景观[C]//鲍诗度．中国环境艺术设计·散论——第二届中国环境艺术设计国际学术研讨会论文集．北京：中国建筑工业出版社，2008.

[6] 朱建宁．展现地域自然景观特征的风景园林文化[J]．中国园林，2011，27(11)：1-3.

[7] 贺丹晨，田勇，范颖．“水情、水意、水景”——画家心境透视下的诗意水景观[J]．中南林业科技大学学报，2012，6(5)：131-133.

[8] 陈丹．诗意周山 文化兴园——周山文化生态森林公园规划设计中《诗经》植物的应用[J]．林产工业，2013(5)：61-63.

[9] 杨云峰，熊瑶．意在笔先、情境交会：论中国古典园林中的意境营造[J]．中国园林，2014(4)：82-84.

[10] 储芃．中国传统山水画技法对古典园林营造的影响[D]．南京：东南大学，2017. 5. 27.

[11] 孟兆祯．时宜得致 古式何裁——创新扎根于中国园林传统特色中[J]．中国园林，2018，34(1)：5-8.

[12] 王志楠．河道焕生机，栖居富诗意——济阳县新元大街河道景观设计[C]．中国风景园林学会．中国风景园林学会2018年会论文集．北京：中国建筑工业出版社，2018.

[13] 冯雪君，王莲霆，涂慧瑾．诗词书画意境与清代园林艺术相互交融[J]．明日风尚，2018(12)：40

[14] 许雁翎，李永慧．现代乡村景观设计中国画意境的营造[J]．黑河学院学报，2019，10(5)：4.

[15] 邬丛瑜．园林意境营造研究[D]．杭州：浙江理工大学，2019.

[16] 舒居然．从“诗意的栖居”中探究人与环境景观空间的建构[D]．天津：天津大学，2020.

[17] 尹露曦，孙波，赵鸣．诗意地栖居：昆明古城传统景观探析及思考[J]．中国园林，2020，36(8)：139.

[18] 窦颖慧．诗意的栖居——生态伦理思想对现代生态景观设计的影响[J]．艺术·生活，2010(2)：58-59.

[19] 陈爱华．“诗意栖居”的生态伦理智慧及其当代价值——基于中国古诗的解读[J]．南京林业大学学报，2023，23(5)：68-75.

作者简介

（通信作者）周叶舟，1991年生，女，硕士，中国城市建设研究院有限公司，设计师。研究方向为风景园林。电子邮箱：695003280@ qq. com。

郭明，1968年生，男，硕士，中外园林建设有限公司，设计总监，教授级高级工程师。研究方向为风景园林。电子邮箱：15262409585@ qq. com。

赓续传承 守正创新

——风景名胜区整合优化工作回顾与思考

Inheriting and Innovating

— Review and Reflection on the Integration and Optimization of Scenic and Historic Area

吴 韵 李 鑫

摘 要：至2023年初，历时三年的自然保护地整合优化工作已基本完成。本文梳理了风景名胜区在自然保护地整合优化过程中经历的三个阶段，分析了风景名胜区整合优化层级的变化，以及涉及“三区三线”时特殊的处理原则，提出风景名胜区整合优化后面临的一系列问题及应对策略。新时期风景名胜区的发展应“赓续传承，守正创新”，为构建具有中国特色的保护地体系作出贡献。

关键词：风景园林；自然保护地；风景名胜区；整合优化

Abstract：By the beginning of 2023, the three-year integration and optimization of protected areas has been basically completed. This paper combs the three stages that scenic and historic areas undergo during the integration and optimization of protected areas, analyzes the changes of the integration and optimization level of scenic and historic areas and the special handling principles when it comes to “three areas and three lines”, and puts forward a series of problems and countermeasures after the integration and optimization. In the new era, the development of scenic and historic areas should be “inherited and innovated” to contribute to the construction of a protected area system with Chinese characteristics.

Keywords：Landscape Architecture; Protected Area; Scenic and Historic Area; The Integration and Optimization

引言

自2019年开始建立以国家公园为主体的自然保护地体系以来，学界、业界关于风景名胜区在自然保护地体系中的功能和定位存在诸多争论，部分人认为风景名胜区应该拆分整合到各类自然公园中，而众多一直致力于风景名胜区事业的前辈则坚持认为应保留风景名胜区体系，如邓武功等提出在自然保护地体系中应突出“风景名胜区”的重要地位和特色定位，构建“以风景名胜区为特色”的自然保护地体系[1]；疏良仁等建议将风景名胜区与自然保护区并列，共同构筑“双基础”体系[2]。在自然保护地整合优化过程中，部分学者对于保护地类型整合归并、边界调整策略、与国土空间三条控制线的衔接等整合优化相关问题进行了探讨，提出在整合优化中应充分认识风景名胜区的特殊性[3-4]；其他研究多为以案例形式对某一地区风景名胜区整合优化工作展开探讨[5]。

① 本文已发表于《中国园林》，2024，40（5）：77-83。

从2020年正式启动自然保护地整合优化工作，至2023年初，各省自然保护地整合优化方案相继完成并上报国家林业和草原局（以下简称“国家林草局”），历时三年的自然保护地整合优化工作接近尾声。回顾整个整合优化历程，风景名胜区从最初的转换更名到暂不参与，再到重新启动，是一个不断博弈并思考的过程，风景名胜区作为最晚参与整合优化的保护地类型，最终确定下来的风景名胜区整合优化规则在一定程度上反映出风景名胜区在自然保护地体系中特殊的功能和定位，也充分体现了其自然与人文高度融合的特征。

1 风景名胜区整合优化工作历程

1.1 转换更名阶段

2020年2月，自然资源部、国家林草局印发《关于做好自然保护区范围及功能分区优化调整前期有关工作的函》，自然保护地整合优化工作正式启动，这一阶段基本按照国家公园、自然保护区、风景名胜区、自然公园的优先顺序来开展整合优化，根据整合优化规则，国家级和省级自然保护区与风景名胜区等各类自然保护地交叉重叠时，原则上保留国家级和省级自然保护区；无明确保护对象，无重要保护价值的省级自然保护区经评估后可转为自然公园；风景名胜区作为自然公园的一种类型更名为风景自然公园（表1）。在这样单向的整合规则下，如泰山、崂山等众多承载着中华民族千年文明的国家级风景名胜区面临着被整合为自然保护区的困境。

自然保护地整合优化历程　　表1

整合优化阶段	时间	重要文件	事件
转换更名阶段	2020年2月—2020年8月	自然资源部、国家林草局《关于做好自然保护区范围及功能分区优化调整前期有关工作的函》（自然资函〔2020〕71号）	启动了自然保护地整合优化工作
搁置分歧阶段	2020年8月—2022年7月	自然资源部办公厅、国家林草局办公室《关于自然保护地整合优化有关事项的通知》（自然资办发〔2020〕42号）	风景名胜区暂不纳入整合优化范畴
体系保留阶段	2022年7月—2023年初	国家林草局办公室《关于做好风景名胜区整合优化预案编制工作的函》（办函保字〔2022〕99号）	风景名胜区体系整体保留，重新启动整合优化

1.2 搁置分歧阶段

2020年8月，考虑到风景名胜区的特殊性，国家林草局提出风景名胜区体系暂时予以保留，暂不参与自然保护地整合优化，各地重新研究制定调整规则。由于风景名胜区与其他保护地大量交叉重叠，且风景名胜区内城镇与居民点密布、生产生活与资源保护的矛盾较为突出、历史遗留问题较多，关于“风景名胜区”的整合优化规则一度争议不断、悬而未决。此后一年时间，除风景名胜区外的自然保护地整合优化工作经历了多轮修改完善，到2021年5月基本形成了整合优化预案，而后开展了“回头看”工作，并结合“三区三线”划定对自然保护地边界范围进行了优化调整（表1）。

1.3 体系保留阶段

随着自然保护地整合优化工作的推进，关于风景名胜区在自然保护地体系中的定位基本明确，“风景名胜区体系整体保留，名称不变”。风景名胜区作为一类特殊的“自然公园”被“整体纳入”自然保护体系。风景名胜区整合优化工作于2022年7月重启，根据《风景名胜区整合优化规则》，风景名胜区的整合优化层级与自然保护区相同，高于其他各类自然公园。至2022年底，风景名胜区整合优化预案基本完成，随后一体纳入了自然保护地整合优化方案（表1）。

2 风景名胜区整合优化规则

2.1 风景名胜区整合优化层级的提升

根据转换更名阶段的整合优化规则，风景名胜区的整合优化层级低于自然保护区。而在体系保留阶段，根据国家林草局印发的《风景名胜区整合优化规则》（以下简称《规则》），作为同由国务院设立的保护地类型，风景名胜区的整合优化层级与自然保护区相同，高于其他各类自然保护地（图1）。同时《规则》还提出：“对于名山大川或文化、旅游功能突出，尤其是国务院早期确定、最精华的国家级风景名胜区，整合优化方案要组织专家专题论证。”进一步强调了风景名胜区所承载的重要人文价值和社会功能，对比转换更名阶段，风景名胜区在保护地中的地位得到显著提升。

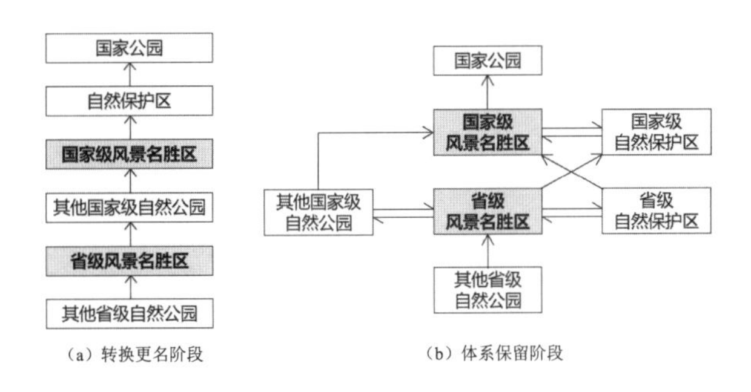

图 1 各类自然保护地整合优化层级

2.2 风景名胜区整合优化规则的特殊性

生活、生产、生态空间相互交融是我国风景名胜区乃至大部分自然保护地的典型特征。在国土空间规划的大背景下，自然保护地的边界范围需要与国土空间规划的“三区三线”进行衔接，而风景名胜区涉及“三区三线”时特殊的处理原则（表 2）既体现出其在自然保护地中的特殊性—兼具生态和文化的双重功能，也反映出风景名胜区更注重生态保护和合理利用之间的平衡。

自然保护地整合优化中涉及“三区三线”的处理原则 表 2

三区三线＼保护地	国家公园、自然保护区	其他自然公园	风景名胜区
	核心保护区	一般控制区	
生态保护红线	全部纳入	全部纳入	生态功能极重要、生态极脆弱的区域纳入
永久基本农田	逐步有序退出	小于调出标准、零星分散的永久基本农田作为一般耕地保留；集中成片的长期稳定利用耕地可以调出	原则上不予调出
城镇开发边界（镇村空间）	逐步有序退出	对生态功能造成明显影响的有序退出；不造成明显影响的可以调出	保护价值低的城镇建成区或人类活动密集区域可调出；村庄原则上不调出

一是与生态保护红线不绑定。生态保护红线是生态空间范围内“具有特殊重要生态功能、必须强制性严格保护的区域”，整合优化后，所有除风景名胜区外的自然保护地均需纳入生态保护红线，而风景名胜区作为特例，仅生态功能极重要、生态极脆弱的区域，符合生态保护红线管控要求的，划入生态保护红线。同时根据生态保护红线的管控规则，“生态保护红线内自然保护区、风景名胜区等区域，依照法律法规执行”。将所有自然保护地完整划入生态保护红线，忽视了自然保护地内空间的异质性和复杂性，风景名胜区与生态保护红线解绑一定程度上避免了空间的破碎化。

二是永久基本农田不调出。在国家公园、自然保护区，以及其他自然公园内，除了核心保护区内的永久基本农田或一般控制区内小于调出标准、零星分散的永久基本农田，可以作为一般耕地保留在自然保护地内，划入生态保护红线，其他集中成片的稳定耕地均需调出自然保护地范围。而风景名胜区内的永久基本农田原则上不予调出，农业空间本身承载了重要的“农耕文化”，是文化景观的一部分，保留在风景区内并不会改变永田基本农田的性质和粮食生产功能，相反地，大量的永久基本农田被调出自然保护地范围会造成保护地边界的破碎化和后续管理的困难。

三是除城镇建成区外谨慎调出。我国自然保护地人口密度大，分布着大量的城镇和乡村空间。其他自然保护地在整合优化中，要求已划入核心保护区的镇村有序退出，针对一般控制区内的镇村，若对生态功能造成明显影响的逐步有序退出，不造成明显影响的（如保护价值低、拟扩张或集聚的村庄，且调出后不会对保护地空间格局有较大影响的）依法依规调出自然保护地范围。而在风景名胜区整合优化过程中，原则上仅调出资源保护价值低的城镇建成区，村庄原则上不调出，具有重要人文价值的历史文化名村、少数民族特色村寨等区域也保留在风景区范围内。在实际整合优化成果的审查过程中，风景名胜区对于城镇空间和村庄调整的问题也更加谨慎，以尽量减少天窗区域。

3 风景名胜区整合优化存在的问题

风景名胜区整合优化工作虽然一定程度上解决了与其他保护地交叉重叠和其他一些矛盾冲突问题，但单一的整合优化规则无法解决所有复杂的问题，整合优化后风景名胜区仍然面临着与国土空间规划的衔接、范围边界的落地、调出区域的有效管理等一系列问题。

3.1 与生态保护红线如何衔接

虽然在中共中央办公厅、国务院办公厅印发的《关于在国土空间规划中统筹划定落实三条控制线的指导意见》中明确提道：“自然保护地发生调整的，生态保护红线相应调整”，但风景名胜区整合优化以上一轮自然保护地整合优化预案成果为底数，要求“已划入生态保护红线的区域原则上不调整”。由于整合优化前期一直遵循“保护面积不减少”的原则，大量为了“凑面积”而划入的区域未经合理评估便被纳入了生态保护红线而无法调出。后续在风景名胜区总体规划编制过程中，还是会遇到同样的问题，涉及生态保护红线的区域也会有边界调整的需求，后续风景区边界与生态保护红线如何衔接协调，还面临着诸多问题。

3.2 调整后的范围边界如何落地

一直以来，风景名胜区的范围边界都由经国务院批复的总体规划来确定，针对范围调整要编制专题论证报告，慎之又慎。而此轮风景名胜区整合优化过程中，大量的“调进调出”对于资源价值的完整性是否造成影响尚未开展充分论证，在“时间紧任务重”的情形下，不可避免地存在借机调出开发项目用地、以调代改等情况，同时边界划定也较为粗放，“范围边界”如果通过这样全省层面的整合优化工作来确定，势必削弱风景名胜区规划的严肃性，为后续管理埋下诸多隐患。

3.3 调出区域如何有效管控

生活、生产、生态空间相互交融是我国风景名胜区乃至大部分自然保护地的典型特征，在整合优化中所谓的“矛盾冲突区域”其实很大一部分承载了复杂的居民社会结构和延续千年的农耕文化，而现行的整合优化规则一定程度上造成了边界的破碎化。虽然涉及三区三线的一些“特殊政策”使得风景名胜区能够尽可能地保持空间和边界的完整性和连续性，但不可避免地还是会有一些城镇或乡村空间被调出风景区范围，这些调出区域后续如何有效管控才能与风景区协调发展？这也将是大量风景名胜区在整合优化后将面临的问题。

4 整合优化后风景名胜区的工作重点

4.1 细化衔接规则，建立生态保护红线动态调整机制

生态保护红线内要求建立“最为严格的生态保护制度”，这与风景名胜区的定位和目标并不一致，风景名胜区的边界不能被生态保护红线绑定，不可本末倒置。后续建议细化风景名胜区与生态保护红线的衔接规则，建立生态保护红线动态调整机制。如在风景名胜区总体规划编制过程中，对编制区域开展“生态功能重要性和生态脆弱性”的评估，明确生态功能极重要、生态极脆弱的区域，并提出“划入生态保护红线”的要求，待风景名胜区规划批复后，生态保护红线相应调整。

4.2 明确范围边界的确定依据，建立调出区域的责任追溯机制

此次自然保护地整合优化重在处理好交叉重叠区域的整合归并问题，边界的划定仍然较为粗放。建议待《全国自然保护地整合优化方案》批复后，整合优化方案中的风景区范围边界与现行总规不一致的，启动风景名胜区总体规划修编，进一步细化优化风景区范围，明确矢量边界，以保证范围边界的法定性和严肃性，之后通过勘界立标落实风景区边界，依法开展保护管理工作。在过渡阶段建议制定调出区域的项目审批制度，同时应建立责任追溯机制，仔细甄别，厘清责任，避免通过整合优化将违法违规问题合法化。

4.3 制定天窗区域的管控规则

自然保护地中的生态空间、农业空间、城镇空间并非“非此即彼、边界鲜明”的关系，而是“相互交织、彼此依存”，虽然一些“矛盾冲突区域”在整合优化中调出了风景名胜区的范围，但若放任其发展，失去了保护地相关政策法规的约束，会对风景名胜区的发展造成威胁，尤其是位于风景名胜区内部的天窗空间。建议后续根据天窗空间的类型制定相应的管控规则，避免天窗内不受控制地发展，加强对风景资源真实性和完整性的保护。

5 展望

在自然保护地体系构建和国土空间规划的大背景下，风景名胜区的发展应“赓续传承，守正创新”，一方面风景名胜区作为自然保护地体系中的一种特殊类型，其历史底蕴深厚、自然与人文高度融合、保护管理制度相对健全、理论与技术体系较为完善，上千年的文化基因我们应赓续传承，四十年的保护管理也有值得借鉴的经验，我国的保护地体系不应只看重生态价值而忽视人文价值，毕竟除了“良好的生态”，“诗意的生活”才是我国风景园林的真正

内涵；另一方面在新的时代背景下，风景名胜区面临着新的发展机遇和困境，未来想要获得更好的发展势必不能固步自封，而要积极融入、灵活应对，面对不同力量之间的博弈，只有守正创新、不拘一格，才能充满活力、持续发展。

参考文献

[1] 邓武功，贾建中，束晨阳，等．从历史中走来的风景名胜区—自然保护地体系构建下的风景名胜区定位研究[J]．中国园林，2019，35(3)：9-15.

[2] 疏良仁，黄利，昝丽娟．论我国风景名胜区在自然保护地体系中的重要地位与基础作用[J]．城乡规划，2020(1)：119-124.

[3] 金英，周雄，疏良仁．国家级风景名胜区的整合归并与边界调整研究[J]．规划师，2019，35(22)：50-55.

[4] 李晓肃，邓武功，李泽，等．自然保护地整合优化—思路、应对与探讨．中国园林，2020，36(11)：25-28.

[5] 商楠，马兰，贾晓君，等．风景名胜区整合优化背景下区域保护等级与强度变化评估研究—以海南省五指山省级风景名胜区为例 [J]．规划师，2023，39(4)：58-65.

作者简介

吴韵，1995 年生，女，硕士，浙江省城乡规划设计研究院，工程师。研究方向为风景名胜区与自然保护地。

李鑫，1984 年生，男，硕士，浙江省城乡规划设计研究院，正高级工程师。研究方向为自然保护地、文化遗产与城市绿地规划设计。

都市田园，诗意栖居

——“三生融合”视角下的都市农业景观构建

Urban Countryside and Poetic Dwelling

—Urban Agriculture Landscape Construction from the Perspective of “Triple Integration”

楼加晨

摘　要：随着城市化进程不断推进，耕地非农化、农耕文化无法延续等问题日益显现，由此助推了都市农业景观的发展。文章探讨了都市农业景观的起源与发展，提出了其在生态、经济和社会三个方面的功能，这些功能与“三生”原则相互对应、相互影响、相互依存。从生态、生产、生活三大功能角度，结合潭冲河现代农业基地项目的案例，以生态优先、创新生产、活力共享作为切入点，论述了都市农业景观的实施建议。致力于构建可持续的诗意栖居之地，以期为都市农业景观的构建提供思路和借鉴。

关键词：都市农业景观；三生融合；景观设计

Abstract: With the continuous progress of urbanization, issues such as the non-agriculturalization of arable land and the inability to sustain agricultural culture have become increasingly prominent, thereby promoting the development of urban agriculture landscapes. This article explores the origin and development of urban agriculture landscapes, and proposes their functions in three aspects: ecology, economy, and society. These functions correspond to, influence, and depend on the “Triple Integration” principle. From the perspectives of ecology, production, and livelihood, combined with the case of the Tanchong River Modern Agricultural Base project, this article discusses the implementation recommendations for urban agriculture landscapes, with a focus on ecological priority, innovative production, and shared vitality. It is dedicated to constructing sustainable and poetic dwelling places, aiming to provide ideas and references for the construction of urban agriculture landscapes.

Keywords: Urban Agriculture Landscape; Triple Integration; Landscape Design

引言

中国自古以来就是农业大国，农业的发展孕育了灿烂的农耕文明。在城市飞速发展的今天，农业依然占据着举足轻重的地位，农业可以改变城市生活，为城市注入力量。“晨兴理荒秽，戴月荷锄归”“采菊东篱下，悠然见南山”是古人返璞归真的极致浪漫，而都市农业景观不仅可以保障生产、美化环境，更使人们圆了心中的田园理想。农业景观可为都市居民提供与大自然亲近的机会，激发对自然的热爱和敬畏之情，培养健康、平衡和有意义的生活方式，创造宜居、宜人的诗意栖居环境。

1 都市农业的起源与发展

都市农业是指地处都市及其延伸地带，紧密依托并服务于都市的农业。它是大都市中、都市郊区和大都市经济圈以内，以适应现代化都市生存与发展需要而形成的现代农业[1]。

都市农业的概念最早是20世纪五六十年代由美国的经济学家提出来的，在美国、欧洲、日本等发达国家和地区发展较为成熟。国外对于农田景观的研究较早也较深入，已建立起较完善的景观评价体系、景观设计规划体系，以及农业美学、生态学等相关的系统理论。

中国关于都市现代农业的学术研究始于20世纪90年代，大多是从农业经济和生态学的角度展开研究，在景观领域的相关研究较少。与此同时，我国东部沿海一些发达地区开始进行都市农业探索，并取得了快速发展。2012年，农业部办公厅发布《关于加快发展都市现代农业的意见》。同年4月，在上海首次召开全国都市现代农业现场交流会，随后连续召开了4次交流研讨会[2]。最早将都市农业纳入城市发展规划的是北京、上海、深圳等一些经济发达的大城市[3]。在示范引领和辐射带动下，都市农业在越来越多的城市开展实践，取得了一定规模，具有良好的发展态势。党的二十大召开，将农业强国提到前所未有的高度，为都市农业的发展提供全新的发展机遇。

2 “三生融合”理念与都市农业景观的耦合关系

“三生融合”是指将生态、生产和生活三种元素进行有机融合，立足于人与自然和谐共处的角度，形成相互交融、相互联系的关系。

都市农业景观作为一种新型景观形态，融合了城市与农业的特点和发展需求，具有生态、经济、社会等多种功能，例如：净化环境，增添绿色，减少城市碳足迹；大幅拓展耕地，增加食物产能；增强城市食物供应弹性，提高抗风险能力；增进居民身心健康，扩展绿色健康生活方式等[2]。都市农业景观的功能与“三生”紧密联系，相互对应、相互影响、相互依存，构成了二者之间的耦合关系（图1）。

通过实践“三生融合”理念，可以为都市农业景观的构建提供可持续发展的路径。不仅可以促进城市生态环境的改善，提升农业生产效率，同时也可以为居民提供丰富多样的高质量农产品和农业体验，带动城乡之间的联系和互动，助推城乡融合一体化发展。

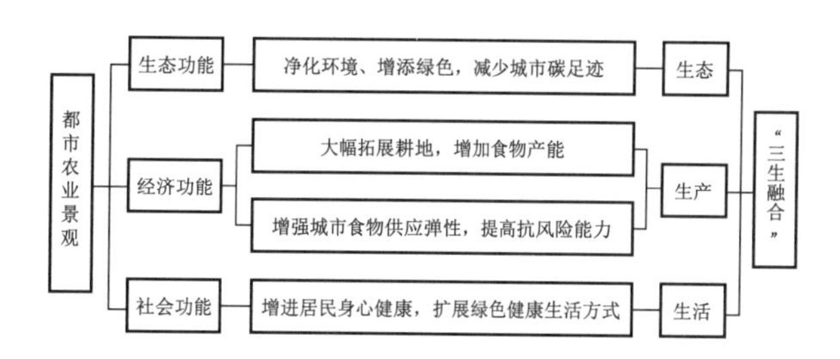

图1 “三生融合”理念与都市农业景观的耦合关系

3 “三生融合”的都市农业景观构建的实施建议

都市农业景观区别于传统的农业，更注重非商品价值的产出，如在休闲游憩、文化交流等方面的功能。时代语境下的都市农业景观顺应城市社会、经济、文化的发展，满足市民在物质及精神方面的需求，构建成为一个生产、生态、生活和谐发展的完善景观体系。

3.1 生态优先：组织生态基底空间，优化城市环境

都市农业景观是一首刻在大地上的耕耘之诗，在生态视角下，我们尝试探讨农业美学的概念。农业美学是基于自然环境的依托，并遵循自然规律的原则，以满足生产需求为目标。在实践中，注重人工美和自然美的平衡，创造出符合农业生态系统特征的美学理念。

在设计过程中，尽可能保留场地原有自然生境，根据现状景观地貌形成林地、耕地、园地、坑塘水面等不同的斑块。调查研究项目所在地的乡土聚落形态是必要的，例如，重庆林团的“山—林—宅—坪—塘—田园”序列、川西林盘的“稻田—林，林—宅院”的生产和生活模式等，都极具代表性。通过对这些基本形态的深入研究，可以创造出具有地域性的农业景观。

潭冲河现代农业基地项目位于安徽省合肥市肥西县，设计过程中借鉴了合肥周边乡村聚落与外部环境之间的关系：聚落+植被/农田，即聚落与植被、农田都有接触面，三者交融，自然环境较好[4]。

通过依托场地现状和第三次全国国土调查数据，设计保留了场地的原生地形和植被，充分利用生态资源，对现

有地形进行适度规整，使田块之间形成适应地势的高差，从而形成农田景观。设计还保留了场地上的林地植被和水塘，进行景观风貌提升，并增加游览路径。在建设用地范围内设置了院落式商业配套建筑，以此延续地块的生态基底，形成了“农田+林地+水塘+院落”的景观格局（图2），以展现“田园画卷，水岸原乡”主题的特色。

图2　潭冲河现代农业基地项目（三河路至创新大道）景观格局
（图片业源：项目团队）

在建立都市农业景观时，应选择适合当地生长的作物和植物，丰富品种，以保护和促进生物多样性，构建稳定的生态系统。在作物选择时，要考虑不同季节的美感，使农业景观在不同季节都能展现出独特的魅力。在潭冲河现代农业基地项目中，农田采用“向日葵—荞麦—油菜”“玉米—荞麦—小麦”“毛豆—荞麦—小麦”的轮作模式，创造丰富多样的季节美（图3）。

此外，优先选择鸟嗜树种和蜜源植物，不仅为生物提供了适宜的栖息地和食物，同时也增加了景观的生态功能和吸引力。鸟嗜树种选用了香樟、桃树、樱花、紫荆、蜡梅、海桐和卫矛，而蜜源植物则包括刺槐、乌桕、桂花和油菜等。

图3　潭冲河现代农业基地项目（创新大道至潭冲水库）四季轮作效果展示
（图片来源：项目团队）

3.2 创新生产：协同合作，构建有机发展路径

农田景观是生产景观的基础。农田田块设计时，综合考虑地形地貌、作物种类、机械作业效率、灌排效率及防止风害等因素，以进行农田整治、土地平整、土壤修复改良和农业生产道路的建设。通过采取挖高填低等措施，对不同规格的田块进行合理调整，分割成若干小田块，使田块规范成形，便于机械化耕作。还原自然景观的同时，融入一些构图手法，以展现农业景观的形式美感，营造“阡陌纵横，良田在侧”的诗意生活场景。

生产作为内在驱动，实现一、二、三产业协同发展，能够实现经济效益、社会效益和生态效益的有机统一。

在景观设计过程中，以运营思维为指导，结合业态要求进行功能规划。鉴于潭冲河现代农业基地项目周边多居住区，设计希望为周边市民打造一个多样化、便利，且富有趣味的邻里商业院落——慢生活院落。该院落将融合零售、娱乐、餐饮、文化等业态，同时为未来的发展和需求预留灵活可变的“*X*”变量模块（图4）。突破传统公园模式，通过运营与亮点业态打造，吸引人气并创造收益。

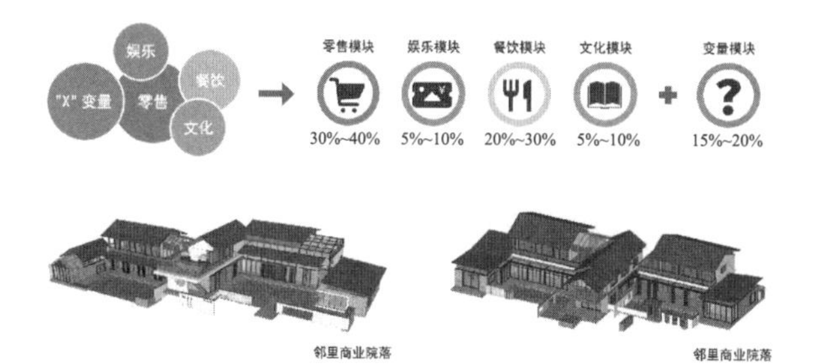

图4 潭冲河现代农业基地项目（三河路至创新大道）慢生活院落建筑单体与业态构成（图片来源：项目团队）

从优化产业结构的角度出发，为项目设想了集生产、加工、销售为一体的休闲观光农业（图5），可以近距离地参与、学习农业生产的过程，享受最新鲜的农产品，是可持续的生产模式。

农业旅游的开发，应基于当地特色农业产业及其他相关产业，策划并衍生一系列旅游产品，全面涵盖吃、住、行、游、购、娱六大旅游要素，整合采摘、加工、销售等一、二、三产业链，实现可持续发展和综合效益最大化。

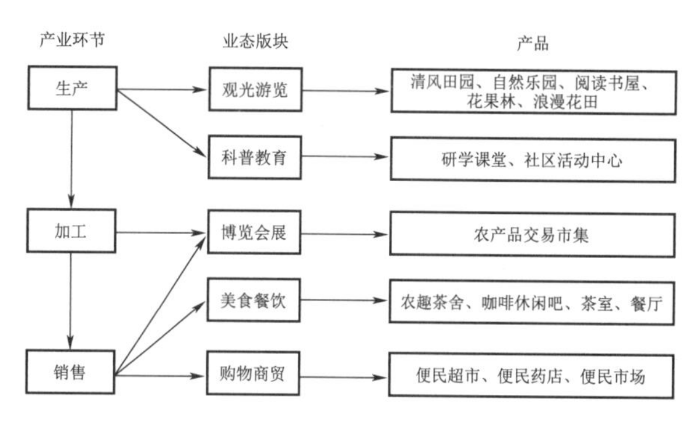

图5 潭冲河现代农业基地项目总体结构

3.3 活力共享：融合现代城市，汇聚人文与活力

从生活的角度出发，都市农业景观不仅能够提供高品质的农产品，还扮演着为现代都市居民提供宝贵的户外休闲空间和教育场所的重要角色。

为实现都市农业景观的综合发展，景观应扩展休闲与娱乐属性，以丰富人们的生活体验。建立多样化的交通游览体系，根据地势和环境特点进行规划，避免休闲游览的园路、栈道与供生产使用的道路之间的干扰冲突，从而形成相对独立的生产体系和游览体系。结合景观交通网络，合理布置科普节点，为城市居民提供开展教育活动、学习农业知识和增强环境意识的场所。

巧妙地设置景观亭、廊、驿站，使其能够深入农田中，为游客提供沉浸式体验，这样的设计将市民休闲生活与景观有机结合，为城市注入活力（图6）。适度引入图书馆、咖啡馆、展览馆、研学课堂等文化休闲节点，既能够满足农业生产的需求，又能提供都市休闲生活的景观场所，满足人们对于提升生活品质的追求，进一步丰富都市农业景观的功能和吸引力。

图6 潭冲河现代农业基地项目（三河路至创新大道）农趣茶舍效果展示（图片来源：项目团队）

在以农业为主题的景观设计中，首先要深入了解场地、读懂场地，充分考虑项目所在地的农耕文化、地域文化、历史文化和红色文化等元素，以赋予场地更丰富的内涵，打造具有精神寄托和心灵归属感的环境。

对于发展的旅游项目，可以以农产品、自然环境为灵感，通过品牌主题设计、IP形象设计、主题色彩设计和主题故事线设计等手段，丰富景观设计内容，使其更容易接受和吸引人，拉近与人之间的距离，从而为旅游宣传和发展提供助力。

4 结语

都市农业景观为千篇一律的城市注入惊喜与动感的元素，“三生融合”的理念为都市农业景观设计的开展提供了具体指引。基于生态优先、创新生产和活力共享三个关键因素，采取综合性的设计策略，平衡“三生”关系，在尊重生态基底、维护生物多样性的前提下，保障农业生产的顺利进行，除此之外，还应考虑优化产业结构，置入运营场景和游览设施等内容，从而最大限度地发挥农业生产、生态、生活的功能，打造都市现代农业发展模式。构建起一种可持续的、富有诗意的都市农业景观，为人们带来美丽、宜居的城市环境。

参考文献

[1] 成都都市现代农业产业技术研究院．构筑都市现代农业新高地[J]．乡村振兴，2020，(11)：34-35.
[2] 杨其长．以都市农业为载体，推动城乡融合发展[J]．中国科学院院刊，2022，37(2)：246-255.
[3] 胡文显．温州市都市型现代农业发展路径及对策探讨[J]．新疆农垦经济，2012(1)：42-46.
[4] 李浩．合肥市周边地区乡村聚落形态及空间环境研究[D]．合肥工业大学，2019.

作者简介

楼加晨，1998年生，女，本科，杭州易大景观设计有限公司，景观设计师。研究方向为景观设计。电子邮箱：81517011@qq.com。

生境质量评估提升优先的郊野公园选址优化研究①

——以武汉市环城郊野公园为例

Optimizing the Site Selection of Country Parks with Priority in Improving Habitat Quality Assessment

—A Case Study of Wuhan City Surrounding Rural Parks

罗诗戈　万明暄　韩依纹*

摘　要：新型城镇化背景下，城区不断扩张，与乡村、自然相交融形成郊野公园。郊野公园作为城镇空间与自然空间的缓冲区，提升其生境质量是保护修复自然生态系统、建设绿水青山的内在要求。本文以武汉市环城郊野公园为例，用InVEST评价模型对研究区域的生境质量进行评价，根据生境质量指数将生境划分为低生境、较低生境、中生境、较高生境、高生境5个等级。以模型评价结果中的高生境等级优先保护作为郊野公园选址的基础原则，划定备选区范围从而完成优化，依据优化后的结果构建武汉环城郊野公园生境数据库。结果如下：①武汉环城郊野公园生境质量呈现"内环低，外环高"的特征，内环生境破碎度高适宜建设小型郊野公园，外环生境斑块较大适宜建设大型郊野公园；②在武湖、仓埠、滠水、大花山、鼓架山等区域划定21处以生境保护优先的郊野公园用地范围；③武汉市环城郊野公园生境主要为河流湖泊生境、湿地滩涂生境、灌丛生境、针阔混交林生境、农田生境。以生境质量保护优先的郊野公园选址方法具有明显的空间定量化优势，其评价结果可以为武汉市环城郊野公园选址提供科学依据。

关键词：生境质量评估；优先保护；郊野公园；选址优化

Abstract: Under the background of new urbanization, urban areas continue to expand and blend with rural and natural areas to form suburban parks. As a buffer zone between urban and natural spaces, improving the quality of rural parks' habitats is an inherent requirement for protecting and restoring natural ecosystems and building green mountains and rivers. This article takes the suburban park around Wuhan as an example to evaluate the habitat quality of the study area using the InVEST evaluation model. According to the habitat quality index, the habitat is divided into five levels: low habitat, lower habitat, medium habitat, higher habitat, and high habitat. Based on the priority protection of high habitat levels in the model evaluation results as the basic principle for selecting the location of suburban parks, the scope of alternative areas is delineated to complete the optimization. Based on the optimized results, a habitat database of Wuhan Huancheng suburban parks is constructed. The results are as follows: (1) The habitat quality of Wuhan suburban parks around the city shows a characteristic of "low inner ring, high outer ring". The high fragmentation of the inner ring habitat is suitable for building small suburban parks, while the larger patch of the outer ring habitat is suitable for building large suburban parks; (2) Designate a total of 21 priority areas for habitat protection in suburban parks in areas such as Wuhu, Cangbu, Sheshui, Dahua Mountain, and Gujia Mountain; (3) The habitats of the country park around the city of Wuhan mainly include river and lake habitats, wetland mudflat habitats, shrub habitats, conifer and broad-leaved mixed forest habitats, and farmland habitats. The method of prioritizing habitat quality protection in the selection of suburban parks has obvious spatial quantitative advantages, and its evaluation results can provide scientific basis for the selection of suburban parks around the city in Wuhan.

Keywords: Habitat quality assessment; Priority protection; Country parks; Site optimization

① 基金项目：国家自然科学基金青年项目"基于生态系统服务'梯度权衡'的郊野公园生境格局优化研究：以武汉为例"（编号：5208180）资助。

引言

武汉环城郊野公园发展较晚，边界与布局不明晰，近郊地区生态环境受城市扩张干扰严峻。2022年武汉市以承办《湿地公约》第十四届缔约方大会为契机，在三环生态带基础上，启动四环线郊野公园群建设，形成环城郊野公园群[1]。郊野公园作为遏制城市无序蔓延的绿色屏障，对保护自然风景、维系适宜生境有重大意义[2]。因此，在新时期国土空间规划建设与生态的双重导向下，依托自然本底建设郊野公园，通过合理的选址布局以提升其绿色屏障功效成为重要的研究课题。

当前，国内外学者在研究郊野公园选址中主要使用生境质量优先评估法、生态敏感性评估法、适宜性评价法、游憩可达性评估法等方法[3-5]。其中，生境质量优先评估法具有决定性、准确性优势。生境质量是区域生态安全的重要指标，用于衡量区域内生态系统为物种或物种群体提供持续生存的能力[6]。InVEST模型中的生境质量版块根据生境威胁源的分布与不同土地类型对威胁源的敏感性计算生境质量，其结果能直观、准确反映生境质量的空间分异，确定选址保护的优先度[7]。以生境质量优先的郊野公园选址在北京、上海、杭州等城市已有研究和实践，如王瑞琦提出北京市第二道绿化隔离地区郊野公园核心目标在生态保育，分级评价生境质量并划定适宜建设区域作为选址[8]；高玉平以物种多样性优先保护地为上海郊野公园选址依据，构建植物、鸟类、两栖动物优先保护地[9]；刘烨琪构建了游憩优先、生态敏感性优先与生境质量优先三种情景分析杭州郊野公园选址[10]。生境质量是影响郊野公园保育性主导功能的核心指标，生境质量优先评估法满足郊野公园生态环境保护的核心目标，减少人为评估因子对选址的干扰，可构建科学合理的选址布局。武汉市在《2018武汉市城乡与国土规划图集》中依据资源要素聚集度规划形成“一环两翼”的郊野公园群空间格局，并划分了7个郊野公园群，分别为黄陂云雾山、东西湖府河-柏泉、蔡甸知音、经开（汉南）武湖、江夏鲁湖、东湖高新花山、新洲涨渡湖，对具体郊野公园边界划分尚未明晰。

本文以武汉市环城郊野公园为研究对象，以主流评价生境质量的InVEST（Integrated Valuation of Ecosystem Services and Trade-offs）模型进行定量研究，主要研究目标如下：①定义并划分武汉市环城郊野公园群边界范围；②对环城郊野公园群空间进行生境质量评价，探究其空间分布特征；③建立武汉市环城郊野公园郊野群生境空间数据库；④基于生境质量评级指引武汉市郊野公园选址，提出优化调控策略与建议。

1 研究区域概况

武汉市（东经113°41′—115°05′，北纬29°58′—31°22′），地处江汉平原东部、长江中游，属于亚热带湿润季风气候，雨量充沛、光照充足、冬冷夏热。夏季高温，降水集中，7月平均气温最高，为29.3℃；冬季寒冷，雨水湿润，1月平均气温最低，为3.0℃；年降水量为1205mm；全年无霜期达240天。武汉市下辖13个行政区，总面积8569.15km^2。武汉市植物区系属中亚热带常绿阔叶林向北亚热带落叶阔叶林过渡的地带。绿阔叶林和落叶阔叶林组成的混交林是全市典型的植被类型。武汉市动物资源种类繁多，有畜禽、水产渔类、药用、毛皮羽用、农林害虫及天敌、野生动物等动物资源，作为湖北省省会和中国中部地区最大城市，武汉拥有着丰富多样的郊野景观，包含丘陵、山脉、湖泊、河流、湿地、森林和农田等多样的地理特点。

武汉环城郊野公园以四环线为中轴，分布于武汉市三环线城市快速路与武汉市绕城高速之间，截至2022年共建设有11个郊野公园[11]。本文研究范围即三环线与四环线形成的环状空间，涉及黄陂区、东西湖区、蔡甸区、汉阳区、江夏区、洪山区、青山区、新洲区，总用地面积为1746.16km^2。该区域是中心城区外围形成的绿色保护圈，引领大东湖、武湖、府河、后官湖、青菱湖、梁子湖六大生态绿楔功能升级。

2 研究数据与方法

2.1 数据来源与处理

本文所需数据的来源及数据处理如下：①武汉市2022年土地利用栅格和植被覆盖数据来源于第三次全国国土调查（以下简称“三调”）数据，其空间分辨率为5m，栅格格式为TIF，依据土地利用现状分类标准划分出水田、旱地、灌木林、疏林地等19种生境类型；②武汉市行政区划矢量数据来源于国家基础地理信息中心网站，并在GIS中进行空间校正；③交通路网数据从地理空间数据云获得，从中提取出武汉市三环线环城快速路、绕城高速等矢量数据；④武汉市已建成郊野公园边界范围依据武汉市园林和林业局公开的点位、面积信息，结合地理空间数据云下载的 LANDSAT8 OLI TIRS 遥感影像数据，通过人机交互目视划定。

2.2 研究方法

本文核心研究方法是运用该 InVEST 模型中的生境质量模块（Habitat Quality Model）对武汉市环城郊野公园区域的生境质量进行分析，通过生境质量分级评价确定郊野公园生境保护优先的选址优化范围，最后根据武汉市 2022 年 5m 精度土地利用数据制作郊野公园生境数据库。

生境质量是生物多样性的空间化特征，通过建立生境与威胁源的联系，计算威胁源对生境的负面影响，即生境退化程度。生境退化程度计算需纳入 5 项因子：不同类型威胁源的权重（w_r）、威胁源强度（r_y）、生境抗干扰水平（β_x）、每种生境对不同类型威胁源的相对敏感程度（S_{jr}），以及威胁源在生境的每个栅格中产生的影响（i_{rxy}）。5 项因子的取值皆在 0 与 1 之间。生境类型为 j，需计算的栅格为 x。生境退化度可由以下公式计算得到。

$$D_{xj} = \sum_{r=1}^{R} \sum_{y=1}^{Y_r} \left(\frac{w_r}{\sum_{r=1}^{R} w_r} \right) r_y i_{rxy} \beta_x S_{jr} \tag{1}$$

$$i_{rxy} = 1 - \left(\frac{d_{xy}}{d_{r\max}} \right) \tag{2}$$

式中：D_{xj} 为生境退化度；R 为胁迫因子；r 为胁迫因子数量；y 为威胁源 r 中的栅格；Y_r 为胁迫因子所占格栅数；r_y 为栅格 y 的胁迫因子值（0 或 1）；β_x 为栅格 x 的可达性水平；S_{jr} 为生境类型 j 对胁迫因子 r 的敏感性；d_{xy} 为生境栅格 x 与威胁源栅格 y 的距离；$d_{r\max}$ 为威胁因子 r 的影响范围。i_{rxy} 为栅格 y 的胁迫因子值对 x 的胁迫水平；可分为按照线性和指数衰退来计算。

按线性计算：$i_{rxy} = 1 - (d_{xy}/d_{r\max})$ (3)

按指数衰退计算：$i_{rxy} = \exp(-(2.99/d_{r\max})d_{xy})$ (4)

生境质量由生境适宜度和生境退化度决定，计算公式如下：

$$Q_{xj} = H_j \left(1 - \left(\frac{D_{xj}^z}{D_{xj}^z + k^z} \right) \right) \tag{5}$$

式中：Q_{xj} 表示第 j 种土地利用类型 x 栅格单元的生境质量指数；H_j 为生境适合性；D_{xj}^z 为地类 j 中栅格 x 的生境退化度，通过式（1）计算得出；z 为模型默认参数；k 为半饱和常数。该模块中需要用户手动输入研究区域的土地利用类型图、不同生境类型生境适宜性，以及对威胁因子敏感度、威胁源的最大影响距离等数据。本文在 InVEST 模型手册推荐值的基础上，参考相关研究并根据研究区域自身特点来确定参数数值，具体输入的参数如表 1 和表 2 所示。

威胁源的最大影响距离与权重[12-14] 表 1

威胁因子	最大影响距离	权重	距离衰减函数
旱地	1	0.7	线性
水田	1	0.5	线性
其他建设用地	4	0.6	指数
农村居民点	5	1.0	指数
城镇用地	3	0.7	指数

不同生境类型生境适宜性及对威胁因子敏感度[15-16]

表 2

土地利用类型	生境适宜性	对胁迫因子的敏感程度				
		旱地	水田	其他建设用地	农村居民点	城镇用地
水田	0.40	0.10	0.00	0.60	0.70	0.50
旱地	0.20	0.00	0.20	0.60	0.70	0.50
有林地	1.00	0.80	0.80	0.80	0.85	0.90
灌木林	0.90	0.55	0.55	0.70	0.20	0.80
疏林地	0.80	0.50	0.50	0.65	0.20	0.70
其他林地	0.80	0.50	0.80	0.50	0.20	0.60
高覆盖度草地	0.90	0.70	0.70	0.40	0.80	0.90
中覆盖度草地	0.70	0.40	0.40	0.30	0.50	0.60
低覆盖度草地	0.50	0.30	0.30	0.20	0.40	0.50
河渠	1.00	0.60	0.60	0.20	0.85	0.90
湖泊	0.90	0.70	0.70	0.10	0.85	0.90
水库坑塘	0.90	0.55	0.75	0.10	0.85	0.90
滩地	0.90	0.50	0.20	0.10	0.30	0.5
城镇用地	0.00	0.00	0.00	0.00	0.00	0.00
农村居民点	0.00	0.00	0.00	0.00	0.0	0.00
其他建设用地	0.00	0.00	0.00	0.00	0.00	0.00
沼泽地	0.00	0.00	0.00	0.00	0.00	0.0
裸土地	0.70	0.20	0.20	0.10	0.10	0.10
裸岩石质地	0.13	0.29	0.29	0.56	0.39	0.21

3 研究结果

3.1 生境质量评价

武汉市环城郊野公园生境质量评价结果如图 1 所示。首先参照李克特量表（Likert scale）的 5 个级别，将评价结果分为低生境、较低生境、中生境、较高生境、高生境 5 个等级名称；其次利用 ArcGIS 的“自然断点法”对生境评价结果进行客观分级，结果为低生境（0~0.2）、较低生境（0.2~0.4）、中生境（0.4~0.6）、较高生境（0.6~0.9）、高生境（0.9~1）5 个等级。

从空间尺度上看，武汉环城郊野公园生境质量呈现“内环低，外环高”的特征。武汉环城郊野公园内环大部分区域是低生境，尤其是研究区靠近中心城区的区域，存

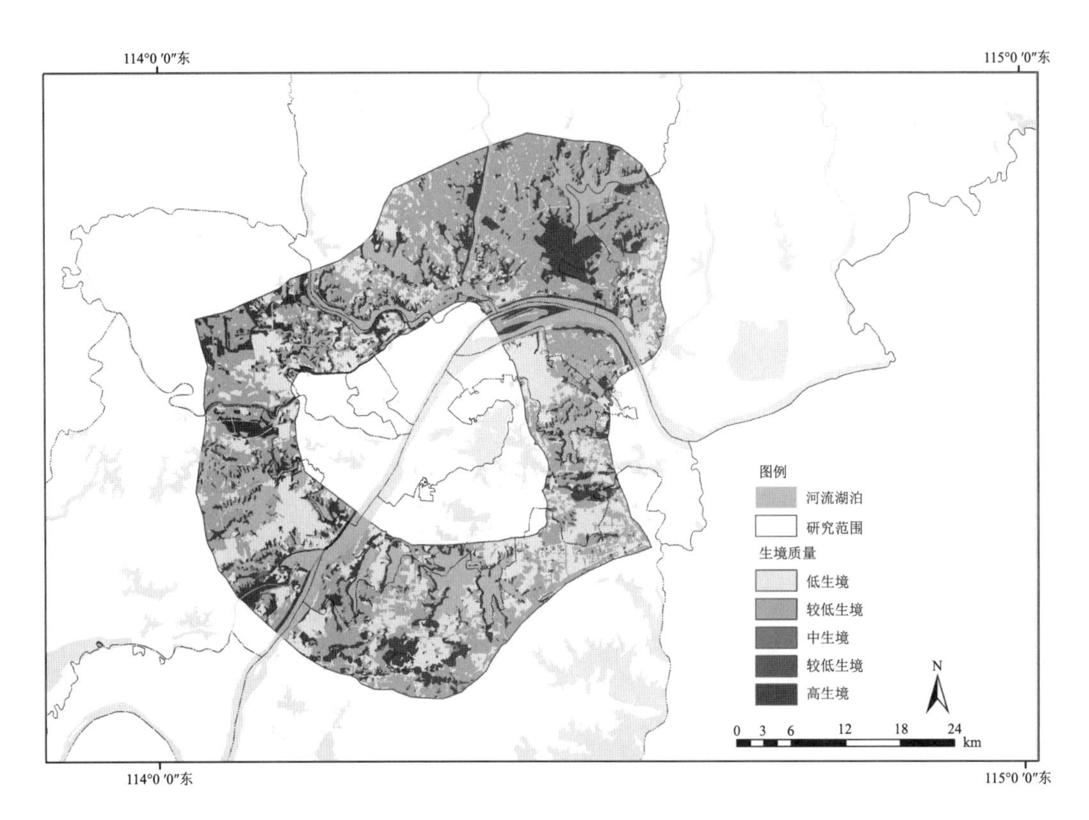

图1 环城郊野公园生境质量评价结果

在大片生境指数为0的区域，表明该区域并无生境，受城市扩张与人类活动影响严重。外环多为较高、高生境，且出现大面积、连片斑块，北有武湖，西有后官湖，南有青龙山，东有九峰山，生境质量较高；其次，研究区南部生境质量总体最高，在青龙山、八分山、庙山分布有大量果园、林地，并形成东西走向的高值区，具有较强的屏障功能。北部武湖、仓埠连片农田显示为高生境，西部大部分山区、河流、湖泊周边为高生境，包括泾河、知音湖、龙灵山、小军山、金鸡赛湖等区域，这部分地区分布着大量的林地和湿地，生态环境良好，东部九峰山、鼓架山、花山、东湖周边分布有多个高生境斑块。

3.2 选址优化范围

对生境质量评价结果中的高生境地区进行提取，如图2划定出武汉环城郊野公园选址优化备选范围。以北部武湖农业郊野公园为起点，逆时针形成仓埠郊野公园、龙墒郊野公园、滠水郊野公园等21处郊野公园备选范围。其中，靠近内环的郊野公园，如漳河口郊野公园、野湖郊野公园、鼓架山郊野公园面积较小，靠近外环的郊野公园如武湖农业郊野公园、后官湖郊野公园、赵家咀郊野公园、白云洞郊野公园、九峰水库郊野公园等面积较大。北部郊野公园面积大、分布零散，南部郊野公园面积小、分布集中。拟建的21处郊野公园与原有的11个郊野公园将武汉环城的自然森林资源、湖泊资源、农业景观、湿地滩涂串联在一起，形成环城绿色屏障。

3.3 生境数据库

生境类型与土地利用紧密相关，郊野公园属于特殊用地，其周边土地利用类型反映其生境类型如图3所示。本文基于2022年武汉市5m精度土地利用数据，将已建郊野公园和拟建郊野公园范围提取出来构建生境数据库，利用ArcGIS中的计算几何得到生境斑块面积如表3所示。武汉市环城郊野公园周边主要用地类型为内陆滩涂、养殖坑塘、湖泊水面、坑塘水面、水田、其他林地、其他园地，主要生境类型为河流湖泊生境、湿地滩涂生境、灌丛生境、针阔混交林生境、农田生境。构建生境数据库可以为后续郊野公园主题规划和生境营造提供指引。

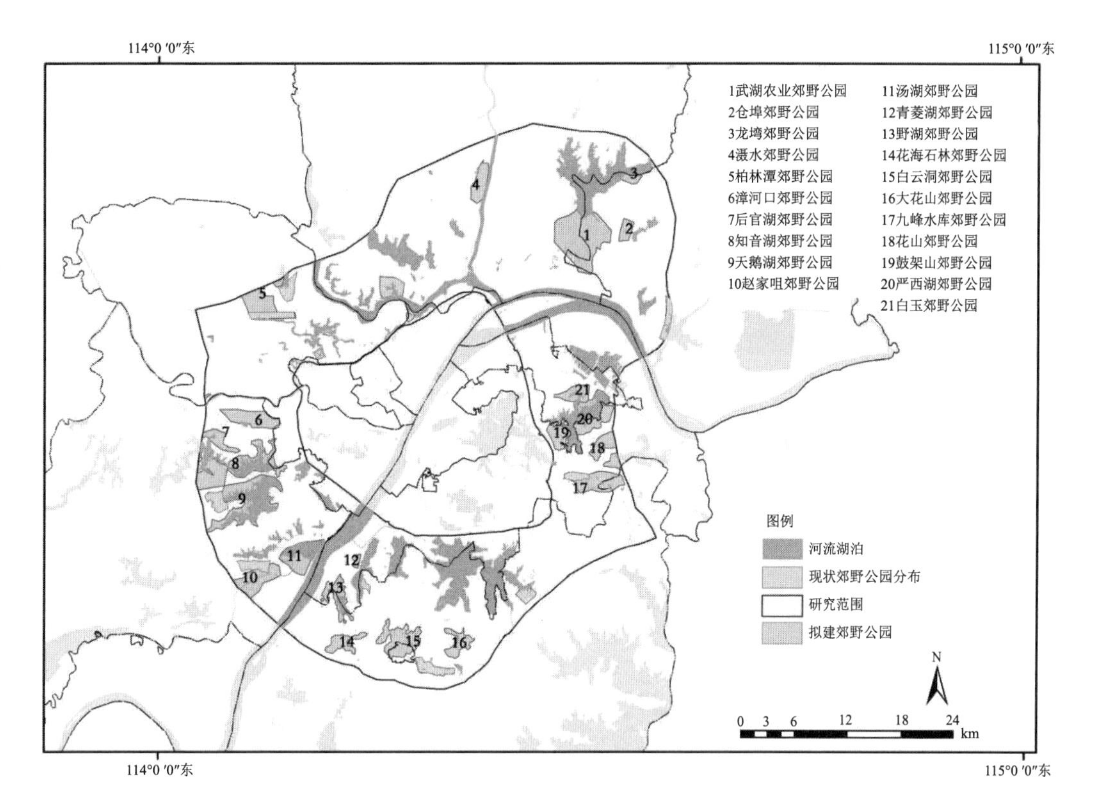

图 2 现状郊野公园和拟建郊野公园分布图

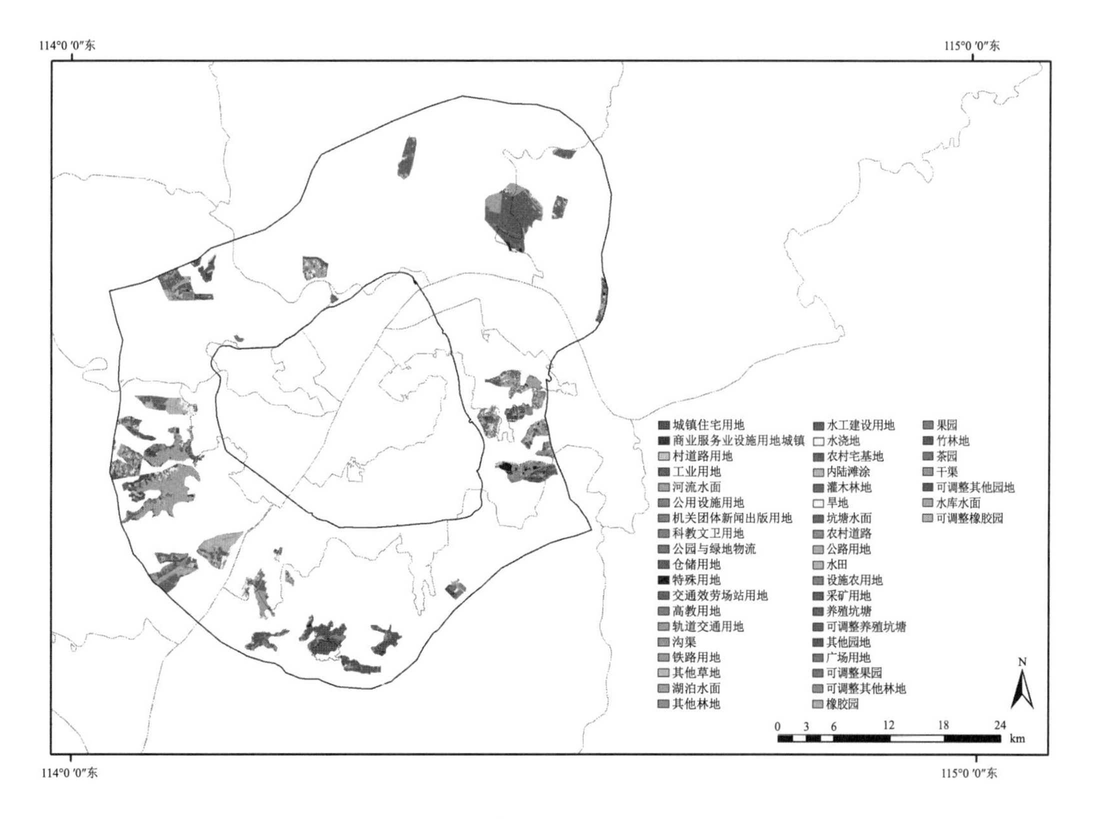

图 3 环城郊野公园周边土地利用类型

武汉市环城郊野公园生境数据库　　表3

公园类型	郊野公园名称	周边主要用地类型	主要生境类型	生境斑块面积/hm^2
已建郊野公园	府河郊野公园	内陆滩涂	河流湖泊生境	19.23
	府河湿地栢泉郊野公园	内陆滩涂	湿地滩涂生境	15.63
	郁金香主题郊野公园	养殖坑塘	灌丛生境	46.47
	武汉花世界郊野公园	坑塘水面	灌丛生境	40.00
	金银湖湿地公园	湖泊水面	湿地滩涂生境	12.45
	花博汇	湖泊水面	湿地滩涂、灌丛生境	86.67
	龙灵山生态公园	其他林地	针阔混交林生境	288.70
	黄家湖湿地公园	湖泊水面	湿地滩涂生境	74.60
	青龙山国家森林公园	其他林地	针阔混交林生境	273.40
	藏龙岛国家湿地公园	湖泊水面	湿地滩涂生境	37.56
拟建郊野公园	武湖农业郊野公园	坑塘水面	农田生境	2759.37
	仓埠郊野公园	坑塘水面	农田生境	156.57
	龙塆郊野公园	坑塘水面	农田、湿地滩涂生境	181.02
	滠水郊野公园	坑塘水面	农田、河流湖泊生境	539.61
	柏林潭郊野公园	养殖坑塘	农田、灌丛生境	1135.92
	漳河口郊野公园	水田	农田、河流湖泊生境	811.83
	后官湖郊野公园	湖泊水面	湿地滩涂生境	428.17
	知音湖郊野公园	湖泊水面	湿地滩涂生境	578.12
	天鹅湖郊野公园	湖泊水面	湿地滩涂生境	468.35
	赵家咀郊野公园	坑塘水面	湿地滩涂、灌丛生境	746.14
	汤湖郊野公园	内陆滩涂	湿地滩涂、灌丛生境	546.32
	青菱湖郊野公园	湖泊水面	湿地滩涂、灌丛生境	83.81
	野湖郊野公园	水浇地	湿地滩涂、灌丛生境	513.28
	花海石林郊野公园	其他园地	针阔混交林生境	463.98
	白云洞郊野公园	其他园地	针阔混交林生境	1117.44
	大花山郊野公园	其他园地	针阔混交林生境	408.43
	九峰水库郊野公园	其他林地	针阔混交林、灌丛生境	1066.04
	花山郊野公园	其他林地	针阔混交林生境	631.20
	鼓架山郊野公园	其他林地	针阔混交林生境	486.69
	严西湖郊野公园	湖泊水面	湿地滩涂、灌丛生境	336.81
	白玉郊野公园	其他林地	针阔混交林生境	483.07

4 结论和讨论

环城郊野公园是城郊生态保护的重要缓冲区，生境质量优先的选址方法符合其生态保育的核心目标，从而巩固其生态环境质量，维系生物多样性和生态稳定。本文结合现有城市的郊野公园研究与实践，以生境质量优先评估法对武汉市环城郊野公园进行选址优化，结论如下：

（1）以交通环线定义的武汉环城郊野公园群边界范围可涵盖武汉市2022年规划建设的四环线郊野公园群，具有实践指导意义。武汉市环城郊野公园是沿四环线串联建设的郊野公园群，其边界范围在武汉市三环线与绕城高速之间。该边界划定为生境质量评价建立了科学有效的研究对象。

（2）将生境质量评价结果划分成低生境、较低生境、中生境、较高生境、高生境5个等级，武汉市环城郊野公园内武湖、后官湖、青龙山、九峰山区域为高生境，主要靠近外环线。靠近内环线区域多为低生境。基于生境质量评价结果中的高生境等级斑块划定出武湖、仓埠、滠水等共计21处环城郊野公园选址优化备选范围。

（3）依据三调土地利用数据构建高精度环城郊野公园生境数据库，确定每一处郊野公园的生境类型与生境斑块面积。武汉市环城郊野公园主要生境类型为河流湖泊生境、湿地滩涂生境、灌丛生境、针阔混交林生境、农田生境。

（4）依据武汉市环城郊野公园生境数据库，可指引形成六大环城郊野生态功能区：武湖、仓埠农耕绿色郊野生态功能区；东西湖田园风光、观光林业郊野生态功能区；后官湖、知音湖湖泊郊野生态功能区；青龙山、大花山花卉园艺生态功能区；九峰森林生态功能区；鼓架山、严西湖近郊郊野生态功能区，从而更加清晰指导武汉市未来郊野公园的规划建设。对郊野公园边界的辨析与生境的保护，能更好发挥郊野公园的生态服务功能，推动武汉市环城郊野公园向高质量发展。

参考文献

[1] 武汉市人民政府办公厅．市人民政府办公厅关于印发武汉市2022年绿化工作方案的通知[EB/OL]．[2022-07-21]．https://www.wuhan.gov.cn/zwgk/xxgk/zfwj/bgtwj/202203/t20220331_1948390.shtml.

[2] LAMBERT D. The history of the country park, 1966-2005: Towards a renaissance? [J]. Landscape Research, 2006, 31(1): 43-62.

[3] 毕慧宇．基于生态敏感性的城市郊野公园规划设计研究[D]．合肥：安徽农业大学，2022.

[4] 赵月帅，丁娜，李玲．基于适宜性评价的西安郊野公园选址研究[J]．智能城市，2021，7(21)：106-107.

[5] GU X, TAO S, DAI B. Spatial accessibility of country parks in Shanghai, China[J]. Urban forestry & urban greening, 2017, 27: 373-382.

[6] 唐娇娇，余成，张委伟，等．基于CLUE-S和InVEST模型的苏州市生境质量评估及预测[J]．环境工程技术学报，2023，13(1)：377-385.

[7] 陈妍，乔飞，江磊．基于In VEST模型的土地利用格局变化

对区域尺度生境质量的影响研究——以北京为例[J]. 北京大学学报(自然科学版), 2016, 52(3): 553-562.
[8] 王瑞琦, 仇渊勋, 李雄. 以生境保护优先的北京市第二道绿化隔离地区郊野公园选址方法[J]. 北京林业大学学报, 2021, 43(2): 127-137.
[9] 高玉平. 上海市物种多样性优先保护地与郊野公园体系构建研究[D]. 上海: 华东师范大学, 2007.
[10] 刘烨琪. 基于情景规划的杭州郊野公园选址研究[J]. 现代园艺, 2023, 46(19): 99-102.
[11] 王怡璇. 基于多源数据的武汉市郊野公园功能评价及优化策略研究[D]. 武汉: 华中农业大学, 2023.
[12] 吴健生, 曹祺文, 石淑芹, 等. 基于土地利用变化的京津冀生境质量时空演变[J]. 应用生态学报, 2015, 26(11): 3457-3466.
[13] 刘园, 周勇, 杜越天. 基于InVEST模型的长江中游经济带生境质量的时空分异特征及其地形梯度效应[J]. 长江流域资源与环境, 2019, 28(10): 2429-2440.
[14] 戴云哲, 李江风, 杨建新. 长沙都市区生境质量对城市扩张的时空响应[J]. 地理科学进展, 2018, 37(10): 1340-1351.
[15] 殷婷婷, 程琳琳, 田超. 基于土地利用变化的山东沿海地区生境质量时空演变[J]. 济南大学学报(自然科学版), 2022(4): 1-12.
[16] 何建华, 王春晓, 刘殿锋, 等. 大城市边缘区土地利用变化对生境质量的影响评价——基于生态网络视角[J]. 长江流域资源与环境, 2019, 28(4): 903-916.

作者简介

罗诗戈，1999年生，女，华中科技大学建筑与城市规划学院在读研究生。研究方向为生态系统服务、绿地系统规划。

万明暄，1999年生，女，华中科技大学建筑与城市规划学院在读研究生。研究方向为生态系统服务、绿色空间生态系统服务指标的时空变化与预测。

（通信作者）韩依纹，1987年生，女，博士，华中科技大学建筑与城市规划学院，副教授。研究方向为绿色空间生态系统服务指标的时空变化与预测、城市生态修复。

童趣共生
——儿童游憩景观场景力评价研究

Interests Symbiosis
—Research on Evaluation of Children's Playscape Scene Force

戴月琳* 王 玮 王 喆

摘 要：优质的儿童游憩景观对儿童开拓户外视野具有重要意义。随着成都市倡导开展“公园城市”与“儿童友好幸福场景”建设工作，开始进行儿童游憩景观场景更新，优化城市空间类型。但目前鲜少有针对儿童游憩景观场景与场景力量化的评价体系。在对核心概念“场景力”进行解析与定义的基础上，运用调查问卷与网络数据结合的方式收集评价赋值，针对儿童游憩景观场景力特质建立对应的场景力评价体系，并选择合适区域开展评价实证，以期形成具有研究前景和参考价值的评价方法。立足公园城市诗意宜人的生态环境，构建多元场景与特色文化载体，分析多种行为方式与环境的交互关系，扩展儿童游憩景观内核，从而开展相应的场景力评价研究，为城市空间提供更多元化的更新方式。

关键词：儿童友好；游憩景观；场景力；景观评价；公园城市

Abstract: High quality children's recreational landscapes are of great significance for children to broaden their outdoor horizons. With the promotion of the construction of 'Park City' and ' Children Friendly and Happy Scenarios' in Chengdu, children's recreational landscape scenes are being updated to optimize urban spatial types. But currently, there are few evaluation systems for children's recreational landscape scenes and scene power. On the basis of analyzing and defining the core concept of "scene power", a combination of survey questionnaires and online data is used to collect evaluation values. A corresponding scene power evaluation system is established for the characteristics of children's recreational landscape scene power, and appropriate areas are selected for evaluation empirical research, in order to form an evaluation method with research prospects and reference value. Based on the poetic and pleasant ecological environment of the park city, we aim to construct diverse scenes and distinctive cultural carriers, analyze the interactive relationship between various behavioral patterns and the environment, expand the core of children's recreational landscapes, and carry out corresponding research on scene power evaluation, providing more diversified ways of updating urban spaces.

Keywords: Child-Friendly; Playscape; Scene Force; Landscape Evaluation; Park City

引言

空间环境对儿童产生的影响涵盖多个方面，儿童空间建设是衡量城市永续发展的一个重要维度。我国儿童心理学家陈鹤琴主张“教学游戏化”，让儿童在与自然和社会的直接接触中、在亲身观察中获取经验和知识，尊重了儿童活动的主体性、积极性，充分发挥儿童环境的自然性和益智性[1]。现代教育学家张雪门提出著名的“幼儿游戏观”—游戏中生活，生活中游戏，主张游戏享乐与教育功能并存，使用非结构化的游戏材料，激发儿童的创造性思维的同时培养其互助的社会性与活跃的个人潜能；鼓励儿童自主发展，尊重儿童在活动过程中的主体地位[2]。2006 年，我国国务院妇女儿童工作委员会办公室与联合国儿童基金会开始实施“儿童保护体系与网络建设”项目，尝试对之前的理论成果进行了一系列本土化的解读，但国内对于建设儿童友好的户外公共环境的探索大多停留在制度层面，较少开展实际层面的环境改造实施。

随着人类文明进程逐渐向信息文明和闲暇文明转型，户外游憩成为人们活动的重要组成部分之一[3]。国外将游憩看作一种文化现象，最早出现于 1930 年美国地理学家麦克默里（McMurry）发表的《游憩活动与土地利用关系》一文。《游憩地理学》一书的引进是我国游憩研究开始的标志。2000 年后，游憩学逐渐开始作为独立对象，对城市绿地形态、使用者心理、教学实施等方面开展研究，对城市规划具有一定的参考意义。

公园城市概念最早出现于习近平总书记 2018 年视察成都市天府新区时。该概念强调倡导城市建设从“空间建造”向“场景营造”转变，多个场景串联构成以美好生活为中心导向的公园城市治理新模式。其中，在户外开放空间游戏是儿童健康发育的先决条件，良好的开放空间不仅能使儿童放松身心，增强体质，而且有助于儿童提高智力水平与社会技能、更好地与人沟通，同时寓教于乐，增加环境认知。但目前国内在理论方面缺乏从儿童视角出发，以及对儿童友好的影响机制、相关测度方法和评价方法的本土化研究[4]；较少从科学的宏观角度考虑城市儿童友好空间开放体系，实践应用方面也尚有不足。因此通过对儿童游憩景观开展量化评价研究，从而构建一个有吸引力、使人愉悦的儿童游憩景观显得尤为重要。

1 儿童游憩景观场景力定义与表现

1.1 场景力概念界定

场景力是基于场景的概念提出的。场景理论是国际上首个分析城市的文化风格和美学特征对城市发展作用的理论工具。同属新芝加哥学派的多伦多大学社会学副教授丹尼尔·亚伦·西尔（Daniel Aaron Silver）指出场景是整体性、关联性的思维方式，强调在人的介入下城市空间与功能的再定义，即场景包含了当地的文化价值与美学特质带来的特定归属感[5]。随着场景理论的提出，场景逐渐被引入到城市社会的研究中，不仅是时空集聚，更被赋予特定的文化价值意义。在城市社会学的研究中，场景力（Scene Force）强调构成场景各要素之间的关联状态，尤其是客观环境设施与创造性群体的交互作用[6]，将一个地区的文化生态价值用景观布局的方式表现，用以形容场景对特定人群的吸引力及带来的层次感体验，激活人的相关需求[7]。场景力承载各种场景表达的实体物理和情感心理特征，并对置身其中的人群产生影响。

依据场景力具有关联性和交互性这一大特点，以及现有理论中针对景观场景力涵盖内容的研究，将儿童游憩景观场景力定义为儿童游憩景观的场景所具有的营造感知、引导游憩活动和传递正向价值观的能力，以及其对儿童身心健康、智力发展和社交能力等方面的影响。场景力一词将人放在场景的主导地位，尤其强调人在环境中的感受，是环境作用于人群的正向结果。儿童游憩景观的场景力应当包含儿童游憩景观中所具有的吸引使用人群的特质，其中有空间环境内各种特征载体，如内外物理特性、文化内涵、情感寄托、价值导向等的集合，以及这些外显特征带给儿童的文化影响、情感抒发等，内化为儿童的自我认识与感知，是衡量儿童游憩景观质量的重要指标。

1.2 场景力在儿童游憩景观中的表现方式

公园城市的场景建设应当根据地域特点，利用原有地形地貌、水体、植被和历史文化遗址等自然、人文条件，以方便群众为原则，合理布局、科学设计、规范建设，促进生态空间与生产场景、生活场景的有机融合。儿童游憩景观的场景力可以体现在场景的连通力、风控力、艺术力、感受力、承载力和关照力六大方面，从 WSR 系统方法论“物理-事理-人理”三个角度对儿童游憩景观场景力特点进行分类解析，构建儿童游憩景观场景力系统（图 1）。

其中，“人理”方面主要是对儿童感知觉的特征研究，指出场景营造应当发挥儿童感知觉的最大限度，强调儿童的使用感受，承担儿童在游憩行为下产生的情感寄托，与场景力类型特点中的风控力、艺术力、感受力和承载力密切相关。“物理”特性研究主要是指场景内的实体物理特征，在于充分考虑儿童游憩景观场景的客观元素构成和条件，是场景营造中最不可或缺的部分，确保连通力、风控力、艺术力、承载力和关照力等场景力特点得到满足。对“事理”方面的研究主要在于探究儿童在游憩景观内的行为类型与特点，体现在包括风控力、感受力、

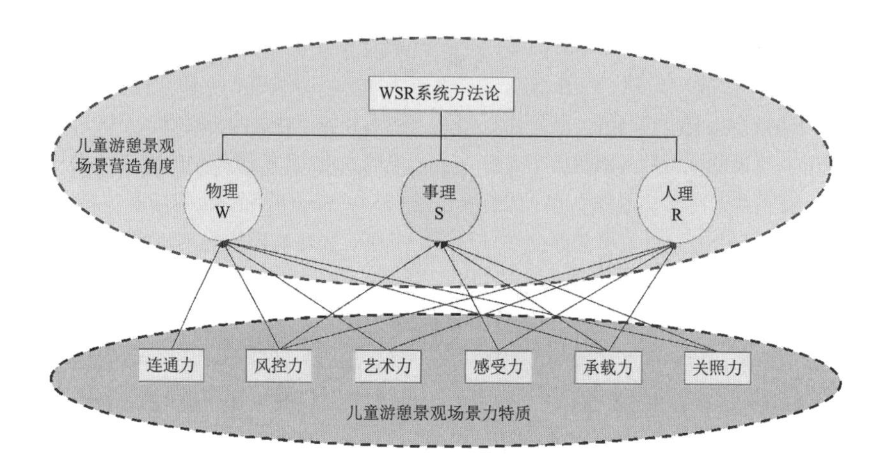

图1　运用WSR系统方法论建构的儿童游憩景观场景力系统

承载力和关照力的场景力特点中。优质的儿童游憩景观能够使得儿童领略理解基本的文化内涵、产生正确的价值导向，从而帮助儿童建构世界观雏形。在尊重儿童的身心发展规律的前提下，充分考虑社会政策发展和文化内涵科普的需求，以此为基础设计出能够促进儿童身心健康、智力发展和社交能力的游戏环境，引导儿童产生积极的情感和体验。

2　公园城市儿童游憩景观场景力评价方法

2.1　评价方法原则

使用后评价（Post-Occupancy Evaluation，简称POE）以空间环境特征，以及使用者在空间内的活动行为和心理情绪两方面为主要研究内容，对建筑环境与公共开放环境展开评价[8]。我国对于使用后评价的研究逐渐起步于20世纪80年代初，从使用者对于建成环境的语言描述（问卷、访谈等）、行为特点（身体特点、行动轨迹等）、空间认知（情绪态度、关注点等）等方面的记录搜集直接或间接的评价数据[9]。

由于整个评价过程主要依靠现有的相关研究成果及使用者的主观意识，因此评价指标的选取及评价方法的制定应当遵循较为客观、全面与科学的原则，过程易于操作，使得评价结果具有一定的指导意义。

2.2　评价体系建立步骤

儿童游憩景观的评价因子数量众多、内容繁杂；以往开展的评价中涉及的方法多种多样；且儿童游憩景观场景营造的侧重点较其他游憩景观来说有所不同，如何确立最终的评价体系显得至关重要。通过以下步骤建立适合的场景力评价体系，从而获取较为科学、客观的评价数据。

（1）参考现有的游憩环境评价指标和体系，初步确立儿童游憩景观场景力的评价类型与一级评价指标。以美国为代表的国外地区对于包含游憩功能的城市公园的建设起源于19世纪，自此关于游憩环境的评价类型与方法的研究逐渐自成体系。汇总已有研究中涉及的游憩空间与城市公园评价体系指标，进行综合比较，从中筛选与儿童发展成长和游憩行为相关的元素，判断其是否适用于本次研究，选择对于儿童游憩景观具有决定性影响的特质类型作为场景力的初步评价基础。

（2）以相关使用人群为对象发放调查问卷，为确定场景力综合评价体系指标提供数据支撑。将场景力的初步评价指标体系制成相关问卷向社区居民与城市公园使用人群发放，调查他们对于儿童游憩景观的感受、期望，以及对现有的儿童游憩环境的喜恶情况，对儿童游憩景观需要涵盖的因素进行重要程度和心理期望值的打分，发现其中反映强烈的因素，梳理场景力的评价要点和指标的得分数据。

（3）总结儿童游憩景观场景力评价方法，制定场景力评价体系并对指标权重赋值，分析代表场地。利用层次分析法确立儿童游憩景观场景力评价体系的层级构成，通过对前期调查问卷所得数据，计算出每个指标的占比权重，整理出最终的评价体系。选择具有代表性、涵盖内容丰富的儿童游憩景观，结合互联网大数据对该场地进行考察，总结其环境特点及场景力特点的表现方式。

2.3　信息收集方式

为了了解公众对公园城市儿童游憩景观场景力的感

知、评价及需求，基于建成环境 POE 访谈及问卷的方式，对儿童、家长及小学教师进行调查，通过结果反映的喜好趋势能够进一步对影响儿童游憩景观场景力的因素进行分析，探究场景力营造的策略。问卷采用以选择式题型的结构为主，辅有被采访者能够不受约束、主观表达个人想法的填空类题型。

通过日常观察可得知，12 岁以上的儿童具有较为完备的自主学习能力，他们大多只需要游憩景观这一单纯的空间形式，而对空间类型及其中的设施没有过多要求。较小年龄的儿童则缺乏足够的自我意识、决策力及执行力，他们往往依靠游憩景观传达的信息来开展游戏、休息或学习行为，游憩景观所体现的场景力对他们来说更为重要，因此真正使用城市儿童游憩景观的儿童主要集中在 2~12 岁，研究对象以此年龄段儿童为主。

家长对于儿童活动环境更加具有常识性的判断和把控，通过家长对儿童的观察和理解视角也能够从侧面了解儿童的行为特点。因此针对家长的问卷的阐述方式更具科学性，便于获得较为准确的调查结果。7~12 岁的儿童思维较为清晰，可以识别文字信息，因此问卷形式和问题的设置与针对家长的问卷大同小异，叙述方式更加口语化、通俗易懂。而针对 2~6 岁中具有基本识图、认知与表达能力的儿童，设置有专门的问卷，题目以图片和色彩的选择题形式为主，便于他们更加直观地感受题目含义，从而方便轻松地作出选择，针对类似于管理情况等对于儿童而言难以理解的问题，则具象为“设施整不整洁”“你平时玩耍时有没有管理员叔叔/阿姨来保护你的安全”等细节问题；年龄太小、较为缺乏认知与表达能力的儿童则由家长通过观察儿童的行为趋向代为填写。以儿童情况为主，家长视角为辅的方式，探究使用者对儿童游憩景观的需求及喜好评价，有助于调查结果更具分析意义与研究价值。

2.4 主观评价元素的组成和构建思路

目前针对环境质量的主观定量评价方法使用较多的是层次分析法。层次分析法（Analytic Hierarchy Process，AHP）是 20 世纪 70 年代初期美国运筹学家、匹兹堡大学 T. L. Saaty 教授提出的，是一种简便、灵活而又实用的，对定性问题进行定量分析的多准则决策方法。层次分析法主要是通过把复杂问题中的各种因素通过划分成相互联系的有序层次，使之条理化[10]，对同一层级的元素进行两两比较判断并计算出各要素的权重[11]。依照以往的评价体系涉及的指标，结合公园城市建设背景要求与具体措施，同时参照 WSR 系统方法论下 3 个层面的儿童游憩景观的场景力类型及表现特点，将儿童游憩景观场景力评价的目标细化为景观可达性连通力、景观安全性风控力、景观美观性艺术力、景观舒适性感受力、游憩可供性承载力及设施全面性关照力，再在这 6 个核心一级指标下延伸得到 32 个具体的评价执行指标（表 1）。

儿童游憩景观场景力三级评价体系层次结构模型 表 1

目标层	一级指标层	二级指标层
公园城市成都实践背景下儿童游憩景观场景力评价 A	景观可达性连通力 B_1	C_{11} 交通便利，容易到达
		C_{12} 出入口较为醒目
		C_{13} 周边道路养护状况良好
	景观安全性风控力 B_2	C_{21} 空间远离交通干道，不会有车辆和较多的行人通行
		C_{22} 场地视野开阔，不会大面积被构筑物遮挡
		C_{23} 游戏设施安全，无尖锐棱角，不会发生夹挤等
		C_{24} 水体和高空区域有足够的安全保障
		C_{25} 植物不带刺、无毒、无刺激、无异味、无污染
		C_{26} 有较为完善的管理体系，设施定期维护
	景观美观性艺术力 B_3	C_{31} 场地整体形式与布局具有吸引力
		C_{32} 场地干净整洁、保养良好
		C_{33} 场地铺装色彩搭配和谐
		C_{34} 植物具有一定的色彩与季相变化
	景观舒适性感受力 B_4	C_{41} 场地具有合适的规模，大多时候既不拥挤也不空旷
		C_{42} 场地整体布局合理
		C_{43} 植物种类丰富，与生态自然有机融合
		C_{44} 场地夏季有适宜的遮阴
		C_{45} 光照、通风条件良好
	游憩可供性承载力 B_5	C_{51} 游憩设施多样，涵盖全面
		C_{52} 寓教于乐，具有一定的文化性，儿童可获得知识
		C_{53} 主题具有特色，有一定的独特性
		C_{54} 有供儿童的休息与社交空间
		C_{55} 游乐区与休息区有适当的过渡
		C_{56} 场地内部有平整的大块铺装，可供儿童滑板车、轮滑等使用
		C_{57} 场地有互动体验（包含儿童与环境、儿童与儿童、儿童与成人之间的互动）
		C_{58} 具有趣味性，不单调死板，激发儿童想象力与活跃的思维
		C_{59} 按照年龄段划分游憩区域
	设施全面性关照力 B_6	C_{61} 有便利的辅助设施（包括卫生间、垃圾桶、小卖部等）
		C_{62} 无障碍设施覆盖全面
		C_{63} 有家长使用的陪护空间
		C_{64} 有指向儿童游憩景观的路标、园区地图，各种指示牌较为醒目
		C_{65} 夜间照明充足

将评价结合赋分形式的问卷在大型城市公园的儿童游乐场附近针对 2~12 岁儿童及家长展开信息收集，让受访人群主观对儿童游憩行为的趋向进行反馈、对儿童游憩景观的形式进行喜好判断，以及对儿童游憩景观场景力元素的主观重要程度进行打分。共收到针对 7~12 岁儿童、家长及教师的问卷反馈 108 份，其中有效问卷 102 份；2~6 岁具备基本识图能力的儿童的问卷反馈 5 份，有效问卷 5 份。分别记录受访者平时生活空间内儿童游憩景观的布置情况，何种形式、何种内容和功能的儿童游憩景观更受到受访者的青睐，以及对于儿童游憩景观的建设意见，为下一步总结儿童游憩景观场景力的营造策略提供参考。其中在场景力评价指标打分一项，运用 1~9 比例标度法（表 2），将下一级指标对上一级指标的影响程度进行两两比较[12]，建立判断矩阵（表 3）。

层次分析法标度标准及说明　　　　表 2

标度（A_i，A_j）	说明
1	两个指标相比，具有相同重要性
3	两个指标相比，前者比后者稍微重要，反之为 1/3
5	两个指标相比，前者比后者明显重要，反之为 1/5
7	两个指标相比，前者比后者强烈重要，反之为 1/7
9	两个指标相比，前者比后者极端重要，反之为 1/9
2，4，6，8	介于上述两相邻判断的中间程度

判断矩阵的构造形式　　　　表 3

W	A_1	A_2	A_3	……	A_j
A_1	A_1/A_1	A_1/A_2	A_1/A_3	……	A_1/A_j
A_2	A_2/A_1	A_2/A_2	A_2/A_3	……	A_2/A_j
A_3	A_3/A_1	A_3/A_2	A_3/A_3	……	A_3/A_j
……	……	……	……	……	……
A_i	A_i/A_1	A_i/A_2	A_i/A_3	……	A_i/A_j

其中，同一指标相比较时值为 1。当阶数大于 2 时，评判矩阵的一致性指标 CI 与同阶平均随机一致性指标 RI 的比称为随机一致性比率，记为 CR。

当 $CR=\frac{CI}{RI}<0.1$ 时，判断矩阵具有满意的一致性。

将问卷数据输入 10.1 版 yaahp 软件，选择加权几何平均数的矩阵集结计算方式，得出每层指标的平均权重值数据，以及一致性结果判断 CR 值。以上各项权重值结果均为每个一级指标层独立矩阵的权重，即每个独立矩阵中各项目权重值相加和为 1。再根据集结后的一级指标层综合判断矩阵进行归一化计算，得出每一项指标的最终权重值（表 4），并验证了在同一级指标层下的元素权重值相加和为对应一级指标层权重值，且所有二级指标层最终权重值相加之和为 1。

儿童游憩景观场景力评价体系权重值汇总　　　　表 4

目标层	一级指标层	二级指标层	指标系数
公园城市成都实践背景下儿童游憩景观场景力评价 A 1.0000	景观可达性连通力 B_1 0.1111	C_{11} 交通便利，容易到达	0.0585
		C_{12} 出入口较为醒目	0.0215
		C_{13} 周边道路养护状况良好	0.0311
	景观安全性风控力 B_2 0.2222	C_{21} 空间远离交通干道，不会有车辆和较多的行人通行	0.0354
		C_{22} 场地视野开阔，不会大面积被构筑物遮挡	0.0318
		C_{23} 游戏设施安全，无尖锐棱角不会发生夹挤等	0.0423
		C_{24} 水体和高空区域有足够的安全保障	0.0405
		C_{25} 植物不带刺、无毒、无刺激、无异味、无污染	0.0413
		C_{26} 有较为完善的管理体系，设施定期维护	0.0309
	景观美观性艺术力 B_3 0.0833	C_{31} 场地整体形式与布局具有吸引力	0.0159
		C_{32} 场地干净整洁、保养良好	0.0313
		C_{33} 场地铺装色彩搭配和谐	0.0146
		C_{34} 植物具有一定的色彩与季相变化	0.0216
	景观舒适性感受力 B_4 0.1389	C_{41} 场地具有合适的规模，大多时候既不拥挤也不空旷	0.0179
		C_{42} 场地整体布局合理	0.0365
		C_{43} 植物种类丰富，与生态自然有机融合	0.0263
		C_{44} 场地夏季有适宜的遮阴	0.0258
		C_{45} 光照、通风条件良好	0.0324
	游憩可供性承载力 B_5 0.2500	C_{51} 游憩设施多样，涵盖全面	0.0290
		C_{52} 寓教于乐，具有一定的文化性，儿童可获得知识	0.0297
		C_{53} 主题具有特色，有一定的独特性	0.0169
		C_{54} 有供儿童的休息与社交空间	0.0345
		C_{55} 游乐区与休息区有适当的过渡	0.0153
		C_{56} 场地内部有平整的大块铺装，可供儿童滑板车、轮滑等使用	0.0280
		C_{57} 场地有互动体验（包含儿童与环境、儿童与儿童、儿童与成人之间的互动）	0.0339
		C_{58} 具有趣味性，不单调死板，激发儿童想象力与活跃思维	0.0408
		C_{59} 按照年龄段划分游憩区域	0.0220
	设施全面性关照力 B_6 0.1944	C_{61} 有便利的辅助设施（包括卫生间、垃圾桶、小卖部等）	0.0450
		C_{62} 无障碍设施覆盖全面	0.0431
		C_{63} 有家长使用的陪护空间	0.0348
		C_{64} 有指向儿童游憩景观的路标、园区地图，各种指示牌较为醒目	0.0278
		C_{65} 夜间照明充足	0.0438

3 公园城市儿童游憩景观场景力评价实证分析

3.1 评价对象与选取依据

本研究在前期对成都市已有的儿童游憩景观进行综合梳理和调研的基础上，分别选取了桂溪生态公园的西区及东区作为评价体系实证分析的对象。桂溪生态公园地处成都市高新南区，占地面积约 1800 亩（1.2km²）（图 2）。桂溪生态公园作为成都环城生态带上的重要环节、城市主轴上的公共开放绿地和生态轴心，坐拥着周边日趋成熟的都市环境，容纳了多元丰富的游憩活动，且起着承上启下的关键作用，被视为公园城市中富有魅力的中央公园之一。若干散点式景观节点布置于自然基底之上，形成起伏开阖的缓坡组团及大片的开放式草坪空间，供休闲娱乐使用。

图 2 桂溪生态公园区位环境及儿童游戏设施区位

选择桂溪生态公园两个分区的理由是两者客观地理条件与周边环境基本相同，可自身形成对比，排除其他外在条件的干扰。包含的环境形式和游憩方式多样，可以从多方面展开研究。桂溪生态公园是非围合式的大型城市公园，不需要门票即可随意进入，针对家长及儿童而言更有意愿到达，调查人群基数较大，有助于获得更为准确的数据。

3.2 评价模式设计

得益于互联网时代的深入发展，各种社交媒体的普及使得人们能从多种渠道收集跨地域的用户在不同时间对于建成环境的评述，从而利用丰富的大数据信息进行分析处理[13]。新浪微博、大众点评、美团等作为我国使用人群基数较大的社交媒体，用户可在其中发布文字、图片、视频、链接等，自由发表观点、记录行程、分享情感与体验。前文使用的单人评价打分的传统问卷收集模式，由于具有片面性和时效性等局限，不易得出具有普适性的结果；社交媒体上的评价可作为问卷内容的另一种表达形式，借助互联网可以收集大批量的相关数据，摆脱时空限制，从更多渠道获取更为全面的评价内容。

本研究以大众点评作为数据来源，采集含有关键词的文本数据与图片数据进行分析，将 POE 方法在互联网方便快捷的大数据获取及处理特点之上进行现代化运用。在大众点评中搜索待分析的场地，选取有效评价（指与本次研究有关、有具体内容的细节性评价，而非简单概括好坏的笼统式评价），基于前文总结的儿童游憩景观场景力评价元素，对评价内容中该元素的出现频率（即相关文字及图片评论数量）和评价者的感情趋向进行分析，以判断该元素在整个环境中的呈现情况。结合场景力评价体系权重值进行分数统计与比较，从而探讨该儿童游憩景观场景的营造特点及场景力的表现程度。

3.3 评价实验数据采集

本研究使用网络爬虫“集搜客”爬取与人工判断筛选结合的数据处理模式，选择数据来源“大众点评”网站，输入“桂溪生态公园”“桂溪公园”“桂溪生态公园西区”“桂溪生态公园东区”等关键字获取基本评价信息，共获取评价 1889 条，其中有效评价 1604 条：桂溪生态公园西区共有评论 961 条，其中有效评价 829 条；东区共有评论 928 条，其中有效评价 775 条。从东区和西区近三年的有效评价中分别随机选取 400 条（约占总有效评价数的 50%）进行深度分析，将评价内容中提到该项元素并对该项呈积极意愿的正面评价，数量记为 Q_1，每一条赋值为 1；呈消极意愿的负面评价，数量记为 Q_2，每一条赋值为-1；呈中立态度的评价或未对该项进行评价则不赋值。将前文二级指标层权重值 W 与正负评价赋值之和相乘，可得每个指标的具体分值，即每一项元素得分：

$$S_{ij}=W_{ij}\times(Q_1-Q_2)\quad(i=1,2,3,4,5;\ j=1,2\cdots)$$

正负评价的具体数目及对应得分如表 5、表 6 所示。

桂溪生态公园（西区）儿童游憩景观场景力评价元素对应评价数目及得分　表 5

一级指标层	二级指标层及对应权重值 W		正面评价数 Q_1	负面评价数 Q_2	得分 S
景观可达性连通力 B_1	C_{11} 交通便利	0.0585	51	10	2.3985
	C_{12} 出入口醒目	0.0215	41	8	0.7095
	C_{13} 周边道路良好	0.0311	93	2	2.8311
景观安全性风控力 B_2	C_{21} 远离交通干道	0.0354	44	6	1.3452
	C_{22} 场地视野开阔	0.0318	79	5	2.3532
	C_{23} 游戏设施安全	0.0423	15	10	0.2115
	C_{24} 水体和高空具有保障	0.0405	24	7	0.6885
	C_{25} 植物安全	0.0413	14	4	0.4130
	C_{26} 管理系统完善	0.0309	20	10	0.3090
景观美观性艺术力 B_3	C_{31} 整体形式布局有吸引力	0.0159	105	2	1.6377
	C_{32} 场地干净整洁保养良好	0.0313	34	4	0.9390
	C_{33} 场地铺装色彩和谐	0.0146	37	1	0.5256
	C_{34} 植物色彩季相变化	0.0216	54	1	1.1448
景观舒适性感受力 B_4	C_{41} 规模合适	0.0179	59	15	0.7876
	C_{42} 布局合理	0.0365	98	12	3.1390
	C_{43} 植物种类丰富	0.0263	161	0	4.2343
	C_{44} 遮阴适宜	0.0258	19	23	0.1032
	C_{45} 光照通风良好	0.0324	86	2	2.7216

续表

一级指标层	二级指标层及对应权重值 W		正面评价数 Q_1	负面评价数 Q_2	得分 S
游憩可供性承载力 B_5	C_{51} 设施多样	0.0290	132	5	3.6830
	C_{52} 寓教于乐	0.0297	47	2	1.3365
	C_{53} 独特主题	0.0169	23	0	0.3887
	C_{54} 儿童休息与社交空间	0.0345	10	1	0.3105
	C_{55} 游乐区与休息区之间有过渡	0.0153	34	7	0.4131
	C_{56} 有平整的大块铺装	0.0280	62	0	1.7360
	C_{57} 互动体验	0.0339	45	4	1.3899
	C_{58} 趣味性	0.0408	50	3	1.9176
	C_{59} 分年龄段的游憩区域	0.0220	15	8	0.1540
设施全面性关照力 B_6	C_{61} 便利的辅助设施	0.0450	71	1	3.1500
	C_{62} 全面的无障碍设施	0.0431	24	11	0.5603
	C_{63} 家长的陪护空间	0.0348	39	5	1.1832
	C_{64} 有路标地图指示牌	0.0278	40	2	1.0564
	C_{65} 夜间照明充足	0.0438	46	3	1.8834

桂溪生态公园（东区）儿童游憩景观场景力评价元素对应评价数目及得分　表 6

一级指标层	二级指标层及对应权重值 W		正面评价数 Q_1	负面评价数 Q_2	得分 S
景观可达性连通力 B_1	C_{11} 交通便利	0.0585	73	19	3.7440
	C_{12} 出入口醒目	0.0215	36	2	0.7310
	C_{13} 周边道路良好	0.0311	112	6	3.2966
景观安全性风控力 B_2	C_{21} 远离交通干道	0.0354	39	11	0.9912
	C_{22} 场地视野开阔	0.0318	86	0	2.7348
	C_{23} 游戏设施安全	0.0423	13	4	0.3807
	C_{24} 水体和高空具有保障	0.0405	29	3	1.0530
	C_{25} 植物安全	0.0413	20	4	0.6608
	C_{26} 管理系统完善	0.0309	12	5	0.2163
景观美观性艺术力 B_3	C_{31} 整体形式布局有吸引力	0.0159	108	1	1.7013
	C_{32} 场地干净整洁保养良好	0.0313	24	3	0.6573
	C_{33} 场地铺装色彩和谐	0.0146	39	0	0.5694
	C_{34} 植物色彩季相变化	0.0216	96	0	2.0736
景观舒适性感受力 B_4	C_{41} 规模合适	0.0179	67	9	1.0382
	C_{42} 布局合理	0.0365	90	5	3.1025
	C_{43} 植物种类丰富	0.0263	210	0	5.5230
	C_{44} 遮阴适宜	0.0258	17	19	-0.0516
	C_{45} 光照通风良好	0.0324	84	2	2.6568

续表

一级指标层	二级指标层及对应权重值 W		正面评价数 Q_1	负面评价数 Q_2	得分 S
游憩可供性承载力 B_5	C_{51} 设施多样	0.0290	132	4	3.7120
	C_{52} 寓教于乐	0.0297	40	4	1.0692
	C_{53} 独特主题	0.0169	19	1	0.3042
	C_{54} 儿童休息与社交空间	0.0345	15	3	0.4140
	C_{55} 游乐区与休息区之间有过渡	0.0153	34	7	0.4131
	C_{56} 有平整的大块铺装	0.0280	73	1	2.0160
	C_{57} 互动体验	0.0339	29	3	0.8814
	C_{58} 趣味性	0.0408	44	2	1.7136
	C_{59} 分年龄段的游憩区域	0.0220	11	6	0.1100
设施全面性关照力 B_6	C_{61} 便利的辅助设施	0.0450	75	8	3.0150
	C_{62} 全面的无障碍设施	0.0431	20	4	0.6896
	C_{63} 家长的陪护空间	0.0348	32	6	0.9048
	C_{64} 有路标地图指示牌	0.0278	21	0	0.5838
	C_{65} 夜间照明充足	0.0438	25	2	1.0074

每项元素的上一层级指标得分即为各子层级得分相加，即 $S_i=S_{i1}+S_{i2}+S_{i3}+\cdots+S_{ij}(i=1, 2, 3, 4, 5, 6;\ j=1, 2\cdots)$。

例如桂溪生态公园西区景观可达性连通力得分 $S_1=S_{11}+S_{12}+S_{13}=5.9391$，景观安全性风控力得分 $S_2=S_{21}+S_{22}+S_{23}+S_{24}+S_{25}+S_{26}=5.3204$，景观美观性艺术力得分 $S_3=S_{31}+S_{32}+S_{33}+S_{34}=4.2471$，景观舒适性感受力得分 $S_4=S_{41}+S_{42}+S_{43}+S_{44}+S_{45}=10.9857$，游憩可供性承载力得分 $S_5=S_{51}+S_{52}+S_{53}+S_{54}+S_{55}+S_{56}+S_{57}+S_{58}+S_{59}=11.3293$，设施全面性关照力得分 $S_6=S_{61}+S_{62}+S_{63}+S_{64}+S_{65}=7.8333$。

同理可得桂溪生态公园东区景观可达性连通力得分 $S_1=7.7716$，景观安全性风控力得分 $S_2=6.0368$，景观美观性艺术力得分 $S_3=5.0016$，景观舒适性感受力得分 $S_4=12.2689$，游憩可供性承载力得分 $S_5=10.6335$，设施全面性关照力得分 $S_6=6.2006$。

该儿童游憩景观场景力评价总得分为各一级指标层项得分相加，即 $S=S_1+S_2+S_3+\cdots+S_i(i=1, 2, 3, 4, 5, 6)$。

可得桂溪生态公园西区场景力评价总得分为 $S_W=5.9391+5.3204+4.2471+10.9857+11.3293+7.8333=45.6549$；桂溪生态公园东区场景力评价总得分为 $S_E=7.7716+6.0368+5.0016+12.2689+10.6335+6.2006=47.9130$。

3.4 评价结果分析

3.4.1 评价质量评估

本研究的评价通过量化数据，比较了两个场地不同方面的相对场景力表现程度。基于大众普遍使用的社交分享资讯软件，具有普遍适用性；数据来源范围广泛，覆盖了不同的人群类型、季节和昼夜变化；评价结果充分反映了使用者的情感态度，较为真实、客观与准确，具有一定的参考性。评价结果的数值反映与收集到的评论中对场地概括性评价的褒贬态度基本一致，具有一定的参考意义。

3.4.2 评价结论

综合评价结果和实地调研可以看出桂溪生态公园西区（图3）的评价总数和有效评价数量均稍多于桂溪生态公园东区（图4），说明日常生活中儿童及家长更偏向于选择西区开展游憩活动，西区的人流量更大。整体得分方面，西区评价总得分略低于东区评价总得分，因此仅针对本研究总结的场景力评价体系而言，东区的儿童游憩景观获得的评价更高，其场景力特点的体现程度高于西区，场景营造更加全面，因此整体环境情况优于西区。

图3 桂溪生态公园（西区）儿童游憩景观场地全貌

图4 桂溪生态公园（东区）儿童游憩景观场地全貌

西区儿童游憩景观的规模较大，针对儿童玩耍的游乐设施更加全面、造型生动更富趣味性（图5），有各种规模庞大的设施组合，其中被广泛提及的空中廊道和高滑梯的组合、大型攀爬架、中央滑梯等整体适合年龄稍长的儿童（图6），能够提供惊险刺激的新鲜体验；且有专门供儿童休息、社交及家长陪护的空间（图7）。由于西区经常举办大型户外活动，能够充分展示本地特色文化（图8），并与儿童游憩设施和环境结合；在辅助设施方面，如标识导航、夜间照明等比东区覆盖更加全面。因此根据评价提及来看，针对西区儿童游憩景观更多的是关于游憩设施本身和附属设施的评价，体现在场景力评价体系一级指标中“游憩可供性承载力”和“设施全面性关照力”方面得分优于东区。

图5　西区卡通造型的游憩设施

图6　西区主要的游戏设施

图7　西区供儿童和家长休息社交的空间

图 8 在西区举办的大型户外活动标志

而东区儿童游憩景观的规模略小，游戏设施多以单体的形式存在（图 9），使用起来较为简单，小滑梯、蹦床、沙坑等小型设施受众为年龄较小的儿童。东区的植物种类和色彩更为丰富，同时植物与游憩设施及休息座椅等辅助设施巧妙结合（图 10），更好地营造了城在园中的生态氛围，与自然融合更为紧密。评价里很多提及了东区的地下停车场，使得停车比较方便；同时距离入口较近，有较为明显的标识，对于儿童和家长来说“比较好找”，从侧面增加了其到达的意愿及可能性。参照评价频率和内容，针对东区儿童游憩景观更多的是关于整体感受情况，以及游憩环境、植物等自然生态性的评价，体现在场景力评价体系一级指标中“景观可达性连通力”“景观安全性风控力”“景观美观性艺术力”和“景观舒适性感受力”方面得分优于西区。

两个儿童游憩景观场景力的评价整体呈积极状态，说明场地具有一定的吸引力，大部分使用者表示今后还会再来。场地干净整洁、设施定期维护；管理情况良好，不存在让儿童容易受伤的安全隐患；整个环境视线开阔，采光和通风条件良好。两个儿童游憩景观内部依据儿童心智的发展阶段大致配置了不同的游戏与休息设施，使得整个场地尽可能能够使全年龄段的儿童收获愉悦、放松心情；同时两个场地之间互相针对的年龄段也有所差异，形成对比。但是“C_{44} 遮阴适宜”项是唯一得分为负数的指标元素，其消极评价多于积极评价，许多使用者表示“夏天太晒了”“炎热的时候游乐设施烫得无法使用”，应该适当增加高大的常绿乔木保证遮阴度，或在场地近处设置大型水体。部分游憩设施在周末节假日等高峰期时段呈现过度拥挤的状态，容易对儿童造成踩踏和挤压事故，可以增加更多设施之间和设施内部的缓冲空间，以及儿童与同伴和家长安静的社交空间，吸引儿童在此处开展休闲放松的活动，例如聊天、阅读等，分散人流避免压力。场地缺乏开发儿童智力的创造性游憩活动，可以考虑增加一些可移动的材料，供儿童自由搭配、重复利用，培养儿童的认知和动手能力。

图 9 东区主要的游戏设施

图 10　东区儿童游憩景观与生态自然的结合方式

4　结语

以公园城市为背景的儿童游憩景观是一个完全属于儿童的自然、真实的学习和生活空间，儿童在其中不仅可以随意奔跑，还能够增强体能、提高认知、加强人际情感教育，以及增加与自然接触的机会等。本文通过对儿童游憩景观场景力评价的研究，将主观的感受表达具象化、可视化，可作为一种辅助手段帮助探寻如何以儿童尺度，营造一个让儿童健康快乐成长的公园城市环境，不断绘制公园城市儿童幸福底色，同时促进城市空间的人文、美学、生态价值表达。

参考文献

[1]　邱学青，高妙．传承与超越：从教学游戏化到课程游戏化[J]．学前教育研究，2021(4)：3-10.

[2]　张雪门．幼稚园教材研究 幼稚教育新论[M]．北京：商务印书馆，2014.

[3]　吴承照，现代城市游憩规划设计理论与方法[M]．北京：中国建筑工业出版社，1998.

[4]　武昭凡，雷会霞．儿童友好型城市研究进展与展望[C]// 中国城市规划学会，成都市人民政府．面向高质量发展的空间治理—2021 中国城市规划年会论文集(07 城市设计)．中国：中国建筑工业出版社，2021：254-269.

[5]　DANIEL A S，TERRY N C. Scenescapes：How qualities of place shape social life[M]．祁述裕，吴军，等译．北京：社会科学文献出版社，2018：9.

[6]　苏荟洁，妥艳媜，白欣艳．场景理论视角下博物馆体验场景构建策略研究—以南京博物院为例[J]．中国旅游评论，2021(3)：72-85.

[7]　刘茜．传媒场景力：概念、维度与构建路径[J]．传媒经济与管理研究，2018(1)：43-50.

[8]　朱小雷．建成环境主观评价方法研究[M]．南京：东南大学出版社，2005.

[9]　王烟．面向小学儿童群体的建筑使用后评价方法及应用研究[D]．广州：华南理工大学，2019.

[10]　郭汉丁，郑丕谔．城市居住区规划设计质量的 AHP 评价法[J]．工程建设与设计，2003(2)：43-45.

[11]　秦吉，张翼鹏．现代统计信息分析技术在安全工程方面的应用—层次分析法原理[J]．工业安全与防尘，1999，25(5)：44-48.

[12]　耿媛元．居住区居住满意度的评价及方法[J]．清华大学学报，1999，14(4)：79-85.

[13]　LUKE S，CURTIS J，TAREK A B，et al. Linking survey and twitter data：Informed consent，disclosure，security，and archiving[J]．Journal of empirical research on human research ethics，2020，15(1-2)：63-76.

作者简介

（通信作者）戴月琳，1998 年生，女，西南交通大学设计艺术学院在读硕士研究生。电子邮箱：844043709@ qq. com。

王玮，1981 年生，女，博士，西南交通大学设计艺术学院学院，副教授。研究方向为环境设计、参与式设计、公园城市新场景营造。电子邮箱：157464262@ qq. com。

王喆，1981 年生，男，博士，四川旅游学院经济管理学院，副教授。

基于AHP的工业遗产保护价值评价与应用研究①

——以哈尔滨香坊木材厂为例

Research on the Value Evaluation and Application of Industrial Heritage Protection Based on AHP

—A Case Study of Harbin Xiangfang Wood Factory

牛紫涵　李东泞　殷利华*

摘　要：本研究基于层次分析法（AHP），对哈尔滨香坊木材厂的工业遗产进行保护评价。建立了历史价值、建筑艺术与科学、环境区位影响和现状保存状况为指标层的评价模型，并对环境区位影响下的城市开放空间、城市干道关系，以及是否形成地标景观进行次指标分析。通过对哈尔滨香坊木材厂内36栋建筑的综合评价，提出了工业建筑的分级保护和拆除建议。研究结果对于促进工业遗产的保护和改造再利用具有重要意义。

关键词：工业遗产；价值评价；层次分析法；遗产景观；哈尔滨香坊木材厂

Abstract: This research is based on analytic Hierarchy Process (AHP) to evaluate the industrial heritage of Harbin Xiangfang Wood Factory. The evaluation model of historical value, architectural art and science, environmental location impact and current preservation status is established as the index layer, and sub-index analysis is carried out on the relationship between urban open space and urban trunk road under the influence of environmental location, and whether landmark landscape is formed. Based on the comprehensive evaluation of 36 buildings in Harbin Xiangfang Wood Factory, the suggestions of graded protection and demolition of industrial buildings are put forward. The research results are of great significance for promoting the protection, reconstruction and reuse of industrial heritage.

Keywords: Industrial Heritage; Value Evaluation; Analytic Hierarchy Process; Heritage Landscape; Harbin Xiangfang Wood Factory

引言

近年来，我国工业加速发展推进城市化进程，伴随社会产业结构调整和经济环境的变化，人民对生活质量的要求日益增加，更多的工业场所选择离开城市建成区，远离居民日常生活，进而城市中出现了很多工业废弃地和产业转型区[1]。历史遗存增多，工业遗产正以越来越快的速度发展[2]。其合理的处理方式，对当地的环境保护、生态改善、生境修复、乡村振兴及产业激活等都有特殊意义，但同时工业遗产是文化遗产保护的一种特定类型，不仅体现文化遗产价值，也具有自身特殊性[3]。

① 基金项目：国家自然科学基金面上项目“高铁沿线乡野生境干扰与修复研究——以华中典型区段为例”（编号：52278064）和湖北省自然科学基金联合基金重点项目“露天矿山硬质岩高陡边坡植被建植关键技术研发与集成应用”（编号：2023AFD005）共同资助。

一些学者围绕着如何对工业遗产场地中的建筑进行价值评估展开了相关研究。刘忠刚和刘洋提出了两个层次、两个价值的评估方法，从历史、艺术、科学三个方面对厂区中的建筑物进行了价值评估[3]。闫觅从技术价值、历史价值和艺术价值三个方面对天津碱厂进行分级评价，证明了工业遗产分级保护和改造再利用的重要性[4]。王必成基于德尔菲法和层次分析法对乐安县历史建筑的评价与等级进行了实证分析，建立了乐安县历史建筑分类评价指标体系，以历史文化价值、建筑艺术价值、科学技术价值和社会文化价值构作为指标层，建立了历史建筑评价与分级模型，为后续乐安县的历史建筑修复利用提供参考[5]。

东北工业基地是中华人民共和国的工业摇篮[6]，哈尔滨作为东北工业发展的重心之一，机械制造、食品加工等产业已初具规模。近几十年来，哈尔滨工业发展对于新中国经济建设发展功不可没。哈尔滨市现约有150余处工业文化遗产，工业发展作为哈尔滨市发展中的重要组成部分具有珍贵的历史价值，也代表了一种亟需传承的城市文化，然而目前的工业文化并没有得到充分的利用和宣传[7]。

价值评价是遗产保护利用的前期工作之中很重要的一步，在社会各阶层的具体实践中得到了广泛的关注，目前，工业遗产价值评估通常是将遗产看作一个整体来评估[4,8-9]。但是对于大型和复杂的厂区，这种对整体的评估方式对下一步改造的指导意义并不大。因此，本文以哈尔滨香坊木材厂为例，研究工业遗产的价值评价如何与厂区内部的具体建筑结合起来，以层次分析法为主要研究方法，为后续哈尔滨香坊木材厂和相关工业遗产的保护和改造再利用提供参考。

1 研究对象

1.1 哈尔滨香坊木材厂概况

哈尔滨香坊木材加工厂（以下简称“木材厂”）位于哈尔滨市香坊区公滨路134号，全称为“国营香坊木材加工厂”，隶属于黑龙江省森工总局，是全国建设规模较大的木材厂之一，占地 $42hm^2$（图1）。哈尔滨香坊木材厂建立于1951年，经历了由小到大、由单一产品到多种经营的发展过程。木材厂拥有着三条专用铁路线，设备和技术的进步填补了国家不能生产高级胶合板的空白，同时援助了缅甸、蒙古、坦桑尼亚、阿尔巴尼亚等国的木材加工厂建设[8]。然而进入21世纪，随着生产功能的转变，厂房被闲置。木材厂拆除了部分厂房，曾经铸就辉煌的大批生产工人和忙碌有序的生产场景都已经消失不见。现在的工厂处于停水停电的状态，已经荒废了十多年。

图1 哈尔滨香坊木材厂现状图

1.2 哈尔滨香坊木材厂遗产价值分析

哈尔滨香坊木材厂有着深远的历史价值。木材厂的发展同时也是新中国发展的缩影。建厂时期的艰难困苦与厂区的扩建、生产能力的提升形成鲜明的对比。从1951年建厂之初，到1956—1966年的曲折发展，木材厂陆续扩建了胶合板二车间，并复建了制材车间，使得生产能力逐年上升。然而，在1967—1976年，木材厂的发展遇到了停滞的瓶颈。直到1979—1983年，木材厂才再度实现腾飞式的发展。但是，随着生产功能的转变，木材厂的运营逐渐停止。整个建厂历程中，广大职工展现了高度的主人翁精神，用自己的辛勤劳动和汗水，昼夜不息地奋斗，建设了一座座厂房，并安装了各种设备。在木材厂的发展过程中，也有不少员工为了企业的建设甚至献出了宝贵的生命[10]。

哈尔滨香坊木材厂具有建筑艺术与科学价值。木材厂的大部分工程设计由苏联侨民建造完成，如在土建及总体设计方面，委托苏联籍南斯拉夫侨民巴儿赤工程师设计。电气设计则聘请祖布勒斯基、莫俩福金来完成。因此木材厂的建筑也反映了当时的建筑特点，无声地记录着历史。建筑有着强烈的俄式特色（图2），工厂内的建筑大都是由红砖砌成，多用大斜面帐幕式的尖顶。哈尔滨香坊木材厂是全国建设规模较大的木材加工厂之一，在1957年，技术科成功试制出航空胶合板、贝克利特船板等产品，各项技术指标基本达到了苏联国家技术标准；在1959年，为解决国家建设中钢材短缺问题，研制成功了胶合梁，并在建筑业中得到应用，有效节约了大量钢材。此外，该木材厂还成功研制出了层积塑料木材，并将其用于制造滑道和轴套，分别应用于丰满水电站和三门峡水电站的闸门，为电站的维修提供了便利条件。

图2　木材厂现有遗留建筑

2　研究方法

2.1　评价指标模型的建立

为了推进工业遗产保护的规范化、法制化，并更好地建立切实可行的评价体系，有必要依据国内外现有的法规条例进行评价因子的选择。在综合考虑《下塔吉尔宪章》《无锡建议》和国际古迹遗址理事会（ICOMOS）的典型案例的基础上，遗产评价通常从历史、科技、审美和社会学等多个角度综合判断工业遗产的价值[11]。

基于已发表的文章和资料，广泛借鉴国内优秀工业遗产保护案例，结合场地所处环境条件及历史文脉，建立哈尔滨香坊木材厂工业遗产保护价值评价模型。目标层为工业遗产建筑综合评价。确定了历史价值、建筑艺术与科学、环境区位影响和现状保存状况作为4个指标层。这些指标能够从不同的角度反映工业遗产的价值，全面评估其保护价值，为其保护和管理提供科学依据。在环境区位影响的次指标层上，与城市开放空间、城市干道的关系，以及是否形成地标景观作为两个次指标。本研究中各个工业建筑是最底层（方案层）。层次结构详见图3。

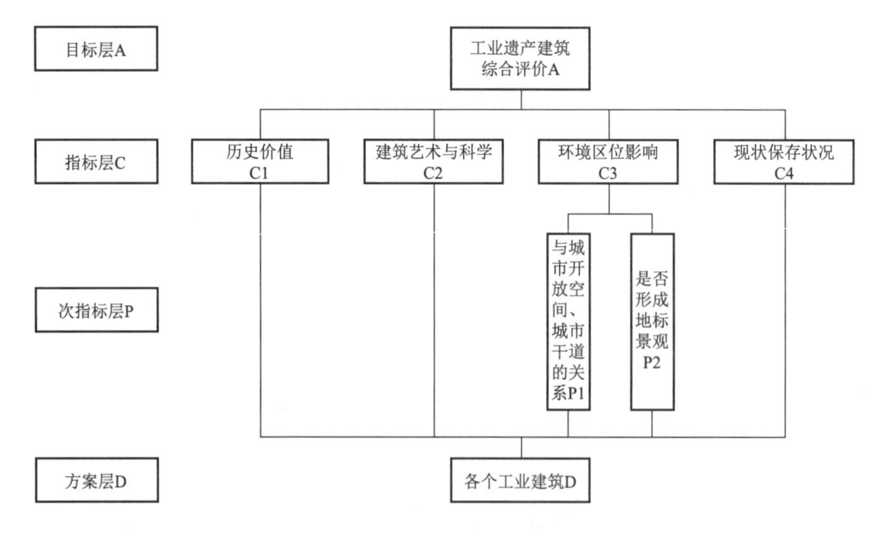

图3　工业遗产保护价值评价的层次结构

2.2　两两比较的构建和一致性判断

两两比较是使用层次分析法的基础（Saaty，1987）[12]。在评价过程中，主要考虑了以下几个条件：①哈尔滨香坊木材厂的改造目标；②行业专家意见；③大众意见征集。

层次分析法的步骤如下：首先，通过两两比较判断各项指标的相对重要性，建立指标层的优先级，并生成两两比较矩阵（A-C）。其次，比较属于环境区位影响指标层的次指标层。再次，构建了一个两两比较矩阵（C3-P），如表 1 所示。最后，使用 1~9 尺度（1 定义同等重要性，9 定义极端重要性）来评估元素之间的相对重要性。

层次分析法构建的矩阵需保持一致性来保证评估结果的有效性。一致性可以通过计算一致性指标（*CI*）来衡量，公式如下：

$$CI = (\lambda max - n)/(n - 1) \tag{1}$$

式中，*CI* 代表一致性指标（Consistency Index），用于判断矩阵的一致性程度；λmax 代表最大特征值（Maximum Eigenvalue），用于计算权重向量的一致性比率；n 代表判断矩阵的维度，即要进行比较的因素数量[13]。

另外，还可以使用一致性比率（*CR*）来判断专家对判断矩阵的比较是否具有一致性。一致性比率的计算公式如下：

$$CR = CI/RI \tag{2}$$

式中，*CR* 代表一致性比率（Consistency Ratio），用于判断专家对判断矩阵进行比较时是否具有一致性；*RI* 代表随机一致性指标（Random Index），是根据判断矩阵维度所确定的一个随机数，用于验证 *CR* 计算结果的合理性。当 $CR<0.1$ 时，可以认为判断矩阵一致性较好[13]。

根据专家打分，计算得出的两个两两比较矩阵的 *CR* 均小于 0.1，表明评价矩阵具有较好的一致性。详细的评估结果请参见表 1。

评价层次结构的成对比较矩阵与一致性的判断　表 1

模型层级	成对比较矩阵						一致性的判断
A-C	A	C1	C2	C3	C4	Wi	CR=0.0784<1
	C1	1	1/4	1/3	4	0.1469	
	C2	4	1	3	6	0.5233	
	C3	3	1/3	1	5	0.2718	
	C4	1/4	1/6	1/5	1	0.0580	
C3-P	C3	P1	P2	Wi			CR=0.0000<1
	P1	1	1/2	0.3333			
	P2	2	1	0.6667			

注：CR 为检验系数；A 为目标层；C 为指标层；P 为次指标层。

2.3 计算各工业遗产建筑的综合评价值

参照相关历史建筑评价标准，编制了工业建筑评估指标表（表 2），对工业遗产建筑进行综合评价[14]。评价内容包括四项一级指标，五项二级指标，设置四等评价标准。

工业建筑评估指标表　表 2

一级指标	权重	二级指标	评分标准				得分
			一等（100 分）	二等（75 分）	三等（50 分）	四等（25 分）	
历史价值	10%	历史时代特征	意义重大	较大	一般	无	
建筑艺术与科学	45%	反映某种典型风格	风格显著	较为显著	一般	无	
环境区位影响	35%	与城市开放空间、城市干道的关系	直接邻近	靠近	一般	偏远	
		是否形成地标景观	重要标志	较重要标志	一般标志	无	
现状保存状况	15%	建筑保存状况和再利用价值	完好	基本完整	一般	无	

资料来源：参考历史建筑评价标准及郑晓华（2011）综合整理而成。

3 研究结果

3.1 评价因子的权重计算结果

指标层（C）与目标层（A）的相对权重向量结果如表 1 所示，为：建筑艺术与科学 C2（0.5233）>环境区位影响 C3（0.2718）>历史价值 C1（0.1469）>现状保存状况 C4（0.0580）。在环境区位影响的次标准水平上，相对权重向量结果为是否形成地标景观 P2（0.6667）>与城市开放空间、城市干道的关系 P1（0.3333）。

3.2 各工业遗产建筑的得分结果

邀请行业内专家对木材厂场地内 36 栋建筑进行评价打分。评分可以通过每个评价指标的权重乘以该指标的得分得出，则最终的评价模型公式如下：

$$V = \sum_{i=1}^{n} V_i W_i \tag{3}$$

式中，V 表示工业遗产建筑综合评价值；V_i 表示第 i 个评价因子的得分；W_i 表示第 i 个因子的权重；n 为评价因子的数目。最终得出各工业建筑的最终综合评价值。各个建筑得分结果如图 4 所示。

结果显示有 13 栋建筑的综合评价值高于 60 分，在后续改造过程中将考虑在大部分原基础上保留或者改造。而综合评价值低于60分的建筑，在后续的改造过程中将保留有价值的少数结构或者进行拆毁，同时拆除后的建筑材料将在场地内循环利用，或制作成适合的景观小品、铺装材料等景观元素，或作为传递、承载场地原有记忆的物质元素。哈尔滨香坊木材厂中的工业建筑现状与保留状况如图5所示。

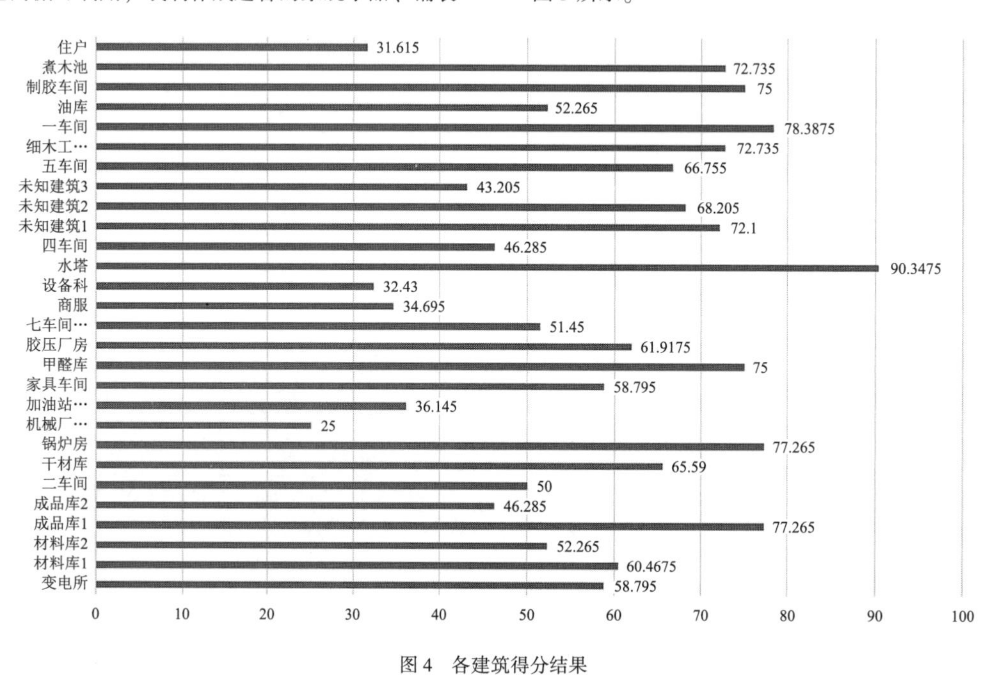

图4 各建筑得分结果

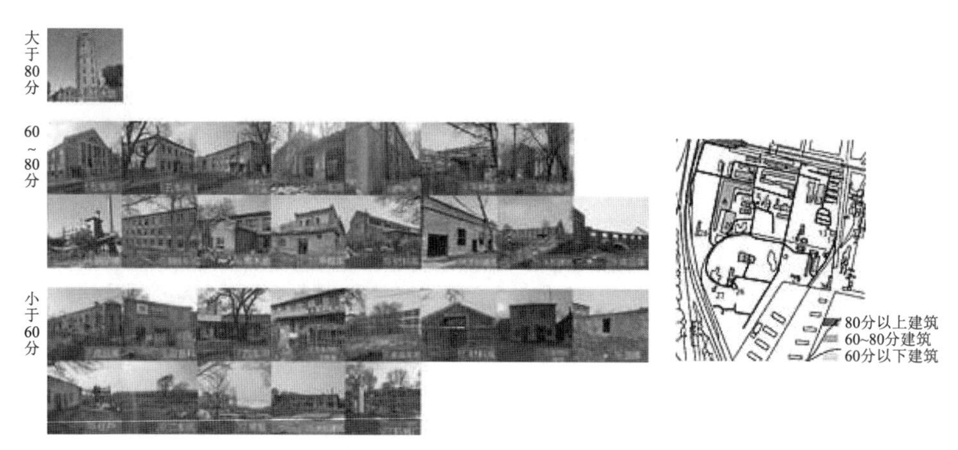

图5 哈尔滨香坊木材厂中的工业建筑现状与保留状况

4 讨论

4.1 哈尔滨香坊木材厂后续改造建议

4.1.1 分类分级对工业建筑进行改造

根据得分，可以将场地内的工业建筑分为三类。一类工业遗产资源为综合评分高于80分的建筑（图4）。一类工业遗产资源历史悠久，建筑美感和艺术性较强，保存状况也较好。这类遗产的再利用可以建立在保护其原汁原味的风貌与功能的基础上。得分高于80分的场地内建筑只有水塔，后续设计改造过程中可以考虑保持建筑物原有形状和品质，包括用历史建筑材料进行持续维护。

若综合评分为60~80分，则将其归为二类工业遗产资源，这类工业遗产是厂区内独特的生产场所，有着历史价值和再利用的空间，如一车间、锅炉房、制胶车间等。在后续的改造设计中，可以对建筑原有的风貌与功能进行适当的改变，使其符合场地新的价值和目标。

三类工业遗产资源为得分低于 60 分的建筑，这类工业建筑美观性较差，可直接利用价值相对较低，但可以通过再改造，纳入新的表达形式，如保留部分结构，转化其原有功能等手法，作为景观元素，如机器设备等。破旧的居民建筑、机械厂建筑等在后续的改造设计过程中，采用“修旧如旧”等方式，可以保留其原有的轮廓、场地空间关系、建筑高度和色彩、部分材质“嵌入”方式，但内部采用现代建材进行加固修复，外部再部分“复旧”等，使之最大保留原有场地格局，同时有利于植入新的使用功能。拆除后的建筑材料可以在场地内作为铺装材料、景观艺术小品等进行再利用。

4.1.2 场地生态设计与改造

香坊木材厂在废弃之后，进行了自然演替的过程，目前场地环境状况良好，适合进行生态设计。因此在该场地的改造过程中，需要因地制宜地进行设计，对木材厂的材料，特别是原有植被和工业设施可以考虑进行再利用，进行原真性改造，强化场地特征，减少人为干预。设计多利用原有的地形，减少土方的变化，减少对原有自然环境的干预，这样可以减少施工对原有生态环境的破坏，同时也保证了环境的自然更替[15]。在后续设计中，可以保留场地中长势良好的大量树种，新栽植的树种也应多采用乡土树种，如旱柳、杨树等。

4.1.3 适当保留，尊重场地肌理与特征

在工业废弃地的改造过程中，要尊重场所自身的发展过程。工业废弃地承载着工业发展兴衰的历史。场地中的建筑更是如此，在工厂中失去了生产功能的建筑就是后工业景观中最鲜明的符号[16]。如何用工业废弃地再现过去历史，传承历史脉络，是后续改造设计的重难点。可以通过一系列的设计手法赋予这些工业元素新的功能和价值。如将场地内建筑进行重组、修复后作为体育馆、博物馆；保留场地中原有的铁路线；保留场地中长势较为茂盛的植物，延续场地肌理等。通过改造设计，让原来废弃的木材厂与城市不再是处于割裂和对立的状态，而是与城市相互融合，发生对话和互动。

4.2 工业遗产保护与再利用的挑战与策略

本研究使用模型主要针对哈尔滨香坊木材厂的工业建筑评价建立，比如由于该木材厂内的建筑建立年份都比较相近，所以在评价模型中历史价值的比重比较低，对其他工业遗产建筑评价的普适性价值较低。同时，对哈尔滨香坊木材厂的后续设计开发方向尚无涉及。但工业遗产改造为工业遗产博物馆、文化创意产业园、城市公共空间，或是商业综合开发后，如何在城市规划中更好地实现工业用地性质的转变，如何满足城市总体规划中的用地平衡，以及工业遗产怎样更好地与新功能、与周边环境融合也是今后需要深入研究的问题[12]。

工业遗产及其保护的问题是经常讨论涉及的话题。工业用地是人类历史上的重要里程碑，是城市经济、技术和建筑发展的重要标志。尽管这些不朽的工业建筑是许多城市身份的组成部分，但它们面临着停产后的保护和再利用的棘手问题[17]。工业建筑通常位于因高地价或城市衰败而受到重建威胁的地区，须制定保护和管理策略，以确保这些价值不轻易丧失[18-19]。

5 结语

本文的主要目的是建立层次分析法（AHP）模型，对哈尔滨香坊木材厂中的工业建筑进行评价。在该评价模型中，以历史价值、建筑艺术与科学、环境区位影响和现状保存状况为指标层，在环境区位影响下又设有与城市开放空间、城市干道的关系，以及是否形成地标景观两个次指标。之后对哈尔滨香坊木材厂内 36 栋建筑进行了综合评价。结果表明，哈尔滨香坊木材厂工业遗产建筑模型中指标层的重要性排序为：建筑艺术与科学（0.5233）>环境区位影响（0.2718）>历史价值（0.1469）>现状保存状况（0.0580）。

根据工业建筑的打分结果可以将场地内的建筑分为三类。一类工业遗产在后续规划设计和设计改造过程中可以考虑保持建筑物原有形状和品质，包括用历史建筑材料进行持续维护。二类工业遗产在后续的改造设计中，可以对建筑原有的风貌与功能进行适当的改变，使其符合场地新的价值和目标。三类工业遗产因为破损度最高，可以采用小规模的改造与保留，对于原有较大体量建筑尽量保留其空间格局，用适配性的新材料植入，进行“如旧”修复，部分拆除的建筑材料在场地内再利用。上述对哈尔滨香坊木材厂工业遗产建筑价值评价的模型，旨在为同类工业遗产保护和利用研究提供方法借鉴和案例支持。

参考文献

[1] 李亦哲，郭卫宏．浅谈旧工业建筑单体改造与再利用的方法[J]．广东土木与建筑，2015，22(2)：35-38，44.

[2] 吕正春．工业遗产价值生成及保护探究[D]．沈阳：东北大学，2015.

[3] 刘忠刚，刘洋．文化遗产视角下的工业遗产保护价值评价探析—以沈阳东北制药总厂南厂区为例[J]．中国名城，2020(9)：54-60.

[4] 闫觅，青木信夫，徐苏斌．基于价值评价方法对天津碱厂进行工业遗产的分级保护[J]．工业建筑，2015，45(5)：34-37.

[5] 王必成，王炎松，潘楚良．基于德尔菲法和AHP的历史建筑评价模型的建立与分级标准研究—以江西省乐安县历史建筑为例[J]．城市建筑，2020，17(7)：158-162.

[6] 王吉臣，邓元媛，冯姗姗．东北老工业基地工业遗产再利用价值研究—以抚顺为例[J]．城市建筑，2019，16(19)：21-27.

[7] 高言颖．哈尔滨亚麻厂等遗址后工业景观设计研究[D]．哈尔滨：东北农业大学，2014.

[8] 寇怀云，章思初．工业遗产的核心价值及其保护思路研究[J]．东南文化，2010(5)：24-29.

[9] 刘伯英，李匡．工业遗产的构成与价值评价方法[J]．建筑创作，2006(9)：24-30.

[10] 宋丽华，张鑫，吕殿国．国营香坊木材综合加工厂厂志[M]．哈尔滨：《国营香坊木材综合加工厂志》编纂办公室，1989.

[11] 王博伦．工业建筑遗产在后工业时代的保护更新策略[J]．建筑与文化，2017(8)：117-118.

[12] SAATY R W. The analytic hierarchy process-what it is and how it is used[J]. Math, 1987, 9(3-5)：161-176.

[13] KANDEL A，SAATY TL. The analytic hierarchy process：Planning, priority setting, resource allocation[J]. Fuzzy Sets and Systems, 1983(9)：216-217.

[14] 郑晓华，沈洁，马菀艺．基于GIS平台的历史建筑价值综合评估体系的构建与应用—以《南京三条营历史文化街区保护规划》为例[J]．现代城市研究，2011，26(4)：19-23.

[15] 张海欧．城市工业废弃地改造的生态规划设计—以美国西雅图煤气厂公园为例[J]．绿色科技，2017，19(20)：14-17.

[16] 尼尔·科克伍德，申为军．后工业景观—当代有关产业遗址、场地改造和景观再生的问题与策略[J]．城市环境设计，2007(5)：0-15.

[17] 蒋楠．基于适应性再利用的工业遗产价值评价技术与方法[J]．新建筑，2016(3)：4-9.

[18] Niall Kirkwood. Manufuctured sites：Rethinking the Post-industrial landscape[M][S. l.]：Taylor&Francis, 2001.

[19] Eva Bellákовá. Analysis of Industrial Architectural Heritage-Iron and Steel Plants as a Development Potential [J]. [S. l.]Procedia Engineering, 2016, 161.

作者简介

牛紫涵，1999年生，女，华中科技大学建筑与城市规划学院在读硕士研究生。研究方向为工程景观。

李东哼，1989年生，女，硕士，东北林业大学园林学院，讲师。研究方向为风景园林规划与设计，可持续更新。

（通信作者）殷利华，1977年生，女，博士，华中科技大学建筑与城市规划学院，副教授、研究生导师。研究方向为工程景观、生态修复。电子邮箱：yinlihua2012@ hust. edu. cn。

体验视角下传统园林游憩产品优化设计研究①

Research on Optimal Design of Traditional Garden Recreation Products from the Perspective Of Experience

刘 璐 樊亚明*

摘 要：体验经济时代高质量发展的背景下，园林产品质量已成为影响消费者选择的重要因素之一，消费者对精神的追求及个性化要求的提高使文化旅游的吸引力不断增强。本文基于消费者体验层次理论，即功能体验、情感体验和社会体验三个层次，结合传统园林三大境界构建传统园林游憩体验模型，以桂林市雁山园为例设计“游园三境”，即物境体验、意境体验和心境体验。以期为体验视角下传统园林游憩产品的设计提供理论参考，对雁山园的后续发展具有参考价值及指导意义。

关键词：传统园林；消费者体验；游憩产品；雁山园

Abstract: Under the background of high-quality development in the era of experience economy, the quality of garden products has become one of the important factors affecting the choice of consumers. The pursuit of spirit and the improvement of personalized requirements of consumers have enhanced the attractiveness of cultural tourism. Based on the theory of consumer experience hierarchy, namely, functional experience, emotional experience and social experience, and combined with the three realms of traditional gardens, this paper constructs a traditional garden recreation experience model, and takes Yanshan Garden in Guilin City as an example to design "three landscapes", namely physical environment experience, artistic conception experience and mood experience. In order to provide theoretical reference for the design of traditional garden recreation products from the perspective of experience, and provide reference value and practical significance for the subsequent development of Yanshan Garden.

Keywords: Traditional Garden; Consumer Experience; Recreation Products; Yanshan Garden

引言

当今社会经济形态已经从传统经济形态转变成体验经济形态，消费者不再停留于物质方面被动式地得到，而是更加注重精神层次主动式的获得，体验已经成为这个时代的关键词[1]。所谓“体验”，就是以服务为舞台，产品为道具，用以激活消费者内在心理空间的积极主动性，引起胸臆间的热烈反响，创造出让消费者难以忘怀的经历。这与旅游的目的一致，游客旅游是为了获得某种愉悦而独特的经历。现代旅游行为学认为，旅游的本质是旅游者找寻与感悟文化差异的行为和过程[2]。传统园林是地域文化景观的典型代表，在特定地域

① 基金项目：广西重点研发计划项目“漓江流域传统村落活态化保护利用技术集成与模式示范”（桂科 AB23026053）。

环境与文化背景下形成并留存至今，是人类活动历史的记录和文化传承的载体，具有重要的历史、文化价值[3]。在旅游业高速发展的今天，它更有着不可估量的价值。然而由于人们对发展旅游认识的肤浅、理解的偏差，使中国古典园林一直处于粗放式开发和经营状态[4]。传统的开发模式是以园林为资源的观光旅游，强调园林单体的文化价值，忽视与周边景观的协调，破坏了文化景观的连续性[5]。甚至有些园林还存在破坏性开发与利用的问题，只专注眼前的利益得失，不仅没有充分挖掘其内涵价值，反而使其文化价值丧失。其次当前传统园林产品设计往往以观光为主导，消费文化产品为目的。在体验经济时代，这种传统模式已经无法满足消费者日益增长的高层次需求，园林及其产品被赋予了更深的内涵和更高的期待。在"体验"时，消费者的消费对象变为一种更关注自我感受、更高层次的消费活动。以往的游憩路线主要传达的是设计者个人的理念而忽视了消费者的主体性，消费者处于传统旅游活动中被动接受的地位，是浅层次需求的满足。以体验视角对传统园林进行开发与设计，将消费者作为主体，运用智慧技术使传统园林文化充满活力，既是新时期背景下传统园林高质量可持续发展的新路径，也是传统园林拓展旅游阈值的新思路[6]。传统园林游憩产品是消费者在传统园林的自然环境和游憩境域内各种体验和经历的总和。传统园林是集自然景色、文化底蕴、地域韵味于一体的综合体，也是传统文化传承与发展的有效载体[7]。本文在园林设计层次与消费者体验层次的理论基础上，以传统园林游憩产品提升设计为例，提出了传统园林体验化创新的系统框架，并具体阐述了游憩产品体验化设计的三个层次，以及一系列新方法、新途径。

1 消费者体验层次

"园林体验"追求消费者"感受性"满足的程度，重视消费过程中的自我体验。从日常情景中找到情绪共鸣点，通过场景设计塑造身体感官体验和消费者的思维及情感认同，从而吸引消费者的注意力，使其产生相应的行为模式，以此为传统园林找到新的生存价值与空间。消费者体验的核心是"身体"，身体作为经验本体连接人与世界，一切的实践活动都是建立在人类经验的基础上的，因此身体的感知是认识他者和世界的基础。这里的身体既以肉体的生理、物质属性为依托，也受到社会规范、习俗、价值观等因素的影响[8]。消费者的体验价值是在体验过程中获得的价值感知，主要有功能体验价值、情感体验价值和社会体验价值三个维度。消费者日益增长的高层次精神追求使体验的场景发生变化，为消费者创造属于自己单体化的体验，形成新的差异化竞争优势，消费者需要在新的场景中获取自我发展、自我满足、自我实现的需求[9]。结合园林体验与马斯洛需求层次理论可将园林体验分为三类，即物境体验、意境体验、心境体验。

1.1 功能体验

功能体验在于设计者对产品的造型、颜色、材料和基本功能等方面的设计[10]，带给消费者的印象和生理需求的满足，强调产品外在形态和感官的惊喜。身体是所有感知经验的前提，因此人与体验产品的关系应当回归肉身本身，包含物质体验和身体体验，但功能体验中更注重消费者的身体体验。物质体验即满足消费者身体的基本需求，是产品的功能属性与马斯洛需求原理的第一层次目标一致，在旅游方面则是指"吃住行游购娱"六要素的基础服务设施建设。身体体验与人们的感知和基本的生理反应密切相关，先于意识和思维，是情感处理的起点，属于人类的一种无意识行为[11]，是产品感官特征体验[12] 也是身体的"五感"反馈。

1.2 情感体验

情感体验指消费者因为"情感吸引"参与目的地空间内的体验活动，通过活动过程中产生联想自身的事物与经历，从而激发其内心情感，进而达到"情感认同"的体验过程。大量研究消费者旅游动机的文献证明"情感吸引"为消费者到达目的地的重要动力。在旅游业高速发展的今天，消费者更注重精神层次的满足，文化沉积构成了许多目的地吸引力的内核，产品中文化含量的多少，品位的高低是影响其吸引力大小的重要因子[13]。经济学家丹尼尔·卡尼曼的"体验效用"论证了基于信任形成的合作关系会让效度大幅度提升，而形成信任的前提是"情感认同"。因此旅游开发与发展过程中体验模式的稳定在于目的地与消费者的情感互动。基于目的地文化资源开发情感体验产品，包含历史文化层（文物、古建筑等）、现代文化层（现代艺术、技术成果等）、民俗文化层（习俗、节日、服饰、体育活动等）、道德伦理文化层（以人际交流为表象）四个方面[14] 的情感互动设计，通过"情感吸引"让消费者主动参与加入目的地所设计的体验产品，从多方位交互活动中产生情感联结，从而达到从"情感吸引"到"情感认同"的转变。消费者在景区主导的体验活动过程中贡献知识和智慧，在参与和互动中必然会形成消费者独特的体验[15]。

1.3 社会体验

社会体验主要是人与人之间的交流，通过目的地群体互动得到的集体主义思想，开展以共同兴趣为开端的新社交，产生价值观和人生观的“精神共振”，从而得到社会认可，并从中获得社会体验的价值。按体验过程创作分为自身创造体验、共同创造体验和消费者创造体验[16]。自身创造体验指消费者基于自己的精神内核在目的地集体活动中展现自我的过程；共同创造体验是指目的地设计者参与到消费者主导的体验活动当中，共同创造的结果能够产生超越产品预期的体验价值[17]；消费者创造体验是指消费者可以依靠自己的能力支配目的地资源创造消费者与消费者之间的体验活动获得社会认可，最终实现自我价值。

2 体验视角下传统园林“三境”

园林体验是以消费者为核心进行设计的。从心理学来看人脑有三种运作方式，本能的、行为的和反思的，诺曼在《情感设计》中将情感目标分为本能层、行为层、反思层。本能层指对事物的外在直接感受即，五感方面获得的信息；行为层指对事物功能方面的感知，即行为后获得的信息；反思层指精神上的共鸣，即价值观文化内涵刺激或交融获得的独特感受。孙筱祥从生境、画境和意境三方面[18] 进行园林设计；《诗格》曰诗有三境，物境、情境、意境[19]；《园冶》将居民获得感分为四个层次，基本需求、主观志趣、情境物化与体验式意境[20]。结合前人研究，本文将园林游憩产品从物境、意境和心境三个方面进行设计，体验层次构建的具体内容如图 1 所示。

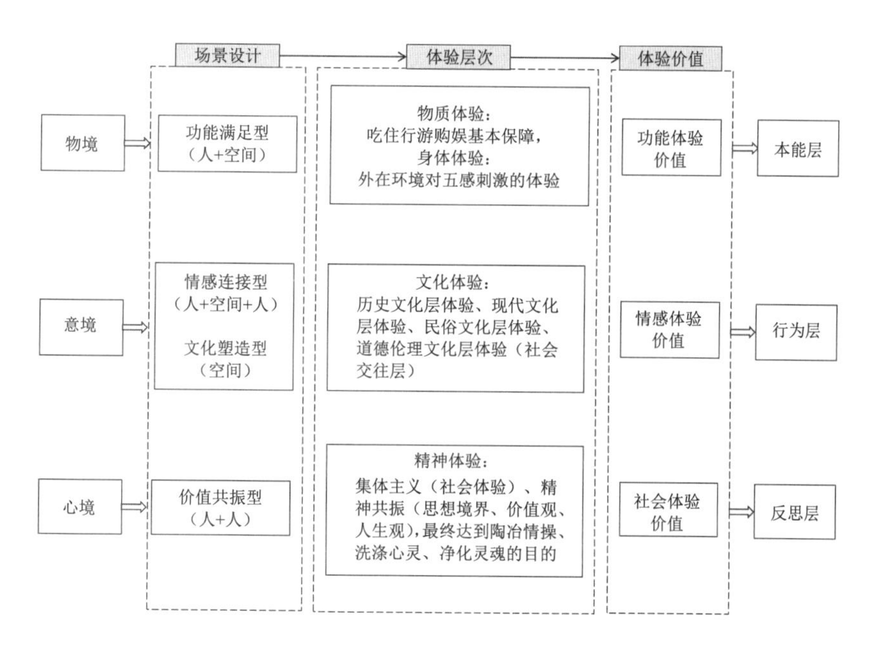

图 1 园林游憩产品体验层次的构建

2.1 传统园林物境体验

传统园林物境体验主要是人与空间的交流，通过风景园林设计要素结合消费者层次理论满足消费者对于旅游六要素基本需求的“物质体验”，以及通过五感带给消费者直接刺激的“身体体验”。主要指消费者参与园林既定场景带来的直接体验感，与传统园林本身设计有关，即设计满足消费者身体感官和生理需求的功能。物境体验即物性需求，是体验中所占分量较大的一块，它满足了消费者多感官的园林体验，而非一种客观的空间建构。园林设计要素山、水、林、田、湖，结合园林植物打造园林物境体验。传统园林物境体验主要来源于景观感知，景观感知是人们对环境复杂的认知和心理过程，即消费者对景观环境的感受，以及消费者与景观环境的相互作用。信息通过人们的多种感官进行传递，进而使消费者产生各种感知体验，并通过大脑将它们整合到对一个空间的完整印象中。多种感官的综合体验，结合对整体特征的情感反应，引导着消费者对园林空间的认知和判断，这一过程创造了客观和主观的体验[21]。

2.2 传统园林意境体验

在体验传统园林过程中，消费者除消费本身以外，还可以通过园林活动创造属于自己的独特记忆，即“意境体验”。传统园林意境体验主要是通过设计“情感联结型”和“文化塑造型”的园林场景，用叙事性手法对园林内历史文化层、现代文化层、民俗文化层、道德伦理文化层（社会交往层）四个层次的体验进行传统园林文化的塑造，表达园林的故事脉络和思想内涵，让消费者参与传统园林空间内的体验活动，激发其内心情感，进而达到“情感认同”。

意境体验中的意识会在不断获得新体验的基础上构造自身，并且在构造过程中会通过回忆、联想等意识行为给新体验在整体的体验过程中带来不同的化学反应[22]，这些回忆与联想可以让消费者在参与意境场景活动时，把当下的事物与场景设定在脑海中形成丰富的想象，从而达到延伸内容或创造出自己个性化的意境体验。意境体验中消费者在游览的过程中不只是空洞地观看与玩乐，而是能够通过园林景观设计的引导性，与特定景观之间形成一种情景契合的互动模式。消费者参与传统园林活动时，受自身知识阅历等影响，在体验互动过程中通过贡献自己的知识和智慧，与园林形成情感链接从而获得独特体验，即满足消费者的“情感认同”。意境体验主要与传统园林设计和消费者之间的共创有关，不同的消费者通过自身的知识和理论作用，在传统园林互动中获得不同的个体体验和对经历现象的独特理解，从而增加消费者与传统园林间的情感联系，促进消费者的审美情趣和文化素养的提高，也间接促进传统园林景观良好形象的塑造。

2.3 传统园林心境体验

传统园林心境体验指消费者在传统园林体验中，基于社交需求，自我实现后创造的精神共鸣的体验。消费者之间根据个人兴趣、爱好进行活动，他们自发对产品进行组合并服务于自身，同时通过参加或组织集体活动操纵其他消费者的舒适感、满足感、兴奋感等情感的方式来增加产品或服务的价值，这与传统园林自身设计无关，是消费者与消费者之间的共创，其体验价值来源于消费者体力、智力和情感的生产付出得到的社会认同[23]，即满足消费者的尊重需求和自我实现。

传统园林体验中个人体验在“量”上占据了主导地位，但群体体验决定了消费者体验的“质”[24]。个体体验主要在于消费者与空间的碰撞形成的物境体验及意境体验。群体体验主要在于消费者与消费者之间的碰撞，以共同偏好为基础产生的集体主义感受（即尊重需求）和社交联络中产生的社会主义价值（即自我实现），主要集中在意境体验和心境体验。心境体验是一种高级的情境体验，是消费者在群体互动的体验情境中，依循于自身的精神内核，通过在场的角色扮演或者现实共创交互而达到的一种共鸣式移情体验状态[25]。

3 基于体验的雁山园游憩产品优化设计

中国传统园林中，岭南园林以其独特的风格占有一席之地。雁山园，地处广西桂林市，号称岭南第一园，自清代乡绅唐岳建造以来，距今已有150多年历史，园内采用中国古典园林造园手法，将桂林喀斯特地貌、山、水和植被巧妙结合，相地合宜、巧于因借。雁山园藏书十万册，是当时广西藏书第一的私人图书馆，经常举行文化、政治、社交沙龙活动，成为当时桂林市文化地标之一[26]。目前，园中建筑大部分已按民国时期旧样修复，部分建筑保持民国时期原样，如大学广场、汇学堂礼堂等。总体来说，雁山园园林美誉在外，历史文化底蕴深厚，但存在文化表现力不足、产品互动性较低、管理设施不到位等现实问题。现今旅游发展态势猛烈，雁山园如何展现历史文化氛围，满足现代消费者高层次追求是其当前重点工作内容。在体验视角下，雁山园深厚的文化底蕴对于体验旅游具有极高的市场优势，本文结合前文的策略及模型重新构建，并优化园林内的旅游体验产品，以“众里寻他千百度，山水知音雁山园”高品质文化交友型目的地为主题形象，构建传承与创新、交流与体验、时间与空间、传统与未来的多层次综合文化型园林景区，结合资源优势和市场需求，面向高层次消费人群，以雁山园丰富的文化底蕴和园林自然环境为基底，配合幽静、高雅的诗意环境，巧妙运用现代高科技，进行物境体验、意境体验、心境体验的系列场景设计。

3.1 基于功能体验优化传统园林物境游憩产品

物境体验设计主要是通过对风景园林要素的设计构建消费者本能层的体验，体会雁山园的自然景观之美，分为身体体验层次和物质体验层次，具体内容如图2所示。身体体验层次主要通过雁山园自然生态类景观，包含山、水、植物和建筑等要素构建园林景观功能空间。“碧云水榭”通过雁山园内碧云湖、水榭、游船，打造“遥看水波、坐听水声”的视觉和听觉体验；“不扫径”通过丹桂辅路，终日不扫使其野性自然生长，从而打造“橙花满地、桂香十里”的视觉和嗅觉体验；雁山湖旁“梅园”种植素玉蝶梅、绿萼梅、宫粉梅、朱砂梅、墨梅、龙游梅等多个品种，部分梅子加以酿酒供消费者品尝，从而形成“娇而不艳、暗香疏影、尾净悠长”的视觉、嗅觉及味觉体验；方竹山上的“四宝园”种着雁山四宝，分别是以绿色方竹和紫色方竹间杂而生的“方竹”，精心培育、珍稀名贵、为雁山园独有的“绿梅”，孕育时间长、果实大而红、为胡适留诗处的“红豆”，以及唐岳为造园之景在金桂和银桂之间培育出来的“丹桂”，园内有供消费者休息场所及近距离观赏互动区，结合山、桥、石头、岩洞等元素致力于打造“竹影婆娑、翠绿欲滴，萼绿花白、小枝青绿，小巧玲珑、相思红豆，丹桂花开，香气四溢”的场景，给消费者带来视觉、嗅觉和触觉体验。物质体验层次中主要提升雁山园现有场地的服务设施，满足消费者吃、住、行、游、购、娱六项基本功能需求。

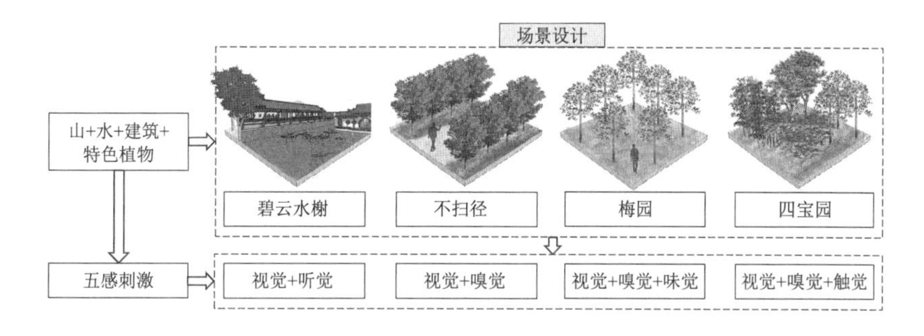

图 2　园林游憩产品物境体验

3.2　基于情感体验深化传统园林意境游憩产品

意境理论是中国传统美学的核心范畴[27]，也是传统空间营建的理论基础之一。空间是意境的物化表现，意境是空间发展的灵魂所在。意境体验设计主要是以当代美学演绎传统文化，将自然资源与人文资源结合，打造文化塑造型空间或者情感连接型空间，具体内容如图 3 所示。文化塑造型空间是指利用场地内元素结合展览、讲解和表演等文化内容塑造园林的文化氛围。情感连接型空间是指消费者在场地内通过彼此之间的互动达成既定场景设计的内容所形成的情感链接。

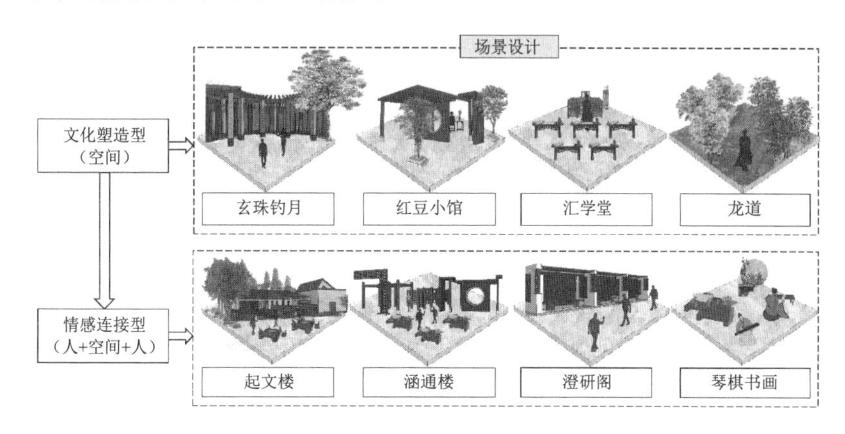

图 3　园林游憩产品意境体验

民国时期的雁山园是民国文人坚守理想的阵地，园中的建筑，相当大一部分按民国时期旧样修复，“玄珠钓月”月上东山，钓月台边，现为国画展览馆；“红豆小馆”有陈寅恪遗留下的许多诗文；“汇学堂”是园内唯一可以使用的大型民园礼堂，现设有说书、桂剧、大型表演等体验活动，展现对理想的坚持及热血激情的岁月；“龙道”是时任两广总督岑春煊据风水文化所修，道路表面仿佛龙鳞形状，寓意平步青云。本文基于场地现状打造文化塑造型空间给予消费者历史文化层体验和现代文化层体验。“起文楼”由林徽因设计，胡适先生起名，旧时为民国宿舍，现设有朗诵、话剧等活动，情境展现民国和现代交汇的文人志气与抱负并向消费者提供住宿和餐饮服务。

“涵通楼”为园内图书馆，旧为文人交流场所，留有各种书籍和往来信件，现为书信沙龙空间。“澄研阁”背山面水，水中曾有神鱼，阁中分为展现中国艺术的现代书院和写书会友招待室。“琴棋书画”为园内活动场所，设有老师指导，可参与体验或和志同道合的好友互动。通过空间内的既定场景形成“民国激荡热血情——文化交流相结识——清影倩碧，诗情画意——情境共融，确遇真知”的情感交流互动过程，从而达到民俗文化层体验和社会交往层体验。

3.3 基于社会体验营造传统园林心境游憩产品

心境体验设计是通过消费者的共同偏好，进行社会交往，达到价值共振，实现自我价值的体验。通过群体互动的形式，让消费者选择志同道合的人进行交往，在不断探讨过程中研磨价值观、人生观等，进而提升自身境界，达到精神共鸣、洗涤灵魂的目的，具体内容如图 4 所示。主要分为花神礼、结缘礼和来一园三种模式。“花神礼”主要针对女性消费者展开，基于园内岭南唯一的花神祠，在祠内营造古风氛围，举行花神庆典活动和花神 SPA，祈求女性青春永驻的愿望。“结缘礼”旨在为青年男女“结连理、结缘树、许终生”布下“满湖星斗寒秋冷，万朵金莲彻夜明”的情景体验。“来一园”即未来科技雁山园，在真实景区的基础上，挖掘景区原有文化，通过数字技术搭建的虚拟与现实相结合的园林景区，消费者可以任意选择想要前往的园林景区和扮演角色，由核心 NPC 带领，通过与其他消费者互动，完成一系列园林体验。

图 4 园林游憩产品心境体验

4 结语

当今时代“体验模式”正逐步取代传统模式在园林旅游中被广泛应用。在体验视角下，消费者每一次对产品及服务的花费并不是单纯地为了其本身的物质属性，而是为了其赋予的文化内涵和情感价值，是一种精神上的满足、自我尊重及社会价值的实现。园林体验中消费者为核心，本文基于消费者的体验层次，结合园林设计的不同境界构建传统园林游憩产品“三境”的优化设计模型，对于现有的传统园林游憩模式注入了新的活力，有一定的参考价值。同时在消费者精神追求不断提高的今天，心境体验除激发消费者个人情感认同外还加入了集体主义设计，增加消费者的社会认同，实现个人价值及社会价值，为后续的园林产品设计开发提供了一条新途径。

参考文献

[1] 王昭．体验经济视域下数字沉浸文旅的创新性发展[J]．江西社会科学，2022，42(8)：190-197.

[2] 刘佳．数字科技驱动下的文旅演艺行业升级与困境[J]．通讯

世界，2020，27(5)：210-211.

[3] 王云才．风景园林的地方性—解读传统地域文化景观[J]．建筑学报，2009(12)：94-96.

[4] 曹诗图，袁本华．论文化与旅游开发[J]．经济地理，2003，23(3)：405-408，413.

[5] 孙剑冰．从“文化标本”到“文化生活”—以苏州古典园林为资源的社区旅游发展模式研究[J]．旅游科学，2012，26(4)：1-7，16.

[6] 万程．论智慧旅游背景下生态园林的开发与设计[J]．环境工程，2021，39(12)：330-331.

[7] 田朝阳，孙文静，杨秋生．基于神话传说的中西方古典园林结构“法式”探讨[J]．北京林业大学学报(社会科学版)，2014，13(1)：51-57.

[8] 樊友猛．旅游具身体验研究进展与展望[J]．旅游科学，2020，34(1)：1-19.

[9] 陈炬．微粒社会中网状叙事结构与体验设计[J]．包装工程，2019，40(22)：34-39.

[10] 唐纳德·A·诺曼．情感化设计[M]．北京：中信出版集团，2016.

[11] 南楠，郭莉，郭庭鸿，等．关注体验：园林空间设计中的情感永续[J]．中国园林，2018，34(10)：134-139.

[12] 邱晔，刘保中，黄群慧．功能、感官、情感：不同产品体验对顾客满意度和忠诚度的影响[J]．消费经济，2017，33(4)：59-67.

[13] 朱国兴．关于发展徽州文化旅游的优势分析[J]．北京第二外国语学院学报，2002，24(6)：81-85.

[14] 曹国忠，林聪慧，陈美，等．情感层次理论辅助地域文化体验服务要素设计流程[J]．包装工程，2021，42(10)：108-114，123.

[15] Prahalad C K，Ramaswamy V. Co-creation experiences：The next practice in value creation[J]．Journal of interactive marketing，2004，18(3)：5-14.

[16] GROENROOS C，VOIMA P. Critical service logic：making sense of value creation and co-creation[J]．Journal of the Academy of Marketing Science，2013，41(2)：133-150.

[17] LANIER C，HAMPTON R. Consumer participation and experiential marketing：understanding the relationship Between co-creation and the fantasy life cycle[J]．Advances in Consumer Research，2008，35：1.

[18] 孙筱祥．园林艺术及园林设计[M]．北京：中国建筑工业出版社，2011.

[19] 韩林德．境生象外：华夏审美与艺术特征考察[M]．北京：三联书店，1995.

[20] 许悦．《园冶》三境中居民获得感的传承与创新研究[J]．美术大观，2020(12)：3.

[21] 丹尼尔·罗尔，魏菲宇，肖恩·贝利．将“感官体验漫步分析”用于多重感官体验的风景园林教学[J]．风景园林，2021，28(10)：96-106.

[22] 张骁鸣．现象学体验学说及其对旅游体验研究的启示[J]．旅游学刊，2016，31(4)：42-50.

[23] 李震．谁创造了体验—体验创造的三种模式及其运行机制研究[J]．南开管理评论，2019，22(5)：14.

[24] 孙九霞．共同体视角下的旅游体验新论[J]．旅游学刊，2019，34(9)：3.

[25] 谢彦君，徐英．旅游体验共睦态：一个情境机制的多维类属分析[J]．经济管理，2016，38(8)：160-170.

[26] 黄伟林．雁山区的文化地标—“桂学应用”研究系列论文之五[J]．广西教育学院学报，2021，(1)：3-8.

[27] 吴左宾，程功．意境理论下的旅游景区空间营建方法探讨—以云南泸沽湖竹地片区为例[J]．中国园林，2019，35(1)：128-132.

作者简介

刘璐，1997年生，女，桂林理工大学旅游与风景园林学院在读硕士研究生。研究方向为旅游规划与风景园林规划设计。电子邮箱：1525846435@ qq. com。

（通信作者）樊亚明，1978年生，男，博士，桂林理工大学旅游与风景园林学院，教授。研究方向为旅游规划与风景园林规划设计。电子邮箱：51661906@ qq. com。

浅谈“天人合一”视域下传统历史文化街区的保护与传承
——以河南省周口市川汇区关帝庙老街区为例

On the Protection and Inheritance of Traditional Historical and Cultural Blocks from the Perspective of “Harmony between Nature and Man”
—A Case Study of the Old Block of Guandi Temple, Chuanhui District, Zhoukou City, Henan Province

艾诗语 刘亦卉 龚嘉程 谢贝宁 韩 冬*

摘　要：传统历史文化街区是城市文脉的重要组成部分，在城市发展、文化传承等方面发挥着不可替代的作用。基于此，本文选取河南省周口市川汇区关帝庙老街区为研究案例，首先对传统历史文化街区的概念界定和关帝庙自身的资源进行整合，提出关帝庙传统历史文化街区的保护与传承中出现的3个显著问题，从“天人合一”视域出发，以宏观、中观、微观3个层面分析总结，结合6个设计原则，切实罗列出对应的3个保护策略，力求在有限的分析之中，在一定程度上由内而外地带动周边环境的整体文化振兴，为重塑传统历史文化遗产的空间文化格局与特色秩序提供新思路与参考。

关键词：传统历史文化街区；保护与传承；天人合一；风景园林

Abstract: As an important part of urban context, traditional historical and cultural blocks play an irreplaceable role in urban development and cultural inheritance. Based on this, this paper selects Guandi Temple, Chuanhui District, Zhoukou City, Henan Province, as a case study. First, it defines the concept of traditional historical and cultural blocks and integrates the resources of Guandi Temple itself, and puts forward three significant problems in the protection and inheritance of traditional historical and cultural blocks of Guandi Temple. From the perspective of the artistic conception of the unity of heaven and man, it analyzes and summarizes the problems from three levels: macro, meso and micro. Based on six design principles, the paper lists three corresponding protection strategies, and strives to drive the overall cultural revitalization of the surrounding environment from the inside to the outside to a certain extent in the limited analysis, so as to provide new ideas and references for reshaping the spatial cultural pattern and characteristic order of traditional historical and cultural heritage.

Keywords: Traditional Historical and Cultural Blocks; Protection and Inheritance; The Unity of Nature and Man; Artistic Conception; Landscape Architecture

引言

历史文化是一座城市的灵魂，也是城市魅力的关键所在。在城乡建设中系统保护、利用、传承好历史文化遗产，对延续历史文脉、推动城乡建设高质量发展、坚定文化自信、建设社会主义文化强国具有重要意义。2021年，中共中央办公厅、国务院办公厅印发了《关于在城乡建设中加强历史文化保护传承的意见》，结合河南省实际，河南省住房和城乡建设厅于2023年10月发布《河南省城乡历史文化保护传承体系规划（征求意见稿）》，面向社会公开征求意见，征求意见稿明确提出就如何保护历史文化遗产策略，即探索历史文脉空间整体、系统展示的新路径，展现时代风貌；保护和延续传统的建筑特色与整体的环境风貌，整体保护遗产传统格局、历史风貌和空间尺度，加强空间特征的保护和延续；突出重要道路界面、传统街巷界面的空间连续性，传承传统营建智慧；严格控制历史城区内的建筑高度、体量、风格、色彩等。

本文选取河南省周口市川汇区关帝庙老街区为实际案例，首先对关帝庙老街区的区位概况进行大致描述，紧接着就现存三大问题，即①文化遗产“贫瘠化”；②归属心理“割裂化”；③环境格局“碎片化”。通过宏观、中观、微观的风景园林视角出发，融合“天人合一”视角分析启示，切实贯彻六大设计原则，即历史原真性、文脉延续性、公众参与性、商业适宜性、分类保护性、整体协调性，得出相对应的三大策略，即①从制度考虑：文脉-建筑共存；②从主体考虑：建筑-街区共生；③从实践考虑：街区-空间共存。基于以上情况，本文主要的研究目的具体体现在通过对传统历史文化街区的概念界定和关帝庙文化底蕴进行梳理，运用“天人合一”视域，提出关帝庙传统历史文化街区的保护与传承出现的问题并分析其原因，从宏观制度：文脉-建筑共存；中观主体：建筑-街区共生；微观实践：街区-空间共存，三个层面出发探讨关帝庙传统历史文化街区保护与传承策略。

目前传统历史文化街区保护和传承中，最基本的办法就是了解人与自然之间的关系，真正实现“天人合一”，注重“天”，也就是走进场地，感受环境，了解自然，发现问题，再提出问题，并加以解决；注重“人”，就是要了解使用者的身体构造和行为，了解他们与周围环境的契合程度，从而真正地了解人与自然之间的关系。在今天的城市建设中，关帝庙传统历史文化街区正处于发展转型的关键时期，面对着街区内部及周围历史文化遗存逐渐被破坏的情况，本文通过文献查阅、实地调研等方法，提出关帝庙传统历史文化街区的保护策略，助推传统历史文化街区保护与传承体系的构建。

1 概念界定

1.1 天人合一

天人合一内含从万物相互联系出发而非孤立片面看待世界的观点，强调整个世界的有机关联，人与自然、人与人、人与社会之间是共生共存的关系。

在天人合一的宇宙观中，不存在所谓绝对独立存在的客观自然，自然不是外在于人的“他者”，人与天地自然万物是共存关系，相即相容、相互依存、和谐共生，共同维持着整个生态系统的平衡，天人合一强调人类应当善待自然，按照自然规律活动，对自然心存敬畏，对自然资源取之有时、用之有度，维护人与自然万物之间的平衡，保证人与自然和谐共生。

1.2 历史文化街区

历史文化街区是指经省、自治区、直辖市人民政府核定公布的保存文物特别丰富、历史建筑集中成片，能够完整和真实地体现传统格局和历史风貌，并具有一定规模的区域。

1.3 保护传承

“保护”在中国国家标准《历史文化名城保护规划标准》GB/T 50357—2018 及《城市规划基本术语标准》GB/T 50280—1998 中给出的定义是“对保护项目及其环境所进行的科学的调查、勘测、鉴定、登录、修缮、维修、改善等活动。包括对历史建筑、传统民居等的修缮和维修，以及对历史街区、历史环境的改善和整治”。保护本身只是一种手段而并非目的，需要通过这一手段保持和强化其保护对象的表达和象征意义，如何将保护的对象及其表达的意义传承下去才是保护的根本目的。

“传承”即“继承”过来，“传递”下去，这其中包含两个含义：一是传承的内容应与过去有关联；二是传承的内容有可能继续传递下去，并仍能在未来的相当长时间内代表街区的个性特征。在一定程度上，可以把传承理解为一种不完全的继承，继承是其根本目的，变化是其动力。传承是一种联系过去、现在、未来的途径，并在一定范围内具有其鲜明的个性内容特征。

2 实际案例

2.1 区位概况

关帝庙位于河南省周口市川汇区中州路沙颍河北岸，原名“山陕会馆”，始建于清康熙三十二年（1693 年），清道光十六年（1836年）完工，是“周家口”商业繁荣、经济繁荣的象征。曾誉：豫平原上保存完好，建筑艺术价值极高的古建筑群，周口八景之冠，河南省最大的关帝庙等。

关帝老街起源于600年前“中原第一古镇”周家口，位于三川交汇处，是周口城市发展的起源地、周口老城对外展示的文化窗口、周口关帝庙文化旅游区重要组成部分，项目聚焦漕运文化、城寨文化、会馆文化、商贸文化、诚信文化挖掘，整体风貌以明清时期豫东传统民居风格为主，旨在传承周口历史文脉、保留城市记忆、提升城市形象，激发城市活力（图1、图2）。

图1　关帝庙

图2　关帝庙老街

2.2　现存问题

2.2.1　文化遗产“贫瘠化”

通过对关帝庙老街周边历史文化资源的梳理，可以得知关帝庙老街现存历史街巷3个，即果子街、磨盘街、坊子街；清真寺2个，即周口东大清真寺、同志清真寺；主要景点10个，即周家口、周家口三寨图、三鱼同首、城寨牌坊、五间楼广场与忠义石牌坊、日升昌票号、青遇·周口礼创客中心、十六两称、毛纺厂工业建筑遗存、许愿树——青春之恋。然而发展到今天，由于城市保护和城市发展的各自为营、观念相对单一，加之改革开放早期旧址保护及文物保护等法律的不健全，使得那些具有重要价值的历史资源逐渐消失。不仅如此，通过实地调研走访发现，这些历史资源的利用也存在着一定的不足，历史街巷虽然保留着原有的街道走向，但是多数街巷已经在城市建设中被拓宽或者改动；传统清真寺由于管理不当及不合理的使用等原因，也对其历史文化遗产造成了一定程度的破坏，综上所述，关帝庙老街周边的整体文化环境资源呈“贫瘠化”状态。

1. 果子街：清乾隆、道光年间是周家口商业最为繁华的时期，周家口北寨仅东西向街道多达24条，其街名是因经营的商品而命名，果子街主要以销售新鲜瓜果、点心等日常吃食为主。现关帝庙老街沿用场地内街道历史命名规则，结合现商业街餐饮业态，以人物雕塑坐而餐、饮的场景主题，与历史上的“果子街”遥相呼应。

2. 磨盘街：清雍正三年（1725年），陈州知府为解决老百姓出行难题，责令捐款，修筑北起镇冲寺，南至河沿火神阁约500m长的繁华街道路面。利用河滩边堆积的废弃石头磨盘铺路，既省钱，又坚固耐用，竣工后，整个街道都是大大小小的磨盘，颇有艺术性，非常好看，后来将这条街形象地叫作“磨盘街”，现为凸显其城市发展历程，保留城市历史记忆，将磨盘街标记作为特色巷以示纪念。

3. 坊子街：坊在古代有里巷（街巷）、街市、市中店铺等释义。关帝庙老街在一定程度上以豫东民居为基础，以县志等历史资料为参考，打造并呈现具有当地特色的古色古香的商业街，以美食等经营业态散布其间，结合原场地上“山货街”“果子街”的名称由来和现状的变迁，对商业内街主街道命名为“坊子街”，意在传承本地及北寨商业文化，凸显建筑特点及布局特色，营造文旅商业气息，保留城市历史记忆。

2.2.2　认同心理“割裂化”

对于历史文化街区中不管是建筑、公共空间，还是景观节点的认同感，都是来源于该历史街区原有的文化语言，因此，对于历史文化街区的认同离不开城市带给街区的文化底蕴。文化认同就是人们没有下意识地寻找归属感的动态过程，是一种对历史文化街区自我意识的形成，而认同感的形成，将会极大地促进历史文化街区的传承与保护。文化认同是人在对待事物中，相比于自身认同、地方认同、族群认同和社会认同的更深刻的理解。

随着城镇化的高速发展，街区建筑及环境破损、文化语言减弱；社会结构断裂、邻里关系淡化；居住环境拥挤、功能结构单一等问题逐渐凸显出来，传统历史文化街区作为一个可以凝聚群体的聚集地，曾经的街区景象一去不复返，街区中的血缘和地缘关系都被物质环境与社会环境所打破，游览者一方面身处城镇建设的新型传统历史文化街区中，一方面心中仍怀念传统历史文化街区的古早形象和氛围，文化认同归属感不断割裂开。

2.2.3 环境格局“碎片化”

碎片化是指，在现代城市的空间背景中，当传统城市空间逐渐被侵食，那些见证了历史发展，历史意义重大的文化遗产侥幸存活了下来，变成现代城市空间中不连续、不完整的碎片。

传统历史文化街区的碎片化是由完整的城市格局一步步演化而来的。历史上周家口是西北与江南物资交流的重要枢纽，曾被称为河南四大商业重镇之一，分布着大量可代表城市文化和城市特点的要素。然而，在城市的快速发展下，这些对城市来说具有重要意义的历史文化资源逐渐消失，城市的格局也逐渐解体，其“碎片化”特征依旧明显。究其原因，由于城市的快速发展，高层建筑的不断建设及历史街巷的逐渐消失，从空间和平面上切断了这些历史文化遗产之间的联系，现关帝庙老街整体设计大部分依据历史遗存文化支撑，其实体街巷、建筑、结构等均呈碎片化，零星存在一些，整体的历史文化环境亟待重塑。

2.3 分析启示

2.3.1 人文主义——寓境于心

人文精神是指该区域所具有的特殊的文化特色，大概囊括地域特色、民俗风土人情、居民生活方式等。在人文主义的作用下，传统历史文化街区具有鲜明的地域肌理和文化气氛，并具有一定的人文特色。例如关帝庙老街沿用的关帝庙木雕之韵，拜殿中的木雕，主檐下的“双龙戏蛛”，是在两条巨龙之间雕刻着一头长着猴子脸的蜘蛛，象征着商人们的生意网罗天下，表达了商人的美好祈愿。还有石雕之美，如石刻《知足常乐》，最前方的一个人，骑着一匹高头大马，手里拿着一根马鞭，得意扬扬，可以说是“春风得意，马不停蹄”；中间一人骑着一匹驴子，一脸轻松；而在队伍的末尾，则是一个背着一把伞和一个背包的旅人，他正在飞快地前进着，这个石刻教导人们要知足，要有一个好的心态，要懂得知足常乐。

2.3.2 人为环境——寓情于景

人为环境是由人所创造的环境系统。历史街区的人为因素主要有街道空间、公共空间、人为景观等建筑形式和空间形式。建筑形式是人类为了适应自然环境而产生的。不同地域的人们对建筑形式的认识各不相同，其中历史文化街区的建筑便体现出不同的地域特色。而空间形式，则是人类进行交往和活动的重要场所。只有在空间中人的活动得以展开，整个区域才会有意义，从而提高历史文化街区的气氛和活力，让人产生方向感、认同感和归属感。例如关帝庙老街沿用关帝庙的晚清仿宫殿式建筑，其建筑布局、空间布局、建筑装饰等都体现了中华文化的博大精深。它的主要特征有：一是中心轴线的对称、主体的突出；二是前朝后寝；三是左祖右社。关帝庙最大的特色，就是中轴对称，即是沿中轴线从南向北，左右各有配殿，相互对称。《中国建筑史》把中国古代建筑群平面中统率全局的轴线称为“中轴线”，并指出，中国是世界上唯一一个重视这一点的国家，它的成就也是最大的，中轴线也成了中国古建筑的一个显著特征。

2.3.3 自然环境——寓物于神

历史文化街区的形成与当地的地形、气候、植被、水系等因素密切相关，这些天然的自然环境，可以影响到历史文化街区的原始空间布局和形态结构。后来，由于当地人的积极参与，便逐渐成为一个具有历史和文化特征的地方，所以，在规划设计街区时，应考虑到自然环境的变化，使其更能适应人们的需要。例如明清两代，晋陕商人为维护客地利益，在国内各大商业口岸均出资修建山陕会馆，周口关帝庙即是其中一家。南北往来的商旅，不但经由周家口的转运、集散，使各地货物遍及四方，更将其他各地的文化带入周家口。特别是在清朝乾隆时期，周家口已成为豫东南地区“水陆交汇之乡，财货堆积之薮”。可见当年的周家口是何等的繁荣（图3）。

图3 关帝庙建筑风格

2.4 设计原则

2.4.1 历史原真性

格拉茨认为，不使用伪造的历史文化资料和物质遗存去保护与复原材料空间，才可使历史文化具备可延续性。所以，在对商业历史街区的维护和翻新上，必须要遵循原真性原则，并本着“尊崇原物、延长使用寿命”的基本原则，切忌大拆大建、盲目仿古修建。文物古迹、商业历史街区、商业历史街区与周边城市自然环境融合这三个维度都要充分考虑其在维护更新过程中的真实感。

2.4.2 文脉延续性

对传统历史文化街区的保护与传承不能只追求短期利益，那些单纯为了得到经济效益的行为，无疑是在饮鸩止渴，不能根本地解决文脉延续与城市发展问题。以当地历史文化遗产为核心出发点，结合传统历史文化景观风貌，综合协调文化资源，将保护传承与规划利用相结合，制定可持续保护与传承传统历史文化街区的模式。

2.4.3 公众参与性

让民众自己去认识保护与传承传统历史文化街区能够带来的历史价值和人文意义，这种保护传承对己有利、对国家及子孙后代有利，那么民众便会给予大力支持与配合，因此，应该充分意识到公众参与的重要性。

2.4.4 商业适宜性

多元且合理的商业形态与区域性文化发展结合是增加商业历史文化街区“易读性”，增加街区“可持续性”的有效手段，例如在上海太平桥、成都宽窄巷子等商业历史文化街区，地域文化发展融合层面具有较优秀的体现。地域性文化浓厚的商业历史文化街区必定是现代都市中的重要人流汇聚焦点，也必定是城市文脉和地方特色的汇聚地，商业历史文化街区的传承与发展既离不开商业的不断发展壮大，也离不开当地历史文化的弘扬。

2.4.5 分类保护性

传统历史文化街区是当时历史文化的产物，能够呈现出当时的历史背景，依据关帝庙老街的不同建筑类型的历史、艺术、人文环境、现状保存程度，分别采用不同的保护方法，制定与之相关的法律法规，并加以整治。

2.4.6 整体协调性

传统历史文化街区是岁月留下的痕迹，街区的各种构成要素相互配合、相互联系，构成了一个独特的街区天际线，而传统历史文化街区又是具有历史文化底蕴的城市空间，与其他城市空间相互联系、相互配合，构成了一座城市的整体架构。因此，整体协调性原则一是要注重历史文化街区与城市发展的关系，将街区置身于整座城市的发展中来看，强调区域协同性发展；二是强调在街区更新时，要注重空间格局、建筑路网肌理、生态环境体系、历史文化脉络等各类体系的完整性；三是以整体系统的思维解决街区问题的复杂性与多样性，对街区的发展变化及对未来的适应性做动态弹性设计。

2.5 保护策略

2.5.1 宏观：文脉—建筑共享

城市的文化脉络是一个城市的灵魂，是区分不同空间的最根本要素，也是形成其意境的关键要素。一个地方与其周边的环境结合起来，就能创造出与其相适应的气氛，从而形成某种文化特征。当一个城市的地方都具备了其独有的意境，它就会引起人们的共鸣，从而引起对历史和文化的认同，以及对地方的归属，进而使城市的文脉得以传承。人文主义的介入，更注重人的存在和参与，是人与环境交流与碰撞的产物。由于人的参与，传统历史文化街区才有了活力，因此，在规划中要注意保存那些具有特别意义和感情的民俗文化，如装饰、民俗活动、手工艺品、饮食文化等。通过恢复商业和休闲娱乐的传统功能，营造活跃的市井文化气氛，增强街巷空间的生机，让历史街区“活起来”。

例如，秉承文脉延续性原则，根据关帝庙本身的文化建筑物的类型，抽取明清时期豫东传统民居风格，获取空间内部的逻辑联系来限制街区整体风格形状，以及对历史符号的细致追寻，关帝庙老街追求精雕细琢、装饰华丽的社会风尚使其得以延续；秉承历史原真性原则，以空间事件为基础的对话，通过活动策划，模拟原老街的商业模式，激发公民的参与感和归属感；根据材料与环境气氛的关系，在整个空间气氛的塑造上加以考量，如关帝庙老街中磨盘街的材料提取（图4、图5）。

图4 关帝庙老街原始形态

图5 关帝庙老街改造形态

2.5.2 中观：建筑—街区共生

空间有了人的存在才会成为场所，但是随着现代社会的快速发展，人们的面对面交往越来越少，人们的物质和精神追求也发生了巨大的改变。这使得整个城市和社会都在慢慢地丧失生机。因此，街区的创造可以为人们提供更多的互动和交流的社交空间，从而使得满足日常生活需要的地方具有更大的价值和意义。人为环境的介入，最能反映出历史文化街区的文化特征的，因此，在建筑设计中，尽量将保存得比较完整的古代建筑保留下来，而破坏程度较大的，则可以采用现代化的技术与材料进行修复，但要尽量与历史建筑的风格、材质和空间形式保持一致。总之，要保持街区的风貌，要恢复历史风貌，要有氛围感，才能让历史文化得以传承。

例如，以关帝庙老街的历史形态为基础的肌理拼接，通过空间布局的优化与控制，使老街的原有空间特性得以延续；以空间视野为导向，充分考虑周围环境的视野导向，保证历史环境的可读性和风貌完整性；秉承商业适宜性原则，以公共区域的空间活化为基础，以公共空间为中介区域，强化建筑与区域之间的联系，通过构建复合功能，可以有效地激发区域的生机；秉承公众参与性原则，切实将人为因素巧妙地融入关帝庙老街本土文化之中，让公众亲身参与其中，去感受保护与传承传统历史文化街区带来的历史价值和人文意义（图6、图7）。

图6 关帝庙老街原始形态

图7 关帝庙老街改造形态

2.5.3 微观：街区—空间共存

街区空间为人们提供了一种尺度宜人的活动场所，并呈现一种安静祥和的氛围，街巷是居民的日常生活场所，居民将家庭生活向街巷空间扩展，使得街巷不仅成为邻里间交往的开放性空间，也成了连接家庭生活与社会生活的稳定结构。当人们在关帝庙老街中行走时，不仅可以与他人进行交往，也可随时关注街巷两侧店铺的商业活动，这些有意义的行为都发生在人们停留或慢速行进的过程中。根据空间的变化来实现功能的更新，保证新的功能符合，且能避免资源二次浪费的情况；在空间与时间的叙述中，通过功能的更新，提出了新旧空间的连接关系，并给出了可重复利用的基本联系方式，以及各自应用领域的适用范围。人们通过与自然环境的深层次互动，可以更好地理解历史街区的过去，从而引起人们对其历史文化和精神内涵的深入思考，进而加强与历史文化街区的感情纽带。

例如秉承着整体协调性原则，从关帝庙本身的传统文化、周家口的民俗文化，以及豫东人民的生活习惯中提炼出相关的元素和装饰纹理，以此来表达人文情感，从而实现对关帝庙老街的认同；秉承着分类保护性原则，使用大众艺术，如参考磨盘街的溯源，通过对特定历史和故事的提炼和总结，使关帝庙当地的文化特征最直观地呈现出来（图8、图9）。

图8 关帝庙老街原始形态

图9 关帝庙老街改造形态

3 结语

历史文化街区是城市中历史遗产最为集中且最具代表性的片区，是历史文化名城的重要支撑内容，也是传统与现代、保护与发展矛盾的焦点地带。在当今城市文化复兴的背景下，如何处理好历史街文化区保护与传承问题，对解决城市发展与遗产保护之间的矛盾，实现历史文化名城的复兴具有重要现实意义。

基于此，本文从文化遗存“贫瘠化”、归属心理“割裂化”、环境格局“碎片化”三个方面深入剖析关帝庙老街的现存显著问题，并从“天人合一”视角出发，从人文主义介入、人为环境干预、自然环境融合三方面，提出文脉—建筑共享、建筑—街区共生、街区—空间共存的具体解决策略，由宏观—中观—微观，层层递进地对关帝庙传统历史文化街区的保护与传承进行了分析、讨论与总结，有助于比较深刻和全面地把握传统历史文化街区的保护重点及方向，为关帝庙老街的保护提供一定的理论依据。

参考文献

[1] 黄旭欣．社区营造视角下恩宁路历史文化街区保护与活化研究[D]．广州：广东财经大学，2020.
[2] 李娜．我省城乡历史文化保护传承体系规划公开征求意见[N]．郑州日报，2023-10-17(005).
[3] 葛中斌．襄阳陈老巷历史文化街区保护与传承的适宜性方法研究[D]．西安：西安建筑科技大学，2019.
[4] 郭齐勇．天人合一的内涵与时代价值[J]．理论导报，2022，(6)：54-55.
[5] 陈从周．说园[M]．上海：同济大学出版社，1998.
[6] 胡鹏飞．意境观影响下的中国园林营造[J]．绿色科技，2021，23(3)：20-21，26.
[7] 田继忠．历史文化街区整体保护及有机更新的路径研究——以北京南锣鼓巷地区为例[J]．经济论坛，2011，(11)：134-136.
[8] 隋启明．广府历史文化村落典型建筑保护方法研究[D]．广州：华南理工大学，2011.
[9] 邱然．“关联耦合”思想在旧城空间更新中的设计研究[D]．重庆：重庆大学，2015.
[10] 徐欣宏．城市水系与城市特色的传承[D]．南京：东南大学，2006.
[11] 张玮玲．文化认同背景下的历史文化街区改造设计研究[D]．上海：华东师范大学，2022.
[12] 武婕．商业历史文化街区保护与更新设计研究[D]．沈阳：沈阳建筑大学，2022.
[13] 魏竟远．横道河子历史文化名镇传统街区保护更新设计研究[D]．黑龙江：东北林业大学，2013.
[14] 董宇．微更新视角下历史文化街区传承保护与活态转化设计研究与实践[D]．济南：山东师范大学，2023.
[15] 何依．四维城市—城市历史环境研究的理论、方法与实践[M]．北京：中国建筑工业出版社，2016.
[16] 吴昊．浅谈“天人合一”思想与中国园林的美学关系[J]．当代旅游(高尔夫旅行)，2018(6)：1.
[17] 邵熠．汪彦辰．中国古典园林对现代风景园林的启示[J]．现代园艺，2018(6)：1.
[18] 陆安娜．古典园林设计思想在现代景观设计中的传承与应用[J]．现代物业(中旬刊)，2018(1)：1.
[19] 孟兆桢．风景园林工程[M]．北京：中国林业出版社，2019.
[20] 刘颂．城市绿地系统规划[M]．北京：中国建筑工业出版，2011.
[21] 王晓俊．园林艺术原理[M]．北京：中国农业出版社，2011.
[22] 周维权．中国古典园林史[M]．3 版．北京：清华大学出版社，2008.
[23] 埃德温·希思科特．纪念性建筑[M]．大连：大连理工大学出版社，2003.
[24] 曾筱．城市美学与环境景观设计[M]．北京：新华出版社，2019.
[25] 钟丹，应莉，张鹏举．景观空间设计与创意[M]．河北：河北美术出版社，2017.
[26] 董莉莉．园林景观材料[M]．重庆：重庆大学，2016.
[27] 李永昌．景观设计思维与方法[M]．石家庄：河北美术出版社，2018.

作者简介

艾诗语，1997 年生，女，桂林理工大学旅游与风景园林学院在读硕士研究生。研究方向为园林景观设计方向。电子邮箱：571469203@ qq. com。

刘亦卉，1999 年生，女，桂林理工大学旅游与风景园林学院在读硕士研究生。研究方向为园林景观设计方向。电子邮箱：1489136219@ qq. com。

龚嘉程，1999 年生，男，桂林理工大学旅游与风景园林学院在读硕士研究生。研究方向为园林景观设计方向。电子邮箱：1649844376@ qq. com。

谢贝宁，2000 年生，女，桂林理工大学旅游与风景园林学院在读硕士研究生。研究方向为旅游产业与数字经济方向。电子邮箱：1299820936@ qq. com。

（通信作者）韩冬，1980 年生，男，博士，桂林理工大学旅游与风景园林学院，副教授、高级工艺美术师。研究方向为园林景观设计方向。电子邮箱：1308200184@ qq. com。

绿色基础设施

高密度居住区背景下的社区绿道建设实践与思考：以上海市甘泉社区绿道为例①②

Practice and Reflection on Community Greenway Construction under the Background of Urban High-density Residential Districts: A Case Study of Ganquan Community Greenway in Shanghai

李 婧 张 浪* 张桂莲 仲启铖 余浩然

摘 要：高密度居住区是亚洲许多城市广泛采用的一种居住模式，但普遍存在诸多社会与环境问题。社区绿道在高密度城市居住区内扮演着重要角色，它将居民与开放空间、基础设施相连接，为居民提供日常休闲活动场所，在缓解社会与环境问题中起着重要作用。首先，辨析高密度居住区背景下社区绿道的内涵和特点，总结社区绿道在提升邻里聚居环境、完善绿色基础设施、激活社区文化空间等方面的作用；其次，以上海市甘泉社区绿道为例，探讨城市高密度居住区中的社区绿道实践；最后，总结思考未来城市高密度居住区社区绿道建设的实践方向。

关键词：风景园林；高密度居住区；社区绿道；社区文化；生态环境；基础设施

Abstract: High-density residential areas are a commonly adopted model in many Asian cities, but they often face social and environmental challenges. Community greenways play a crucial role in these areas by connecting residents to open spaces and infrastructure, providing leisure opportunities, and addressing social and environmental issues. This study examines the concept and characteristics of community greenways in high-density residential areas, highlighting their contribution to improving the neighborhood environment, enhancing green infrastructure, and activating community cultural spaces. The Ganquan Community Greenway in Shanghai serves as a case study to illustrate the implementation of community greenways in urban high-density residential areas. Finally, the paper concludes by summarizing the findings and discussing future directions for community greenway construction in high-density residential areas.

Keywords: Landscape Architecture; High-density Residential Area; Community Greenway; Community Culture; Ecological Environment; Infrastructure

1 背景

高密度居住区是亚洲许多城市常见的居住模式，它能够有效解决城市土地稀缺和人口快速增长等问题。然而，高密度背景下，居住区中普遍存在休闲健身空间不足、服务设施缺失和邻里关系淡漠等社会与环境问题。社区绿道可以在高密度居住区中发挥重要的空间纽带作用[1]，缓解社会与环境问题。通过将绿道与居住区开放空间、基础设施相连接，居民可以更

① 本文已发表于《中国园林》，2024，40（5）：84-89。

② 基金项目：国家重点研发计划课题“典型城市廊道多功能耦合网络构建与生态修复技术”（编号：2022YFC3802604）、国家自然科学基金面上项目“城市生态廊道多尺度结构与功能连接度的关联机制”（编号：32171569）、上海市2023年度“科技创新行动计划”社会发展科技攻关项目“超大城市上海公园城市构建关键技术研究与示范”（编号：23DZ1204400）和上海市园林科学规划研究院院立基金项目“基于多模型集成的城市生态廊道智能构建技术研究”（编号：2021-3-1）共同资助。

方便地通过公共交通、步行或骑车等方式到达目的地，这种便捷的交通模式可以减少对私家车的需求，减少交通拥堵和空气污染，并提升居民的出行体验。此外，绿道建设还能促进居民之间的交流，提供一个亲近自然的运动和休闲空间。在绿道上散步或骑车可以让居民之间建立更紧密的联系，增强社区凝聚力[2]，促进社交沟通和彼此的了解，提升整个社区的生活质量。

实现居住环境与开发效益的协调是上海精细化建设中绿道建设的重要挑战。要实现合理有效的绿道建设，需要综合考虑城市发展需求、居住区美观舒适及开发效益。其中，社区绿道作为一种线性绿色空间，尤其适合满足个体人群的尺度需求。而将社区绿道与上海15分钟社区生活圈结合，可以成为整合社会和环境资源的有效手段。因此，社区绿道的建设经验对于国内城市优化绿色开放空间建设及整合"边角空间"具有借鉴意义。未来在国内其他城市进行绿道建设时，可以借鉴上海的成功经验，从而提高优化绿色开放空间建设的效果[3-4]。

2 城市高密度居住区绿道的内涵

2.1 城市高密度居住区绿道的定义

改革开放以来，中国社区建设逐渐兴起，其建设以地域进行划分。由于社区概念建立于社区服务基础之上[1]，社区服务在政府的推动下不断开展，社区建设为居民生活提供便捷，大大提高了居民的生活质量。目前，关于高密度居住区的定义在学术界还没有统一的标准。本研究参考了《城市居住区规划设计标准》中关于步行距离、各级生活圈居住人口、住宅数量、居住区容积率等控制指标的规定。将各项指标的上限值作为判别标准，当超出上限值时，即可将该居住区定义为高密度住区[5-6]（表1）。

居住区分级控制规模及指标　　表1

距离与规模	15分钟生活圈	10分钟生活圈	5分钟生活圈	居住街坊
步行距离/m	800~1000	500	300	—
居住人口/人	50000~100000	15000~25000	5000~12000	1000~3000
居住数量/套	17000~32000	5000~8000	1500~4000	300~1000
居住区容积率	0.8~1.5	0.8~1.8	0.7~2.0	1.0~3.1

资料来源：本表引自《城市居住区规划设计标准》GB 50180—2018。

高密度住区有其特殊的方面，在缓解土地和人口问题的同时，也带来了居民对于社会环境心理适应度的变化，邻里关系变得冷漠，高密度住区虽然能够容纳更多的居民，但居民较少进行公共场所的活动，导致邻里缺乏交流，邻里关系较为冷漠。缺乏住区认同感与归属感，物业管理体系并不能很好地承担和维系社区群体事务。住区安全感、幸福感不足，居民间彼此见面的机会不多，互相能看到的次数也不多。

绿道属于景观生态学中的一种廊道范畴，它通过连接城市中的各种自然或人工要素，形成了一个由纵横交错的廊道和自然、城市斑块有机构建的生态网络体系，供行人和骑自行车者使用，适合步行、骑行和游览（图1）。这个生态网络体系遵循自然水文过程，并具有连续网络的特点[7]。它不仅在调节雨洪、保护水土、保持水源及净化污染物等方面发挥着重要作用，也为城市居民提供了舒适的生态环境，促进了城市生态网络的可持续发展。

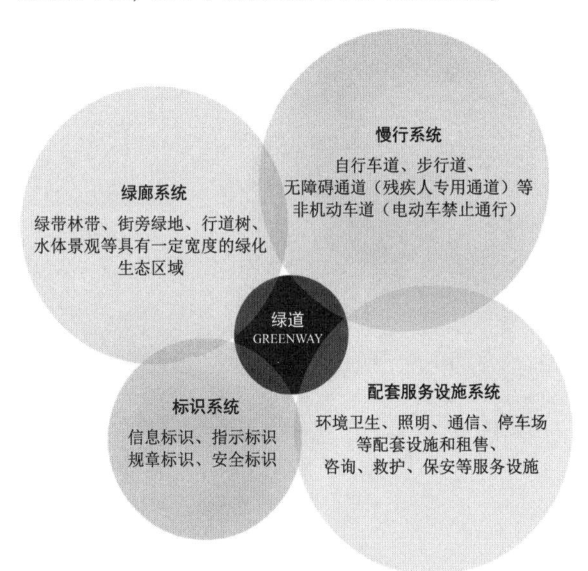

图1　绿道分析图

作为紧凑型城市绿道建设的新趋势，国内已有学者对社区绿道进行了分析研究，并且对部分城市已建的社区绿道进行了使用结果的调查研究，这些研究主要停留在景观设计层面，尚无学者从高密度社区的视角出发，探索适宜紧凑型城市社区绿道的规划方法。在高密度居住区视角下，如何方便社区居民出行，并使居民公平享用社会资源与自然环境，即实现社区的资源环境公平和环境质量公平是值得关注的[3]。本文主要研究的是社区级绿道（表2），在社区中，绿道的重点是为城市居民提供日常使用和交流功能，通过连接各种活动兴趣点来创造社交空间[8]。尽管在不同尺度上，绿道的功能侧重可能有所不同，但这并不意味着城市和社区级的绿道会弱化生态功能[3]，林广思认为社区绿道是一种穿越城市高密度居住区的绿道，与居民生活息息相关，更应注重生态功能的体现。然而，很少有学者关注这种类型的绿道如何作为一种综合资源服务于社区的日常生活。在公共空间的日常生活会涉及多种活动，如何协调和满足这些活动，关系到社区绿道的效益。因此，高密度居住区绿道作为一种新范式是亟待研究的内容[9]（图2）。

3个层级的绿道建设要素及管理对象

表2

尺度	规划要素	主要对象
社区级	建筑密度和平面布局、高程与地理环境条件等	社区中街心花园、社区游园、步行街区、公共服务设施等开放空间
城市级	城市中典型生态源地与廊道、城市消极空间等	城市内河流廊道、河漫滩、湿地、大型绿地公共空间等
区域级	自然保护区、风景区、生态流域等大型生态空间	低洼沼泽、滩涂等生态保育源地或廊道

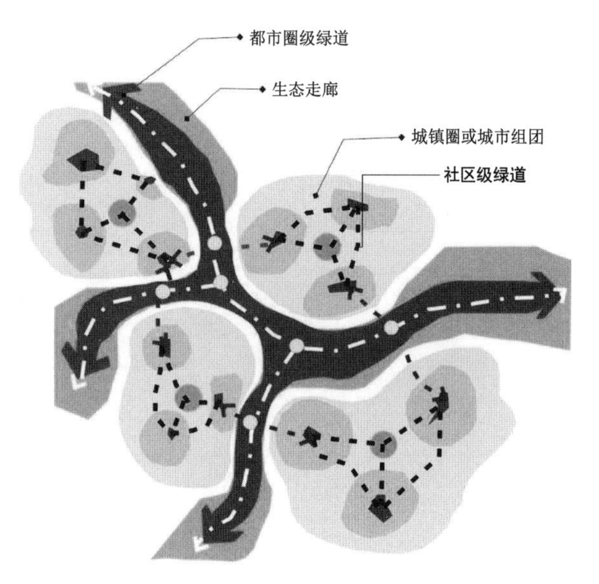

图2　社区级绿道模式图

2.2 城市高密度居住区绿道的特点

绿道作为城市更新的媒介，不需要推倒重建，而是通过线性空间的手段进行综合更新。包括通过生态修复来改善环境质量、通过提升游憩环境来提高居民的休闲娱乐体验、通过社区凝聚来加强社区居民之间的联系和互动，以及通过延续历史文化来保护和传承城市文化遗产。社区绿道建设有3个特点。

2.2.1 灵活度高，带动力强

城市高密度居住区的绿道建设是一个复杂的过程，涉及道路连通、绿化修缮、设施整治等多个方面。在人口密集的区域实施绿道建设非常困难，因可修复的空间有限，同时还涉及多个主体的参与。绿道作为一种线型空间，可以起到疏通城市交通的作用，并能在狭窄的空间内争取更多的开放空间。绿道与城市有广泛的接触范围，只需要进行少量修复就可以成为高密度居住区的亮点，从而带动整个区域的环境提升。综上，绿道在城市高密度居住区的更新建设中具有重要作用，它能够解决城市堵塞问题，改善居民的生活环境。

2.2.2 百姓受益，幸福感高

高密度居住区内的公共活动空间通常十分有限。然而，线性绿道的推出却为居民提供了一种全新的活动方式。这些绿道不仅为居民提供了运动健身的机会，还连接了多个破碎化的休闲空间，可供进行其他各类休闲活动[10]。因此，线性绿道在高密度居住区内提供了多样活动空间，并受到了周边居民和社区的高度认可和使用。

2.2.3 渐进实施，协调性强

绿道与城市高密度居住区的空间融合是一个涉及多部门、多专业的复杂问题。这些相关部门包括管线、物业、绿化市容和市政交通等[11]。要实现绿道与城市高密度居住区的空间融合，各部门需要共同努力，加强规划衔接。首先，需要进行用地规划，确保绿道的布局与周边建筑及居民需求相协调；其次，基础设施建设也是关键，包括道路、桥梁、路灯等，以确保绿道的通行便利性和安全性；此外，绿化风貌也需要考虑，包括绿植种植、景观设计等，以提升绿道的美观性；最后，环境保护也是必不可少的，包括噪声控制、空气质量保护等，以保障绿道周边居住区的环境质量。通过各类规划的衔接，绿道与城市高密度居住区的空间融合才能得以实现。

针对高密度居住区的特点，绿道建设的挑战在于在有限的空间内拉近人与人之间的沟通交流，并在合理服务半径内全面覆盖绿道建设。高密度住区的交通组织一般为人车分行的模式，基于该模式高密度住区间的绿道体系需要较高的连续性，结合周边环境进行设计，没有严格的空间划分，绿道建设的需求可与周边休闲广场、小游园打造一体化的活动空间。绿道空间可以与建筑空间相结合，向三维立体化延伸，形成地上、地面垂直一体，内外融合的绿道空间模式。

3 国外高密度居住区绿道建设实践

绿道在高密度居住区的实践已成为国际上城市发展的新增长点。然而，在绿道建设过程中，可供建设的用地相对匮乏，城市空间的承载力也逼近了极限。尽管如此，绿道具有将零散空间进行串联整合的能力，通过渐进式、逐步推进的方式进行城市更新。因此，绿道建设对于以高密度居住区为研究类型的城市更新活动至关重要，它能够有效地整合零散的空间，使区域焕发活力[12-13]。

3.1 雷德朋创新体系

在第一次世界大战期间，美国学者吸纳了“田园城市”相关理念，意识到城市规划中的重要性。亨利·赖特和克拉伦斯·斯坦于 1928 年设计了雷德朋体系，这是一种具有创新性的城市规划理念。雷德朋体系的设计着重强调了将多样化的美丽景观融入邻里交往空间中，为居民提供一个宜居且美丽的生活环境。这一设计理念强调了城市与自然的和谐共存，同时注重邻里之间的互动和人际交往，通过绿道实现的绿色空间织补，促进公共开放空间的建设，通过将美丽景观与邻里交往的融合作为核心[14-15]；雷德朋体系为未来的城市规划提供了一个重要的参考模型。在不断发展和进步的社会中，这种注重人居环境和社区联系的城市规划理念仍然具有重要的借鉴意义。

3.2 名古屋绿道

20 世纪 70 年代，各国开始在社区绿道建设方面采用不同方式，结合特色进行发展。其中，日本名古屋绿道是一个典型案例，它充分考虑了居民需求，并进行了有效的规划和设计。名古屋绿道分为 4 种类型，这些绿道连接了各个公共设施，不仅提高了绿地利用效率，还改善了环境品质。此外，城市绿道与市政道路巧妙地融合在一起，具有增加多样性、提供娱乐空间等多重功用。对该案例的研究显示，通过充分考虑居民需求并进行规划设计，绿道可以成为城市生态基础设施，在提高环境质量和满足居民需求方面发挥重要作用。

3.3 纽约高线公园

绿道作为一个能够创造吸引市民参与文化活动的空间，有着巨大的潜力和价值。纽约高线公园就是一个成功案例，通过在游径两侧策划儿童艺术展览，在观景平台开展各种艺术演出等方式吸引市民参与各种活动，逐渐改变了城市环境。同时将废弃建筑物进行改造，如哈德逊艺术馆、博物馆、图书馆等，都通过绿道与城市公共空间进行了连接。在未来，我们可以借鉴这样的成功经验，进一步推进绿道的发展和改进，为市民创造更加宜人的生活环境和丰富的文化活动空间。

3.4 案例总结

通过对国外高密度居住区绿道建设实践的研究可以发现，经过多年的发展，绿道的功能已经远远超出了生态空间的范畴，逐渐成为一种多功能的综合基础设施，包括慢行交通设施、文化空间、公共场所等。绿道为城市提供了多样化的绿色空间服务功能，作为一个超大型生态城市，上海的绿道发展受到了国外绿道规划思想和超大城市复合公共空间需求的深远影响。

随着上海提出“人民城市”规划理念，绿道作为受市民欢迎的公共产品，其重点关注的空间逐渐下移至社区，逐步成为上海市最具代表性的绿色空间类型之一，融合了多种不同公共服务的功能，成为市民活动和城市文化景观的重要组成部分。

4 上海市普陀区甘泉社区绿道建设实践

城市绿道最为重要的生态服务功能就是可以满足因城市建设用地不足而带来的日益增长的户外休闲需求。随着城市地区变得越来越密集，缺乏新的城市绿地空间问题日益凸显[8-9]。例如，许多绿道不能满足居民的需求，一方面，城市开发区内的绿道是基于人行道的基础上而建立的，横断面相对过窄，不能支持户外运动；另一方面，为了提高绿道的生态价值，许多绿道都建在城市开发区之外，增加了城市用户和绿地之间的通行距离成本。社会的快速发展导致了对户外开放空间的需求越来越多[8,11-12]。因此，对于城市绿道而言，一个巨大的挑战是如何更好地服务于居民，而不是成为一种浪费的公共资源。基于此，本文以上海市普陀区甘泉社区绿道建设为实践案例，探索如何利用城市更新理论来更好地指导高密度居住区绿道的规划建设[16]，探索一种更具针对性和可持续发展的绿道更新之路。

本研究的实证案例位于上海市普陀区，甘泉社区绿道周围环绕着居住区，如新灵小区、南泉苑小区、东旺雍景苑等，绿道的长度约为 713m（图 3）。

随着城市的发展，场地内的基础设施和道路地坪已经破损且陈旧，导致沉降和变形，这严重影响了居民的正常活动。此外，植物群落过于茂盛，导致环境郁闭度较高。夜间缺乏必要的照明灯光，给居民的生活安全带来一定的隐患。这些现状无法满足居民日益提高的精神文化追求（图 4）。

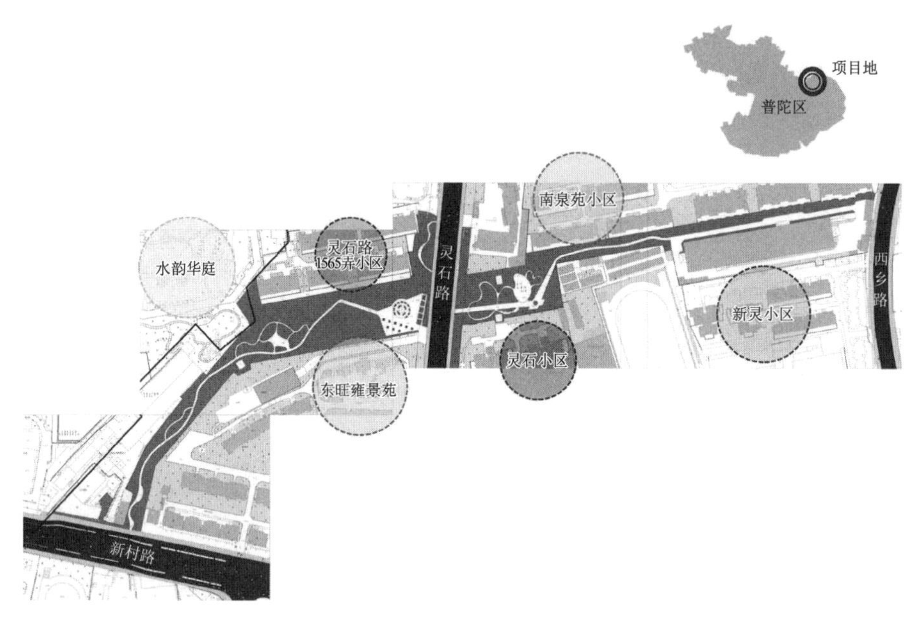

图3 甘泉社区绿道区位图

图4 甘泉社区绿道现状照片

为了更好地改善周边居民的生活和休闲活动，必须对场地内的园林绿化、道路铺装、绿道完善、花坛坐凳、景观灯光、城市家具及标识系统等方面进行详细的人性化设计。这些设计旨在提供一个舒适、便利和美观的环境，为居民创造更好的居住和生活体验。基于此，本次实证案例研究提出了3个维度的设计策略（图5）。

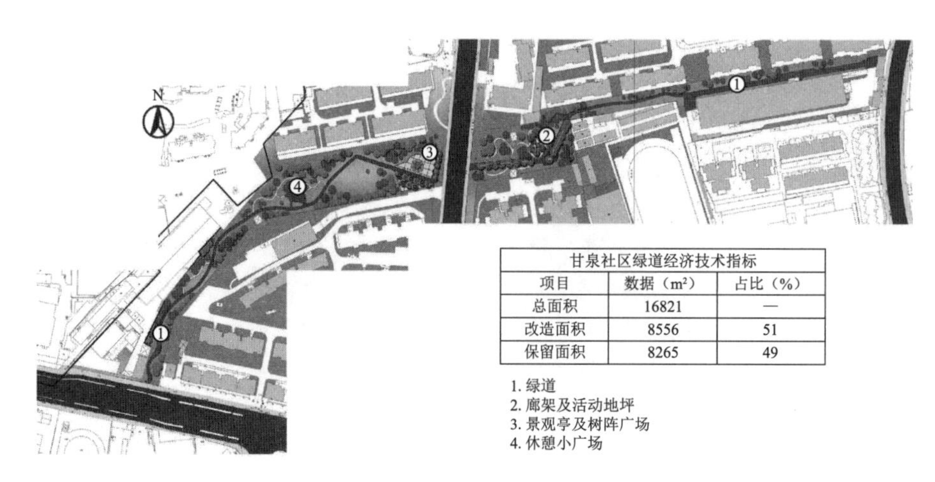

甘泉社区绿道经济技术指标

项目	数据（m²）	占比（%）
总面积	16821	—
改造面积	8556	51
保留面积	8265	49

图5 甘泉社区绿道总平面图

4.1 邻里聚居环境

根据住区的特色景观要素，构建一个具有强连接性、丰富层次、多样类型、环境优美的绿道网络，以提升住区的绿道空间品质，同时保护敏感的生态环境。利用现有道路，将空间破碎的点状绿地串联起来[17]，采用生态透水铺装更新路面，减少管线铺设，体现低碳设计理念。点状绿地内的乔木经过多年的生长，冠幅不断增长，阳光无法照射到中下层苗木，因此采取抽稀、移栽、抚育等方式来调整郁闭度和季相变化。同时，增加开花植物，如垂丝海棠、红枫、帚桃、毛鹃、百子莲、黄金菊等，补充中下层空间的饱满感和丰富的色彩，进一步提升景观效果。对原绿地中过于茂盛的麦冬和兰花三七等植物进行翻种，调整其与草坪的比例，为居民和游客提供优美宜人的休憩空间（图6）。

图6　甘泉社区绿道建成效果一

4.2 绿色基础设施

增补各种公共基础配套设备，以满足高密度居住区中公共服务的需求。利用已完善的绿色慢行网络，提高公共服务设施的可达性和利用率。对于绿地内的坐凳、景观亭等小品进行维护，统一完善废物箱、坐凳、标识牌和植物名录牌等设施。安装必要的功能性照明系统，提高绿地的通透性和安全性，从而更好地为周边居民提供夜间运动和游憩漫步的服务。更从使用者和管理者的角度出发，在绿道节点、主要道路交叉点和危险路段前 50m 等位置设置标识牌，并结合上海林长制的要求，设置科普公示标牌，对生态系统进行长期管理和保护，做到责任落实到位，居民监督、共同参与（图7）。

图7　甘泉社区绿道建成效果二

4.3 社区文化空间

积极引入公众参与，始终保持“以人为本”的思想，统筹提升居民的福祉。在项目的开展过程中，区司法局、司法所充分利用绿道建设项目这个契机，以提升居民法治获得感和满意度为目标，积极探索普法新路径、新举措，将“法治元素”嵌入社区微更新，先后在 20 个居民区建成“法治微景观”，努力营造办事依法、遇事找法、解决问题用法、化解矛盾靠法的法治氛围，让“良法善治”理念深入人心，很好地展现了活化社区文化空间的意义（图8）。

图8　甘泉社区绿道建成效果三

5 高密度居住区绿道建设思考

绿道建设对于城市生态环境的维护、周边地区景观形象的提升及城市发展功能的完善具有重要作用。这也是推进城市生态环境保护和建设及实施可持续发展战略的重要措施。为实现这一目标，基于国内外的社区绿道的实践，从规划设计、建设实施与维护管理3个方面，总结对高密度居住区绿道建设的思考。

5.1 规划设计

绿道建设在高密度居住区会面临用地协调困难的问题，这一问题可以借助增加公众参与来解决。因此，在规划和设计过程中应更加重视公众意见和需求，并积极处理公众的反馈意见。公众参与可以更好地了解居民对于绿道建设的期望和关切，并在后续建设过程中作出相应调整和改进。这种基于公众参与的建设方式能更好地满足居民的需求，提升绿道建设的质量和可持续性。上海高密度居住区绿道建设的思路突破了传统的建设方式，并对于国内其他城市在优化绿色开阔空间建设方面也具有重要的借鉴意义。借助增加公众参与，可以使绿道建设更加符合当地居民的需求和利益，提升城市的整体环境质量和居住舒适度。因此，在今后的城市规划和建设中，应更加注重公众参与，将其视为改善城市空间品质的重要手段和策略，并从中获得更好的效果和成果。

5.2 建设实施

上海社区绿道建设从过去的"见缝插针"方式逐渐转变为系统化的布局。建设过程紧凑且渐进式地改造和整合了碎片化的公共空间，形成了线型或网络型的布局。为了扩大可利用建设的用地空间，上海社区绿道建设通过协调沿线的社区和企事业单位，腾出可建设用地。此外，通过打通空间断点，绿道也成为一个便捷的慢行沟通通道，方便居民获取更多的公共服务。综上所述，上海社区绿道建设以系统化布局、紧凑改造和整合碎片化的公共空间为特点，通过协调各方利益和打通断点，提供了更多选择的绿道用地，并成为居民获取公共服务的便捷通道。

5.3 维护管理

上海社区绿道的用地结构十分多样，包括公共绿地、道路用地和居住社区等。然而，这些用地并没有形成独立完整的绿地空间。因此，未来的社区绿道管理需要通过整合规划、设计、建设和管理力量，以实现全生命周期管理和高质量建设。在这个过程中，鼓励社区、企事业单位和市容管理部门共同维护和推行"林长制"，以形成内生动力和统筹协调的管理理念。通过整合各方力量、强化全生命周期管理和推行"林长制"，未来的社区绿道管理将能够实现高质量建设和持续管理，从而满足人民对安居宜居环境的需求。

6 结语

社区绿道是指紧邻或穿越高密度居住区的绿化路径，旨在整合绿道沿线的社区公共空间和公共资源。然而，在超大城市的高密度建成环境中，可供选择和整合的未开发生态资源有限。由此，迄今为止，学者很少关注社区绿道在日常生活中的服务功能。然而，社区绿道在缓解社会与环境问题中具有重要作用。因此，本研究试图通过文献查阅与建设实践，探索如何更好地将社区绿道服务于居民的生活。通过深入了解社区绿道的潜力和限制，提出有效的改进建议，以促进社区绿道的可持续发展及更好地满足居民的需求。研究将为社区规划者、城市设计师和利益相关者提供有力的参考，以在高密度城市环境中有效利用和整合社区绿道资源，从而改善居民的生活质量。

本项目完成后，研究团队对该区域内的居民进行了走访及调研，着重研究社区绿道是否符合必要活动、可选活动和社会活动的需要，调研了该社区绿道的使用模式、现状评价、对日常活动的影响及不同构成要素的重要性，应用了包括现场观察法、问卷调查法和访谈法。结果表明，90%以上的游客来自周边1000m以内的社区，其中95%的用户对社区绿道感到满意。

参考文献

[1] 张浪．试论城市绿地系统有机进化论[J]．中国园林，2008，24(1)：87-90.

[2] MorenoR S, Braga D R G C, Xavier L F. Socio-Ecological Conflicts in a Global South Metropolis: Opportunities and Threats of a Potential Greenway in the São Paulo Metropolitan Region [J]. *Frontiers in Sustainable Cities*, 2021, 3: 706857.

[3] 刘滨谊．现代景观规划设计[M]．南京：东南大学出版社，2005.

[4] 刘琳婕．广州绿道系统中的文化景观呈现研究[D]．广州：华南理工大学，2020.

［5］ 张馨予．贵港市居住区绿地景观评价研究［D］．南宁：广西大学，2016.
［6］ 曹小曙，林强．基于结构方程模型的广州城市社区居民出行行为［J］．地理学报，2011，66(2)：167-177.
［7］ 张晨笛，刘杰，张浪，等．基于城市生态廊道概念应用的三个衍生概念生成与辨析［J］．中国园林，2021，37(11)：109-114.
［8］ Chi W X，Lin G S. The use of community greenways：A case study on a linear greenway space in high dense residential areas. Guangzhou［J］．*Land*，2019(12)：19.
［9］ Chou J H，Shafer C S. Aesthetic responses to urban greenway rail environments［J］．*Landscape Research*，2009，34(1)：83-104.
［10］ Keith S J，Boley B B. Importance-performance analysis of local resident greenway users：Findings from T hree At lant a BeltLine Neighborhoods［J］．*Urban Forestry & Urban Greening*，2019，44：126426.
［11］ 孙蕾，潘宜．波士顿大都市公园系统与珠三角区域绿道的比较研究：以深圳为例［J］．中国园林，2011，27(1)：17-21.
［12］ 汪方心怡，王敏．多重生态系统服务需求下滨水绿道供给优化与精明发展［J］．中国城市林业，2022，20(2)：51-56.
［13］ Arendt R. Linked landscapes-creating greenway corridors through conservation subdivision design in the northeastern and central United Stastes［J］．*Landscape & Urban Planning*，2004，68(2-3)：241-269.
［14］ 余兆武，郭青海，孙然好．基于景观尺度的城市冷岛效应研究综述［J］．应用生态学报，2015，26(2)：636- 642.
［15］ 朱建宁．促进人与自然和谐发展的节约型园林［J］．中国园林，2009，25(2)：78-82.
［16］ 吴静子．国内外景观设计学科体系研究［D］．天津：天津大学，2007.
［17］ Imam K Z E. Role of urban greenway systems in planning residential communities：a case study from EGYPT［J］．*Landscape & Urban Planning*，2006，76(1-4)：192-209.

作者简介

李婧，1981年生，女，上海人，同济大学建筑与城市规划学院景观学系在读博士研究生，上海现代建筑规划设计研究院有限公司正高级工程师。研究方向为风景园林规划与设计。

（通信作者）张浪，1964年生，男，安徽合肥人，博士，同济大学教授，上海领军人才，享受国务院特殊津贴专家，住房和城乡建设部科技委园林绿化专委会副主任，上海市园林科学规划研究院院长，教授级高级工程师（二级），博士生导师，上海城市困难立地绿化工程技术研究中心主任。研究方向为生态园林规划设计与技术。

张桂莲，1976年生，女，山西太原人，博士，上海市园林科学规划研究院碳汇中心主任，上海城市困难立地绿化工程技术研究中心、城市困难立地生态园林国家林业局重点实验室高级工程师。研究方向为城市绿林地碳汇计量监测、城市绿地生态网络。

仲启铖，1986年生，男，山东日照人，博士，上海市园林科学规划研究院林科所副所长，上海市城市困难立地绿化工程技术研究中心、城市困难立地生态园林国家林业局重点实验室高级工程师。研究方向为城市绿地生态网络模拟与评价。

余浩然，1995年生，男，安徽蚌埠人，南京林业大学风景园林学院在读博士研究生。研究方向为城市生态网络智能化模拟与评价。

我国多尺度城市绿地研究内容的范围综述①

Muti-scale Research in Urban Green Space：A scoping Review

李一姣　宋钰红*　袁　西　黄琳云

摘　要：尺度确定是城市绿地识别和量化研究的基础。本文结合多尺度城市绿地研究模式的内涵、特点和应用现状，对现有城市绿地尺度研究的理论模式及研究主题进行范围综述，为绿地规划设计理论的构建和城市绿地效益评估提供参考。最终形成3个研究主题，10篇城市绿地功能效益，28篇城市绿地规划效益和12篇城市绿地格局效益专题。分析尺度层面，利用现实距离尺度更易得出数据型结论，对应到数据性的实践结论，提出绿地面积、形状边界、景观组成等具体对策。行政区划尺度更易得出理论模型结论，对应到政策性的实践结论，提出设计范式以及图形图谱和格局时空变化等具体对策。最后，不同尺度的结论和对策的稳定性更有利于城市绿地的构建和规划设计。

关键词：城市绿地；多尺度；理论模式；范围综述

Abstract：Scale is important for research on the identification and quantification of Urban Green Space. Based on the research on the concept of characteristics and application of the multi-scale urban green space, this paper summarizes the existing theoretical models and research topics of urban green space scale research, and provides a reference for the Urban Green Space planning and design theory. Three research themes were finally formed, including 10 papers on urban green space functional benefits, 28 papers on urban green space planning benefits and 12 papers on urban green space pattern benefits. It is easier to draw data-based conclusions and practical measures by using the realistic distance scale on the analytic scale, such as areas, boundary, shape and composition of landscape, etc. The scale of administrative divisions is easier to draw theoretical model conclusions, corresponding to the practical conclusions of policy, and to propose specific countermeasures such as design paradigms, graphic maps, and spatial and temporal changes of patterns. Finally, the stability of conclusions and countermeasures at different scales is more conducive to the construction and planning and design of urban green space.

Keywords: Urban Green Space; Muti-scale; Theoretical Model; Scoping Review

引言

尺度可以表征研究对象的空间和时间上的单位，也可以表征研究过程中时空涉及的范围和发生的频率[1]。尺度对于城市绿地的研究极为重要。绿地作为城市结构、功能、格局空间

① 基金项目：云南省高层次人才培养支持计划“产业技术领军人才”专项（编号：YNWR-CYJS-2020-022）、国家自然科学基金（编号：51968064），云南省高校少数民族园林与美丽乡村科技创新团队。

的异质性会反映在尺度上的效应。研究城市绿地首先需要确定尺度。随着生态文明建设战略和城乡融合战略的提出，我国城市化迈入新发展阶段，城市绿地的规划和布局设计滞后现象严重，数量和空间上出现失衡，多规合一中绿地规划缺乏研究范式。本文通过文献关键词聚类、内容质性分析等范围综述研究方法准确理解城市绿地多尺度的现状研究，解析多尺度研究的主题和存在的问题，对于助力城市绿地各尺度规划设计具有现实意义。

现有研究中，尺度区分研究对象的广度，例如格局多尺度研究、可达性多尺度研究[2]、热环境多尺度分析[3]。尺度区分研究对象的深度，例如小微尺度绿地[4]、网格尺度[5]、行为尺度[6] 的绿地分析。多种尺度加剧了城市绿地研究的复杂性，而专门针对尺度内涵和城市绿地关系的研究成果的总结较少。笔者系统整理城市绿地的尺度相关概念，将现有研究的方法、数据来源、结论和应用成果进行总结。厘清多尺度框架下城市绿地研究的主题，探索完善城市绿地相关理论和方法，展望未来发展方向。

尺度的定义和尺度转换，在其发轫的地理科至今也是一个重要课题。本文在梳理过程中，发现国内学者的研究成果[7]，将研究中存在的尺度分为现实尺度、分析尺度和实践尺度。分别对应图形表达尺度、确定研究单元尺度和提出实施策略的尺度，也与制图规范、理论研究和成果转化 3 个过程相对应。本文中主要目的是对国内绿地多尺度的研究梳理，总结研究中设计多尺度的方式以及聚焦的热点，总结其对应的应用范式。

1 研究方法和步骤

我国城市绿地研究内容丰富，对尺度的具体范畴没有定论。因此本文利用范围研究步骤，细化我国城市绿地多尺度的研究内容。目标是对城市绿地在尺度研究上的异质性内涵做精确评价，得到与尺度内涵对应的城市绿地研究内容和范式。

我们的范围综述的目的是“总结和传播现有研究成果”，归纳总结研究的特征和范式。遵循范围综述研究的基本步骤：①提出研究问题；②确定相关研究；③研究筛选和选择；④绘制纳入文献图表和⑤整理总结报告，具体步骤如图 1 所示。

研究小组针对研究问题，多次辨析了“城市绿地”的内涵[8]，建立研究路线图。分别以“尺度和城市绿地”“尺度和城市绿色空间”“尺度和城市开放空间”为关键词，进行文献分析，如表 1 所示。人工去重后检索得到 128

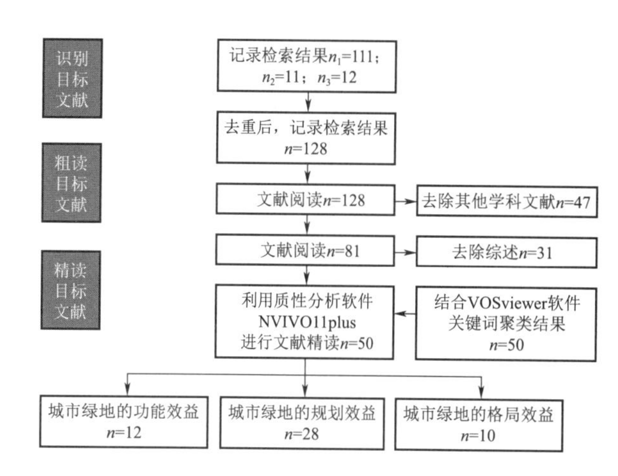

图 1 文献筛选流程图

篇文献，去掉动物研究、案例分析、经验介绍和文献综述后，得到符合研究问题的 50 篇文献。将分析文献的关键词导入 VOSviewer 中，利用聚类分析形成 3 个主题，结果如图 2 所示。下一步，将文献导入 Nvivo11plus 中，并进行编码、聚类和矩阵分析，结果显示如图 3 所示，历年发表的文献数量总体呈现上升趋势，从定性研究逐步转换为定性定量复合研究。按照研究内容分为 3 个主题，分析过程在研究结果章节体现。

研究步骤总览 表 1

1 提出问题	我国城市绿地尺度研究的文献研究内容是什么？
2 检索关键词	城市绿地和尺度
2.1 城市绿地	JSS1 尺度 &（城市绿地 or 风景园 or 庭院 or 共用地 or 台坡 or 花架）
2.2 城市绿色空间	JSS2 尺度 &（城市绿色空间 or 城市绿色基础设施 or 风景园林 or 绿地系统 or 绿道）
2.3 城市开放空间	JSS3 尺度 &（城市开放空间 or 风景园林）
2.4 尺度	尺度
2.5 检索时间	2022 年 8 月 15 日
3 筛选文献	• 直接研究城市绿地尺度问题的文献（阅读标题和摘要） • 文献综述 • 核心期刊数据库（中国知网检索时，选择 SCI、EI、北大核心、CSCD 和 CSSCI 数据库） • 中文文献 • 去除动物研究、新闻报道
4 浏览文献	• 将检索结果导入知网研学文献管理软件，其中 JSS1 共有 n_1 = 111 篇，JSS2 共有 n_2 = 11 篇，JSS1 共有 n_3 = 12 篇文献，去除重复文献 6 篇，共有 n = 128 篇文献。 • 筛选保留 n = 50 篇（通过标题内容，移除有关动物研究、会议评述、案例分析、经验介绍、遥感技术、微生物研究、气象研究等 47 篇；移除研究综述 31 篇） • 将选择的 50 篇文献导入 Nvivo11plus 进行分析，形成 3 个专题
5 分析工具	使用文献管理工具知网研学，文献分析工具 VOSviewer 和 Nvivo11plus，进行全文精读，确定案例属性，进行分析查询

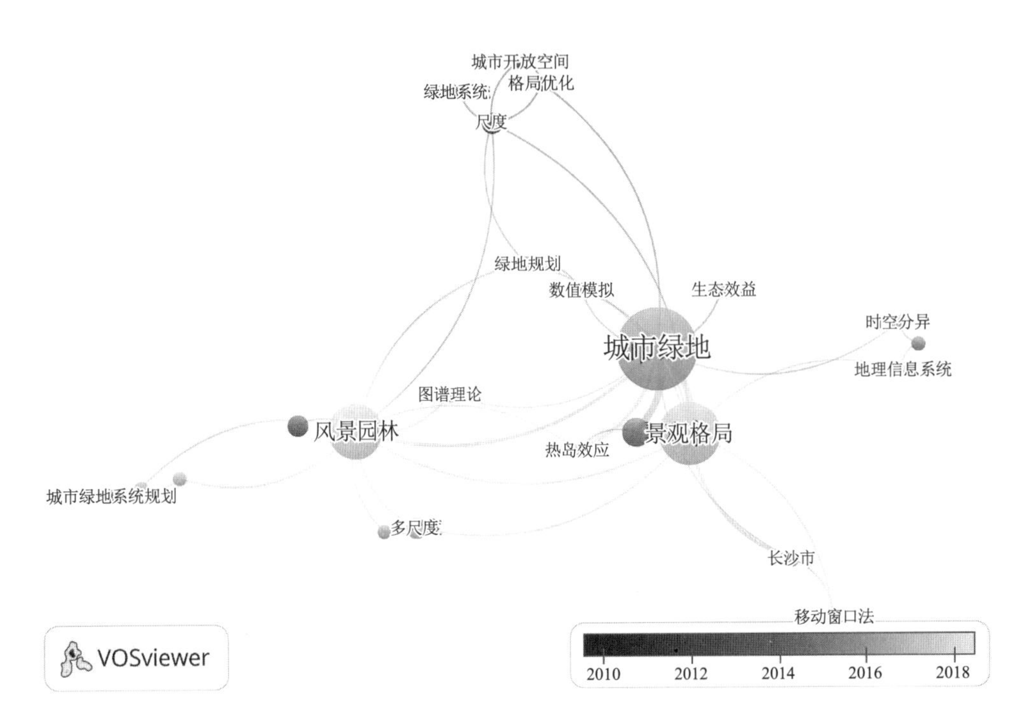

图 2　文献词频聚类分析结果
（注：f=2，集合数=7，偏暖色表示发表年份越近，偏冷色表示发表年份越远，圆圈越大表示词频越高）

2 研究结果

2.1 研究时间、研究尺度和研究内容的矩阵分析结果

根据研究对象的不同，从分析尺度层面进行文献内容的矩阵编码分析。如图 3 所示，2003—2010 年，研究全国尺度的文献占 87.5%以上（7/8），剩余 1 篇是研究社区尺度的土地利用和水资源；2011—2017 年间，城市尺度的研究异军突起，占到全部文献的 63%（12/19），社区尺度的绿地研究也平稳增长，同时全国性的研究依然是宏观经济、规划理论学者的研究重点；自 2017 年至今，城市尺度的研究占一半（10/20），其他 3 个尺度基本持平，研究重点从探讨全国尺度的城市绿地适用性，逐渐集中到城市范围绿地的功能格局研究。

2003 年到 2010 年，发文数量比较少，学科集中在区域经济和规划理论，当时《城市用地分类与规划建设用地标准》GBJ 137—1990 仍在执行，我国正在高速城市化，处于“重数量轻质量”阶段，规划制定跟不上城市的急速扩张，规划实践先于规划理论。研究从理论和宏观经济指标研究城市是探索规划理论实践的必经过程。2011 年到 2017 年，城市绿地形成了一定规模，实现了成为居民生态休闲自然空间的目标，运用多学科交叉手段，从功能、布局两个方面开展研究，因此论文数量急剧增加，但研究对象也以城市化进程最快的大城市为主。2017 年至今，我国城镇化进入新时期，多尺度的城市绿地研究展开，尤其是从区域尺度，即跨城市或以流域、山体等地理单位为线索统筹城市绿地单元，形成跨行政区的研究。

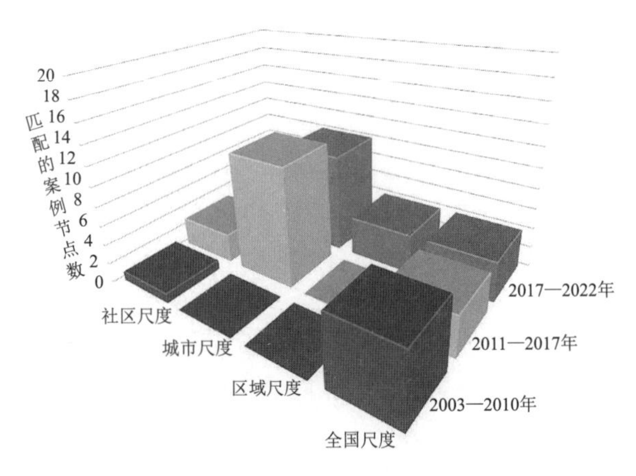

图 3　案例矩阵分析结果

根据矩阵编码和主题词频的聚类分析结果，发现从分析尺度角度，研究论文的主题可以被分为 3 个研究聚类，

集中于①城市绿地的功能效益；②城市绿地的规划效益；③城市绿地的规划效益三个研究范畴，每个主题中，对于现实尺度基底、分析尺度分类和实践尺度结论均有不同的应用范式，如表2所示。

研究主题文章总览 表2

研究对象	主题1：城市绿地的功能效益	主题2：城市绿地的规划效益	主题3：城市绿地的格局效益
社区	程江等，2008[14]；肖逸等，2020[10]	薛飞等，2020[28]；唐秀美等，2017[32]；陈亚萍等，2019[29]	胡和兵等，2013[39]；周详等,2013[6]
城市	孙喆，2019[13]；赵倩等，2015[19]；栾庆祖等，2014[9]；付晖等，2016[17]；周媛等，2017[15]；李莹莹等，2018[11]；凌焕然等，2011[16]；周雯等，2020[12]；王蕾等，2022[18]	邵大伟等，2021[25]；苗世光等，2013[20]；侍昊等，2013[26]；高宇等，2019[27]；杨文越等，2021[30]；于苏建等，2011[5]；陆小成，2016[22]	臧卓等，2011[34]；雷雅凯等，2018[35]；魏绪英等，2018[40]；李祖政等，2018[37]；宋海啸等，2021[36]；陈康林等，2016[38]
区域		范炜等，2020[48]；谭瑛，2018[21]；徐超等，2020[31]	支林蛟等，2021[41]
全国		陈洁等，2010[49]；陈春华，2003[50]；张杰等，2003[43]；解伏菊等，2006[42]；陈蔚镇等，2012[39]；黄金玲，2009[44]；徐本鑫，2013[45]；谭瑛等，2018[21]；刘志强等，2018[23]；林鸿等，2008[46]；邱冰等，2013[39]；刘志强等，2019[39]；雷会霞等，2020[47]	孙小芳等，2006[33]

2.2 主题1：城市绿地的功能效益

在全球气候变化的背景下，快速城市化发展改变了城市下垫面结构，一方面适应了城市功能，另一方面不透水面比例的增加引发了城市热环境问题[9]。研究表明，城市绿地在调节城市温度中扮演着重要角色。城市绿地下垫面，保持了透水地面，由地表植被覆盖，具备自然的生物多样性。因此从绿地为城市提供的功能角度，研究论文描述了多尺度的城市绿地功能效益。按照现实、分析和实践尺度对功能效益主题下的研究论文进行编码，结果如表3所示。

城市绿地功能效益分析 表3

尺度归类	研究尺度划分方法	划分标准	文献参考
分析尺度 实践尺度	中心城区尺度；乡镇（街道）尺度；网络采样点（缓冲区）尺度	行政区划；距离采样	孙喆，2019[13]
	城市尺度；行政区尺度	行政区划	付晖，2016[17] 周媛，2017[15] 凌焕然，2011[16]
	0.1km分辨率的空间尺度； 社区公园向外每0.03km一个缓冲区	基于距离的缓冲区尺度	栾庆祖，2014[9] 肖逸，2020[10]
	城市功能区尺度	城市3类不同的典型功能区	李莹莹，2018[11]
	划分0.09 * 0.09km等尺度	窗口移动法	周雯，2020[12]
	$0.5hm^2$~$10hm^2$不等； 0.5km×0.5km，1km×1km，2km×2km	城市绿地面积；景观尺度	王蕾，2022[18]

续表

尺度归类	研究尺度划分方法	划分标准	文献参考
分析尺度	$1.3km^2$的集水区尺度	国外研究经验	程江，2008[14]
	1km * 1km的景观网格	景观网格（六边形，距离缓冲区）绘制尺度效应曲线，选择合适研究尺度	赵倩，2015[1]

首先，城市中心区是城市化核心区域，也是城市气候最突出的区域。中心城区城市绿地对周边建筑物的降温效应，从面积和距离两方面产生影响，解决了绿地给周边混合地物类型带来的非均一性的问题[9]。社区公园是城区最基本的绿地组成，研究主要为面积和形状对周围的城市下垫面的降温作用[10]。城市建设用地的布局不同，城市绿地的降温效果不同，增加植被覆盖是最简单、最直接、最有效的途径[11]，但从绿地组成来说，水体、乔木、林地、草地的降温能力依次减弱。城市尺度方面，绿地景观的面积影响占据主导，但拮据的城市空间内优化城市绿地、乔灌草以及水的构成更重要[12]。其次，关于中心城区的交接处，即扩大城市城区和边缘组团形成城市的生态屏障，主要是研究城市内区域空间之间降温效应[13]。最后，城市绿地的气候调节，还包括城市区域汇水[14]、气象研究[15] 以及生态效益[16-17]。在城市绿地降温效应方面，绿地规格包括面积、形状两个维度，一般认为面积大于$0.5hm^2$的绿地对周边有降温的意义，形状越规整、分布越聚集，降温作用越明显[18]。绿地内部组成是景观组合问题[19]，水体、乔木、灌木、草地对绿地的降温效应的影响依次渐弱。研究的数据来源来自遥感影像、叠加景

观格局计算和SPSS数理分析和构建的完整的数据处理过程。

本研究主题的论文中的尺度划分，如表3所示。研究尺度的确定分为3类，首先考虑规划和行政尺度，其次是以研究对象为源点的缓冲区尺度，再者为以遥感影响为支撑的分辨率景观尺度，但未完全考虑粒度。研究行政区域多以行政区分类；社区尺度，由于研究面积小，以缓冲区方式分类；突破行政区的研究，考虑尺度效应，利用变化曲线进行适宜的粒度选择。但给出结论时，考虑实施管理的难易，将现实尺度纳入，按照行政区给出相应的结论和对策。

2.3 主题2：城市绿地的规划效益

本主题下的研究从城市绿地规划的角度出发，结合土地利用类型、场地调研等方法，深化探索城市绿地与城市规模、城市功能空间、城市气象[20]、城市生态等宏观尺度的关系，同时构建城市绿色廊道，形成合理布局并且做到公平分配，使得居民更加幸福。按照现实、分析和实践尺度对规划效益主题下的研究论文进行编码，结果如表4所示。

城市绿地规划效益分析 表4

尺度归类	研究尺度划分方法	划分标准	文献参考
分析尺度 实践尺度	街道/区/市	绿地出行/行政区	杨文越，2021[30]
	1km方格	15分钟生活圈	邵大伟，2021[25]
	小尺度公园	植被制图分类	薛飞，2020[28]
	绿轴尺度（300～350m；40～180m）	类型对比	范炜，2020[48]
	区域/城郊/城区	绿色空间系统构建（自然保护地）	雷会霞，2020[47]
	街道/片区/街区	绿视率分布区域	陈亚萍，2019[29]
	地带/省级/市级	尺度方差	刘志强，2019[24]
	区域/市域/城域	城市景观图谱/大中小尺度	谭瑛，2018[21]
	全国/区域	驱动力研究	刘志强，2018[23]
	0.5km	格网分类	唐秀美，2017[32]
	1km网络	城市规划气象环境	苗世光，2013[20]
	国家/区域/社区	规划理论	徐本鑫，2013[45]
	1km、1.5km和2km	格网分类	于苏建，2011[5]
	步行/非机动车/低速机动车/高速机动车尺度	人活动尺度	陈洁，2010[49]
	城市/场地	近自然思想	黄金玲，2009[44]
	建成区/环境单元体	大中小尺度	解伏菊，2006[42]
	场景/活动	人的活动	陈春华，2003[50]
	街道/街区/形态	日常生活空间	张杰，2003[43]

续表

尺度归类	研究尺度划分方法	划分标准	文献参考
分析尺度	15m	景观斑块的保留	高宇，2019[27]
	300m、600m、900m、1200m	Spearman秩相关系数，变异系数	侍昊，2013[26]

城市空间规划是城市绿地规划的上位规划，是国土空间规划的重要组成部分，多规合一战略提出之前，主要对城市空间进行合理规划和预期。城市地表功能空间、大气空间、绿地空间是本主题中研究者的对象，并且从规划理论、图形解析、传统文化、知识图谱、经济模型多角度分析绿地规划对城市发挥的效益，反哺规划理论体系，找到城市绿地规划的关键影响因素和实施步骤。本主题下的尺度主要注重实践尺度的策略实施，因此，多以规划行政区作为分析尺度进行分类，并提出相应的规划结论。

首先是以规划理论、图谱构建、经济模型为主的规划数据解析研究。谭瑛[21]以地理信息系统为信息端构建以“区域—市域—城域”三重时空尺度，叠加“自然—城市—人文”三重人居尺度的“征兆图谱—诊断图谱—实施图谱”的江南城市数字景观图谱。陆小成[22]统计了北京园林绿地经济截面数据，发现绿地基础设施供给缺口和环境管理力度不足，以生态文明战略为指导，建立多尺度和复合功能的绿色基础设施。刘志强等[23-24]以我国省级面板数据为依托，从全国尺度、区域尺度和全时间尺度构建计量经济固定效应模型，发现规划的经济规模、人口增长和建成区规模主要影响了城市绿地面积的增长。邵大伟等[25]利用历年城市规划土地数据区分城市功能用地，以15分钟生活圈为生活单元尺度分析各功能区对绿地格局的影响。

其次是以图形解析、数据演绎为主的影像数据解析的研究。侍昊等[26]研究的城市潜在绿色廊道构建方法在不同尺度变化下布局改变很小，只影响了廊道的细腻程度，构建的空间具有稳定性。高宇[27]等利用形态学空间格局分析法解决了市域尺度高度破碎化的绿地的规划的主观性和被动性。于苏建[5]等利用种群生态学空间分布聚集度测定指标和模型，与分形理论结合，划分不同尺寸的方格网的方法，得到了不受尺度影响的城市绿地空间布局的研究方法。

再次是以规划计划内存量绿地计算和统计城市绿地组成和格局方法研究，进而使得绿地内部设计方法日趋完善。薛飞[28]等以城市公园为案例，总结城市小尺度公园绿地的植被垂直层次制图的调研标准和量化分析手段。陈亚萍[29]等认为片区尺度上植被绿化量化与叶面积指数强相关，同时居民更能感受到的是街道的绿视率。另一方面，城市绿地规划和布局不仅要考虑城市空间的合理性，更要考量居民使用的便利性。杨文越[30] 等从广州的市域、街镇、社区尺度，构建居民多出行模式的城市绿地可达性和公平格局分析研究方法。徐超[31] 等利用基尼系数考量珠三角区域城市的不透水面 300m 距离尺度内的公平性布局。唐秀美[32] 等估算了区域尺度的绿地生态价值。

分析尺度分两类，其一是研究城市尺度、区域尺度和社区尺度的单一方面，并确定其规划效益和适用的规划策略，例如城市绿地景观图谱构建是基于区域尺度，计算城市绿量需要精确到社区和街道尺度，并研究其主要关联因素，构建量化方法，实现规划效益最大化；其二是不受尺度影响下的研究结论是可靠的，例如城市潜在廊道的确定方法研究。城市绿地规划效益是多尺度语境下，研究文章最多的主题。

如表 4 所示，本主题下的多尺度研究，受到规划效益目标导向影响，分析尺度多以行政区区分，由于规划实施需要依托于行政区政策的执行。特别是本主题内的规划理论研究较多，一般以现实尺度的实施为规划目标。绿色廊道建设一般需要突破行政区，因此多以景观识别的准确性和尺度效应结果为分析尺度，并以该分析尺度结果对应其实践尺度，即在研究区范围内，直接给出对应的结果和策略。

2.4 主题 3：城市绿地的格局效益

城市自然景观的核心是城市绿地，规划角度是城市功能区组成之一，生态角度是城市生态平衡和环境构建的物质载体。城市绿地作为部分参与城市功能组合，城市绿地作为整体，内部各部分组成的景观格局特征，更加关注城市绿地的生态效益，研究城市绿地在为城市物种多样性做出的贡献。因而城市绿地的格局效益也逐渐成为热点。按照现实、分析和实践尺度对格局效益主题下的研究论文进行编码，结果如表 5 所示。

城市绿地格局效益尺分析　　表 5

尺度归类	研究尺度划分方法	划分标准	文献参考
分析尺度	3km 缓冲区	$PM_{2.5}$、PM_{10} 和景观格局指数	宋海啸，2021[36]
	公园面积	景观格局/斑块尺度	魏绪英，2018[40]
	1~6km	$PM_{2.5}$、PM_{10} 和景观格局指数	雷雅凯，2018[35]
	粒度 90m	景观格局指数/分析区域	陈康林，2016[38]
	0.8km 缓冲区	景观格局指数/植物多样性	李祖政，2018[37]
	1km/5km	景观格局/行为尺度	周详，2013[6]
	1km 格网	生态系统服务价值响应	胡和兵，2013[39]
	粒度 80~90m	景观格局、尺度效应	臧卓，2011[34]
	50 像元/300 像元	景观格局指数	孙小芳，2006[33]
实践尺度	城市群/州市/区县	景观格局指数	支林蛟，2021[41]

首先是景观格局技术支持，利用遥感影像，确定阈值的景观尺度分割和指数的适用数据研究。孙小芳[33] 等确定利用多分辨率分割技术可以满足尺度转换结果下的景观生态格局需求。臧卓[34] 等观测了长沙城市绿地景观的格局和连通性指数，随着粒度的变化，景观格局指数具有明显的尺度效应，确定适宜粒度范围为 80~90m，而斑块分级的尺度效应不显著，较大的尺度选择可以避免增大计算量。从确定遥感影像的应用的景观生态格局实用性到具体各个指标的不同尺度的应用场景，为后续研究奠定了基础。

其次是绿地景观对城市空气污染的缓解作用，主要以引起居民呼吸道疾病的颗粒物研究为主。雷雅凯[35] 等分季节，按照方格网缓冲区尺度分析绿地景观格局与空气颗粒物 $PM_{2.5}$ 和 PM_{10} 的耦合关系。宋海啸[36] 等分析了环境监测站 3km 范围内的城市各土地类型的景观格局对空气颗粒物的浓度的显著性影响，但绿地斑块在 1~2km 小尺度上越复杂，颗粒物浓度的降低越明显。绿地与居民健康具有多途径关联性，其中空气质量为中介的空气污染物颗粒研究占据重要地位，绿地的景观格局效益研究显示，绿地斑块面积增加、复杂性增强和连通度提升均能有效降低颗粒物浓度、提高空气质量。基于不同尺度的绿地景观、空气质量和居民健康三者的关系研究，也是城市绿地促进居民健康的重要议题，需要进一步加强。再者植物的多样性对景观格局相应受到的尺度影响显著[37]。

我国城市化数年，绿地景观格局效益研究则将时间尺度纳入，研究对象一般为城市尺度，包括城市公园绿地再到城市群绿色空间。陈康林[38] 等分析了广州 35 年间，区域整体尺度、行政单元尺度和中心城区尺度的城市绿色空间的数量和强度。胡和兵[39] 等选取城市内部两期影像的流域为研究区，分析其生态系统服务的价值变化。魏绪英[40] 等研究中心城区尺度的城市公园绿地景观格局对其进行分析并提出优化建议。支林蛟[41] 等将城市群尺度的绿色空间作为研究对象，分别探讨城市群、州市、区县尺度的景观格局 20 年间的动态变化。

城市绿地的格局可以从遥感影像解译上划分不同的分析尺度阈值，同时在研究对象选定后，按照行政管理区划进行分析尺度划分。分析和建议两个部分是分离的，分析尺度可以划定的方格网缓冲区，主要服务于研究的便利性和数据的获得性；提出可行性建议，是实践尺度的范畴，从行政区划的分析尺度来说，给出相应的建议更易实现。

表 5 中显示，景观生态学中的景观格局指数计算与其他效益目标耦合是本主题中最重要的研究内容。景观格局指数计算一般分为景观、斑块和类型三个层次，对不同研究对象进行不同层次或者多层次的景观格局计算。但本主题中较少从实践尺度进行分类，考虑像元/分辨率级别的景观尺度问题是分析尺度多数研究最先解决的问题。对于研究结论，本主题下的研究也按照研究的分析尺度给出相应结论，一般不受到行政区的限制。

3 分析和讨论

本文针对尺度和城市绿地效益的相关研究进行了检索和分析。城市绿地作为研究对象，被规划学科、风景园林学科、景观生态学等长期观测，实证其为城市空间提供的不同效益。文章中主要聚焦于分析尺度层面，对于将科学研究结果转化为城市绿地布局和规划的有效手段上仍存在一定距离，即对应到实践尺度的结论需要加强。本文基于城市绿地提供的效益途径（图 4），将所有文章分成 3 个主题，分别是城市绿地的功能效益、规划效益和格局效益。所有研究文章进行进一步分析后有所发现。

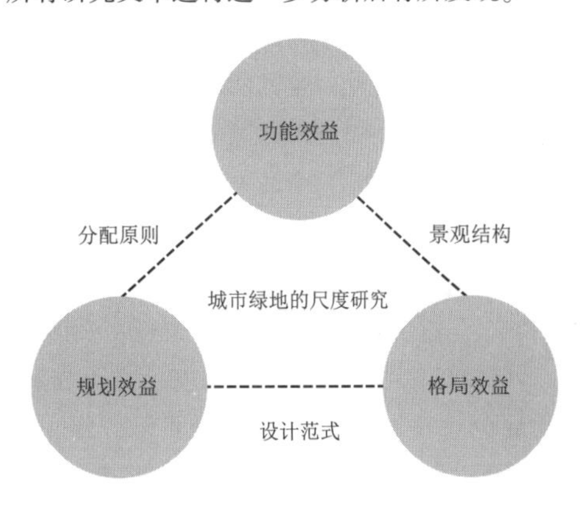

图 4　城市绿地的尺度研究结果关系

首先是整体研究地点与城市化水平紧密相关，除了全国尺度的研究外，3 个主题的标准差椭圆分析显示，研究地点相对集中偏向中东部。推测原因可能包括这些地区的研究团队力量强，城市绿地建设力度大，城市人地矛盾突出，城市扩张和管理对研究成果的需求最迫切。

其次研究尺度的确定分为两类，一类是基于景观格局的解译过程，利用相关软件的缓冲区分析法、移动窗口法或将研究区域划定格网，进行多尺度分析，因为景观特征通常会随着尺度变化表现出显著差异[42]。本类研究中的“多尺度”具体是指不同数值的缓冲区半径或格网尺寸，本文认为是分析尺度的一种划分方法。另一类研究是基于城市规划的设计过程，利用现有的城市行政区划进行层级尺度的研究区划分，常见的划分方式为区域、市域和社区尺度，分别对应城市群级别、城市级别和县区级别。这类研究中的“多尺度”对应了城市管理的层级关系，对于从实践尺度直接提出对策有一一对照的优势。

再次是实践尺度角度，对应研究中的分尺度结论和实施策略。运用缓冲区或格网尺度的研究具有数据性结论。例如长沙城市中心区城市景观绿地格局的适宜粒度范围为 80~90 米[34]。或者面积大于 0.5km^2 的绿地斑块，对周边 100m 范围内的建筑物具有明显的降温效应[9]。同时定性结论也可以依据定量结论给出。例如，社区公园内部降温比 30 米缓冲带低 0.187℃，比较缓冲带温度差可证实，复杂性对于面积小的社区公园降温效果影响更大[10]。运用行政区划分尺度研究具有时空格局特征性结论和方法论。例如，包括时间-空间尺度的研究证实，南京城市绿地格局 2004—2017 年呈现极化、扩展和均衡的阶段性特征[25]。城市街道绿量也影响居民对城市绿地的感知，研究显示街道绿视率比植被覆盖率更为居民所接受[29]。实践尺度上，将成为不同城市道路的行道树冠幅研究、树木与路幅宽度的规划设计的底层逻辑。

最后是，运用尺度不敏感的研究方法，例如强兼容空间尺度的形态学空间格局分析、城市绿地可达性和公平性分析。例如招远市绿岛网络研究利用遥感图像，用 MSPA 方法像元级别的分析构建 7 类景观要素，构建绿道网络体系[27]。广州地区利用居民多出行模式两步移动搜索法和基尼系数、洛伦兹曲线分析法，计算绿地供给和公平性测度，得到中心城区、外围城区和社区层面的绿地分布格局[30]。研究中运用形态学等分析方式，可以从数据角度，直接解读多年的规划成果，构建绿色廊道或进行绿地分布。

城市绿地的空间格局优化从两个角度对尺度有需求。从生态学角度研究城市绿地景观格局，绿地景观格局的识别和计算随着尺度不同而不同，不同研究区域适用的研究尺度不同。但从形态学角度研究城市绿地空间格局，尺度变换对于廊道构建的稳定性结果影响不显著。推测原因是图形和形态学研究的是图形的制图尺度，空间格局变化直接落在城市绿地图形边界本身，并不是二次计算相关指数的结果。

城市绿地的功能效益研究主题中，城市绿地调节地表热环境，由于景观格局各指数与降温关系强度相关性有所差异，研究降温功能效益时需要结合研究区绿地，选取适宜尺度，得到数据结论进而指导绿地规划设计。随着全球碳中和议题研究趋热，绿地的固碳能力和碳储量计算成为城市绿地功能效益研究的又一热点。城市绿地的规划效益研究主题中，城市规划研究慢于城市化发展进程，规划效益研究是结果导向的。日常生活空间化[43]、近自然思想[44]、绿色基础设施[45]、现代水景生态[46]和自然保护地[47]等多元指导思想，逐步构建中国传统文化思想结合当代中国城市发展的规划理念和路径。城市绿地的格局效益研究主题中，更加注重尺度效应，但研究数据来源理论方法比较固定，变化的是研究对象。中西部地区地域广阔，城市化发展具有自身特色，运用成熟的理论方法和适应的尺度选择进行时空格局分析，可以得到不同城市的对比研究结果。

总体来说，本文主要论述了城市绿地的多尺度研究进展。从尺度本身来说，本文中选定的文章均属于分析尺度和实践尺度的研究。从研究方法角度来说，基于城市绿地规划、土地类型、遥感影像解译以及形态学空间格局识别、景观格局计算，再进行显著性分析的流程日趋完善，形成了图形基底绘制、解译计算和相关性分析 3 部分连续的处理手段。图形处理[48]和解译结果均与研究区域选择的尺度强相关，需要进行分析尺度的适应转换，选择到合适尺度，进而得到可靠的结论。从对策和建议角度，数据型结论需要适应场景尺度。例如城市规模[49]、绿地面积、形状，内部植物复杂性、场地开阔度、水体占比等数据在最终规划设计中随着场景的不同，需要相适应的数据，这样的数据结论几乎很少。场景尺度是社区尺度和市域尺度的细节设计尺度，是实践尺度的一种细化分类方式，研究需要结合社会经济要素和居民日常生活场景[50]，形成指导城市绿地细节规划设计的规范。

本文的研究具有一定的局限性。首先数据库只选择了中国知网的中文文献核心期刊数据，并未选择学位论文数据；其次，研究论文发表时间截止到 2022 年 6 月。

4 结语

本文探索了城市绿地的尺度研究的主题内涵。从尺度的角度分析现有的研究方法、研究数据、研究结论和研究建议。本文最主要的贡献是，首先理顺了现有城市绿地尺度研究涵盖的主要议题，包括绿地的降温固碳等的功能效益、图谱构建图形解析区域经济的规划效益、景观组成形态分形的格局效益；其次明确了绿地研究的分析尺度和实践尺度的应用研究分析尺度，分为按照现实距离和行政区域划分。现实距离尺度更易得出数据型结论，对应到数据性的实践结论。行政区划尺度更易得出理论型结论，对应到政策性的实践结论。最后，尺度在城市绿地研究中至关重要，明确适用范围，得到相对应的结论更具有科学性。最后，城市绿地在不同尺度的稳定性结论有利于建设生态文明新型城市，加强与社会科学的结合研究能够有效改善居民生活环境水平。

参考文献

[1] 张起鹏，王倩，张春花，等．论地理学的尺度与尺度效应[J]．甘肃高师学报，2020，25(2)：38-40.

[2] 鲍梓婷，周剑云，黄铎，等．省域多尺度景观特征分类体系的建立——以广西多民族自治区为例[J]．中国园林，2021，37(4)：52-57.

[3] 祁乾龙，孟庆林，董莉莉，等．城市规划与城市热环境研究的结合途径探讨[J]．西部人居环境学刊，2021，36(3)：46-56.

[4] 范舒欣，李坤，张梦园，等．城市居住区绿地小微尺度下垫面构成对环境微气候的影响——以北京地区为例[J]．北京林业大学学报，2021，43(10)：100-109.

[5] 于苏建，袁书琪．基于网格的城市公园绿地空间格局研究——以福州市主城区为例[J]．福建师范大学学报(自然科学版)，2011，27(6)：88-94.

[6] 周详，张晓刚，何龙斌，等．面向行为尺度的城市绿地格局公平性评价及其优化策略——以深圳市为例[J]．北京大学学报(自然科学版)，2013，49(5)：892-898.

[7] 王丰龙，刘云刚．尺度政治理论框架[J]．地理科学进展，2017，36(12)：1500-150.

[8] 闫水玉，唐俊．城市绿色空间生态系统服务供需匹配评估方法：研究进展与启示[J]．城市规划学刊，2022(2)：62-68.

[9] 栾庆祖，叶彩华，刘勇洪，等．城市绿地对周边热环境影响遥感研究——以北京为例[J]．生态环境学报，2014，23(2)：252-261.

[10] 肖逸，戴斯竹，赵兵．小尺度公园对于城市热岛效应的缓解作——基于南京市中心城区社区公园的实证研究[J]．景观设计学，2020，8(3)：26-43.

[11] 李莹莹，邓雅云，陈永生，等．基于卫星遥感的合肥城市绿色空间对热环境的影响评估[J]．生态环境学报，2018，27

(7)：1224-1233.

[12] 周雯，曹福亮，张瑞，等. 绿地格局对城市地表热环境调节作用的多尺度分析[J]. 南京林业大学学报(自然科学版)，2020，44(3)：133-141.

[13] 孙喆. 北京市第一道绿化隔离带区域热环境特征及绿地降温作用[J]. 生态学杂志，2019，38(11)：3496-3505.

[14] 程江，杨凯，徐启新. 高度城市化区域汇水域尺度 LUCC 的降雨径流调蓄效应——以上海城市绿地系统为例[J]. 生态学报，2008(7)：2972-2980.

[15] 周媛，石铁矛. 基于数值模拟的城市绿地景观格局优化研究[J]. 环境科学与技术，2017，40(11)：167-174.

[16] 凌焕然，王伟，樊正球，等. 近二十年来上海不同城市空间尺度绿地的生态效益[J]. 生态学报，2011，31(19)：5607-5615.

[17] 付晖，廖建和. 基于 RS 的海口城市绿地及其生态效益演变研究[J]. 热带作物学报，2016，37(6)：1199-1205.

[18] 王蕾，贾佳，路遥，等. 长春市绿地空间配置特征与降温效率的动态响应. 中国园林，2022，38(7)：44-49.

[19] 赵倩，赵敏. 城市化过程及其绿地储碳研究——以上海"城-郊-乡"样带为例[J]. 长江流域资源与环境，2015，24(4)：531-538.

[20] 苗世光，王晓云，蒋维楣，等. 城市规划中绿地布局对气象环境的影响——以成都城市绿地规划方案为例[J]. 城市规划，2013，37(6)：41-46.

[21] 谭瑛. 江南城市数字景观图谱的理论建构[J]. 现代城市研究，2018(2)：82-89.

[22] 陆小成. 生态文明视域下城市绿色基础设施建设实证研究——以北京市为例[J]. 企业经济，2016(6)：18-22.

[23] 刘志强，尤仪霖，王俊帝，等. 我国城市建成区绿地面积扩展基本驱动力的实证研究[J]. 建筑经济，2018，39(4)：107-112.

[24] 刘志强，李彤杉，王俊帝，等. 中国建成区绿地率区域差异的多尺度分析[J]. 中国园林，2019，35(7)：72-76.

[25] 邵大伟，吴殿鸣. 城市功能空间对绿地格局作用效应的地理探测——以南京为例[J]. 中国园林，2021，37(9)：31-35.

[26] 侍昊，鲜明睿，徐雁南，等. 城市潜在绿色廊道构建方法——以常州市为例[J]. 林业科学，2013，49(5)：92-100.

[27] 高宇，木皓可，张云路，等. 基于 MSPA 分析方法的市域尺度绿色网络体系构建路径优化研究——以招远市为例[J]. 生态学报，2019，39(20)：7547-7556.

[28] 薛飞，张君宇，崔岳晨，等. 城市小尺度绿色空间植被层次制图量化研——以北京西海和庆丰公园东区为例[J]. 中国园林，2020，36(11)：133-138.

[29] 陈亚萍，郑伯红，曾祥平. 基于街景和遥感影像的城市绿地多维度量化研究——以郴州市为例[J]. 经济地理，2019，39(12)：80-87.

[30] 杨文越，李昕，陈慧灵，等. 基于多出行模式两步移动搜索法的广州多尺度绿地可达性与公平性研究[J]. 生态学报，2021，41(15)：6064-6074.

[31] 徐超，黄乾元，蒋纬宇，等. 珠三角城市不透水面绿地空间公平性评价及其时空分异研究[J]. 环境保护，2020，48(19)：25-32.

[32] 唐秀美，刘玉，刘新卫，等. 基于格网尺度的区域生态系统服务价值估算与分析[J]. 农业机械学报，2017，48(4)：149-153，205.

[33] 孙小芳，卢健，孙依斌. 基于分割的多尺度城市绿地景观[J]. 应用生态学报，2006(9)：1660-1664.

[34] 臧卓，张亚男. 不同尺度下城市绿地景观格局与连通性研究[J]. 中国农学通报，2011，27(25)：49-55.

[35] 雷雅凯，段彦博，马格，等. 城市绿地景观格局对 $PM_{2.5}$、PM_{10} 分布的影响及尺度效应[J]. 中国园林，2018，34(7)：98-103.

[36] 宋海啸，于守超，翟付顺，等. 徐州市主城区绿地景观格局对 $PM_{2.5}$ 及 PM_{10} 的影响[J]. 北方园艺，2021(7)：88-95.

[37] 李祖政，尤海梅，王梓懿. 徐州城市景观格局对绿地植物多样性的多尺度影响[J]. 应用生态学报，2018，29(6)：1813-1821.

[38] 陈康林，龚建周，刘彦随，等. 近 35a 来广州城市绿色空间及破碎化时空分异[J]. 自然资源学报，2016，31(7)：1100-1113.

[39] 胡和兵，刘红玉，郝敬锋，等. 城市化流域生态系统服务价值时空分异特征及其对土地利用程度的响应[J]. 生态学报，2013，33(8)：2565-2576.

[40] 魏绪英，蔡军火，叶英聪，等. 基于 GIS 的南昌市公园绿地景观格局分析与优化设计[J]. 应用生态学报，2018，29(9)：2852-2860.

[41] 支林蛟，王锦，刘敏，等. 滇中城市群绿色空间格局动态变化多尺度研究[J]. 西南林业大学学报(自然科学)，2021，41(5)：88-97.

[42] 解伏菊，胡远满，李秀珍. 基于景观生态学的城市开放空间的格局优化[J]. 重庆建筑大学学报，2006(6)：5-9.

[43] 张杰，吕杰. 从大尺度城市设计到"日常生活空间"[J]. 城市规划，2003(9)：40-45.

[44] 黄金玲. 近自然思想与城市绿地系统规划[J]. 城市问题，2009(9)：11-14.

[45] 徐本鑫. 论我国城市绿地系统规划制度的完善——基于绿色基础设施理论的思考[J]. 北京交通大学学报(社会科学版)，2013，12(2)：15-20.

[46] 林鸿，吴晓花，丁自立. 现代水景生态设计框架[J]. 北方园艺，2008，(6)：130-132.

[47] 雷会霞，王建成. 自然保护地体系下的城市绿色空间系统构建路径[J]. 规划师，2020，36(15)：13-18.

[48] 范炜，金云峰. 基于类型对比的城市中心区紧凑型绿轴特征研究——开放空间尺度、构成与慢行友好型边缘分析[J].

国际城市规划，2020，35(6)：52-61.
[49] 陈洁，郎薇薇，田国行．城市规模对于绿地系统构建的影响[J]．西北林学院学报，2010，25(5)：199-202，223.
[50] 陈春华．城市开放性休闲空间的生活化设计[J]．重庆建筑大学学报，2003(2)：5-8.

作者简介

李一姣，1987 年生，女，讲师，西南林业大学在读博士研究生。研究方向为风景园林设计、景观规划、城市绿色空间。

（通信作者）宋钰红，1970 年生，女，西南林业大学园林园艺学院，教授、博士生导师。研究方向为少数民族园林、文化景观及城乡绿色空间。

袁西，1992 年生，女，西南林业大学园林园艺学院在读博士研究生，昆明学院讲师。研究方向为风景园林规划设计，传统村落景观。

黄琳云，1999 年生，女，西南林业大学园林园艺学院在读硕士研究生。研究方向为风景园林设计及景观规划。

上海市中心城区绿地生态网络演化多情景模拟及景观连接度评价①②

Multi-scenario Simulation and Landscape Connectivity Evaluation of the Evolution of Green Space Ecological Network in Central Urban Area of Shanghai

刘 杰 胡国华 张 浪*

摘 要：本文通过对上海市中心城区未来用地进行多情景模拟，测度不同情景下的绿地生态网络景观连接度变化，为未来城市生态空间优化提供依据。研究过程中基于 PLUS 模型，对上海市中心城区绿地生态网络演化进行多情景模拟，并通过形态学空间格局分析（morphological spatial pattern analysis，MSPA）与功能连接度测度指数分析，探究未来不同情景下城市绿地生态网络结构性连接和功能性连接的差异性。结果表明：①上海市中心城区未来不同情景下绿地面积均有不同幅度的减少，但在生态保护发展情景下，绿地面积的衰减速度得到有效控制；②就网络结构性连接而言，生态保护情景下的绿地生态网络具有更强的廊道连通性，能够有效促进物种扩散和能量流动；③就网络功能性连接而言，绿地生态网络重要斑块在多情景模拟中的空间分布基本一致，且斑块重要性指数（delta probability of connectivity，dPC）分布可为重要潜在源地斑块的未来统筹规划提供指导。最终得到结论：生态保护情景可较好地维持生态网络的连接度以及景观结构的稳定性，在未来的城市建设中，可通过政策调控及规划引导优化城市生态空间、维持城市绿地生态网络健康发展。

关键词：风景园林；绿地生态网络；土地利用模拟；PLUS 模型；景观连接度；上海市

Abstract：[Objective] With urban development and land useexpansion, the structure and layout of various land use types are in dynamic change, and the fragmentation of ecological space becomes an important problem faced in the process of urbanization. The development of complex urban systems is highly influenced by social factors and human interference, and simple extrapolation and prediction of empirical knowledge can hardly predict future changes in urban land use. In view of this, it is recommended to use future land use simulation technology to simulate the changes of urban green space ecological network driven by multiple factors, so as to produce more reliable simulation results, thus improving the foresight and scientificity of urban planning work. Taking the central urban area of Shanghai as an example, this research conducts multi-scenario simulations of future land use, and measures the connectivity of green space ecological network under different scenarios, so as to provide a basis for optimizing urban ecological space in the future. [Methods] The current land use data spanning the period from 2000 to 2020 are used as the base data, and raster

① 本文已发表于《风景园林》，2024，31（11）：70-78。

② 基金项目：国家自然科学基金面上项目“城市生态廊道多尺度结构与功能连接度的关联机制”（编号：32171569）；国家重点研发计划课题“典型城市廊道多功能耦合网络构建与生态修复技术”（编号：2022YFC3802604）；国家自然科学基金青年项目“SSPs 框架下的土地利用变化模拟模型及其在长江经济带生态评估中的应用”（编号：41901322）；上海市科委“科技创新行动计划”社会发展科技攻关项目“超大城市上海公园城市构建关键技术研究与示范”（编号：23DZ1204400）。

data obtained are derived from 30m×30m rasters. Driving factors are screened, including population density, GDP distribution, distance to railroads, highways, and main roads, average annual climate/precipitation, etc. , and the suitability probability of each type of land use is calculated. Taking 2000 as the base year, the land use scenario for the target year 2020 is simulated based on the PLUS model, and the spatial consistency between this simulation scenario and the actual status of land use in 2020 is compared in combination with the kappa coefficient and the overall accuracy. On the basis of satisfying the simulation accuracy, the land use changes in 2040 under different constraints are simulated, and the urban green space ecological network under multiple scenarios of future urban development is extracted. In addition, morphological spatial pattern analysis (MSPA) and functional connectivity measurement index analysis are implemented to explore the differences in structural connectivity and functional connectivity of urban green space ecological network under different scenarios in the future. [Results] 1) During the periodfrom 2000 to 2020, within the central urban area of Shanghai, the area of green space decreases most significantly, indicating that the rapid urbanization process has disturbed the city's green ecological network to a great extent. In 2040, the area of green space will decrease to different extents under the three land use simulation scenarios, with the decay rate of green space under the ecological conservation and development scenario being effectively controlled. 2) The ecological conservation and development scenario provides good protection for the ecological sources of green space, and the overall patch fragmentation is mitigated, with the area of its bridging and traffic circle categories being significantly higher than that of the natural development scenario and the economic priority development scenario, which indicates that under the ecological conservation and development scenario, the ecological network of the green space has a stronger corridor connectivity, and is able to effectively improve the diffusion of species and the flow of energy between the ecological sources. 3) Under the multiple simulation scenarios targeting 2040, the spatial distribution and importance of key patches under different development scenarios of green space ecological network are basically the same, and such patches typically have a better ecological substrate, so they should be especially protected in future urban development; the patches with higher delta probability of connectivity (dPC) indicate that they are more important for future connectivity of green space ecological network, but they may have poor connectivity at present, so they can be used as potential source patches of green space ecological network for integrated planning. [Conclusion] Compared to other scenarios, the decay rate of green space under the ecological conservation and development scenario targeting 2040 has been effectively controlled. In terms of structural connectivity (physical linkage), the green space ecological network has great corridor connectivity and stable network structure under the ecological conservation and development scenario. In terms of functional connectivity, important patches are crucial to the structural stability and socio-ecological functioning of the ecological network. Considering that the coordinated development of the economy and ecology is a long-term process, there is a long way to go to maintain the long-term ecological health of urban centers through policy regulation and planning guidance. In future urban construction, policy regulation and planning can guide the optimization of urban ecological space and maintain the healthy development of urban green space ecological network.

Keywords: Landscape Architecture; Green Space Ecological Network; Land Use Simulation; PLUS Model; Landscape Connectivity; Shanghai

城市绿地生态网络作为城市空间中具有生命力的重要组成，对于协调城市发展与保护环境至关重要[1-2]。随着城市发展和用地扩张，各类型土地利用结构与布局处于动态变化中，生态空间破碎化是城市化进程中面临的重要问题[3-5]。在人地矛盾突出的城市中心城区，绿地生态网络的演化状态受人为扰动更明显，难以形成绿地廊道网络结构，导致生态网络组分要素破碎化问题更严峻，生态系统结构失衡，服务功能低效[6]；而城市总体规划、市级国土空间规划、城市生态网络专项规划等规划往往难以反映这种动态变化。这是因为复杂的城市系统的发展受社会因素和人为干扰的影响大，基于经验的简单外推难以预测未来城市土地利用的变化[7]。利用多要素驱动下的未来土地利用模拟技术模拟城市绿地生态网络变化，有利于产生更可靠的模拟结果，以提高城市规划工作的前瞻性、科学性[8-9]。

20世纪90年代以来，土地利用模拟一直都是自然、人文和地理信息系统等学科交叉领域的研究热点[10-13]，并形成了“土地变化科学”[14]。近年来，基于土地利用模拟模型预测城市未来土地利用变化的研究层出不穷，模拟模型处于不断完善与改进中[15-18]。目前，应用较为广泛的土地利用模拟模型主要有基于逻辑回归的元胞自动机（Logistic-CA）、基于神经网络的元胞自动机（ANN-CA）、小尺度土地利用变化及空间效应模型（CLUE-S）、地理模拟与优化系统（geographical simulation and optimization systems，GeoSOS）、未来土地利用模拟（future land-use simulation，FLUS）等。其中，由中国地质大学高性能空间计算智能实验室（High-Performance Spatial Computational Intelligence Lab，HPSCIL）开发的基于斑块生成土地利用变化模拟（patch-generating land use simulation，PLUS）模型包含用地扩张分析策略（LEAS）和基于多类随机斑块种子的CA模型（CARS）2个模块，该模型可避免土地利用转化类型随着类别的增多呈现指数增长，保留时段（两期数据间）解释性，且能灵活处理斑块级别变化，具有时空动态性，目前已应用于区域及市域尺度土地利用变化模拟、生态系统服务提升、碳储量预测等[7,19-20]。但以往PLUS应用研究多将城市建设用地作为一种土地利用转化类型，与以往研究不同，在高密度、用地类型多样、用地变化驱动机制复杂的超大城市中心城区未来用地模拟中，本研究对土地利用斑块分类更为细致，便于针对性研究城市绿地生态网络的发展规律。

城市绿地生态网络识别、网络连接评价是城市绿地生态网络构建及优化的有效手段[21-22]。关于城市绿地生态网络，目前尚未形成统一的概念，但城市绿地生态网络的组分要素不应“唯绿地”，而应纳入林地、湿地等自然用地，结构上需要形成连通的网络系统，功能上应是复合的[23]。在此前提下，城市绿地生态网络连通评价内容包括空间结构稳定性、生态过程、功能发挥。20世纪80年代，景观连接度（connectivity）和景观连通性（connectedness）的概念明晰化，前者强调功能和生态过程的联系，后者侧重空间结构上的联系[22,24]。景观连接度一方面可表征景观元素的空间结构，即结构连接度；另一方面可体现某一特定的生态过程，即功能连接度（潜在连接度和真实连接度）[25-26]。目前已有研究多将景观连接度作为现状生态网络结构与功能的测度指标[22,27]，而将其应用于指导未来城市绿地生态网络优化的研究相对缺乏。

综上，本研究将城市绿地生态网络演化与城市用地发展相耦合，基于PLUS模型模拟上海市中心城区2000—2020年的多土地利用类型斑块级变化情景，预测2040年上海市中心城区的绿地生态网络空间布局；进而通过形态学空间格局分析（morphological spatial pattern analysis，MSPA）与功能连接度测度指数分析，探究不同约束条件下城市绿地生态网络的结构性连接变化和功能性连接变化，以期推动机器学习辅助规划工作落地实施，为未来城市绿地生态网络优化和城市规划提供技术支撑与科学参考。

1 研究区概况和数据来源

1.1 研究区域生态空间规划

本研究选取上海市中心城区为研究范围。上海市中心城区面积约664km²，是上海市人口最密集、功能最复合、空间最聚集的区域，也是发挥城市效能、推进城市更新、提升公共服务水平和城市空间品质的核心区域。与城市建设用地以外的生态网络相比较，中心城区绿地生态网络长期面临着人口经济与环境资源难以有效协调的问题，导致该区域更易出现较严重的斑块破碎化现象，网络连通性研究需求也更为迫切。

上海市作为具有世界影响力的社会主义现代化国际大都市，其生态品质影响着城市竞争力。2012年上海市人民政府批复的《上海市基本生态网络规划》中，初步提出了“大生态空间”的构建路径，指出应促进市域绿地、耕地、林地和湿地的融合和连接，构建多尺度、功能复合的城乡一体化绿色生态网络体系；《上海市城市总体规划

（2017—2035年）》（简称“上海2035”）提出构建覆盖全市域的多层次、网络化、功能复合的生态网络体系，强化区域生态连接，形成区域一体化的生态网络；《上海市国土空间生态修复专项规划（2021—2035年）》提出生态网络尚待连通是关键问题之一，通过统筹全域生态要素与生态空间、锚固生态源地、激发生态价值，打造自然生态廊道，增强生态网络连通性，构建城市蓝绿生态网络；《上海市生态空间专项规划（2021—2035）》聚焦绿地、林地、湿地等生态要素的空间复合、功能融合，锚固市域生态网络结构，优化主城区蓝绿空间网络。归纳上海市的生态空间规划发展历程，可以发现“网络”“连通”是超大城市生态空间建设的关键，将其作为城市绿地生态网络演化多情景的评价指标具有重要实践意义。另外，在土地利用多情景模拟中，上述文件中的生态约束指标在土地利用转换概率矩阵调整时，可作为耕地、林地等土地利用类型基本保有量的计算依据，而各类生态空间规划图是模拟中限制转换的区域，是设置约束图层的重要参考。

1.2　数据来源与预处理

1.2.1　数据来源

本研究所使用的数据包括土地利用模拟基础数据和驱动因子数据两大类（表1），基于ArcGIS平台，对数据进行投影变换、裁剪，重采样为30m×30m的栅格数据。

土地利用模拟主要数据类别、格式及来源　　表1

数据类别		数据格式	精度	数据来源
基础数据	2000年、2020年上海市中心城区地表覆盖类型	栅格数据	—	地球大数据科学数据中心
驱动因子数据	人口密度	栅格数据	1km×1km	资源环境科学数据中心
	GDP分布			
	到铁路、高速公路、主干道的距离	矢量数据（Shapefile）	—	OpenStreeMap
	年平均气温	栅格数据	1km×1km	资源环境科学数据中心
	平均年降水量			
	高程	栅格数据	30m×30m	地理空间数据云

1.2.2　用地重分类

在目前国内多种用地分类标准并行的情况下，网络空间生态要素需要与用地分类相关联，对城市各类土地利用类型进行重分类是土地利用模拟的研究基础[23]。根据中国科学院空天信息创新研究院提供的覆被分类，结合《城市用地分类与规划建设用地标准》GB 50137—2011、《土地利用现状分类》GB/T 21010—2017、《城市绿地规划标准》GB/T 51346—2019，以及“上海2035”中对于上海市中心城区现状用地的分类，本研究将研究区域内的土地利用类型重分类为七大类：耕地、草地、绿地、林地、湿地、不透水面、水域。其中，不透水面包括城镇居住用地、农村居住用地、公共设施用地、工业仓储用地、道路与交通设施用地、其他建设用地等（图1）。

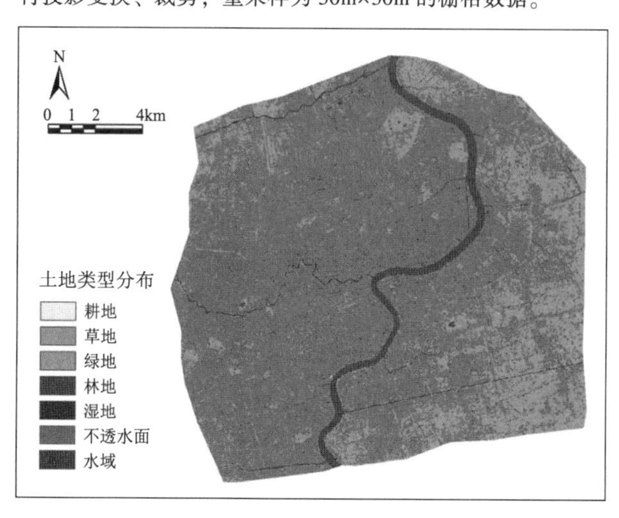

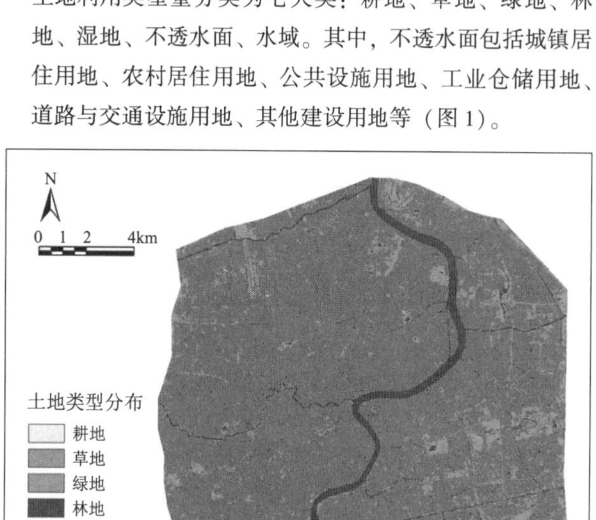

图1　上海市中心城区2000年、2020年用地类型分布

2　研究方法

基于2000年、2020年的土地利用现状数据，筛选驱动因子，计算各类用地的适宜性概率；以2000年为基准年，基于PLUS模型模拟目标年2020年的土地利用情景，结合Kappa系数、总体精度，对比该模拟情景和2020年实际土地利用现状的空间一致性；在满足模拟精度的基础上，模拟不同约束条件下2040年的土地利用变化，并提

取未来城市发展多情景下的城市绿地生态网络；采用表征结构和功能的连接度指标，评价不同情景下城市绿地生态网络的结构性连接变化和功能性连接变化。

2.1 PLUS 模型

PLUS 模型是耦合自上而下和自下而上机制的土地利用变化模拟模型[7]。在 PLUS 模型的 LEAS 模块，提取两期（2000 年、2020 年）历史土地利用情景的扩展部分，并对扩展部分进行随机采样，采用随机森林算法（random forest，RF）对各类土地利用扩张和驱动因素的关系进行挖掘，以获取各类用地的发展概率，以及驱动因素对该时段内各类用地扩张的贡献。各类用地发展概率的计算式[28]：

$$P_{i,k}^{d}(X)=\frac{\sum_{n=1}^{M}I[h_n(X)=d]}{M} \quad (1)$$

式中，$P_{i,k}^{d}$ 是栅格 i 中土地利用类型 k 的最终增长概率；I 为决策树指示函数；X 是由多个驱动因子组成的向量；h_n（X）是向量 X 第 n 个决策树的预测类型；d 的值为 0 或 1，当 $d=1$ 时，表示其他土地利用类型转变为 k，当 $d=0$ 时，表示其他土地利用类型未向 k 转变；M 是决策树的总数。

在 PLUS 模型的 CARS 模块，耦合随机种子生成和阈值递减机制，可以在发展概率约束下模拟斑块的自动生成。自适应竞争机制的计算式[25]：

$$D_k^t=\begin{cases}D_k^{t-1}(G_k^{t-1}\leqslant G_k^{t-2})\\ D_k^{t-1}\times\dfrac{G_k^{t-2}}{G_k^{t-1}}(0>G_k^{t-2}>G_k^{t-1})\\ D_k^{t-1}\times\dfrac{G_k^{t-1}}{G_k^{t-2}}(G_k^{t-1}>G_k^{t-2}>0)\end{cases}, \quad (2)$$

$$TP_{i,k}^{1,t}=\begin{cases}P_{i,k}^{1}\times(r\times\mu_k)\times D_k^t & (\Omega_{i,k}^t=0,\ r<P_{i,k}^{1})\\ P_{i,k}^{1}\times\Omega_{i,k}^t\times D_k^t & (\text{其他})\end{cases} \quad (3)$$

$$\Omega_{i,k}^t=\frac{\mathrm{con}(c_i^{t-1})}{n\times n-1}\times\omega_k \quad (4)$$

式中，D_k^t 是时刻 t 土地利用类型 k 的惯性系数；G_k^{t-1} 是时刻 t-1 用地需求与实际面积之间的差异；$TP_{i,k}^{1,t}$ 是其他土地利用类型向 k 过渡的综合概率；$P_{i,k}^{1}$ 是土地利用类型 k 在栅格 i 中土地利用变化的概率；r 是（0，1）内的随机值；μ_k 是新的土地利用斑块生成阈值；$\Omega_{i,k}^t$ 为土地利用类型 k 在空间单元 i 处的领域权重；$\mathrm{con}(c_i^{t-1})$ 为在 $n\times n$ 窗口内最后一次迭代中土地利用类型 k 占用的网格单元总数；ω_k 是土地利用类型 k 的领域权重参数，其值在［0，1］之间。

2.2 驱动因子选取

本研究以两期土地利用数据为基础，借鉴以往研究成果，考虑研究区域的自然地理环境和社会经济发展特征，结合数据的可获取性、驱动因子的可量化等因素，筛选出土地利用变化的驱动因子（表 1）。将两期土地利用模拟基础数据以及各驱动因子数据输入 LEAS 模块，计算各驱动因子对土地利用类型扩张的贡献值，并预测各土地利用类型的发展概率，以获取 CARS 模块运行的部分输入数据。

2.3 土地利用多情景预设

本研究在遵循城市中心城区用地演化规律的基础上，综合考虑研究目的、研究区域及其社会经济的发展概况，设置 3 种土地利用发展情景：①自然发展情景；②经济优先发展情景；③生态保护发展情景。其中，自然发展情景的转化规则及各类用地转移概率遵循 2000—2020 年的转化规律；基于 Markov Chain[29] 预测用地需求，经济优先发展情景和生态保护发展情景的土地利用转移概率修正[30-32] 参照“上海 2035”、《上海市国土空间生态修复专项规划（2021—2035 年）》《上海市生态空间专项规划（2021—2035）》《关于本市全面推进土地资源高质量利用的若干意见》及修订草案等文件，以满足用地需求。将 2040 年 3 种土地利用模拟情景下的各土地利用类型数量与 2020 年各土地利用类型数量进行对比，并将数量变化转化为发展增减幅度占比（表 2）。

研究区域未来土地利用发展情景的条件设置　　表 2

发展情景	条件设置
自然发展情景	用地模拟遵循上海市中心城区 2000—2020 年的土地利用演化规律，不考虑其他约束条件，不对各类土地利用类型的转化规则作任何限制
经济优先发展情景	综合考虑 2000—2020 年上海市中心城区 GDP 增长率与各土地利用类型之间的关系，以自然发展情景为参考，设置不透水面发展幅度增加 15%，绿地、草地衰减幅度增加 25%，耕地基本不参与土地利用转化
生态保护发展情景	参考“上海 2035”中对于各用地类型的占比规划，以自然发展情景为参考，设置耕地、草地增幅降低 20%，不透水面发展增幅降低 20%，耕地、水域基本不参与土地利用转化

2.4 多情景绿地生态网络景观连接度评价

本研究对于景观连接度的测度包括结构性连接（物理联系）和功能性连接（功能联系）。在破碎化程度较高的中心城区，绿地生态网络的景观连接度不仅显著受廊道影响，也与生态网络组分要素或基质紧密相关[33]。

2.4.1 结构连接度评价方法

采用MSPA方法测度绿地生态网络的结构连接度。MSPA是对栅格图像进行形态学空间度量、识别和分割的一种图像处理方法，基于腐蚀、膨胀、开运算、闭运算等数学形态学原理，识别目标像元与结构要素之间的空间拓扑关系[34-36]。以绿地生态网络的生态组分绿地为前景，其他类作为背景，本研究采用Guidos软件，利用八邻域分析方法，将前景按形态分为互不重叠的7类（表3）：支线类(branch)、边缘类（edge)、孔隙类（perforation)、孤岛类(islet)、核心类（core)、桥接类（bridge)、环道类（loop)。

形态学空间格局分析（MSPA）的形态分类及其生态学含义

表3

形态分类	生态学含义
支线类	只有一端与边缘类、桥接类、环道类或者孔隙类相连的绿地像元集合
边缘类	核心类和主要非绿地区域之间的过渡区域
孔隙类	核心类和非绿地斑块之间的过渡区域，即内部斑块边缘（边缘效应）
孤岛类	彼此不相连的小斑块，内部物质、能量交流和传递的可能性比较小，但对于生态网络的整体构建具有重要作用
核心类	前景像元中较大的绿地斑块，通常为生态源地，有助于生物多样性保护
桥接类	连接核心类的具有狭长廊道特征的绿地像元集，是生态网络中斑块连接的廊道，对物种迁移及结构连接度具有重要意义
环道类	连接同一核心类的狭长廊道（绿地像元集合），是同一核心区内物种迁移的捷径，可以增强能量流通

2.4.2 功能连接度评价方法

功能连接度表征个体或基因在景观斑块中移动的困难程度[22]。对于破碎化程度较高的超大城市的中心城区而言，功能连接度的可操作性更强、生态价值评估意义更为显著。参考现有研究[37-38]，本研究基于Conefor软件进行功能连接度分析，将面积大于0.1 km^{2}的核心类斑块作为生态源地。采用3个概率连接模型：仅基于斑块连接的潜在目标媒介流动的通量（flux，F），通过面积修正能较好反映目标媒介流动的面积加权通量（area weighted flux，AWF）和反映潜在连通性的可能连通性指数（probability of connectivity，PC)，以及可以反映不同时期连通性变化的等效可能连通性指数［EC（PC）］，探究研究区域的绿地生态网络功能连接度变化。其中，EC（PC）的计算式：

$$EC(PC) = \sqrt{\sum_{i=1}^{n}\sum_{j=1}^{n} a_i a_j p_{ij}^*} \qquad (5)$$

式中，n为斑块数；a_i，a_j为斑块i和斑块j的面积；p_{ij}^*为斑块i与斑块j之间扩散的最大可能性。

另外，本研究采取斑块重要性指数（delta probability of connectivity，dPC）计算各模拟情景下各绿地斑块对功能连接度的重要值，dPC的计算式：

$$dPC_i = 100 \times \frac{PC - PC_{i,\ \mathrm{remove}}}{PC} \qquad (6)$$

式中，$PC_{i,\mathrm{remove}}$表示缺少斑块i后剩余斑块的PC；dPC是斑块对于景观连通性的重要性的表征指标，其值越大，表示斑块对于景观连通的重要性越高。

3 结果与分析

3.1 土地利用多情景模拟预测结果

3.1.1 模型模拟精度检验

本研究以2000年为初始年份，模拟了2020年研究区域的土地利用情景，再将模拟情景与2020年实际的土地利用现状进行一致性检验，并借助Kappa系数和整体精度进行衡量。Kappa系数通过混淆矩阵计算，其值在［-1，1]，取值范围通常在（0，1)，值越大表示模拟精度越高。结果显示，PLUS模型的运行Kappa系数为0.88，总体精度为0.96，模拟精度满足要求。因此，PLUS模型可以用于模拟超大城市中心城区斑块级别多类土地利用变化，模拟精度见表4。

研究区域各土地利用类型在PLUS模型中的模拟精度

表4

土地类型	耕地	草地	绿地	林地	湿地	不透水面	水域
制图精度	0.97	0.92	0.88	0.83	0.89	0.98	0.96
用户精度	0.93	0.96	0.89	0.79	0.89	0.98	0.95

3.1.2 模拟结果

2000—2020年，上海市中心城区不透水面是主要的用地类型，其次是绿地、水域。耕地、草地、林地、湿地等生态空间的总面积占比较小，2000年总面积占比为0.97%，2020年总面积占比为1.23%。绿地是城市中心城区生态空间的主要组成部分，2000年占比为23.83%，

2020 年占比为 13.57%，面积锐减明显。水域面积占比较为稳定，在 3%左右。绿地面积的快速减少，表明快速城市化进程对城市绿地生态网络的扰动较大，在城市建设过程中，绿地被侵占的现象较为严重（表 5）。

对比 2020 年现状与 2040 年模拟情景各土地利用类型的面积变化（表 5），分析 2040 年 3 个用地模拟情景（图 2），发现耕地面积几乎无变化，这符合上海市各类生态空间规划中坚守耕地保护底线的要求，对于锚固生态基地、提升城乡景观、保障农产品供给具有重要意义；水域的变化空间较小，得到有效保护，这有助于构筑蓝网绿脉，提升城区环境品质。耕地、水域模拟情景与上海市各类生态规划要求及需求相契合，进一步表征了 PLUS 模型在实际规划和指导土地政策制定方面的应用价值。另外，2040 年 3 个用地模拟情景中绿地的面积均有不同幅度的减少，但生态保护情景下城市的开发建设速度有所减缓，绿地的衰减速度得到有效控制；经济优先发展情景下城市的开发建设强度最高，城市不透水面的面积持续增长，且涨幅最明显。

研究区域现状及模拟情景各土地利用类型面积（单位：hm^2）

表 5

土地利用类型	2000 年现状	2020 年现状	2040 年模拟情景		
			自然发展情景	经济优先发展情景	生态保护发展情景
耕地	25.38	43.47	43.74	43.20	43.83
草地	123.93	164.79	190.62	174.60	187.11
绿地	15720.30	8948.25	5912.37	5151.51	7270.47
林地	67.23	55.62	25.02	19.71	34.02
湿地	422.64	544.95	553.50	537.39	553.05
不透水面	47069.46	53893.80	57131.19	57960.72	55717.02
水域	2527.65	2305.71	2100.15	2069.46	2151.09

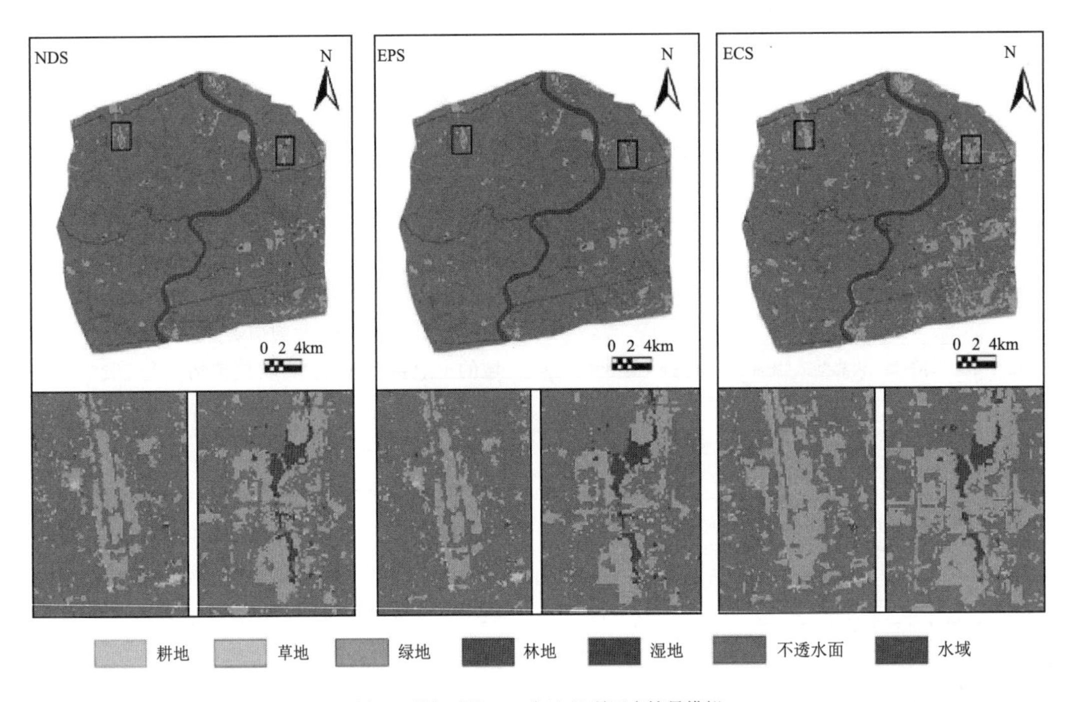

图 2 研究区域 2040 年土地利用多情景模拟

3.2 多情景城市绿地生态网络景观连接度分析结果

3.2.1 结构连接度分析结果

分析 2020 年现状及 2040 年多情景城市绿地生态网络 MSPA 面积变化（表 6），发现 2024 年自然发展情景、经济优先发展情景、生态保护发展情景 3 种用地情景下城市绿地生态网络的核心类和孤岛类面积占比最大，相较于 2020 年现状，核心类面积分别减少 1721.52hm^2、1784.97hm^2、393.48hm^2，降幅分别为 60.72%、62.95%、13.88%；自然发展情景下孤岛类面积增加 305.01hm^2，增幅为 14.89%，经济优先发展情景、生态保护发展情景下分别减少 99.27hm^2、514.55hm^2，降幅分别为 4.84%、25.11%。生态保护情景对于绿地生态源地具有良好的保护作用，使研究区域整体斑块破碎化问题有所缓解。生态保护发展情景下的桥接类和环岛类面积明显高于经济优先发展情景、生态保护发展情景下的，这表示在生态保护发展情景下，绿地生态网络具有更强的廊道连通性，能够有效促进生态源之间的物种扩散和能量流动，这与桥接类和环岛类边界效应强、异质性程度高的特征相一致，同时，桥接类和环岛类也与支线类在3个情景下的变化趋势相同。相比于其他用地情景，经济优先发展情景下研究区域斑块破碎化程度高，连通性较差，不利于物种栖息和生态稳定。

研究区域多情景城市绿地生态网络 MSPA 面积变化统计

表 6

形态分类	面积及变化百分比						
	2020年现状（hm^2）	自然发展情景		经济优先发展情景		生态保护发展情景	
		面积变化（hm^2）	变化百分比（%）	面积变化（hm^2）	变化百分比（%）	面积变化（hm^2）	变化百分比（%）
支线类	1071.99	-264.06	-24.63	-383.22	-35.75	-31.81	-2.97
边缘类	2071.8	-988.56	-47.72	-1035.09	-49.96	-829.36	-40.03
孔隙类	47.88	-31.68	-66.17	-27.36	-57.14	6.21	12.97
孤岛类	2048.94	305.01	14.89	-99.27	-4.84	-514.55	-25.11
核心类	2835.36	-1721.52	-60.72	-1784.97	-62.95	-393.48	-13.88
桥接类	622.17	-295.29	-47.46	-363.06	-58.35	-1.55	-0.25
环岛类	305.73	-70.38	-23.02	-139.68	-45.69	65.16	21.31

为便于进行直观比较，选取城市绿地生态网络形态特征变化相对典型的4个局部区域，具体分析城市绿地生态网络源地斑块的面积与破碎化程度变化（图3）。其中，区域1为静安区的大宁公园周边，在自然发展情景和经济优先发展情景下，支线类和桥接类数量显著减少，源地斑块间连通性降低，而生态保护发展情景下，源地斑块整合程度提高，生态结构得到改善；区域2和为区域3分别为浦东新区森兰公园周边和规划碧云楔形绿地周边，在自然发展情景和经济优先发展情景下，源地斑块出现了显著破碎化现象，数量、面积减少，生态结构破坏较为严重，相对而言，在生态保护发展情景下，源地斑块的空间结构分布更为均匀，同时，桥接类和环岛类增加，连通性提高，一定程度上可以促进生物栖息及迁徙；区域4为林地，在2040年模拟多情景下，源地斑块面积均有减少，生态保护发展情景下源地斑块面积减少幅度相对小，在未来城市生态中应对该区域予以重视，以改善生态稳定性。

总的来说，通过分析城市绿地生态网络MSPA面积变化统计和局部典型区域空间形态变化可得，上海市中心城区绿地生态网络有破碎化趋势，在未来的城市生态建设中，应当重点关注中心城区东南部以及浦东新区现状生态用地，在保障数量、面积指标的基础上，优化生态空间结构，提高城市整体生态稳定性。

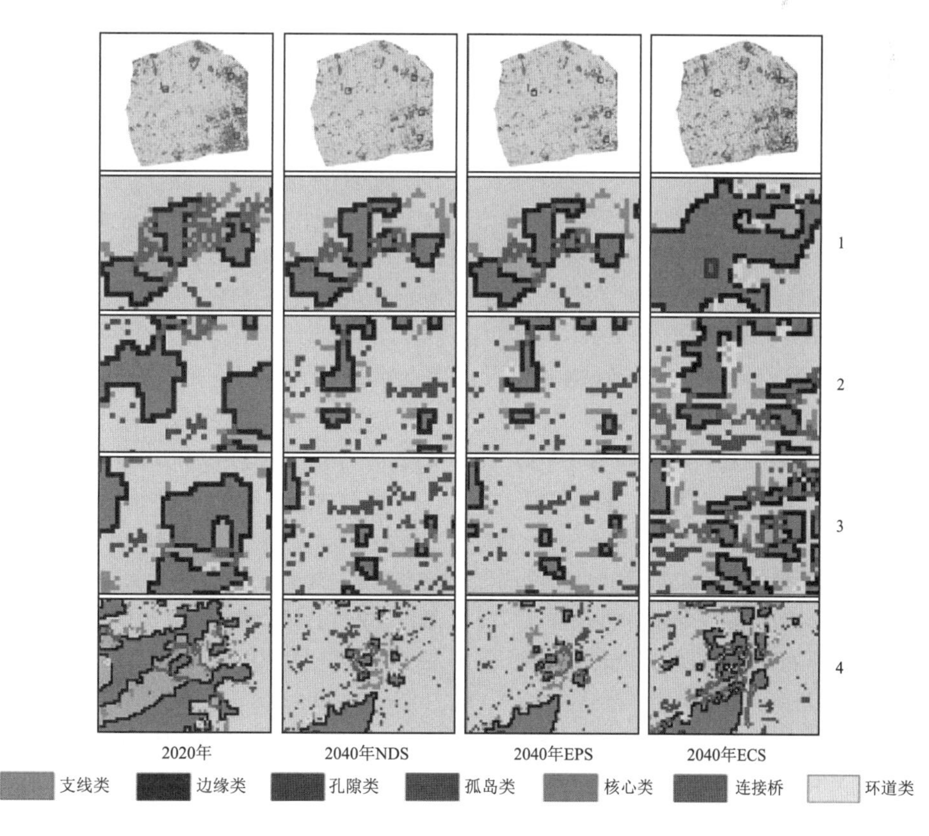

图3　研究区域土地利用多情景 MSPA 形态分类空间分布

3.2.2 功能连接度分析结果

城市化进程对城市绿地生态网络的功能连接度扰动较为严重，功能连接度显著下降，经济发展与生态发展之间仍存在博弈关系（表7）。其中，生态保护发展情景下，绿地生态网络的功能连通性相对较好，F、AWF、PC_{num}之间的倍数关系与2020年基本一致，EC(PC)下降58.33%，而自然发展情景、经济优先发展情景下的EC(PC)均下降83.33%。2040年，不同绿地生态网络发展情景下重要斑块的空间分布及重要性基本一致（图4），重要斑块主要分布在上海市中心城区的东部和南部，该类斑块的生态基底较好，基本能满足生态需求，未来城市发展中应重点保护，突出绿地网络的生态—社会复合功能。dPC较高的斑块对未来绿地生态网络的连通较为重要，但其现状可能连通性较差，该类斑块主要分布在上海市中心城区的西部，在自然发展情景、经济优先发展情景下，该类斑块的孤立性加剧，后续可以作为绿地生态网络构建的潜在源地斑块进行优先统筹规划。

多情景城市绿地生态网络功能连接度统计　　表7

指标	2020年	2040年模拟情景		
		自然发展情景	经济优先发展情景	生态保护发展情景
F	698.2575000	28.7580900	26.3857100	210.9363000
AWF	67.6397500	1.8599920	1.6955170	14.8393000
PC_{num}	168.8887000	4.6076860	4.2054580	34.7698300
EC（PC）	12.9957200	2.1465520	2.0507210	5.8965940

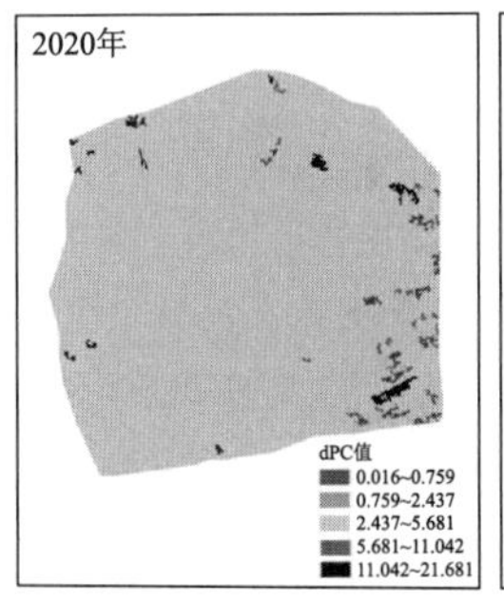

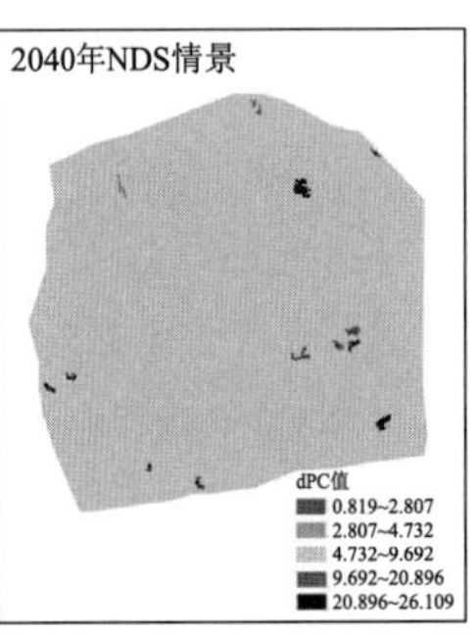

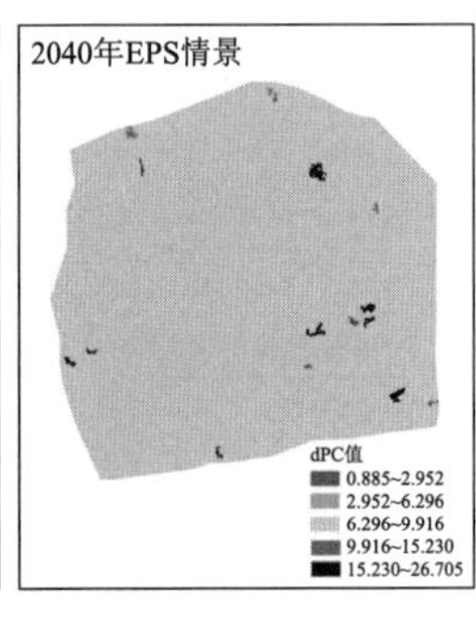

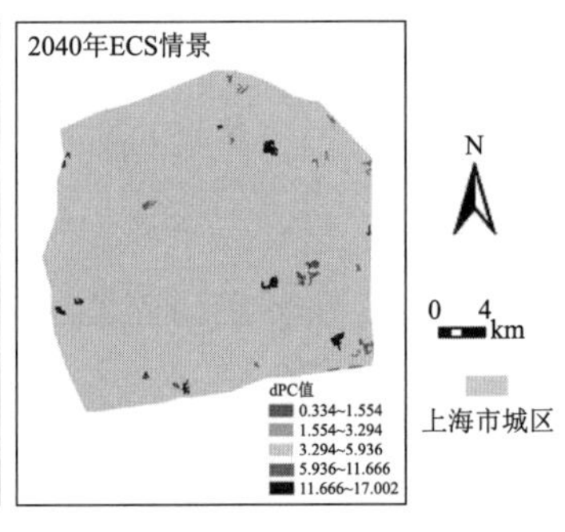

图4　多情景下斑块重要性指数分布

4 结论与展望

4.1 结论

本研究将未来土地利用变化模拟纳入生态网络景观连接度评估，基于斑块生成土地利用模拟PLUS模型，探讨人地矛盾突出的超大城市中心城区的经济发展、生态空间保护与城市用地对绿地生态网络空间结构与功能的影响，主要得出3个方面的结论。

（1）2000—2020年，上海市中心城区不透水面是主要用地类型，绿地面积锐减最为明显。相比于其他情景，2040年生态保护发展情景下绿地的衰减速度得到有效控制。

（2）就结构性连接（物理联系）而言，生态保护发展情景下绿地生态网络具有较好的廊道连通性，网络结构相对稳定，但在3种发展情景下，绿地生态网络均有破碎化趋势，尤其是在中心城区东南部以及浦东新区，绿地生态网络空间结构易受破坏，未来建设需重点关注。

（3）就功能性连接（功能联系）而言，不同发展情景下的网络连接度显著下降，考虑到经济与生态的协调发展是一个长期的过程，应通过政策调控进行分类规划引导，对现状重要斑块进行重点保护，对潜在源地斑块的规划则需注重长远统筹。

4.2 展望

4.2.1 拓展土地利用模拟模型参数设置条件

本研究对于3种用地情景的设置，在符合研究区域城市发展特征的基础上，主要探讨了发展与生态保护之间的博弈关系。未来研究可进一步探究未来用地情景模拟的参数设置条件，如采用“上海2035”中的规划用地平衡表，基于城市规划发展目标，确定各类规划用地的比例；如把生态（空间）、生产（空间）纳入考虑的同时，研讨宜居生活（空间），将城市居民对于城市绿地生态网络的游憩需求转化为参数设置。

4.2.2 深化景观连接度与廊道的关系研讨

本研究对不同情景下城市绿地生态网络的结构和功能

连接度变化进行了分析。对于城市绿地生态网络而言，源地斑块之间的廊道是影响景观连接度的关键因素，廊道的质量对于景观连接度至关重要[24,39]。景观连接度与具体的生态过程息息相关，与廊道的组分要素、宽度、结构、质量等也具有一定的关联性[40-42]。未来可通过改变廊道数量、宽度或质量，结合特定物种的生物学特征，进一步分析廊道变化与物种保护之间的关联机制。

4.2.3 挖掘用地重分类及城市阶段发展特征

以往研究在进行未来土地利用模拟时，常将建设用地作为一类用地类型参与转化。本研究区域内部的绿地和不透水面，在土地利用转化的分析中，具有显著差异性，将建设用地提取为绿地、不透水面，进一步拓展了未来土地利用模拟模型在土地政策制定、绿地生态网络专项规划方面的应用。另外，自上而下的“规划式”发展，使得城市绿地生态网络在相同时间间隔内的发展具有阶段性特征[43-44]，因此，将城市发展的空间规划方案纳入土地利用模拟，有待后续研究进一步完善。

致谢

感谢上海市园林科学规划研究院碳汇中心主任张桂莲、林科所副所长仲启铖对本研究提出的宝贵建议。

参考文献

[1] 孙毅中，杨静，宋书颖，等．多层次矢量元胞自动机建模及土地利用变化模拟[J]．地理学报，2020，75(10)：2164-2179.

[2] 王如松，欧阳志云．社会-经济-自然复合生态系统与可持续发展[J]．中国科学院院刊，2012，27(3)：337-345.

[3] ZHANG Y，CHANG X，LIU Y，et al. Urban expansion simulation under constraint of Multiple Ecosystem Services (MESs) based on Cellular Automata (CA)-Markov model: Scenario analysis and policy implications[J]. Land Use Policy，2021，108：105667.

[4] 孔繁花，尹海伟．济南城市绿地生态网络构建[J]．生态学报，2008，28(4)：1711-1719.

[5] SHEN Z，WU W，TIAN S，et al. A multi-scale analysis framework of different methods used in establishing ecological networks[J]. Landscape and Urban Planning，2022，228：104579.

[6] 申佳可，王云才．景观生态网络规划：由空间结构优先转向生态系统服务提升的生态空间体系构建[J]．风景园林，2020，27(10)：37-42.

[7] LIANG X，GUAN Q，CLARKE K C，et al. Understanding the drivers of sustainable land expansion using a Patch-generating Land Use Simulation (PLUS) model: A case study in Wuhan，China[J]. Computers，Environment and Urban Systems，2021，85：101569.

[8] 黎夏，叶嘉安，刘小平．地理模拟系统在城市规划中的应用[J]．城市规划，2006，30(6)：69-74.

[9] 李少英，刘小平，黎夏，等．土地利用变化模拟模型及应用研究进展[J]．遥感学报，2017，21(3)：329-340.

[10] 唐华俊，吴文斌，杨鹏，等．土地利用/土地覆被变化(LUCC)模型研究进展[J]．地理学报，2009，64(4)：456-468.

[11] 李秀彬．全球环境变化研究的核心领域：土地利用/土地覆被变化的国际研究动向[J]．地理学报，1996(6)：553-558.

[12] 邬建国．景观生态学中的十大研究论题[J]．生态学报，2004(9)：2074-2076.

[13] WU J，HOBBS R. Key issues and research priorities in landscape ecology: An idiosyncratic synthesis[J]. Landscape Ecology，2002，17(4)：355-365.

[14] 路云阁，蔡运龙，许月卿．走向土地变化科学：土地利用/覆被变化研究的新进展[J]．中国土地科学，2006(1)：55-61.

[15] 吴文斌，杨鹏，柴崎亮介，等．基于Agent的土地利用/土地覆盖变化模型的研究进展[J]．地理科学，2007(4)：573-578.

[16] 匡文慧，刘纪远，邵全琴，等．区域尺度城市增长时空动态模型及其应用[J]．地理学报，2011，66(2)：178-188.

[17] 贾梦圆，陈天．基于土地利用变化模拟的水生态安全格局优化方法：以天津市为例[J]．风景园林，2021，28(3)：95-100.

[18] LIU X，HU G，AI B，et al. Simulating urban dynamics in China using a gradient cellular automata model based on S-shaped curve evolution characteristics[J]. International Journal of Geographical Information Science: IJGIS，2018，32(1)：73-101.

[19] 石晶，石培基，王梓洋，等．基于PLUS-InVEST模型的酒泉市生态系统碳储量时空演变与预测[J]．环境科学，2024，45(1)：300-313.

[20] 巩晟萱，张玉虎，李宇航．基于PLUS-InVEST模型的京津冀碳储量变化及预测[J]．干旱区资源与环境，2023，37(6)：20-28.

[21] 吴昌广，周志翔，王鹏程，等．景观连接度的概念、度量及其应用[J]．生态学报，2010，30(7)：1903-1910.

[22] 陈春娣，贾振毅，吴胜军，等．基于文献计量法的中国景观连接度应用研究进展[J]．生态学报，2017，37(10)：3243-3255.

[23] 张晨笛，刘杰，张浪，等．基于城市生态廊道概念应用的三个衍生概念生成与辨析[J]．中国园林，2021，37(11)：109-114.

[24] 陈利顶，傅伯杰．景观连接度的生态学意义及其应用[J]．生态学杂志，1996(4)：37-42.

[25] Taylor P D，Fahrig L，Henein K，et al. Connectivity is a vital ele-

ment of landscape structure[J]. Oikos, 1993, 3(68): 571-573.
[26] TFRT M G. Landscape Ecology[M]. New York: John Wiley & Sons, 1986.
[27] 刘阳，欧小杨，郑曦．整合绿地结构与功能性连接分析的城市生物多样性保护规划[J]．风景园林，2022，29(1)：26-33.
[28] 张莹，王让会，刘春伟，等．祁连山自然保护区生境质量模拟及预测[J]．南京林业大学学报(自然科学版)，2024，48(3)：135-144.
[29] 杨国清，刘耀林，吴志峰．基于CA-Markov模型的土地利用格局变化研究[J]．武汉大学学报(信息科学版)，2007(5)：414-418.
[30] YANG Y, BAP W, LIU Y. Scenario Simulation of Land System Change in the Beijing-Tianjin-Hebei Region[J]. Land Use Policy, 2020, 96: 104677.
[31] 曾辉，高凌云，夏洁．基于修正的转移概率方法进行城市景观动态研究：以南昌市区为例[J]．生态学报，2003(11)：2201-2209.
[32] 陆汝成，黄贤金，左天惠，等．基于CLUE-S和Markov复合模型的土地利用情景模拟研究：以江苏省环太湖地区为例[J]．地理科学，2009，29(4)：577-581.
[33] 王云才．上海市城市景观生态网络连接度评价[J]．地理研究，2009，28(2)：284-292.
[34] 刘婷，欧阳帅，勾蒙蒙，等．基于MSPA模型的新型城市热景观连通性分析[J]．生态学报，2023，43(2)：615-624.
[35] 许峰，尹海伟，孔繁花，等．基于MSPA与最小路径方法的巴中西部新城生态网络构建[J]．生态学报，2015，35(19)：6425-6434.
[36] 周媛，唐密，陈娟，等．基于形态学空间格局分析与图谱理论的成都市绿地生态网络优化[J]．生态学杂志，2023，42(6)：1527-1536.
[37] 谢名睿，危小建，赵莉，等．南昌市生态用地景观结构与网络连通性多情景模拟[J]．水土保持通报，2023，43(2)：202-211.
[38] 吴钰茹，吴晶晶，毕晓丽，等．综合模型法评估黄河三角洲湿地景观连通性[J]．生态学报，2022，42(4)：1315-1326.
[39] 刘颂，何蓓．基于MSPA的区域绿色基础设施构建：以苏锡常地区为例[J]．风景园林，2017，24(8)：98-104.
[40] 刘滨谊，卫丽亚．基于生态能级的县域绿地生态网络构建初探[J]．风景园林，2015，22(5)：44-52.
[41] SAURA S, PASCUAL-H L. A new habitat availability index to integrate connectivity in landscape conservation planning: Comparison with existing indices and application to a case study[J]. Landscape and Urban Planning, 2007, 83(2): 91-103.
[42] WANG Y J, QU Z Y, ZHONG Q C, et al. delimitation of ecological corridors in a highly urbanizing region based on circuit theory and MSPA[J]. Ecological Indicators, 2022, 142: 109258.
[43] 刘杰，张浪，季益文，等．基于分形模型的城市绿地系统时空进化分析：以上海市中心城区为例[J]．现代城市研究，2019(10)：12-19.
[44] 张浪，王浩．城市绿地系统有机进化的机制研究：以上海为例[J]．中国园林，2008，24(3)：82-86.

作者简介

刘杰，女，博士，上海市园林科学规划研究院，工程师。研究方向为城市绿地生态网络发展模拟。

胡国华，男，博士，华东师范大学地理科学学院，副教授。研究方向为城市土地利用变化建模与可持续发展。

（通信作者）张浪，男，博士，上海市园林科学规划研究院院长、教授级高工（二级），城市困难立地园林绿化国家创新联盟理事长，上海城市困难立地绿化工程技术研究中心主任，城市困难立地生态园林国家林草局重点实验室主任。研究方向为生态园林规划设计与技术研究。电子邮箱：zl@ shsyky. com。

城市综合体立体绿化的价值意蕴与发展路径研究①

Research on the Value and Development Path of Vertical Greening in Mixed-use Complexes

武艺萌　肖冠延　王桢栋*

摘　要：城市综合体是高密度背景下经济集聚和资源整合者，其与绿化的结合已成为建筑绿化发展的先导。本文通过对城市综合体立体绿化概念及属性的解析，发掘其在公共服务体系创新、城市低碳景观建造及绿化空间立体发展方面的价值意蕴，并在此基础上论析城市综合体立体绿化的研究进展与现存问题，探索其在多方参与、设计先行、亲生物设计、激励政策、科学评估、品牌打造、科学管理方面的发展路径，以期可有效提升城市综合体立体绿化实效、开拓公共服务体系的创新性建设，打造新时代高需求导向下高品质生态空间的绿色发展。

关键词：城市综合体立体绿化；价值意蕴；发展路径；高品质生态空间

Abstract: The mixed-use complex is the economic cluster and resource integrator under high-density backgrounds, and its combination with greening has become a pioneer in the development of building greening. By analyzing the concept and attributes of vertical greening in mixed-use complexes, this study explores their value in innovation of public service systems, construction of low-carbon urban landscapes, and three-dimensional development of green spaces. On this basis, this study analyzes the research progress and existing problems of vertical greening in mixed-use complexes, and explores its development path in multi-party participation, design first, bio-friendly design, incentive policies, scientific evaluation, brand building, and scientific management. This study can effectively improve the vertical greening effectiveness of mixed-use complexes, explore innovative construction of public service systems, and create green development of high-quality ecological spaces under the guidance of high demand in the new era.

Keywords: Vertical Greening of Mixed-use Complexes; Value; Development Path; High Quality Ecological Space

引言

作为高密度背景下经济集聚和资源整合者[1]，城市综合体是基于多种消费行为和空间利用的集中建筑形式[2]，其绿化建设是回应市民对品质化、多样化的绿色空间需求，推进城市立体绿色空间高质量发展的创新举措，既有助于弥补地面绿化不足、缓解低绿化和高需求之

① 基金项目：国家社会科学基金项目（编号：21BGL028）与中央高校基本科研业务费专项资金（编号：22120210239）共同资助。

间矛盾等问题，也是恢复城市及建筑生态系统平衡、落实国家可持续发展理念的重要方式。数据显示，新加坡将超一半的商业建筑与绿化相结合，并申请了至少一项城市空间和高层建筑（LUSH）计划的激励措施[3]；上海 17.9%的城市综合体建有绿化，其中 80%建于近 10 年内[4]。由此，城市综合体绿化已成为建筑绿化发展的先导。因此，本文通过对城市综合体立体绿化的价值意蕴进行多视角剖析，讨论和分析其发展面临的相关挑战和实现路径。

1 城市综合体绿化概念及属性解析

1.1 城市综合体立体绿化概念

城市综合体立体绿化是指城市综合体公共空间中与立体绿化相结合的固定式绿化空间，包括墙面绿化、露台绿化和屋顶绿化等形式（图 1）。

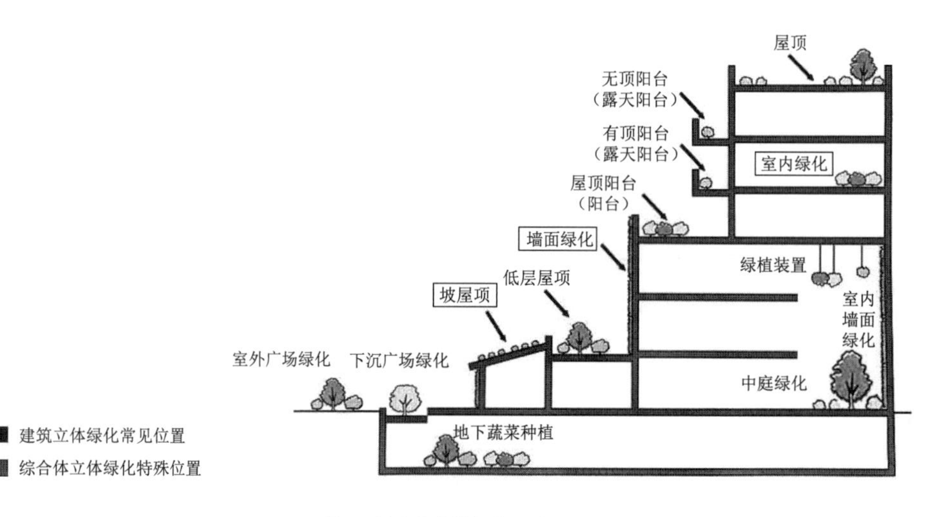

图 1 城市综合体绿化形式

1.2 城市综合体立体绿化模式

通过解析体验式、沉浸式与参与式的要点概述（表 1），以及对城市综合体立体绿化的空间、功能、运营三方面的分类评定，将综合体立体绿化系统分为主导模式和辅助模式。主导模式中绿化空间位置是中庭、屋顶及露台等重要空间的集合，且在面积占比较大、规模较大的基础上加入以沉浸式绿化为关键词的主题定位，如热带生态雨林、都市农庄种植+餐饮主题、儿童乐园、绿植盆栽租养主题等。辅助模式绿化规模较小，一般呈点状或线状分布于步行系统两侧或墙面，不可进入休闲游憩，仅为感官享受（图 2）。

体验式、沉浸式、参与式要点概述　　表 1

阶段	要点概述
1.0 体验式	体验式感官交互的实现
2.0 沉浸式	增加丰富的认知体验活动以让人达到行为与感知的融合； 营造“身临其境”的观赏、体验、休憩可变空间，利用科技将人的动作、声音等行为变化信息转化为各异的光影、声音或形态

续表

阶段	要点概述
3.0 参与式	以人的体验需求为导向，通过各方的连通设计形成人与绿化空间的互动，具体而言：人应参与空间创意、参与活动设计创造、参与宣传过程等

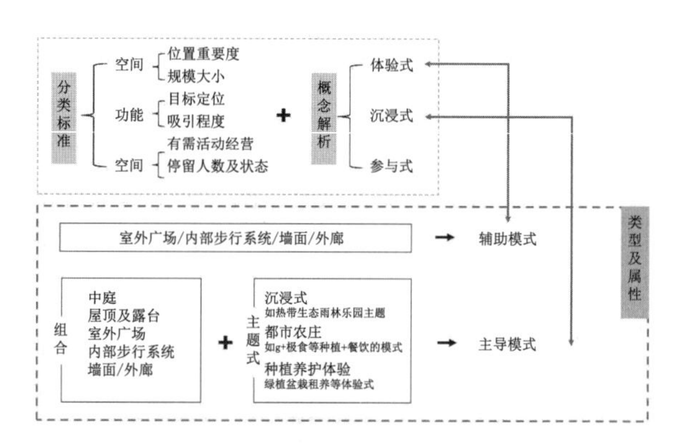

图 2 城市综合体立体绿化系统分类标准与类型

根据主导模式和辅助模式关于功能、空间、运营各部分的属性定位，结合综合体绿化创造的价值，可得 1.0 体验式对应于辅助模式，2.0 沉浸式对应于主导模式，3.0 参与式为未来发展趋势（图 3）。

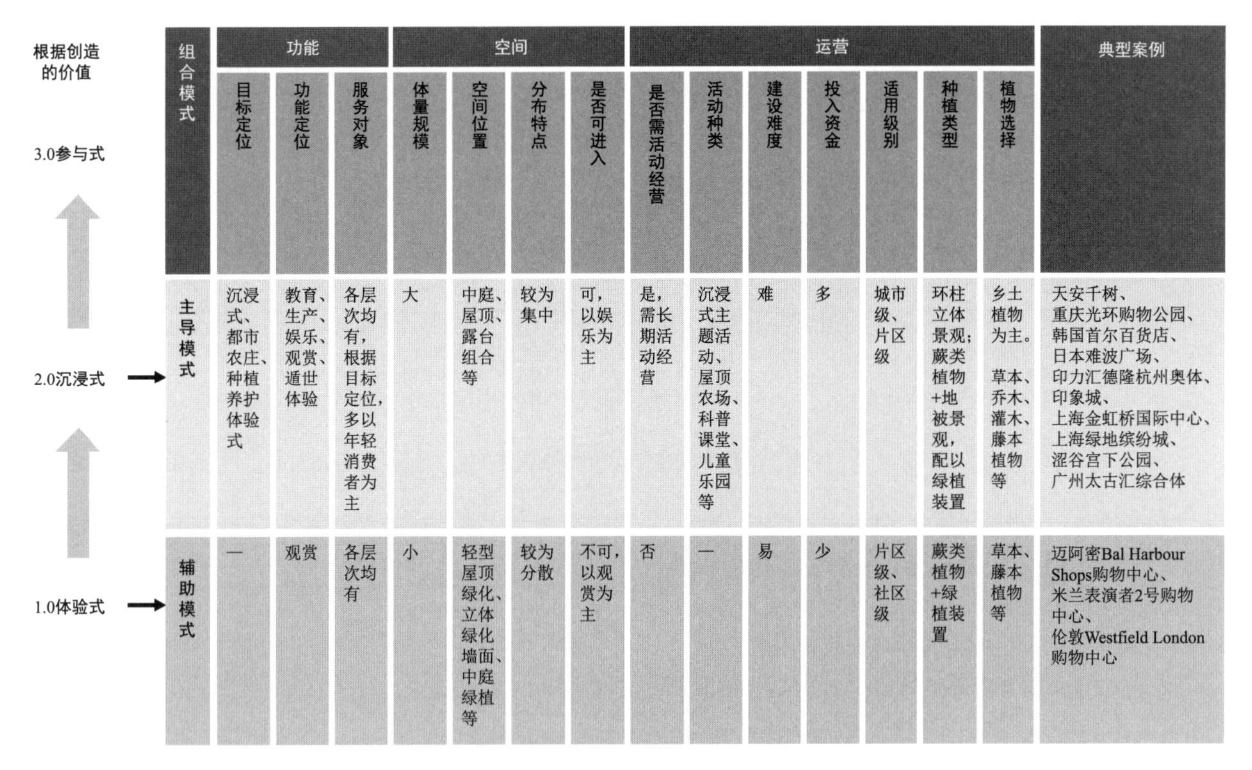

组合模式	功能			空间				运营							典型案例
	目标定位	功能定位	服务对象	体量规模	空间位置	分布特点	是否可进入	是否需活动经营	活动种类	建设难度	投入资金	适用级别	种植类型	植物选择	
主导模式	沉浸式、都市农庄、种植养护体验式	教育、生产、娱乐、观赏、遁世体验	各层次均有，根据目标定位，多以年轻消费者为主	大	中庭、屋顶、露台组合等	较为集中	可，以娱乐为主	是，需长期活动经营	沉浸式主题活动、屋顶农场、科普课堂、儿童乐园等	难	多	城市级、片区级	环柱立体景观；蕨类植物+地被景观，配以绿植装置	乡土植物为主。草本、乔木、灌木、藤本植物等	天安千树、重庆光环购物公园、韩国首尔百货店、日本难波广场、印力汇德隆杭州奥体、印象城、上海金虹桥国际中心、上海绿地缤纷城、涩谷宫下公园、广州太古汇综合体
辅助模式	—	观赏	各层次均有	小	轻型屋顶绿化、立体绿化墙面、中庭绿植等	较为分散	不可，以观赏为主	否	—	易	少	片区级、社区级	蕨类植物+绿植装置	草本、藤本植物等	迈阿密Bal Harbour Shops购物中心、米兰表演者2号购物中心、伦敦Westfield London购物中心

图 3 城市综合体立体绿化系统分类属性定位

1.3 不同类别的城市综合体立体绿化解析

城市综合体共分为城市级、片区级和社区级三级[5]，因而城市综合体立体绿化也相应分为城市级、片区级和社区级综合体绿化。

城市级综合体绿化多以创造空间、环境及经济价值为主旨，服务对象多为普通市民及外来游客，结合其丰富的功能定位，引入不同主题的沉浸式活动种类，打造非凡的“遁世体验”，种植种类更为多元，如环柱立体景观、蕨类植物和地被景观结合体等；片区级综合体绿化旨在创造更多的空间效益，多服务于普通市民，重在发挥其儿童教育及娱乐价值；社区级综合体绿化则以体验式和参与式为核心，强调周边居民在此消费或休憩时的绿色体验，活动种类集中于少儿科普课堂及种植养护体验式等（表 2）。

不同类别的城市综合体的立体绿化系统区别　表 2

类别	服务对象	空间位置	功能定位	活动种类	种植种类
城市级综合体立体绿化	普通市民、外来游客	中庭、屋顶及露台、建筑外立面	娱乐、观赏、遁世体验	沉浸式主题活动、儿童乐园	环柱立体景观，蕨类植物+地被景观，配以绿植装置
片区级综合体立体绿化	普通市民	中庭、屋顶及露台、建筑外立面	教育、娱乐、观赏	屋顶农场、科普课堂、儿童乐园	蕨类植物+地被景观，配以绿植装置
社区级综合体立体绿化	周边居民	轻型屋顶绿化、步行系统周边、休憩区周边、内墙面、中庭绿植	教育、生产、娱乐、观赏	少儿科普课堂、种植养护体验式	蕨类植物+地被景观，配以绿植装置

续表

2 城市综合体立体绿化的价值意蕴

城市综合体立体绿化不仅是新时代背景下的城市绿化发展的创新模式，也充分体现了城市绿色功能拓展与城市更新发展理念协同的生态内涵。

2.1 城市更新中公共服务体系创新性建设的重要拓展

随着我国城市发展由注重效率的增量扩张的上半场进入至注重生态、人民满意度的存量优化的下半场，公共服务创新型发展已成为提升公众幸福值的重要举措[6-7]。城市综合体已日趋成为城市更新进程中承载市民生活的创新型公共服务设施[8]。功能复合的城市综合体作为高密度立体化城市建设的典范，可作为公共服务创新载体，实现公共服务产业向复合化、集约化、精细化的方向发展。反过来，公共服务在国家发展及政策扶持下创新革变，其优势资源与城市综合体的复合发展可为综合体提供更多的新颖业态，促进其在经济、环境、社会层面协同发展，进而健全综合体的服务体系，提升市民的优质化体验（图4）。

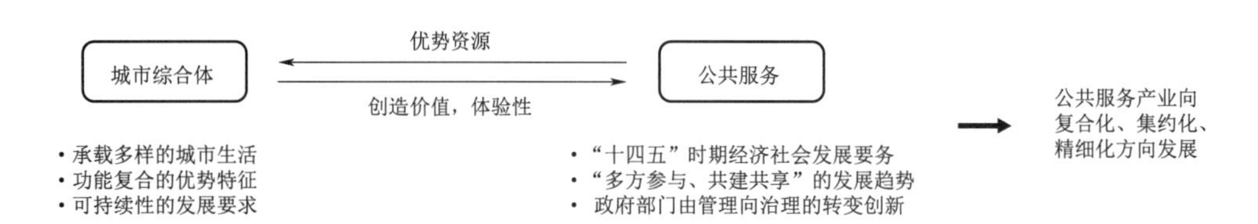

图4 城市综合体与公共服务的优势互补

城市综合体公共服务体系中，主要包括观演、教育、博览和生产设施类型[9]，这些公共服务设施和绿化结合的模式分为单一和复合维度型两类。研究证明，立体绿化与城市综合体公共服务体系的结合可提升空间吸引力，也可有效增加空间的重复到访率[5]。综上，作为公共服务体系拓展建设的城市综合体立体绿化可有效推进公共服务向创新、高质量方向发展，以提升场所吸引力及地段竞争力，并促进区域的整体发展。

2.2 “碳达峰、碳中和”背景下城市低碳景观的建造机遇

随着大量碳排放引发的各类城市生态环境问题日益严峻，“低碳”业已成为可持续发展和新型城镇化道路的必然选择，其核心在于减少碳排放（减排）和消除碳排放（增汇）[10]。世界各国针对“碳中和”目标制定各项政策，如呼吁全球在2015年到2020年间必须开始减少碳排放的《哥本哈根议定书》，制定了将全球升温控制在2℃以下、尽快使全球碳排放达到峰值的目标的《巴黎协定》，以及明确要2050年前实现“碳中和”的北欧五国联合宣言等[11-13]。同时，我国也明确了2023年前实现“碳达峰”、2060年前实现“碳中和”的目标[14]（表3）。但在宣布碳中和目标国家中，我国碳排放总量最多，是第二名的近10倍（图5）。上海作为中国低碳转型的“排头兵”和“探路者”，在“十四五”规划中明确提出需制定全市碳排放达峰行动方案，确保在2025年前实现碳排放达峰[15]，而上海在能源结构和产业结构中的低碳业绩均已达标[6]，故需转换思路，思考其他路径；同时，政策明确规定在2030年前（绿色发展第一阶段），重点考虑以绿色方式满足人居的生活需求。

世界各国在“碳中和”方面的政策制定 表3

时间	事件	政策
2009年12月	哥本哈根世界气候大会拟定《哥本哈根议定书》	全球必须停止增加温室气体排放，且在2015年到2020年间开始减少排放
2015年12月	联合国195个成员国签署《巴黎协定》	目标是将全球升温控制在2℃以下，尽量控制在1.5℃，尽快使全球碳排放达到峰值，并在碳达峰后采取快速减排行动
2018年10月	联合国政府间气候变化专门委员会（IPCC）发布的《全球升温1.5℃特别报告》	控制全球平均温升在1.5℃以内，需要全球在2050年左右实现温室气体净零排放
2019年01月	北欧五国发布联合宣言，明确要2050年前实现“碳中和”	瑞典2045年，芬兰2035年，英国2050年，欧盟2050年，德国2045年
2020年09月	国家主席习近平于联合国大会上发表宣言	二氧化碳排放力争于2030年前达到峰值，努力争取2060年前实现“碳中和”
2020年11月	国家主席习近平在金砖国家领导人第十二次会晤上宣言	
2020年12月	中央经济工作会议在北京举行	二氧化碳排放力争于2030年前达到峰值，努力争取2060年前实现“碳中和”。需立刻制定2030年前“碳达峰”的方案规划，率先鼓励和支持符合条件的地区早日实现碳排放达峰
……	……	……

植物以其光合作用成为城市范围内唯一直接增汇、间接减排的要素，也被称作天然的碳汇体，是城市生态系统重要的生产者，在“碳达峰”政策下具有特殊价值[16,17]。面对建筑业碳排量占比高达42%，IEA和UNEP提出建筑行业需转变其碳排放上升的趋势，并以每年3%的速度提

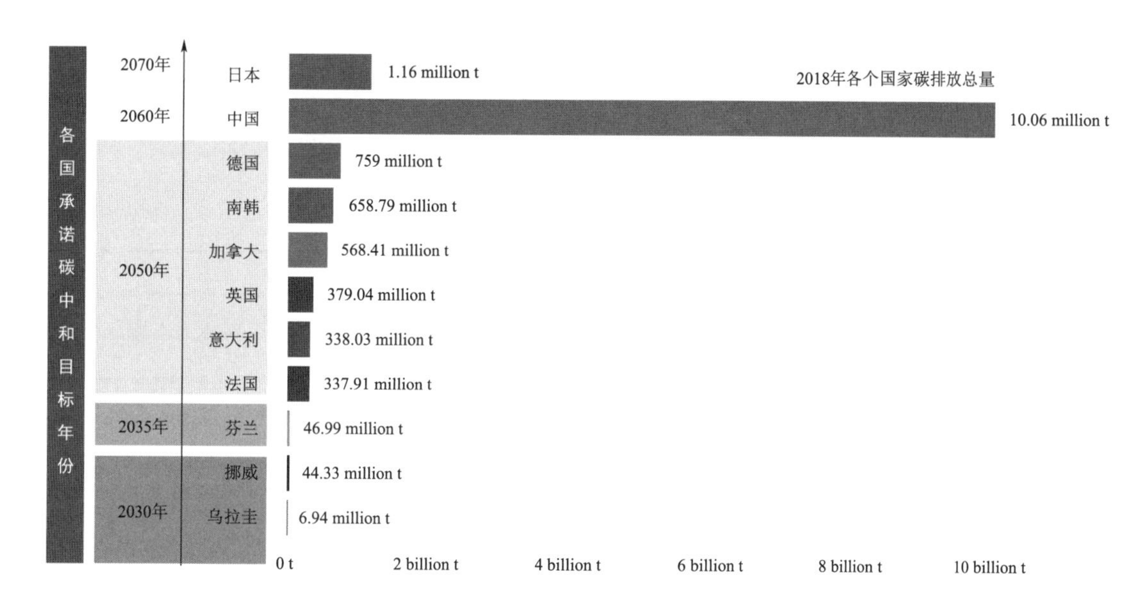

图 5 各国家碳排放总量表
（图片来源：Cabon Project：Carbon Dioxide information Analysis Centre）

升建筑的能源效率[18]。在此背景下，立体绿化与建筑的结合成了减少建筑碳排放，继而迎合碳达峰政策的有效之举。

随着人们对创新建筑的追求提升、对生态需求的增加，以及开发商企业社会责任意识的提高，立体绿化已日趋成为城市综合体建设过程中的主流存在，在改善生态环境以形成良性微型气候的同时，作为城市低碳景观的创新形式积极推进“碳达峰、碳中和”。

2.3 高密度城市视角下绿化空间立体发展的极佳形式

高密度建设环境是我国城市发展的方向，在城市规划与城市设计领域重要性不断提高，但却对生态环境带来巨大的影响，因此在城市绿色用地紧张、生态环境质量预警与人们对城市绿化需求量增大的矛盾下，以中国北京、上海等为代表的人口密度高、城市建筑密度大而公共绿地占有率低的城市，满足城市绿化建设的土地有限，因此需将目光转向城市立体空间，充分利用现有城市层次及建筑平立面空间资源进行绿化。

城市综合体是适应高密度城市复合高效趋向的产物，已日益成为市民日常生活的重要组成部分。城市综合体因其在高密度城市环境中享有立体开放式空间，成为城市绿化空间得以垂直发展的极佳载体[5]。城市综合体立体绿化在弥补地面绿化的不足、丰富绿化层次的同时，更有助于恢复城市及建筑生态系统平衡，符合国家提倡的可持续发展理念，具有重要的社会意义和科学价值。

3 城市综合体立体绿化研究进展、现存问题与发展路径

3.1 城市综合体立体绿化研究进展

基于 Web of Science 数据库，本文检索了绿化和商业建筑的叠加关键词，如“建筑一体化绿化”“绿化/绿化系统”“亲生物设计”“亲生物氛围”“天然植物”“自然”“生态自然环境”“室内植物”“垂直绿化系统/VGS”“绿墙”“绿色立面”“生活墙（系统）”“模块化绿化（系统）”“绿色屋顶（系统）/GRS”“屋顶花园”以及“购物中心”“购物中心商场”“商店”“零售”“城市中心”“混合用途建筑”“商业综合体”“高层建筑”“景观建筑”。

通过 CiteSpace 的图谱分析中的 Keyword citation bursts，得出从 2004—2023 年研究热点的变化（图 6），其中 recovery 是早期影响力最突出、持续时间也最长的关键词（2004—2012 年），主要包括人类健康的修复[19-21]，帮助克服如碳排放、升温等城市气候变化的影响，同时增加城市生物多样性[22]，以及致力于对商业场所的修复[4]。后来逐渐过渡至 transformative service research、social interaction 和 experience，并重点研究 shopping malls 这一研究对象。而今年被引爆发最强的关键词有“image”和“biophilic design”，已有研究证实了商业环境中亲生物设计属性与积极消费者反应之间的倒“U”形关系[23]，并通过比较验证了在商业环境中实施亲生物设计比标准设计更能增强客人的积极情绪反应，而认知形象和情绪反应反过来又对行为意图产生积极影响[24]。因此，商业环境中的亲生物设计将在未来受到持续关注。

Keywords	Year	Strength	Begin	End	2004—2023
recovery	2004	1.67	2004	2012	
attention	2011	1.28	2011	2011	
transformative service research	2016	1.44	2016	2018	
social interaction	2015	1 25	2016	2016	
green	2018	1.48	2018	2019	
negative affect	2012	1.27	2018	2019	
experience	2011	1.26	2018	2020	
shopping malls	2010	1.53	2019	2019	
image	2019	1.39	2019	2023	
biophilic design	2019	1.74	2020	2023	

图 6　引用次数最多的前十位关键词

3.2　城市综合体立体绿化现存问题

近些年，随着相关政策和法律的逐步完善，城市综合体与立体绿化的结合趋势明显，实践案例逐步增多。但是深入研究发现，国内城市综合体绿化的发展仍存在一些困境，使其难以大规模推行。首先，作为城市更新中公共服务体系创新性建设的重要拓展之一，城市综合体立体绿化在具体实施中，多被政府贯以可促进市场经济活动的名号，而对关系到具体的商业绿化空间如何有效影响城市居民生活的社会性公共服务缺乏足够重视，主要表现在因公众难以参与前期建设和后期使用后评价反馈，导致后期体验度不高。同时，因缺乏多元主体共同参与城市综合体立体绿化前期建设的商议，导致需求不同的利益相关者之间在其最佳配置方面存在争议[25]。其次，城市综合体作为双碳背景下低碳景观的创新载体，其绿化缺乏全局设计。同时，城市综合体立体绿化除了有较高的设计和安装等初始成本，后期的维护和管理等运营成本也十分昂贵，这些高成本是导致其推广缓慢的重要原因。然而，在高昂成本的逼退下，所产生的效益却并不明晰，从而导致人们对其“高成本、无效益或低效益”的误解，这也是投资者所关心的城市综合体立体绿化建设能否引发可持续经济的问题。虽然目前已有研究表明，商业建筑、绿色植物和经济性回馈是“相辅相成的实践”[26]。但缺乏从宏观角度把握其发展的精细化指导方针和从全生命周期角度整合其成本和效益的评价体系和考核机制。尤其是其带来的良性心理和健康影响等社会效益均处于定性描述阶段，尚未被合理量化。此外，虽然城市综合体立体绿化是高密度城市视角下绿化空间立体发展的极佳形式，但目前市场上的项目往往存在千篇一律的现象，多表现为简单的墙面绿化或是檐口绿化，在表现形式和植物选择上缺乏创新。最后，城市综合体立体绿化的管控效力较低，与其他环节衔接相对薄弱，且加上后期施工阶段由于额外的土壤覆盖和环境要求导致植物较低的存活率，以及维护阶段由于管理方的责任缺失导致一些植物因维护不善而被丢弃，而不是被可持续地替换[27-28]，此类绿化空间还会存在安全隐患，如树木倾倒、病虫害等，对居民的生命财产安全造成威胁，最终导致城市综合体立体绿化成为“半烂尾工程”。

3.3　城市综合体立体绿化发展路径

3.3.1　多方参与

“全民参与，全域共享”的城市更新发展理念，已促使形成政府、市场、市民等多方协同的态势。本文将城市综合体立体绿化利益相关者分为政府系列中的国家及地方政府、相关管理处和非政府系列中的经营者、消费者、专家学者、社会组织、媒体，其在生态、社会、经济维度的利益诉求如表 4 所示。

城市综合体绿化利益相关者的价值共创　　表 4

<table>
<tr><th colspan="3" rowspan="2">利益相关者</th><th rowspan="2">角色定位</th><th colspan="3">利益诉求</th></tr>
<tr><th>生态利益</th><th>社会利益</th><th>经济利益</th></tr>
<tr><td rowspan="4">核心层</td><td rowspan="3">政府系列</td><td>国家政府</td><td>主导者（制定政策）</td><td colspan="3">从宏观层面制定政策，以实现生态、社会和经济效益的协调统一；调动各利益相关者参与的积极性</td></tr>
<tr><td>地方政府</td><td>协调者（负责监管）</td><td colspan="3">负责监督管理保护和经营工作，实现三大效益的协调统一</td></tr>
<tr><td>相关管理处</td><td>管理者（具体落实）</td><td colspan="3">落实国家政策，负责保护和经营管理工作，重视市民的参与，追求三大效益的统一</td></tr>
<tr><td rowspan="6">非政府系列</td><td>经营者</td><td>经营方</td><td>空间复合使用</td><td>提升形象、知名度</td><td>追求高额利润回报，能长期稳定经营</td></tr>
<tr><td rowspan="2">紧密层</td><td>消费者</td><td>参与主体及受益者</td><td>体验绿化空间</td><td>丰富城市生活</td><td>物有所值甚至物超所值体验</td></tr>
<tr><td>专家学者</td><td>理论指导者</td><td>科研助力生态循环</td><td>科研成果获得社会认可与政策支持</td><td>—</td></tr>
<tr><td rowspan="2">外围层</td><td>社会组织</td><td>协助主体</td><td>协助进行严格的生态保护</td><td>维护消费者利益，吸引共同参与</td><td>—</td></tr>
<tr><td>媒体</td><td>舆论监督者</td><td>广泛宣传形成全社会共同保护并享受绿色环境良好氛围</td><td>通过宣教提高公民保护意识</td><td>—</td></tr>
</table>

城市综合体立体绿化项目的实施需要多方参与和支持，其中涉及政府、市场、社会组织、居民、专家和媒体等利益相关者。图 7 所示为主要的三方利益相关者（政府、市场、社会）的交互。政府作为政策制定者和监管者，通过构建多层次、多维度的政策支持和协同保障机制，有效推进城市综合体立体绿化建设进程中的管控治理和有力实施，营造科学绿化的良好氛围，为项目的成功落地提供多重供给保障。市场方是城市综合体立体绿化项目的实施主体，应充分发挥企业的主动性和创造性，根据市场需求和政府政策，制定科学合理的实施方案以推动项目的实施，如资源共享平台、认养绿植计划等。同时，城市综合体立体绿化项目需要广泛的社会参与和支持，如社会组织、专家学者、媒体、志愿者、居民等社会方，可以通过市场方搭建的综合体绿化信息共享平台创新开展监测评价，保障人民的参与和监督管理，享有建设成果，并能及时反馈绿化建设需求以巩固提升绿化质量和成效、进而增加项目的社会影响力和公信力，提高项目的实施效果。最终，城市综合体立体绿化的多方参与模式通过构建以政府为主导、相关行业机构为主体、社会组织和市民共同参与的体系，切实推动其实现经济、生态和社会效益的共赢，从而促进城市绿化和生态化的发展。

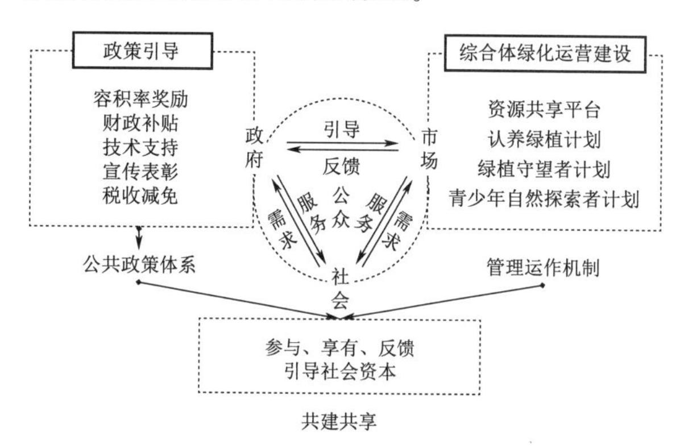

图 7　城市综合体立体绿化的利益相关者的交互图示

3.3.2 设计先行

在城市综合体的设计阶段，需要前置思考立体绿化设计融入的合理性和可行性。首先，需从以人为本角度出发，设计符合人们欣赏，并有情感寄托的实用性景观，如光影丛林和生活剧场并存的更接近市民娱乐与生活空间的高质量绿化类型。其次，涉及空调机电、建筑结构等后期较难调改的方面，需要在设计阶段就结合景观意向方案进行充分考虑。如在机电设计方面，利用雨水收集系统为立体绿化提供水源或利用太阳能利用系统提供能源等；在结构方面需考虑大型树种的覆土需求及移植条件，以避免后期可能带来的结构降板、荷载调整等问题。以南翔印象城 MEGA“植物园”为例，其内最大的一棵 15m 高的高山榕根部有 1.5m 的覆土，这些覆土条件都是在结构设计阶段就进行了前置考量的。此外，需在设计阶段强化城市综合体立体绿化空间中各景观要素配置的系统性，实现其从“无序分散、功能单一”到“形式呼应、功能复合”的蜕变，满足市民日益提升的对生态空间高品质的需求，建设“建筑与绿互融”的空间价值共同体。

3.3.3 亲生物设计

亲生物设计是指将自然元素融入建筑环境设计中。将亲生物设计（绿色植物、喷泉和野生动物等自然元素）融入城市综合体，可有效鼓励消费者产生积极反应，加上选择合适的植物物种并有效组合，并合理利用植物不同的表现形式，可以最大限度地提高商业建筑绿化的容量、性能和积极影响。城市综合体中不同空间绿化所产生的影响不同，因此应进一步探索不同空间所需绿化的类型、组合形式和表现形式。已有研究表明城市综合体绿化可基于植物的不同形态，使消费者的参观和购买意愿提高 16.9%~36.1%。

3.3.4 激励政策

政府可以通过财政补贴、税收优惠、土地使用政策、荣誉奖励、技术支持和宣传推广等多种方式减少城市综合体立体绿化的各项成本以促进项目的实施，进而加快城市绿化和生态化的发展。首先，政府可以给予城市综合体立体绿化项目一定的财政补贴，以鼓励和支持该项目的实施。这些补贴可以涵盖项目的设计、施工、维护等方面，以减轻企业的经济负担，提高项目的可行性。其次，政府可通过税收优惠，如减免所得税、增值税等，吸引更多的企业参与该项目，并在一定程度上降低立体绿化的安装成本、增加企业的收益，从而推动项目的实施。第三，政府通过对参与方给予土地使用政策优惠，如减免土地出让金、延长土地使用权等，以增加企业的资产价值，鼓励其积极参与该项目。第四，政府可对在城市综合体立体绿化项目中表现优越的企业和个人予以一定的荣誉和奖励，如颁发荣誉证书、授予荣誉称号等，以提高企业和个人的积极性和参与度。第五，政府可通过组织专家进行技术咨询、提供技术培训和指导等方式，降低企业的技术风险，增加项目的可行性。最后，政府可通过组织展览、举办讲座、发布宣传资料等渠道，对城市综合体立体绿化项目进行宣传推广，以提高公众对该项目的认知度和参与度，从而增加项目的社会影响力，吸引更多的企业参与其中。

3.3.5 系统评估

城市综合体立体绿化的系统性评估可以通过了解绿化工作的进展和成效，及时发现问题并提出改进措施。城市综合体立体绿化系统评价效益共分为社会价值、经济价值、生态价值三维度。社会价值是从公众需求出发，从公众空间行为探究分析使用效果所得，包括居民满意度（评估居民对立体绿化带来的环境、舒适度和美学等方面的满意度，主要通过问卷调查、个案研究和社区座谈等方式获取反馈）、空间绩效（分析其对空间的利用效果，具体包括评估立体绿化的覆盖率、均好性、空间的层次感和通透性等方面的表现）、人流量。经济价值是通过数据分析和经济模型预测等方法，计算城市综合体立体绿化的建设、维护和运营成本，以及其为城市综合体的营业额带来的贡献，以获取投资回报率。生态价值旨在检测和分析城市综合体立体绿化在改善城市环境方面的作用，具体为运用环保监测和环境影响评估方法评价其对节能、减碳等方面的效益（图8）。此外，可借鉴国际可持续评级系统的创新型指标，灵活设计一些创新性评价项，如新技术的应用对提高立体绿化系统性能和维护管理效率的贡献等。最后，更新全面的城市综合体绿化经济影响因素、合理量化所有经济性指标并整合为其经济可持续性评价体系，可有助于运营商更好地了解绿化实施的各种价值和经济竞争力，指导政府制定针对性激励措施和补贴政策，进而推动绿化系统在城市综合体中的市场应用。

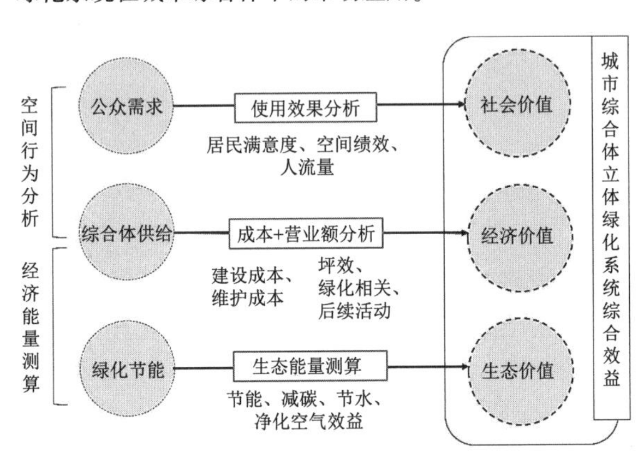

图8 城市综合体立体绿化系统评价效益评价思路

3.3.6 品牌打造

目前我国很多城市综合体立体绿化存在“有建设，无特色”的尴尬局面，为了解决其“千造一面”的现状，必须固守地域特色和周边居民需求优先的引领地位，着力推进地域需求和生态建设协同发展，进行景需共生的立体绿化建设。使得城市综合体立体绿化成为市民绿色需求表达的载体，提升景观元素和背后价值的体验感和标识性。例如乐坊·上海西南商城改造项目，通过调研市民需求，打造了阳光绿植农场、植物科普书吧、种子博物馆等空间，结合种植、采摘、喂养等一系列森系活动，被赋予独特的自然教育价值，让空间的可能性被持续发掘、氛围不断发酵，城市与自然，事物与情感，时间与空间的界限都在一点点消融。这种城市综合体立体绿化建设告别千篇一律的绿色空间设计、单一的绿化建造模式，以及碎片性活动，重新建立空间与人的关系，带入自在、自然、惬意的生活方式。此外，也可将园艺疗法、芳香疗法等绿色康养类产品引入城市综合体立体绿化空间，提高此类公共空间的互动性和供给性。最后，应注重本地资源的利用，强化本土植物的应用和风貌的营造。

3.3.7 科学管理

城市综合体立体绿化的科学管理应以制度保障为基础，通过明确各部门、各单位的职责和任务，建立健全绿化管理制度，并制定详细的养护计划，包括浇水、施肥、修剪、除草、病虫害防治等方面的工作，确保绿化植被生长良好。然而，在这种由政府相关部门负责，并由其下属机构或委托有资质的企业来具体执行的城市综合体立体绿化的管理工作，最终多演变为高管理成本的对抗式管理。因此，应鼓励市民以公益性组织为单位参与到城市综合体立体绿色空间的管理维护中，以缓解管理方面临的压力，最终实现政府、企业、市民共治共管此类生态空间。此举已被美国、英国、荷兰等多国验证为可降低管理成本、提高管理效能的可行之举，有利于城市综合体立体绿化实现更贴合于市民的可持续发展。其次，城市综合体立体绿化的科学管理应以科技创新为手段，采用先进的绿化技术和设备，如智能灌溉系统、生态护坡技术等，以提高绿化效率和质量，减少资源浪费和环境污染。同时，应加强信息化技术的应用，建立数字化管理平台和监测系统，实现绿化空间的精细化管理和动态监测。

4 结语

城市综合体立体绿化是协同高密度城市经济社会与生态环境高质量发展的城市绿色发展新形式，可推动我国公共服务体系到达更高层次，促进我国生态环境建设和城市绿色发展达到更高水平。针对现阶段城市综合体立体绿化关于体验度较低、缺乏全局设计、高成本、效益不明晰、评价体系和考核机制不到位、形式千篇一律和管控效力低等挑战，本文立足多方参与、设计先行、激励政策、科学评估、品牌打造、科学管理六大发展路径，探索城市综合体立体绿化在新时期新目标下的建设要领，进一步明确了协同社会公共服务高质量发展和生态环境保护齐驱的建筑绿化实现方针。

参考文献

[1] HU M Z, FAN Y H, ZHAO Q Q. A study of HOPSCA development under the intensive land use[J] Applied Mechanics and Materials, 2011, 71: 589-593.

[2] QIN Y, YAO M, SHEN L, et al. Comprehensive evaluation of functional diversity of urban commercial complexes based on dissipative structure theory and synergy theory: A case of SM city plaza in Xiamen, China[J]. Sustainability, 2021, 14(1): 67.

[3] Urban Redevelopment Authority (URA), Enhanced LUSH to take urban greenery to new heights [EB/OL]. [2017-11-09]. https: //www. ura. gov. sg/Corporate/Media-Room/Media-Releases/pr.

[4] WU Y, WANG Z, WANG H. Vertical greenery systems in commercial complexes: Development of an evaluation guideline[J]. Sustainability, 2023, 15(3): 2551.

[5] 王桢栋．城市综合体的协同效应研究——理论·案例·策略·趋势[M]．北京：中国建筑工业出版社，2018.

[6] 上海市人民政府．2023 年上海市政府工作报告[EB/OL]. [2023-01-17] https: //www. shanghai. gov. cn/.

[7] 李德国，陈振明．高质量公共服务体系：基本内涵、实践瓶颈与构建策略[J]．中国高校社会科学，2020(3)：148-155，160.

[8] 王桢栋，阚雯，方家，等．城市公共文化服务场所拓展及其价值创造研究——以城市综合体为例[J]．建筑学报，2017(5)：110-115.

[9] 王桢栋，李晓旭，阚雯，等．城市建筑综合体非盈利型功能的组合模式研究[J]．城市建筑，2014(13)：17-20.

[10] OLORUNTEGBE, K. Ecocultural factors of carbon emission, ecological footprints and implication for chemical safety in the environment[C]// Abstracts of Papers of the American Chemical Society. 1155 16TH ST, NW, Washington, DC 20036 USA: Amer Chemical soc. 2017: 254.

[11] DAHAL K, JUHOLA S, NIEMELÄ J, The role of renewable energy policies for carbon neutrality in Hels inki Metropolitan area [J]. Sustainable Cities and Society, 2018, 40: 222-232.

[12] KRAMMER P, DRAY L, KÖHLER M O. Climate-neutrality versus carbon-neutrality for aviation biofuel policy[J]. Transportation Research Part D-Transport and Environment, 2013, 23: 64-72.

[13] QIN L, KIRIKKALELI D, HOU Y, et al. Carbon neutrality target for G7 economies: Examining the role of environmental policy, green innovation and composite risk index[J]. Journal of Environmental Management , 2013, 295: 113119.

[14] 中国政府网．中央经济工作会议举行．习近平李克强作重要讲话[EB/OL][2023-01-17]. https: //www. gov. cn/xinwen/2022-12/16/content_ 5732408. htm.

[15] 上海市人民政府网．上海市国民经济和社会发展第十四个五年规划和二〇三五年远景目标纲要[EB/OL]. [2021-01-30]. https: //www. shanghai. gov. cn/.

[16] BOAMAH F. Emerging Low-Carbon Energy Landscapes and Energy Innovation Dilemmas in the Kenyan Periphery[J]. Annals of the American Association of Geographers, 2020, 110 (1): 145-165.

[17] JEFFERSON M. Safeguarding rural landscapes in the new era of energy transition to a low carbon future[J]. Energy Research & Social Science, 2018, 37: 191-197.

[18] 林波荣．建筑行业碳中和挑战与实现路径探讨[J]．可持续发展经济导刊，2021(Z1)：23-25.

[19] BRENGMAN M, WILLEMS K, JOYE Y. The Impact of In-Store Greenery on Customers[J]. Psychology & Marketing, 2012, 29 (11): 807-821.

[20] ROSENBAUM M S, OTÁLORA M L, RAMÍREZ G C. The restorative potential of shopping malls[J]. Journal of Retailing and Consumer Services, 2016, 31: 157-165.

[21] ROSENBAUM M S, RAMÍREZ G C, CAMINO J R. A dose of nature and shopping: The restorative potential of biophilic lifestyle

center designs[J]. Journal of Retailing and Consumer Services, 2018, 40: 66-73.

[22] BAK J, KROLIKOWSKA J. Current status and possibilities of implementing green walls for adaptation to climate change of urban areas on the example ofKrakow[J]. Rocznik Ochrina Srodowiska, 2019, 21: 1263-1278.

[23] SHIN M, LEE R H, MIN J E, et al. Connecting nature with luxury service[J]. Psychology & Marketing, 2023, 40(2): 300-316.

[24] ORTEGÓN-CORTÁZAR L, ROYO-VELA M. Effects of the biophilic atmosphere on intention to visit: the affective states' mediating role[J]. Journal of Services Marketing, 2019, 33(2): 168-180.

[25] 王桢栋，原青哲，叶宇，等. 城市综合体立体绿植行为偏好影响测度及经济效用视角下的设计优化[J]. 时代建筑, 2023(2): 54-61.

[26] JOYE Y, WILLEMS K, BRENGMAN M, et al. The effects of urban retail greenery on consumer experience: Reviewing the evidence from a restorative perspective[J]. Urban Forestry & Urban Greening, 2010, 9(1): 57-64.

[27] KIRKPATRICK L O. Urban triage, city systems, and the remnants of community: Some "sticky" complications in the greening of Detroit[J]. Journal of Urban History 2015, 41(2): 261-278.

[28] HAMI A, MOULA F F, BIN M S. Public preferences toward shopping mall interior landscape design in Kuala Lumpur, Malaysia[J]. Urban Forestry & Urban Greening 2018, 30: 1-7.

作者简介

武艺萌，1993年生，女，同济大学建筑与城市规划学院在读博士研究生。研究方向为建筑设计及其理论。电子邮箱：yimeng_wu@126.com。

肖冠延，2000年生，男，同济大学建筑与城市规划学院在读硕士研究生。研究方向为建筑设计及其理论。电子邮箱：xiaoguanyan2000@163.com。

（通信作者）王桢栋，1979年生，男，博士，同济大学建筑与城市规划学院，教授、博士生导师。研究方向为建筑设计及其理论。电子邮箱：zhendong@tongji.edu.cn。

风景园林促进乡村振兴

乡土的图像：重庆传统聚落农业生计景观类型研究①②

Images of the Native Land: A Study of Livelihood Landscape Types in Traditional Agricultural Settlements in Chongqing

王平妤　李超越

摘　要：重庆乡村聚落蕴含人们适应山地生态自然系统的聚居智慧，呈现出不同农业生计景观形态。乡土景观图像反映了独特的生态美景现象。利用遥感影像和实地采集的点云数据与 GIS 信息，结合宏观地形区层级、中观流域层级、微观聚落单元层级的划分，传统聚落生计要素的图像、景观指数分析，揭示了重庆不同区域传统聚落的乡村聚落人地关系特征，根据聚落与耕地之间的伴生关系、耕地分类模式，总结出农业生计景观中 4 种典型类型，提出生计景观类型的保护发展思路。研究聚落在自然环境中所形成的独特生活模式和视觉语言，对描摹重庆农业文化景观画像，推动和指导区域文化景观保护和发展，提升地方文化辨识度，塑造和美乡村有现实意义。

关键词：传统农业聚落；生计景观 ；乡土景观类型；景观图像 ；景观可视化

Abstract: Chongqing rural settlements, which embody people's wisdom of how to dwell in the mountainous ecological and natural systems, feature varying landscape patterns of agricultural livelihoods, with landscape images of the native land mirroring the unique ecological splendor. With the use of remote sensing images point cloud data and GIS information captured in the field, and in combination with the classification of macro topographic area level, meso watershed level, and micro settlement unit level, this study proceeds with the analysis of images and landscape indexes of the livelihood elements of traditional settlements to uncover the characteristics of the human-land relationship of rural settlements in different regions of Chongqing's traditional settlements. Given these and based on the companionship between settlements and cropland and the cropland classification model, this study draws out four typical types of agricultural livelihood landscapes. It puts forward ideas for the conservation and development of livelihood landscape types. The study of the unique lifestyle and visual language of the settlement formed in the natural environment is of practical significance in portraying Chongqing's agricultural, cultural landscape, promoting and guiding the conservation and development of regional cultural landscapes, raising the identity of the local culture, and shaping a harmonious and beautiful countryside.

Keywords: Traditional Agricultural Settlements; Livelihood Landscapes; Landscape Typesof Native Land; Landscape Images; Landscape Visualization

① 本文已发表于《园林》，2024，41（07）：57-65。

② 基金项目：重庆市艺术科学研究规划项目“城乡融合背景下重庆乡村生态图谱的价值转换研究”（编号：22YB01）；重庆市教育委员会人文社会学科研究项目“美术介入：聚焦重庆高品质公共景观提升的设计与实践研究”（编号：22SKGH283）；成都文理学院校级科研项目“重庆传统聚落景观图像化应用研究”（编号：WLYB2023103）。

引言

农业生计作为传统聚落人居利用土地获取物质资料的主要方式，在适应自然生态环境的过程中显现出人居丰富的生存智慧[1]。生计景观自然反映出传统聚落劳作生计智慧和利用土地的特征，并作为人文过程的显现——人文审美“事实”或文化作用下的“科学过程”[2] 被人们感知并体现。重庆传统聚落对土地利用的特殊生计，在景观视觉方式呈现出区别于资源型聚落、交通型聚落外的“乡土”方式，通过可以被辨识与阅读的图形图像传递，形成一定的图像谱系特征，阐释特有的文化景观语汇[3]。聚落、农田、水系和林地作为生计景观因子，通过与传统聚落的生态联系，以及这些生态要素之间的“组合特点”和相互影响，形成农业生计景观的特有类型，揭示出传统农业聚落景观美学的空间作用要点。

胡最等[4] 采用源自基因学的“图谱”概念用以解释景观地学规律和知识构成，从地理学角度，将地学规律的表达方法、地学现象蕴含的地学机理与地学知识，以图谱的形式作为景观类型研究的知识途径。通过传统聚落景观基因组的空间排列特征，总结传统聚落的空间形态与结构特征[5-6]；申秀英、刘沛林等[7-8] 引入生物学的“基因”概念，建立研究关联性景观基因及演进过程，构成、划分聚落景观区划的基本方法；韦娜等[9]、雷成萱等[10] 将基因提取和编码的方法在不同传统聚落中应用。这些研究都为农业聚落生计景观的类型研究拓展了视野和方法。从宏观到微观的景观图像角度分析土地现象传达的景观语言，有助于从不同方面观察和理解重庆传统聚落的规律性特点、农业生计格局对聚落的演变和发展带来的影响，并探寻其价值的现代性保护与转化。

文章以重庆传统农业聚落生计景观为研究对象，利用 ArcGIS Fragstats 软件分析，点云技术的影像支撑，对农业聚落在三大地形区域、中观流域层级进行分类辨析，建立不同尺度的图像采样范围，分析生计景观格局指数；利用不同层次生计景观因子图谱指数，分析农业聚落生计景观特征。对不同层级的农业聚落生计景观识别有助于深化认知传统聚落景观的地域风貌特征，探究土地在主要因子中起到的核心主导作用，并将其作为辅助认知地方文化景观的另一方法途径。研究结果对描摹地方文化画像，区域规划、文化景观保护和发展指导有现实意义。

1 重庆传统农业聚落概况

重庆传统聚落以传统场镇和传统村落为主，截至2024年1月，共有164个村落入选中国传统村落名录，75个村落被列入重庆市传统村落名录加以保护[11]。重庆现有自然村落约122800个。聚落分布特征受到重庆复杂的地形地貌影响，产生了明显的差异，空间层次上划分出平行岭谷地区、武陵山地区以及峡江河谷区三大分布区域[12]。农业聚落的分布主要受到高程、坡度、水源水系条件、耕作距离等多重因素的影响。高程与坡度决定重庆传统聚落垂直分布规律，也影响土地的可利用效率；早期重庆传统聚落的分布受到水源的较大影响，后期科学发展与技术创新极大程度降低了聚落对于水系的依赖性；耕地作为重要的生计基础，农业生产力状况影响土地耕作作业辐射范围、聚落到耕地之间出行距离[13]。以上因素使重庆传统农业聚落保持自身地域性特色，在维系农业景观、传承农耕文化以及保护生态环境等方面承担着重要的职责。

2 影响农业生计景观形成的因素

对重庆传统聚落进行生计景观类型研究，分为两个阶段：①结合历史文献、科学数据与实地调研，对限定生计景观的主客观条件进行分析，明晰生计景观的空间基底与成因；②选择宏观、中观、微观的传统聚落农业格局与形态进行识别与解析，对不同层级的景观格局进行特征研究，提出生计景观类型。

2.1 历史因素奠定基本格局

历史上由于重庆所处位置相对偏僻、自然环境闭塞，随着人口的增加和农业基础设施技术的改良，结合山地垂直立体的耕地分布状况逐步得到优化，这为传统聚落的农业生计方式和景观生成奠定了基础。

(1) 农业生产格局有所拓展。始于唐代、兴于宋代的梯田技术，使得丘陵和半山区域的农业耕殖水平大幅提升，渝西平行岭谷区早稻、中稻、小麦和大麦等作物普遍。峡江河谷地区原本农业耕地一般位于沿江宽坪坝、岸阶台地，伴随畲田运动①拓展了新的农业土地资源，推动

① 畲田，是指焚烧地表的灌木杂草，以草木灰增强土地肥力后再进行耕种的农业生产方式。

当时传统聚落生计拓展，尤其是拓展可利用土地的范围，丘陵、半山及近山的农业开发带动了一批新的农业生产聚落。农业种植制度上逐步推广水田多单季、少双季，旱地多连作、间作、套作的制度，堰塘、渠引等灌溉形式多样化，“冬水田”普及。山地丘陵地带的地理限制逐渐被打破，带来聚落高程分布的一次较大变化，以及立体农业布局的可能。

（2）农作物的引入和更迭[14]。新的经济作物从长江中下游以及东南地区传入，玉米、红薯成为农业村落的主要作物。移民人口增长驱使作物不断向收益更高经济作物、经济林转型发展，如武陵山地区的木本油料；随着林木渔猎逐渐衰退与家庭副业的逐渐兴起，林木渔猎的地理空间被不断的挤压，以农业种植为主的生计模式逐渐定型。

（3）农产品的商品化发展[15]。清初以来，传统聚落中经济作物种植面积扩大，桑蚕业、桐油业等副业发展，形成聚落房前屋后土坎种植、塑造养蚕植桑的历史生计景象。封建末期地方宗法关系改变和富农经济的发展，土地不断在地主之间流动，集中于乡绅地主手中，乡绅群体迅速掌握生产物资，主导传统聚落中土地分配，家屋宅院坐拥地势优越的山谷，周边农田分据。以移民宗族关系为纽带的结团自保，落户插秧时间不一，农田单元并不集中，伴随组团式土地耕作，呈现出“大聚居、小散居”的聚落景象[16]。

2.2 农业地理特性局限了种植种类

一方面重庆地域处于地理交接地带，耕地资源集中于第一阶梯与第二阶梯上，主要为海拔1000~2000m，传统聚落的农业生产依赖广大丘陵地带和溪谷土地；由于地形条件复杂，不同聚落因其地形条件差异呈现农业资源多样化。另一方面重庆地处中亚热带和南亚热带的交汇区，自然地带制约农业种植种类，作物体系以水田二熟三熟，旱地二熟为主[16]，常绿阔叶林、季风常绿阔叶林是主要植被。

此外，山地区域作为长江、淮河流域的分水岭，气候对农业生计各因子影响亦大。耕地、林灌地和水系等环境因子形成农业生计格局，它们之间相互组合、关联和限制，自然因素的变化会导致一种资源组合演变为另一种资源组合，这可能体现在不同流域的生计景观差异现象中。自然资源的分布和组合有区域性，资源分布不平衡。因此，生计资源组合的差异也是导致产生不同生计景观类型的潜在内因。

2.3 自然地理因素影响生计用地分布

山地地形条件限定了生计区间。平行岭谷区农业耕地大部分集中在渝西平行岭谷丘陵地带。武陵山地区农耕用地多开垦于高海拔的夷平面区域与武陵、七曜等山脉中坡区域；江河两岸多高山，耕地大多依山开垦。峡江河谷区以大巴山、巫山等为主，生计用地多位于宽阔平坦中山区域，其中峡谷腹地开阔农耕地相对少，川原较少，在中间有平衍之田，纵深“V”型河谷生计用地条件不充裕[17]。

水道条件影响农耕用地伴生状态。长江流域及支流是以山地型支状灌木型为主的流域水系结构，自然水系形态和冲击岸线创造了相对优渥的用地条件，后经水利设施技术发展，逐渐提高了河谷地区生计灌溉、输运作业效率。平行岭谷区的主要水系是向下延伸树枝状的水系，水系与耕地伴生紧密，农业生计广泛利用次级支流山坡地整理梯田往山谷扩展。武陵山地区在主水道沿纵深分布枝状水系，分布均匀，生计用地往往与林地相接嵌套。峡江河谷区内主水道主要为枝型灌木状水系，两侧生计用地多向高山、中山转移，作业面大且远离主水系[18]。

从土壤条件看，由于重庆地域面积大，地形、母质及气候条件差异较大，致使土壤具有明显的水平地域分异。水稻土是耕作土壤的主要类型，分布在海波800m以下的河谷阶地、丘陵低山。由于紫红色砂、泥岩在重庆各区域广泛分布，导致紫色土十分普遍。紫色土丘陵多分布于西部平行岭谷区域以及峡江河谷的前部分区域，适宜种植水稻和茶叶等；针叶林黄棕壤土地主要分布在武陵山地区，针叶林黄壤土地则主要分布在峡江河谷的大巴山地带，适合种植茶、桑、油桐等经济作物，适合等高种植、修筑梯田等利用土壤肥力的方法。种植基底区域差别，使得传统聚落的分区作物既表现出大农业区划的共同属性，又在三个文化区的种植林、作物上有所分异。

自然环境决定传统聚落生计发展的客观条件和作物种类，历史上因技术的进步、作物的迭代和商品经济的兴起，又促进农业种植范围扩展，农业生计的工作领域更加广阔，这奠定了农业聚落生计的基本形态（图1）。

图 1　多重因素作用下何家岩聚落生计景观形态

3　传统农业聚落不同层级生计景观格局与特征

结合平行岭谷区、峡江谷区、武陵山片区三大地形区，从宏观景观格局指数、中观生态格局图谱、微观景观图底入手，对其生态作用下的类型进行不同层级的分析，其结果能反映重庆传统农业聚落生计景观区域的类型，从图像角度进行解构，理解生计系统的规律性特点，有助于充分发挥其社会生产能力及宏观景观格局的效应。

3.1　广域层级三大地形区景观特征

根据全国土地利用类型分布图，划分 5 大生态因子斑块类型：耕地、林地、水系、居民用地、未利用地，利用 ArcGIS、Fragstats 软件进行重庆地区总体用地的景观指数比较（表 1）。选取了 Fragstats 软件中的 12 个指标（图 2），更加清晰直观地认识生态规律。其中 8 个景观指标可判断斑块的面积大小与形态复杂程度，4 个指标可来判断斑块分布情况与斑块类型。

宏观生态格局下的景观参考指数　　表 1

斑块面积大小与形态复杂程度	斑块分布情况、香农均度指数与斑块类型
景观面积（TA）、最大斑块与景观面积的比例（LPI）、斑块数量（NP）、斑块平均大小（MPS）、面积加权的平均形状因子（AWMSI）、面积加权的平均斑块分形指数（AWMPFD）、平均最近距离（MNN）、平均邻近指数（MPI）	香农多样性指数（SHDI）、蔓延度指数（CONTAG）、散布与并列指数（IJI）、香农均度指数（SHEI）

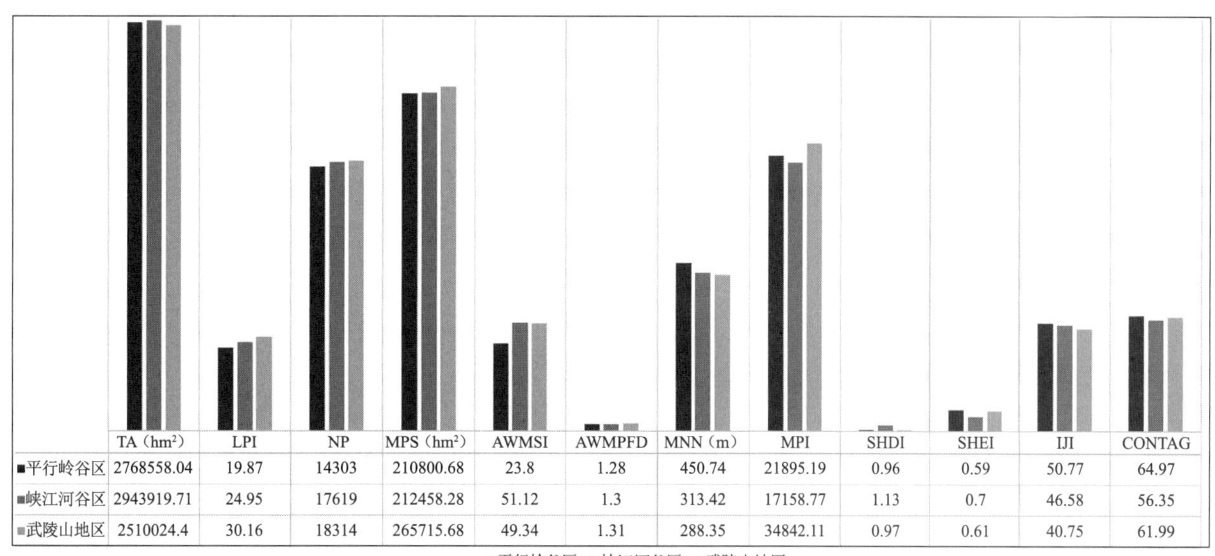

	TA（hm²）	LPI	NP	MPS（hm²）	AWMSI	AWMPFD	MNN（m）	MPI	SHDI	SHEI	IJI	CONTAG
■平行岭谷区	2768558.04	19.87	14303	210800.68	23.8	1.28	450.74	21895.19	0.96	0.59	50.77	64.97
■峡江河谷区	2943919.71	24.95	17619	212458.28	51.12	1.3	313.42	17158.77	1.13	0.7	46.58	56.35
■武陵山地区	2510024.4	30.16	18314	265715.68	49.34	1.31	288.35	34842.11	0.97	0.61	40.75	61.99

图 2　三大地形图谱 Fragstats 景观指数

总体而言，平行岭谷区，耕地斑块的景观优势明显。在这一区域内，其他斑块都被耕地斑块覆盖，异质镶嵌物面积较小，说明耕地覆盖面积大且连贯，这也成为该地区的景观基质。在武陵山地区，景观的构成主要依赖于其垂直地带性，这主要是由于山区雨水充足，植物茂盛，从而造成了以复杂、连贯的斑点为特征的景观格局。因此，从斑块和景观的角度看，它显然区别于平行岭谷的特征，其斑块的形态复杂程度和景观特征非常明显的。峡江河谷区聚落居住地的 IJI 指数最高，这主要是由于其紧靠水系、呈现群聚状态、对水源强烈依赖的程度突出，从而透露出“人水共生”这一显著特点。峡江地区景观极尽破碎，对环境变化的感知极为灵敏。

3.2 中观层级 12 条流域生计景观

中观层面结合重庆“一干二骨七支”的江河格局，修改为“采样于地形区中长江支流的 12 条流域”，采样面积为 25km×25km、下载重庆 15 级 DEM 数据与 POI 村落兴趣点，利用 AcGIS10. 5 进行可视化分析（图 3）传统的重庆农业生计主要为稻田农耕和旱田农耕，聚落的生计方式受到耕地、水系、村落、森林等因子的规模影响，尤其是在获取日常生产资源的传统聚落中，因为主要河流的生态条件差异，使得聚落土地使用与河流联系紧密，呈现出各自的特色。

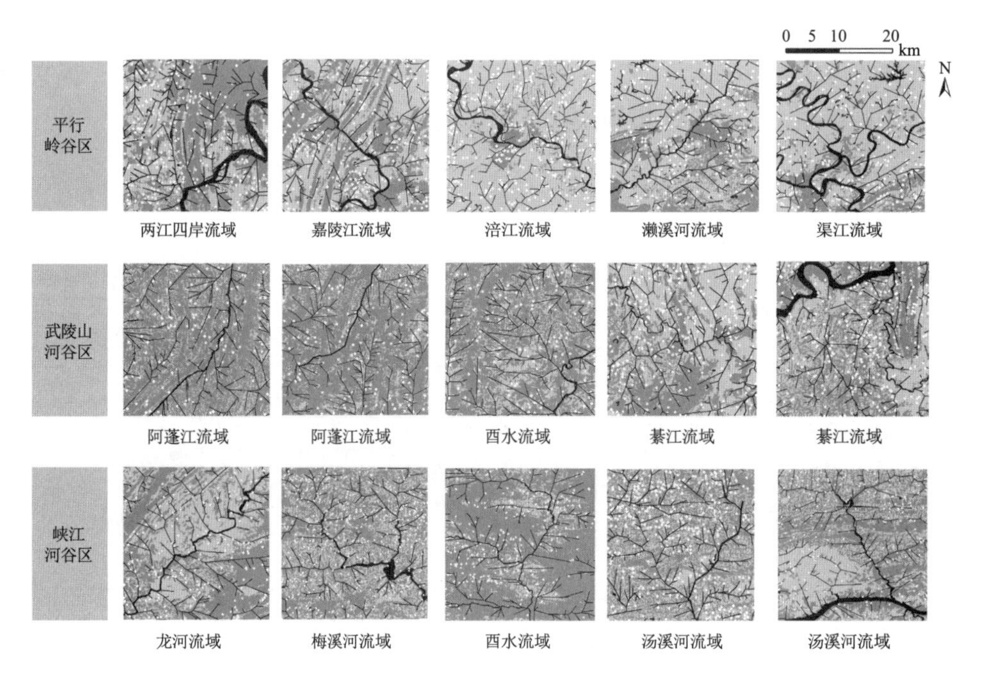

图 3　中观层级 12 条流域生态图谱

平行岭谷区流域，生计用地建立在河谷和冲积平原的地形上，以水田的指状分布为主，而与点状聚落的形式相互连接并共同发展，形成树枝型水系为主导的景观模式。两江四岸的生计用地分布并不均衡；綦江流域内农地与林地结合紧密；而在濑溪河流域和涪江流域，用地边界更加连贯，水系分布平均，这使得在平坝浅丘地形中，农田与集镇的依赖性特别明显；嘉陵江和两大支流所构成的地带，其水网分布十分广泛且均衡，聚落和耕地之间往往距离较大，在传统聚落周围多为规模化的散布农田；而四川盆地的邻近地区、平行岭谷区的农业生产非常繁荣，其农地的景观特征丰富，具有规律的布局，聚落附近常伴有序的条田景观。

峡江河谷区流域，生计用地建立在中山、喀斯特山脉和侵蚀性中山的地形上，带状和点状用地中植被覆盖广泛，伴随点状聚落与灌木型水系形成主要的景观模式。中山陡峭的地貌难以发挥土地的潜力。汤溪河和梅溪河的流域都呈现出农地斑点与林地斑点混合的景象，虽然农田的边缘是连续的，但其破碎程度很高，水系周边农田耕作并不发达、大部分聚落在山区内均匀分布；大宁河流域、聚落点在河谷的纵深部位相对稀少，深“V”河谷严重局限了农田的可耕作性，农田还依赖于少量的高山平台和多层次的平台进行分级种植，这对聚落的规模扩大产生了影响。

武陵山地区流域，以旱地的集中种植为主，生计用地建立在中山和喀斯特丘陵的地形上，而聚落以点状集中发展，呈现出枝型灌木水系主导的景观模式。乌江、酉水、阿蓬江流域对武夷山地区的能源和物资流动起着主导作用，农耕大多沿着鱼骨状的径流向深处扩展。流域纵深地的农田分布均匀且规模较小，农业区域主要位于中山半山和山边之间，如龙河流域的伴生用地提供了丰富的土地资源，部分地势较高的区域林地组成连续的廊道，农地之间伴有林地斑块，滋养沿线两岸因水而生、逐水而居的聚落系统。

3.3 微观层级聚落生计景观类型

3.3.1 伴生模式分类

通过对传统村落的典型聚落数据采样分类，研究聚落与耕地之间的伴生关系，其呈现出三种典型模式（图 4）。

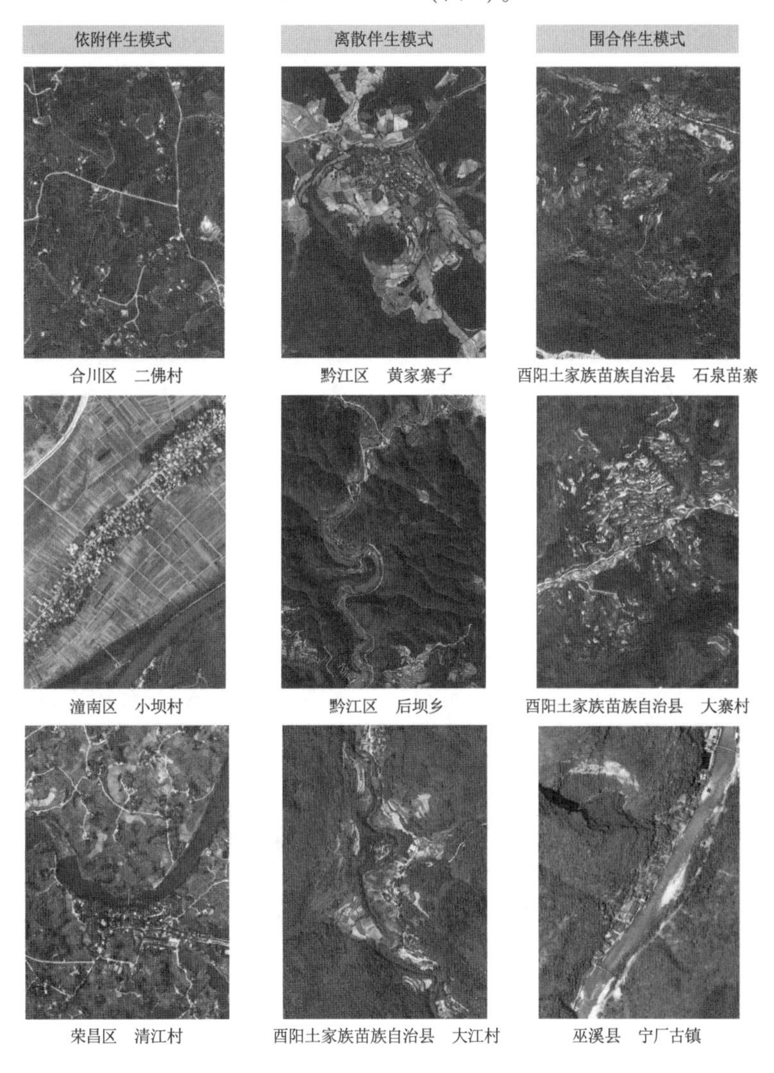

图 4 聚落与耕地之间不同伴生关系

（1）依附伴生模式。农田扩张，农地边界向聚落衍生，形成多个依附农田的伴生组团。

（2）离散伴生模式。这种模式的出现，象征着聚落选址周边缺少可赖以生成的农田，聚落依赖于其他资源发展或是周边用地可开垦土地匮乏，将用地范围辐射至更远的 2km 内，农田和聚落呈现出离散的伴生模式。

（3）围合伴生模式。以聚落为中心，四周农田包围，呈现围合伴生模式。有农田位于腹心地带，聚落规模大小与农田规模大小及周边水系呈现正比，亦有高山峡谷地带水网相伴，农田围合的带状伴生形态。

3.3.2 耕地分类模式

对传统聚落的景观肌理进行采样分析，利用 Dem 数据在 ArcGIS 分析水文网络，模拟场地水系分布，并叠加农田肌理分析，总结其农田的 4 类耕地分类模式。

（1）山地梯田类。为适应地形复杂的高差变化，农田沿着地形等高线分布，与水系呈现出的垂直关系，这将会最大限度保持水系对农田的生态含养，减少水土流失，形成具有典型集中山地聚落、大规模梯田景观。

（2）梯条混合类。山地聚落中除了常见的山地梯田之外，在与平地接壤过渡时，会产生山地梯田像平地条田的过渡形态。

（3）规整条田类。地处平原的聚落，有良好的自然基底与生态条件，条田围合聚落，形态规整，肌理、形状明晰，具有广阔的视觉感受。

（4）自然类型。在传统聚落中最灵活的开垦模式，随形就势适应不同限定条件，例如建筑物、地形地貌、河流水系、自然植被等，农田随坡就坎、顺势而生，形成多种多样的有序、无序的自然形态。其耕地分类反映了聚落中通过不同手段耕地布局适应程度，显示出提升土地利用率，优化生产方式的农业用地智慧，并成为构成生计景观视觉差异重要因素。

3.3.3 聚落生计景观类型

对较为微观的聚落组团和单元进行分析，采样面积为2km×2km 的生计景观单元，对耕地、水系、聚落图像提取，利用 ArcGIS10.5 对水文网络进行模拟，通过聚落生计用地的边界进行特点分析，采样图像分析表明重庆传统农业聚落的生计景观有 4 种典型类型（图 5）。

（1）平原均匀型聚落生计景观。此类农耕地的单元均衡，向河谷、冲积平原、丘陵平原用地扩展。例如濑溪河流域的聚落，各聚落组团的土地资源分配均等，伴生土地的分布也较为均匀，聚落系统形成了团状网络并稳定性强。一部分平行岭谷区渠江流域的聚落分布情况多利用河道的扇面和临水浅丘区域，沿水岸多扇面平坝农田，林地多沿丘陵西侧或阴面成带状种植。另一部分如平行岭谷区西南端的聚落，横向沿河布局，浅丘平坝的广袤地带分布着大量的耕地，形成低山区域规模的农作物种植带，在后期利用临水区域与河道扇面开展农耕，水岸多扇面平坝条田农地，植被林位于丘陵低山带成团状种植。聚落背山靠田，周边有一定规模的场镇，布局上与农地多有分离，这一类聚落往往呈现出坪坝农田倚河蜿蜒而成、聚落成团竹林伴生的生计美景。

（2）中山团聚式聚落生计景观。这类土地广泛分布于中山地区缓坡山地坡面上，开阔且面积较大，聚落集聚成团坐落缓坡面上缘内侧。中山的许多农业区，农田大多集中，距离村庄近，耕种作业面虽然大，但可达性强；在丘陵地区，村庄聚集在山谷中，农田在半坡与中坡发展，通常呈大规模的斑块状分布，聚落和林地四周环嵌农地，往往呈现坡度较大的斜坡农田。武陵山地区因夷平面地貌形成大量此类景观，以花田乡何家岩古村、黔江区白土乡三塘村最为典型。农业聚落是依山而建、散居在山谷和盆地之间，农田主要分布在周围的中山和半山地带，并利用斜坡地形成大规模的农业种植区。中山上缘地带与夷平面抬升地貌之间的植被成带状拓展，环绕聚落，沿着汇水沟地构成景观廊道。聚落与土地伴生性强，聚落周围往往环绕大规模农田，融入远处植被群的景象，景观呈现出高山梯田、聚落成团、远林入画之特点。

平原均匀型聚落生态图谱——万灵古镇

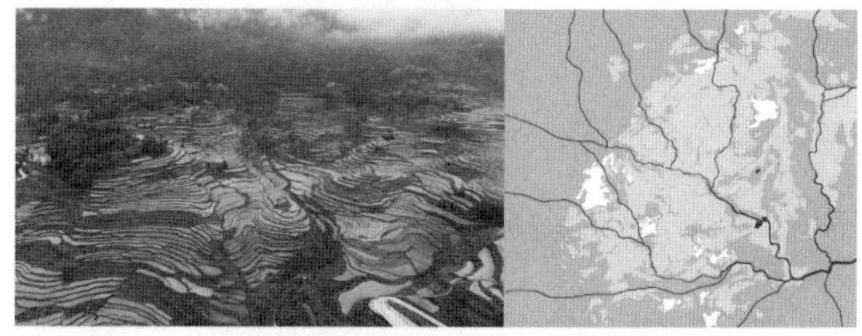
中山团聚式聚落生态图谱——何家岩村

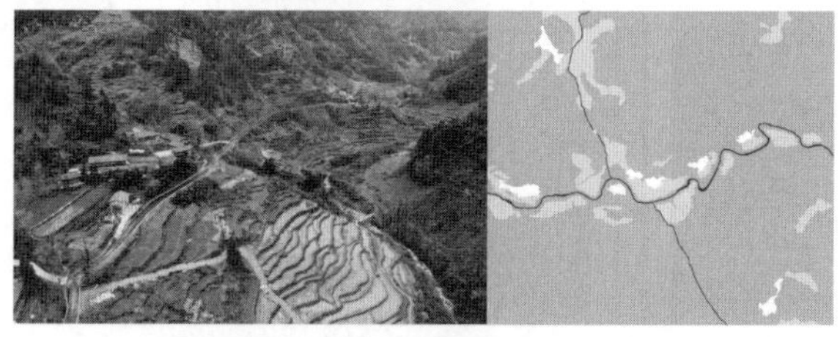
喀斯特丘陵伴生聚落生态图谱——小南海新建村

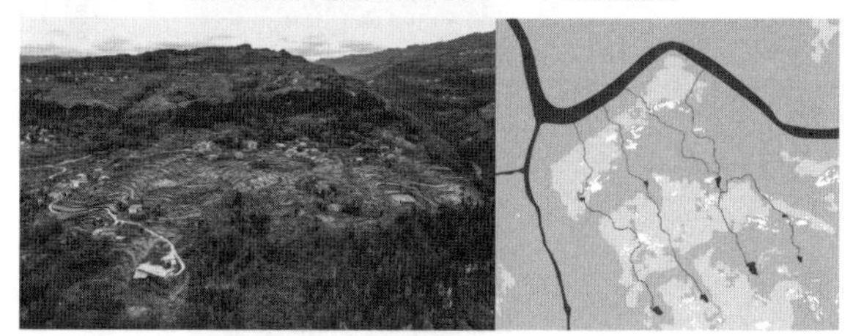
抬升中山平行聚落生态图谱——文庙村

图 5 微观层下级 4 类聚落生计景观

（3）喀斯特丘陵伴生聚落生计景观。聚落生计用地沿溪谷、河谷往纵深线性分布。如武陵山地区喀斯特丘陵山谷地带的聚落，峡江河谷地区北缘，大巴山—巫山地区的农业聚落，用地规模有限，但是适合农田沿着河谷间坪坝、低山坪坝分布，聚落往往背山面水，位于农耕地与后山林地之间，呈现出小散居的谷地组团农业景象。较为突出的聚落如黔江区小南海镇新建村，山缘低地处溪流穿流而过，两侧冲积扇区成为农业生计主要作业区间。如果山高坡陡土层薄，适耕性较差，耕地以旱地为主，那么农耕用地分布于纵深河谷的低地，中山上缘区域中林、草资源较为集中，聚落位于山脚内缘，距离水系的中间地带的坡地留作种植区间，当山地于河流之间高差较大时，聚落与土地通常会分离，土地利用呈现出立体种植强、溪水穿流、农地成组、聚落成团的景观特征。

（4）抬升中山平行聚落生计景观。聚落生计用地多体现为团状平行、多层级平面布局特点，农耕用地分布于河流两侧山地台坪区域，沿着山地二级平台与夷平面抬升地貌的山地、坪坝、缓坡组团式发展，聚落伴生其中，分布呈现出小散居、大聚居的特点，形成山峦台坪散居的中山平行聚落景观。如渝东南长江二级流域龙河，沿着方斗山、七曜山夹槽汇入长江，形成山地槽谷的主要地形特征，流域内冲沟、山间平坝（槽谷）两侧分级平行台地造就了大规模的可耕作用地，流域内的龙河镇文庙村农业生计系统依赖于山下龙河与上部植被林地间的低山坪坝。文庙村借助优渥的缓坡山地与植被廊道，基于山高谷深的地理位置与沟壑纵生的发达水系，构建了完整、紧密而又自给自足的农业单元，延绵而又层次分明的农耕扇区，形成人水共生、相互给养的村落形态和梯田景观。

3.4 利用强化生计景观图像特征

生计景观图像反映了聚落在自然环境中所形成的独特生活模式和视觉语言，彰显维护了传统聚落的景观特性。辨别、强化生计景观格局与类型对保护与促进传统农业聚落多样化大有裨益，通过强化生计景观格局而发挥其总体效应，如突显生计景观中优势因子的特性，展示传统农业聚落生计场景，提供独特人居的景观视线廊道。重庆的传统生计景观展现出了典型的山地农业聚落特色，可以根据4个要素所呈现的特征，创新策略实现有效的价值转化。

（1）渝西的平原均匀型聚落景观。扇形平坝农田景观图谱展示了湖（河）—田—丘—林的景观级别，反映平行山脉和山谷的独特地形和水网形态，突出生计景观中的水系因子，彰显枝状水系下多平坝农田的特性。

（2）在平行岭谷区，大规模的农田和广袤的平坝景观呈现出坝—田—林—河的景观层级。围绕蜿蜒水系的扇形区域农耕生计景观，彰显平行岭谷区河流扇形区中大聚居小散居、肥田沃土的景观形式。

（3）在平行的山谷区域，水系和丘陵地带的农田景观交错，展示河—林—田—林—田—丘的景观层级。丘陵地带农田无法构建大型的生计景观，图谱呈现出居民用地与耕地关系并不密切，因此需要通过生态廊道将农耕用地与林地两大因子进行连接，提高生态质量，突出生计景观的系统度。

（4）在武陵山区，中山和半山的喀斯特地理环境下，农耕景象呈现出坝（坡）—田—林的景观层级。集中于中山和半山的地域，利用聚落平坝、斜坡的地势于农田伴生，突出农耕活动的主体景观。

（5）在峡江河谷区，突出河谷到中山顶部的低洼土地的农耕风貌，展示河—坡—地的景观层级，反映峡江河谷区域的立体农耕生活面貌。

4 结论与讨论

农业生计现象一方面体现了聚落对土地的利用方式，另一方面人们通过对土地整理调节形成生计供给聚居，协调人与自然的关系。这种关系既建构了特殊的景观格局，又呈现该地区特色的生计景观现象。

本文通过对不同层级的聚落生计景观做平面图底的图像分析，理解了不同生计景观所反映的土地利用特征，生计景观因子间不同的组合带来的景观视觉效应。保护地方性的聚落景观的过程中，需要利用自然环境和人文景观等因素，通过适当的方式来维持和利用此类聚落的特征效应。而由自然环境、传统文化和经济发展共同作用形成的独特生计景观模式，反映了重庆地域性聚落景观的“和而不同”。本文在结合不同层级和尺度分析生计景观图像时，利用点云技术对微观聚落和生计环境进行解析，但是采样数据仍然有限，设定的生计景观范围也因为土地政策和具体村落实际情况的变化无法进行动态观察。随着相关技术方法不断提升而进行深入研究，如利用多光谱技术等对不同季候的生计现象进行分析，能准确获取传统聚落的农业景观信息，掌握景观动态变化情况，为地域文化价值的保护与转换提供数据支撑。本研究亦为未来确立具有区域特色的传统聚落景观维护和发展方案提供参考。

（注：文中所有航拍照片与点云数据由四川美术学院黄耘团队拍摄提供，其余图纸均为作者结合水经注软件与点云数据整理自绘）

参考文献

[1] 李建宗．生存、生计与生态：黄土高原西部的农业活动与生态保护实践[J]．原生态民族文化学刊，2023，15(3)：60-70.

[2] 陈慧琳．人文地理学（第三版）[M]．北京：科学出版社，2013.

[3] 汤茂林．文化景观的内涵及其研究进展[J]．地理科学进展，

2000, 19(1): 70-79.

[4] 胡最, 刘春腊, 邓运员, 等. 传统聚落景观基因及其研究进展[J]. 地理科学进展, 2012, 31(12): 1620-1627.

[5] 胡最, 郑文武, 刘沛林, 等. 湖南省传统聚落景观基因组图谱的空间形态与结构特征[J]. 地理学报, 2018, 73(2): 317-332.

[6] 胡最, 刘沛林, 陈影. 传统聚落景观基因信息图谱单元研究[J]. 地理与地理信息科学, 2009, 25(5): 79-83.

[7] 申秀英, 刘沛林, 邓运员. 景观"基因图谱"视角的聚落文化景观区系研究[J]. 人文地理, 2006(4): 109- 112.

[8] 申秀英, 刘沛林, 邓运员, 等. 景观基因图谱: 聚落文化景观区系研究的一种新视角[J]. 辽宁大学学报(哲学社会科学版), 2006(3): 143-148.

[9] 韦娜, 冯新雅. 陕北传统聚落景观基因信息编码与图谱构建[J]. 南方建筑, 2023(10): 88-97.

[10] 雷成萱, 周菁, 杨霞. 大理喜洲古镇景观基因的提取与图谱构建[J]. 工业设计, 2023(7): 140-143.

[11] 住房城乡建设部. 第六批列入中国传统村落名录村落名单[EB/OL]. (2023-03-19)[2023-03-19]. https: // www. mohurd. gov. cn/gongkai/ zhengce/ zhengcefilelib/ 202303/ 20230320_ 770845. html

[12] 黄耘, 张剑涛, 王平好. 重庆聚落[M]. 北京: 中国建筑工业出版社, 2021.

[13] 巨乾. 重庆地区乡村聚落系统的建构研究[D]. 重庆: 四川美术学院, 2020.

[14] 李超越. 重庆乡村聚落景观的生态图谱研究[D]. 重庆: 四川美术学院, 2021.

[15] 周勇. 重庆通史(全2册)[M]. 重庆: 重庆出版社, 2014.

[16] 郭声波. 论四川历史农业地理的若干特点与规律[J]. 四川大学学报(哲学社会科学版), 1994(01): 78-91.

[17] 周立三. 中国农业地理[M]. 北京: 科学出版社, 2000.

[18] 刘敏. 重庆地理[M]. 北京: 北京师范大学出版社, 2017.

作者简介

王平好，1981年生，女，四川自贡人，博士研究生，四川美术学院建筑与环境艺术学院，副教授。研究方向为山地风景园林规划与设计、乡土景观。

李超越，1996年生，女，四川内江人，硕士，成都文理学院艺术学院，讲师。研究方向为乡村景观规划与设计。

基于 sDNA 和 POI 数据的桂林龙脊梯田景区村寨地理空间分异及发展优化探析①②

Analysis of Geospatial Differentiation and Development Optimization of Villages in Guilin Longji Terrace Scenic Spot Based on sDNA and POI Data

陈江碧 张 艺

摘 要：为助力资源合理利用和引导乡村个性化发展，以全球重要农业文化遗产桂林龙脊梯田景区核心地带的 3 个传统村落为例，基于 DEM 高程数据和相关 POI 数据，利用 ArcGIS 的核密度分析和空间设计网络分析（sDNA）工具，分析村落的地形地貌、产业分布、路网可达性等地理空间分异 特征及相互影响关系。结果表明：各村寨在景观资源、产业分布和交通可达性方面存在显著的空间分异性，这些差异影响了村落的旅游吸引力和产业发展潜力。针对发现的问题，提出了促进景观资源区域联动、提升民宿餐饮产业质量、优化游赏路径可达性等策略，以期实现村寨的差异化和联动发展。

关键词：景区村寨；地理空间分异；核密度分析；sDNA

Abstract: To help the rational utilization of resources and guide the individualized development of villages, three traditional villages in the core area of Longji Scenic Area in Guangxi, a Globally Important Agricultural Cultural Heritage, are taken as an example. Through DEM elevation and relevant POI data, the geospatial differentiation characteristics and mutual influence relationship of the villages of the scenic area, such as topography and geomorphology, industrial distribution, road network accessibility, etc. , are analyzed using the kernel density method of ArcGIS and the spatial design network analysis method(sDNA). The results show that there is significant spatial heterogeneity among villages in terms of landscape resources, industrial distribution and transportation accessibility, and these differences affect the tourism attractiveness and industrial development potential of villages. In response to the problems identified, this paper proposes strategies to promote the regional linkage of landscape resources, improve the quality of the B&B catering industry, and optimize the accessibility of the touring paths to achieve the differentiation and linkage development of the villages.

Keywords: Scenic Area Village; Geospatial Differentiation; Kernel Densityanaly Sis; sDNA

引言

桂林龙脊梯田景区是自然资源丰富、少数民族氛围浓郁、农耕文化特征明显的传统村落代表地，其乡野空间优美、民族人文保存较好、生态环境良好，是乡村游居的理想目的地[1]。然而作为地处偏远的山地景区，地理条件存在局限，交通资源也有限。特别是随着旅

① 发表于《广东园林》，2004，46（3）：75-82。
② 基金项目：国家社会科学基金项目（编号：21XMZ080）。

游业的蓬勃发展，景区内的建设需求迅速扩张，环境承载力受到挑战。地形地貌的空间分布差异导致其中各村寨的景观资源条件存在显著差异，产业发展失衡、同质化建设等问题日益严重。如何在有限的资源和复杂的地理空间条件下，实现村寨的差异化发展和协同发展，是当前亟待解决的问题。

复杂的地理空间特征虽然给偏远的山地景区的合理开发带来挑战，但也是进行差异化发展的破局关键。空间数据的复杂性导致空间分异性的度量和归因面临挑战，而王劲峰[2-4] 在2000—2017年提出的地理探测器及其分析方法，为解决这一问题提供了有效工具。王新越[5]、陈志永[6]、王铁等[7] 学者利用该工具研究了旅游城市和传统村落的空间分异性及其影响因素，论证了经济、人口、地形、水文等地理空间要素与旅游发展的影响关系。而张晋江[8]、艾静超[9] 等则从宏观角度探讨了乡村旅游景区与城市的交通便利程度对乡村振兴和旅游开发的影响，以及程晋南[10] 在中微观层面分析了广东省传统村落的空间格局与地形地貌、交通要素、产业经济要素的关系。对旅游地的空间分异性的归因研究，为本文围绕地形地貌、产业分布、交通条件等地理空间要素探讨景区区位优化，提供了理论依据。

面对乡村旅游，交通要素始终是至关重要的影响要素，较差的交通条件往往阻碍景区联动和限制旅游产业扩大服务范围。如何通过路网优化，促进旅游资源的协调配置，提升旅游产业的服务范围，也是值得探讨的问题。张苗苗[11-12]、古恒宇[13]、赵胤程[14] 等通过空间句法和空间设计网络分析工具（spatial design network analysis，sDNA），结合空间自相关分析等方法，研究了城市设施的可达性和服务范围的关系，并提出了优化路网提升城市设施服务范围的策略。尽管已有研究在城市服务可达性优化方面取得了实践成果，但对于地形复杂的乡村地区，单一影响要素的考量不足以提供有效的实践指导。

而对于乡村旅游中普遍存在的同质化建设的问题，通过旅游产品差异分析，探究旅游差异化发展的路径，是解决旅游发展同质化的可行之法[15-16]。虽然相关研究较为充分，但往往缺乏直接适用于旅游开发建设的具体方法。

为此，本文探索利用ArcGIS电子信息平台强大的空间分析能力，综合考虑同一景区内的景观资源分布情况和利用条件，以桂林龙脊梯田景区为例，对景区内部的地形地貌进行分析，判断各村寨景观资源情况，运用核密度分析住宿餐饮兴趣点（point of interest，POI）的集聚情况，以了解现有产业分布情况；采用空间设计网络分析工具（sDNA）分析景区交通可达性情况。本文拟通过分析景区的地理空间分异特征和不同村寨的景观资源吸引力，寻求其产业和交通的优化策略，提出村寨差异化发展对策与建议，以期在充分利用各村寨区位优势的前提下，优化其旅游发展，形成高效共荣的景区资源利用格局。

1 研究区概况

桂林龙脊梯田景区位于广西壮族自治区桂林市龙胜各族自治县东南部，是全国AAA级景区，以其壮观的梯田景观著称。梯田耕作方式在龙胜地区至少有2300多年的历史，反映了中国南方稻作文化的深厚底蕴。2018年，龙脊梯田被授予“全球重要农业文化遗产”称号，彰显了其在全球农业历史中的重要地位。然而近年来随着旅游业的发展，各种建设需求迅速扩张，有限的环境承载力受到经济发展的强势冲击。由于地形等地理要素的空间分布差异，景区中各村寨以梯田景观为核心的景观资源条件差异明显，产业发展失衡、跟风建设和同质化建设等现象加剧。具体表现为景观资源缺乏区域联动性，如平安寨高密度的民宿酒店缺少与之对应的优质梯田景观资源，黄洛瑶寨未形成有吸引力的景观资源优势；在旅游产业发展上，民宿等热门产业同质化竞争明显，同时部分现代风格的民宿破坏了龙脊景区的传统风貌；在交通上，各村寨趋向于内向发展，路网建设未考虑到区域协调以及与内部资源的匹配等问题。

当地的景区规划从民族差异化和景观差异化的角度试图解决同质化建设等问题——《龙胜风景名胜区总体规划（2004—2020）》将龙脊风景名胜区定位为融独特山区梯田景观和民族山寨风情于一体的，具有重要遗产价值和观光游览、人文研究价值的风景名胜区。桂林龙脊梯田景区划分为平安（包含壮寨和黄洛瑶寨等）和大寨两个景区，其自然景观主要是龙脊梯田的自然风貌，含大寨瑶族梯田景观区和平安壮族梯田景观区；人文景观包括古壮寨建筑和壮、瑶少数民族风情和特色风味[17]。2013年《龙脊风景名胜区三大景区重点村寨修建性详细规划》审批通过，规划中依据景观特征将桂林龙脊梯田景区划分3大景区：以梯田山林为景观基质、红瑶风情为文化核心的大寨红瑶景区；以白衣壮文化为特色的平安新壮寨景区以及壮族文化保存最为完整的龙脊古壮寨景区（图1）。黄洛瑶寨则处于平安新壮寨景区的边缘地带。

本次研究主要选取景区内的大寨、平安寨和黄洛瑶寨为研究对象（表1），面积约4km^2。3个村寨梯田自然特征显著，民俗文化保留较好，旅游资源开发程度相对较

图 1 桂林龙脊梯田景区规划

高[18]。景区内村寨依据村民主要民族成分及当地文化习俗分为瑶寨和壮寨两类，瑶寨主要有金坑大寨和黄洛瑶寨，壮寨主要有平安寨。

村寨基本状况 表 1

村落	自然村组成	人口	耕地	产业情况
大寨	大寨、田头寨、大毛界、新寨、壮界和墙背	271 户，1200 余人	58.3hm^2，其中水田面积 50.5hm^2	80%以上村民参与到住宿接待、旅游向导、工艺品售卖、农产品售卖等旅游发展中
黄洛瑶寨	黄洛村	82 户，350 余人	面积较小	长发歌舞、民俗歌舞表演
平安寨	6 个村民小组	190 余户，800 余人	52.2hm^2，大部分耕地密集分布于海拔 800m 的山地之上	村内 60%以上村民经营餐饮、住宿业务

注：表中数据来源于参考文献［18］。

桂林龙脊梯田景区民宿和门票为各村寨村民主要旅游收入来源，同时，景区内村民组织的民俗表演也为村民带来了部分收益。由于各村寨自然条件不同，各村寨对游客的吸引力有所差异。其中大寨因具有最优的观景效果，发展远好于其他村寨，村民收入也远高于其他村寨。再则，民宿产业能够给村民带来可观的收入，各村寨纷纷自发开展民宿建设，但新建民宿在风格和数量上对景区的资源环境容量和风貌产生巨大冲击，同时同质化发展逐步影响到遗产地的资源吸引力和整体质量水平。黄洛瑶寨自然资源较差，民宿产业发展相对滞后，当地村委通过组织村民进行长发歌舞、民俗歌舞表演，吸引了部分游客来此参观。

2 数据来源与研究方法

2.1 数据来源与处理

本文主要借助 ArcGIS 10.5 及其 sDNA 插件，对景观资源、产业分布、交通网络进行分析，具体数据来源与处理方式如表 2 所示。

数据来源与处理 表 2

数据类型	数据来源	数据处理	数据用途
行政区矢量数据	OpenStreetMap 开放地图平台	获取 .shp 文件导入 ArcGIS10.5	确定研究范围
30m 精度 DEM 高程数据	地理空间数据云	获取. tif 文件导入 ArcGIS 10.5，照片，航拍数据辅助	分析海拔和坡度，辨析梯田景观资源状况
住宿餐饮兴趣点（point of interest，POI）点位数据	高德地图开放平台	运用高德 API 对 POI 数据进行抓取，导入 ArcGIS10. 5 中并建立 POI 点位数据库	分析民宿餐饮核密度
景区内部道路数据	OpenStreetMap 开放地图平台	获取. shp 文件导入 ArcGIS 10.5，借助 sDNA 插件处理	分析路网可达性、穿行度

其中对村寨的地形地貌、景观资源状况的判读还需结合实地调研的影像数据，如手机和相机照片、大疆无人机高清航拍影像，地形地貌需从人视和鸟瞰 2 个角度结合 DEM 高程数据进行综合分析。对住宿餐饮的 POI 点位需结合区位去除研究范围外的数据，结合实地调研的实际营业情况进一步筛选。运用高德 API 对景区餐饮民宿 POI 数据进行抓取，获取民宿 POI 点位 199 个，餐饮 POI 点位 264 个，剔除研究范围外点位，结合实地走访和与当地村民、政府工作人员核实，最终确定民宿 POI 点位 167 个，餐饮 POI 点位 213 个。

2.2 研究方法

研究首先对桂林龙脊梯田景区内的地形地貌分异性进行分析，探讨地理分异导致的景观差异性，判断各村寨的梯田景观资源状况。再将住宿餐饮这一村民参与景区建设开发的重要指标通过 POI 点位进行可视化处理，反映村寨的产业模式和开发程度。再从景区内的路网可达性分析村寨的开发潜力和壁垒。最后通过综合村寨之间的梯田景观资源状况、产业状况和路网条件的差异性，从产业布局、交通优化等角度探讨差异化发展和共同发展模式，以期优化地理分异导致的发展不平衡状况。

2.2.1 核密度法

本文主要通过ArcGIS10.5的核密度分析工具，将景区内酒店民宿的空间分布在地图上进行可视化展示。核密度数据的点在地图上分布得越紧凑，说明其聚集度越高[19]。核密度的函数计算公式为：

$$\hat{f}_h(x) = \frac{1}{nh}\sum_{i=1}^{n} k\left(\frac{x - x_i}{h}\right) \tag{1}$$

式（1）中，k为核函数；n为线要素数量；h为搜索半径；$x-x_i$表示样本中各个单位要素到中心要素的距离[20]。

2.2.2 空间设计网络分析法

sDNA模型是由英国卡迪夫大学（Cardiff University）研究团队研制出的扩展空间句法模型，相比于空间句法模型，sDNA对可达性的计算方式进行了优化，且sDNA可依托GIS进行网络模型的构建与分析，网络模型构建与指标测算的方法更科学合理[21]。

sDNA中，道路交通网络的可达性采用接近度指标（$NQPD$）进行测度，接近度越大，可达性越高。而道路可达性高的区域通常具有较高的中心性，对区域出行的交通流具有更大的吸引力。接近度计算公式为：

$$NQPD(x) = \sum_{y \in Rx} \frac{P(y)}{\mathrm{d}E^{(x,\ y)}} \tag{2}$$

式（2）中，$NQPD$（x）是系统中节点x的接近度，Rx是连线x沿一定距离到达的其他所有连线集合；P（y）是在搜索半径内连线y占其他所有连线的比例；$\mathrm{d}E$（x，y）是点x到达点y的最短路径距离[12]。

穿行度指一条街道被其他任意两道路间最短路径或角度拓扑距离穿越的频率，能够验证街道的穿越潜力，穿行度越高，则人们在实际出行中选择通过街道的概率就越大。穿行度计算公式为[9]：

$$Betweenness(x) = \sum_{y \in N}\sum_{z \in R_y} W(y)W(z)P(z)OD(y,\ z,\ x) \tag{3}$$

式（3）中，$Betweeness$（x）为道路穿行度；y、z为测地线端点；x为测量穿行度的节点位置；W（y）和W（z）为权重；OD（y，z，x）是搜索半径内通过x的y与z之间最短拓扑路径，取值见式（4）[21]：

$$OD(y,\ z,\ x) = \begin{cases} 1,\ x\text{位于}y\text{到}z\text{第一条测地线上} \\ \frac{1}{2},\ x = y \neq z \\ \frac{1}{2},\ x = z \neq y \\ \frac{1}{3},\ x = y = z \\ 0,\ \text{其他} \end{cases} \tag{4}$$

3 研究结果

3.1 梯田景观资源空间分异

3.1.1 海拔

基于30m精度的DEM数据得到桂林龙脊梯田景区海拔（图2），各村寨所处范围有明显差异。大寨分布范围较大，村落分布较为分散，海拔为725~950m。平安寨位于山麓南侧，呈三面环山状，海拔为850~950m。黄洛瑶寨位于峡谷地带，海拔较低，为300~350m。

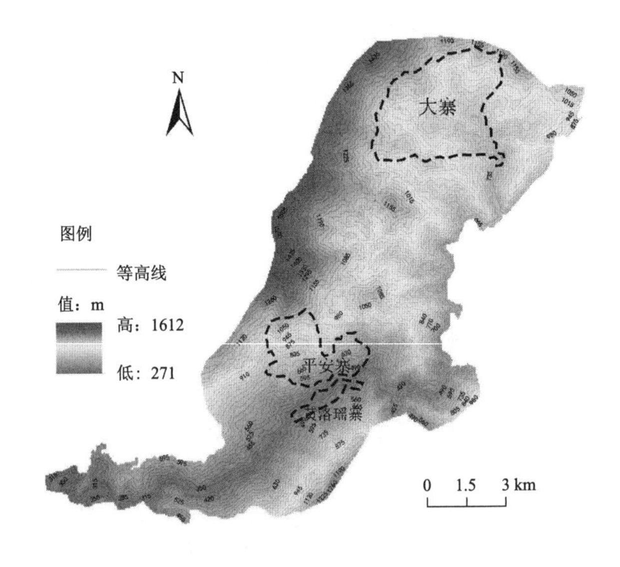

图2 桂林龙脊梯田景区海拔

从地貌类型上看，大寨更倾向于高地聚落类型，村域被多道山脊所分割，地形起伏较大。平安寨属于山地聚落，村落位于阳坡，被山脉包围。黄洛瑶寨属于丘陵聚落，村域沿河流呈带状分布。

3.1.2 坡度

基于30m精度的DEM数据得到桂林龙脊梯田景区坡

度（图 3）。坡度对景区内的建设和梯田分布影响更为明显，而梯田理想坡度为 25°以下。大寨居民点分布区域呈斑驳状，村寨内聚落受地形地貌影响，分布较广，各聚落相距较远。平安寨受坡度影响，呈团聚状，四周坡度较陡，向外扩张困难，形成了内向的高密度建设现状。黄洛瑶寨有利坡度范围狭窄，村域两侧坡度也相对较大，适合梯田的区域较少。

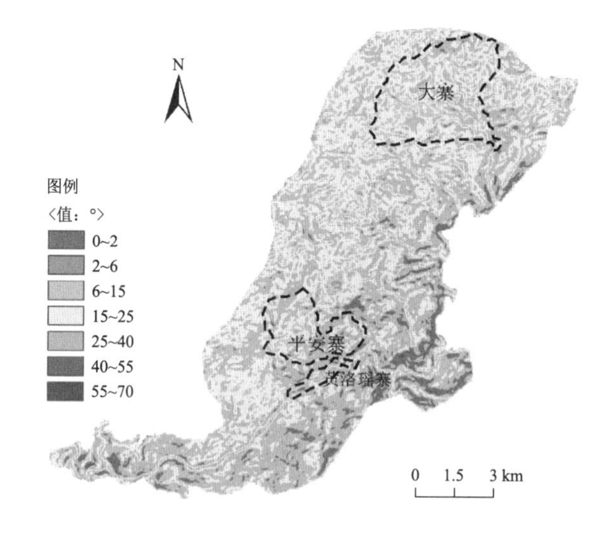

图 3 桂林龙脊梯田景区坡度

3.1.3 梯田景观资源

大寨因四周地势高，犹如地处坑中，且地下富含金矿而又名“金坑”，四周地势西北高，东南低，聚落呈点状分布于山谷或相对平坦区域。平安寨地势北高南低，聚落呈团状分布于山谷地带。黄洛瑶寨聚落沿金江河两岸呈带状分布，两侧为陡峭的峡谷（表 3）。

村寨地形及聚落分布 **表 3**

村寨名称	村寨卫星图	地形地貌特征	聚落分布特征	梯田景观特征
大寨		坑地状地貌	点状分布	分布广阔，起伏明显，视线开阔
黄洛瑶寨		峡谷类地貌	带状分布	分布较少，高差较大，视线单一
平安寨		谷地类地貌	团状分布	分布集中，高差较大，视线受限

续表

大寨为景区内的核心景区，因其梯田范围大，地形变化多，梯田景观最佳而最具吸引力。平安寨三面环山，地形相对较陡，梯田景观稍显欠佳，但其建筑富于壮族传统民居特色，也具有一定吸引力。黄洛瑶寨位于河流两岸，呈带状分布，加之两侧地形陡峻，景观资源相对较差。其建筑以村民自建房为主，建筑传统风貌破坏较为严重，但村民为吸引游客而组织的民俗歌舞表演，成为桂林龙脊梯田景区中较为重要的民族人文景观之一。3 个村寨都具有一定的景观观赏性，但受到地理空间限制，其住宿、餐饮等产业难以在增量上寻求发展，处于发展瓶颈阶段。只能考虑通过各村寨联动、优化内部结构等方式，寻求在存量上增效。

3.2 产业分布空间分异

3.2.1 餐饮产业的空间分布

对桂林龙脊梯田景区内的餐饮 POI 数据进行核密度分析可以发现，餐饮的提供点形成了以大寨为核心的聚集区域，在黄洛瑶寨和平安寨形成 2 个次聚集区域（图 4）。总体来看，景区内的餐饮提供点以村寨为核心广泛分布，几乎覆盖了整个景区大部分游览区域，能够满足游客的需求。此种分布受到村寨规模大小和村寨游客游览量的影响。

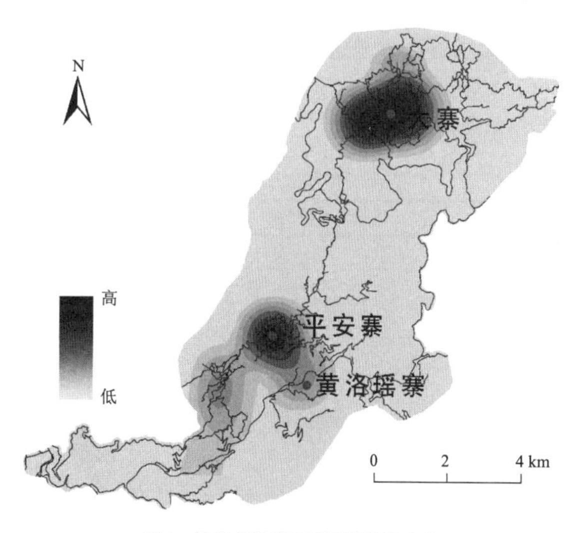

图 4 桂林龙脊梯田景区餐饮核密度

3.2.2 酒店民宿的空间分布

对桂林龙脊梯田景区内的酒店民宿 POI 数据进行核密度分析，发现民宿酒店和餐饮饭店的集聚区域存在重合，但民宿酒店的集聚区域相对较小；同样形成了以大寨为核心的聚集区域，以平安寨为核心的区域形成了次聚集区域，而黄洛瑶寨缺少住宿产业（图 5）。酒店民宿的分布影响因素与餐饮的分布影响因素大致相同。由于景区内酒店民宿普遍提供餐饮服务，提供餐饮处却未必能够提供住宿服务，因此餐饮的核密度范围大于酒店民宿的核密度范围。

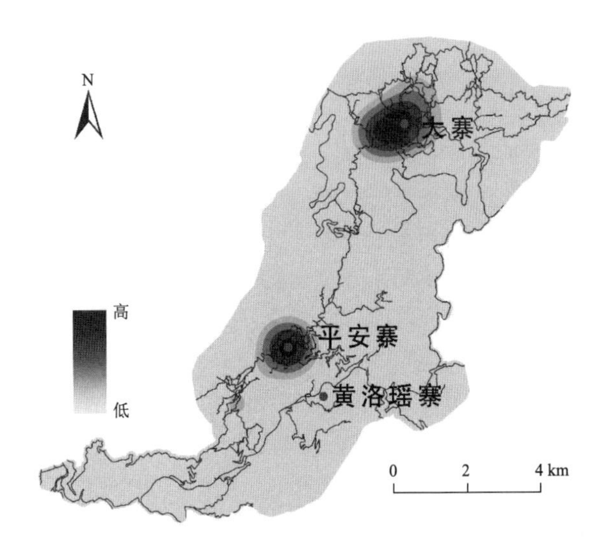

图 5 桂林龙脊梯田景区住宿核密度

餐饮、民宿酒店的分布密度受到各村寨的景观吸引力和旅游开发程度的影响，反映出各村寨的旅游服务能力，从具体的核密度指数（表 4）可以看出，大寨的住宿核密度远高于另外 2 个村寨，餐饮的核密度大寨与平安寨相当，黄洛瑶寨较低。总体来说，大寨具有更多的住宿餐饮选择，平安寨次之，黄洛瑶寨具有一定的餐饮服务能力，但住宿服务相对较少。

部分村寨核密度指数 表 4

村寨	住宿核密度指数	餐饮核密度指数
大寨	42	26
平安寨	29	23
黄洛瑶寨	0	13

3.3 路网可达性空间分异

通过 sDNA 对桂林龙脊梯田景区内的道路网络进行可达性计算，并根据每条道路轴线的可达性数值大小，将不同的颜色分级赋予不同数值范围的轴线，颜色越暖，道路可达性越差，颜色越冷，道路可达性越好。将 *NQPD* 的计算半径设置为步行舒适距离 500m，得到龙脊梯田风景名胜区内的可达性情况（图 6），同理可得龙脊梯田景区内的穿行度情况（图 7）。

整体上看，游客在景区内各村寨内部都能有不错的游览体验，但要通过步行通往其他村寨就较为吃力。仅从路网的可达性来说，村寨内部可达性高，而连通其他村寨的道路可达性较差，需要各村寨内部具有更丰富的景观或活动，提升游赏吸引力，维持游客的游赏兴奋度。从各村寨

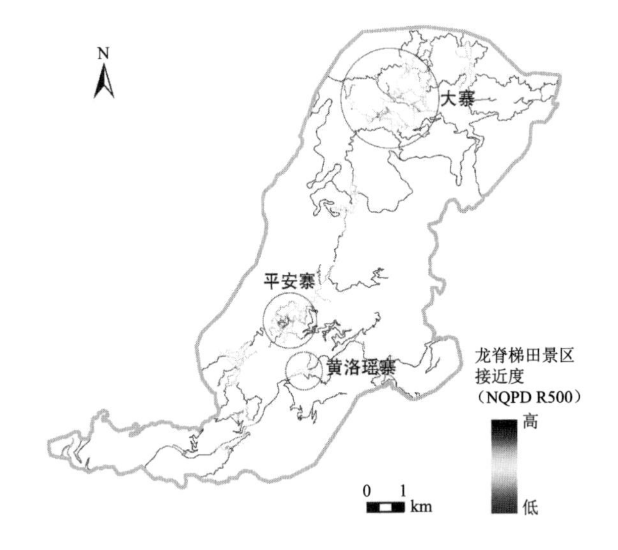

图 6 桂林龙脊梯田景区步行可达性

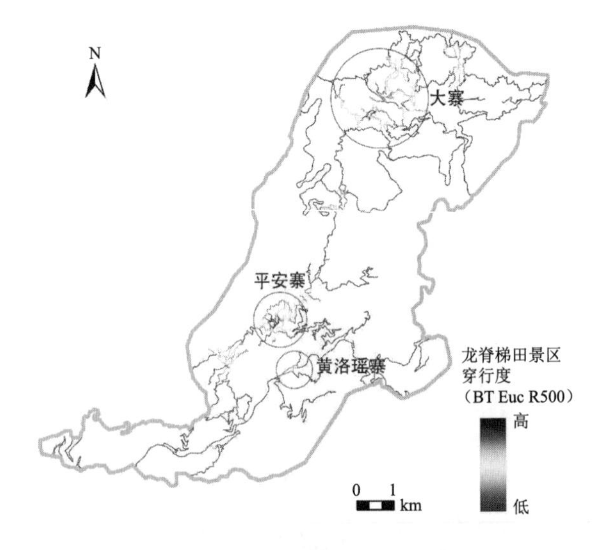

图 7 桂林龙脊梯田景区步行穿行度

的具体情况来看，平安寨的可达性和穿行度都是景区内最高的。大寨面积较大，路网并不密集，可达性和穿行度有多个高值区域，但总体来讲，村域层级可达性和穿行度相

对较低。黄洛瑶寨内部路网稀疏，连通外部的道路也相对单一，且路线较远，步行可达性和穿行度在各村寨中最低。

3.4 全局车行可达性

桂林龙脊梯田景区由于地形较为复杂，道路系统也相对复杂，表现为多盘山道路，多坡度较陡的道路，多大型车辆不便通行的道路。因此，完整的景区道路信息虽然能够反映出各种游览方式的通行情况，但无法直观地反映车行的可达性。结合所获取的 OSM 道路数据和卫星遥感图，重新整理 OSM 的道路信息，删除游步道和 3.75m 以下道路，得到景区内容许客车等大型车辆通行的道路路网，其 *NQPD* 搜索半径则设置为 n，对该路网的可达性分析则仅反映出车行的可达性。由图 8 可知，黄洛瑶寨的车行可达性远高于平安寨，大寨的车行可达性尚可，平安寨的车行可达性最低。

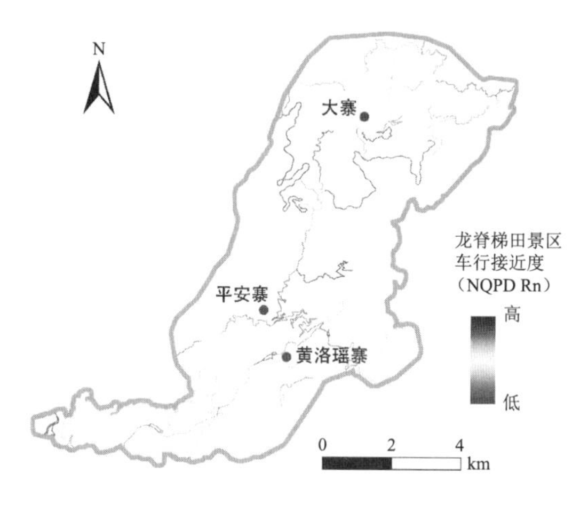

图 8　桂林龙脊梯田景区车行可达性

4 地理空间分异特征及问题

4.1 村寨空间地理分异特征

4.1.1 景观资源

由地形地貌空间分异分析可以看出，地形地貌在区域空间分布上制约着聚落的形态和分布格局，同时也影响着梯田景观的表现形式和游客的观景视域。

3 个村寨的梯田景观资源差异明显，在梯田景观的表现形式上，大寨梯田变化多样，且面积较大；黄洛瑶寨梯田面积较小，梯田分布零散；平安寨位于山谷地带，梯田形式变化较小。在游客的观景视域上，大寨地形开阔，视野广阔，游客能体会到大气磅礴之感；黄洛瑶寨峡谷地带的地形对视野范围有明显限制，观景效果不理想；平安寨观景视域受地形限制而向内收束，同时梯田形式也相对单调。

4.1.2 产业分布

结合实地调研、ArcGIS 产业分布空间分异分析以及景区规划策略，得出：大寨凭借优异的景观资源，旅游开发程度较高，住宿餐饮产业等旅游配套设施的发展较为完善，旅游资源以梯田景观为主，景点类型倾向于田园风光类。黄洛瑶寨缺少先天的风光景观资源，而酒店民宿发展相对滞后，后凭借民俗歌舞表演吸引了部分游客，因而属于民俗风情类景点。平安寨则以保存较好的古壮寨建筑吸引游客，在住宿餐饮上也有一定的发展，更倾向于休闲度假类景点。

4.1.3 路网可达性

大寨作为核心区，交通基础建设较为完善，对外交通连接性好，但受限于聚落分布较为分散，区域内部的可达性和穿行度略逊于平安寨。黄洛瑶寨得益于处于进入核心景区的必经之路，车行较为便利。平安寨聚落分布集中，区域内部较为平坦，村寨内路网密集，因而具有较高的可达性，但受地形限制，对外交通连接性差。

4.2 存在的问题

综合以上对景区内景观资源、产业分布、交通路网的分析发现，大寨具有景区内最好的自然景观资源、通达性以及餐饮、住宿服务能力；平安寨次之，黄洛瑶寨在 3 个村寨中最差。但 3 个村寨都存在可优化的空间，结合实际地貌地势条件来看，具体存在的问题如下：

（1）景观资源：梯田景观作为桂林龙脊梯田景区的核心自然景观资源，其观景效果受地形地貌影响较大。3 个村寨在地形地貌方面的差异导致了这一自然景观资源的分布不均，特别是观景效果存在显著差异。

（2）产业分布：服务产业分布受景观资源分布的影响较为明显，如大寨的餐饮民宿产业核密度均较高，与之对应，景观资源条件较差的黄洛瑶寨相关产业较少。但也存在不相协调的现象，例如平安寨的民宿产业虽密集，但缺乏与之对应的景观资源。前人相关研究也指出，平安寨的民宿早已超出了当地的自然承载力[18]。

（3）交通路网：3 个村寨在路网布局上均表现出与景观资源、聚落布局不相符的情况。如大寨梯田景观面积广衰，聚落分布分散，道路可达性和穿行度较低，游客步行较难抵达相距较远的景点。黄洛瑶寨位于前往平安寨和大寨的必经之路，但村寨内部可达性和穿行度不高，梯田景观资源较差，难以吸引游客停留。平安寨内部路网可达性和穿行度较高，但其梯田景观资源不足以满足其高密度的民宿餐饮产业所吸纳的游客。

5 建议与策略

通过对桂林龙脊梯田景区内的景观资源、餐饮和住宿服务、交通现状条件进行分析，发现各村寨因景观资源的差异而产生了产业地理空间分异，进而总结了各村寨的优势和存在的问题。基于相关研究结果，本文认为，通过合理优化、联动景点游览服务设施，可以在一定程度上弥补自然条件差异引起的开发建设不平衡问题。

一是促进景观资源的区域联动，弥补景观资源短板。在景观资源上，大寨的景观资源条件相对较好；平安寨的景观资源相对较薄弱，无法支撑其高密度的民宿餐饮产业；黄洛瑶寨缺少能够吸引游客驻留的景观条件。通过提升路网的便利性，促进优质梯田景观资源的区域联动，强化平安寨与大寨的联系，从而提升平安寨民宿餐饮产业对游客的吸引力。黄洛瑶寨由于距离大寨较远，缺少与大寨景观资源联动的条件，故应强化其自身景观吸引力，凭借其位于必经之路的交通优势，提升景观质量，打造吸引游客驻留的景观环境，继续提升自身民俗表演的影响力。

二是提升民宿餐饮产业质量，促进产业模式多元化。在景观资源区域联动的前提下，促使民宿、餐饮产业由数量提升转向质量提升。以平安寨为代表的产业密集却缺乏与之配套的景观资源的村寨，可集中力量打造特色民宿、餐饮，作为核心景区产业配套的补充，使其餐饮、住宿服务能够突破自然条件的束缚，覆盖更广阔的景区范围，同时为大寨景区带来一定数量的观光游客。黄洛瑶寨的生态容量不具备让游客在此游览过夜的条件，但得益于峡谷地带较为平坦狭长的地形条件，黄洛瑶寨具有较为宽阔的车行交通条件，可作为乘坐旅游大巴的团队和自驾家庭的停留休息点。通过优化村寨内的停车配套服务，吸引车辆停靠，再发展针对此类停留游客的旅游消费形式，如餐饮、歌舞表演和特色产品集市，也可结合河流优势，提供沿河休憩茶饮休闲服务，拓展黄洛瑶寨的产业模式，避免此类自然景观资源有限的村寨被具有景观优势的村寨边缘化。

三是提升路网运力，优化游赏路径可达性。桂林龙脊梯田景区的地形较为复杂，开辟新的道路难度较大，应考虑通过提升路网运力促进景区资源联动。如平安寨与大寨相距约7km，距离相对较近，可考虑联动大寨的景观资源，丰富到访游客的景观体验。如提供多条不同的游览路线，多种来往交通方式（例如景区内公交），促使平安寨餐饮、住宿的服务范围向大寨方向辐射，促成大寨与平安寨的景观资源和服务产业的互补。作为核心景区，游客对大寨的游览体验在整个景区的游览感受中起到举足轻重的作用。大寨内各村落聚居各具特色，景观差异较大，对游客步行而言，各聚落却相对分散。大寨的道路状况较好，道路相对较宽，可考虑优化游览交通方式提升其可达性和穿行度。在大寨各村落之间可以提供景区观光车，能够很大程度扩大游客的游览范围，同时能增加游览舒适性，起到可游览景观丰富度提升的效果。

6 结论与展望

研究依托ArcGIS平台，通过核密度分析、sDNA对景区聚落地形地貌、服务点、路网连接和分布状况进行可视化分析，探索山地景区不同立地条件下村寨的地理空间异质性及其对景区村寨发展的影响，总结优劣势，分析存在问题并给出优化建议。以信息技术助力景区乡村旅游定位和发展优化的尝试，具有旅游差异化研究结合多要素统筹考虑的优势，能够对景点、服务设施的空间优化给予实践指导，对助推景区村寨差异化发展和联动共享也具有积极的参考意义。

尽管研究已取得了一定的进展，但仍存在一些不足之处。首先，研究中使用的数据主要来源于用户上传，这限制了对所有游客及不同类型服务点进行更细致分析的可能性。其次，景区内影响旅游开发的因素众多，空间分异的研究对象也相当丰富，因此，未来的研究可以考虑纳入更多的影响因素，以提高研究的精确度和深度。最后，在充分利用现有优势条件的基础上，应探索更多样化的服务方式，以促进资源的持续利用和乡村的个性化发展。

参考文献

[1] 董先农，王静，刘彪．古村落景观保护性与可持续性发展——以南社古村落为例［J］．广东园林，2015，37(2)：16-19.

[2] 王劲峰，徐成东．地理探测器：原理与展望［J］．地理学报，2017，72(1)：116-134.

[3] 王劲峰，李连发，葛咏，等．地理信息空间分析的理论体系

探讨[J]. 地理学报，2000(1)：92-103.

[4] 王劲峰，葛咏，李连发，等. 地理学时空数据分析方法 [J]. 地理学报，2014，69(9)：1326-1345.

[5] 王新越，孟繁卿，朱文亮. 我国热门旅游城市旅游经济空间分异及影响因素——基于地理探测器方法的研究 [J]. 地域研究与开发，2020，39(2)：76-81.

[6] 陈志永，杨桂华，陈继军，等. 少数民族村寨社区居民对旅游增权感知的空间分异研究——以贵州西江千户苗寨为例 [J]. 热带地理，2011，31(2)：216-222.

[7] 王铁，邰鹏飞. 山东省国家级乡村旅游地空间分异特征及影响因素 [J]. 经济地理，2016，36(11)：161-168.

[8] 张晋江. 基于旅游地理空间分异的乡村振兴路径选择 [J]. 农业开发与装备，2022(12)：31-32.

[9] 艾静超. 基于旅游地理空间分异的乡村振兴路径选择 [J]. 中学地理教学参考，2021(18)：93-94.

[10] 程晋南，赵庚星，张子雪，等. 山东省传统村落空间格局及地理分异特征分析 [J]. 桂林理工大学学报，2022，42(4)：845-852.

[11] 张苗苗，张晓瑞，夏敏. 基于 POI 数据和 sDNA 模型的城市医疗卫生设施空间布局研究 [J]. 住宅产业，2023(2)：49-52.

[12] 张苗苗，张晓瑞，夏敏，等. 基于 sDNA 的城市道路立体交通网络可达性研究 [J]. 北京建筑大学学报，2023，39(3)：88-96.

[13] 古恒宇，周麟，沈体雁，等. 基于空间句法的长江中游城市群公路交通网络研究 [J]. 地域研究与开发，2018，37(5)：24-29.

[14] 赵胤程，覃盟琳，史倩倩. 基于空间句法的城市公园绿地可达性分析——以广州市中心城区为例[J]. 地理信息世界，2022，29(2)：40-45.

[15] 陈思凡，张亚平，徐斌. 基于目的地形象的旅游产品差异化研究——以临安山区为例 [J]. 自然保护地，2022，2(3)：92-105.

[16] 朱鹏亮，邵秀英，翟泽华. 资源同质化区域乡村旅游规划差异化研究——以清漳河流域为例 [J]. 山西农经，2020(2)：37-38，40.

[17] 何田，贾朝红. 乡村振兴视阈下广西乡村景观规划研究——以广西龙胜各族自治县龙脊镇平安村为例[J]. 广西社会科学，2018(7)：65-68.

[18] 张清泉. 旅游转型升级背景下龙脊梯田景区利益相关者协调路径研究 [D]. 桂林：桂林理工大学，2022.

[19] 秦静，李郎平，唐鸣镝，等. 基于地理标记照片的北京市入境旅游流空间特征 [J]. 地理学报，2018，73(8)：1556-1570.

[20] 宋启，李侃侃，刘建军. 基于 UGC 数据的乡村游客行为时空特征研究 [J]. 中国园林，2021，37(8)：80-85.

[21] 古恒宇，孟鑫，沈体雁，等. 基于 sDNA 模型的路网形态对广州市住宅价格的影响研究 [J]. 现代城市研究，2018(6)：2-8.

作者简介

陈江碧，1972 年生，女，广西壮族自治区桂林人，本科，桂林理工大学旅游与风景园林学院，副教授。研究方向风景园林规划与设计、城乡规划、风景园林遗产保护。

张艺，1996 年生，男，四川南充人，桂林理工大学旅游与风景园林学院在读硕士研究生。专业方向为风景园林规划与设计。

“韧性”视角下宁南山区乡村景观水适应智慧研究①②

——以宁夏彭阳县茹河流域为例

Studyon the Wisdom of Rural Landscape Water Adaptation in Southern Mountainous Areas of Ningxia from the Perspective of “Resilience”: Taking the Ruhe River Basin in Pengyang County Ningxia Province as an Example

师立华　王　军　靳亦冰*

摘　要：宁夏南部山区降雨时空分布严重不均、景观格局持续变化，引发水土流失、旱涝并存、河网退化、水质污染等一系列水文环境问题。不合理的空间建设割裂了自然水文过程，而乡村景观空间韧性不足，致使区域乡村水文环境脆弱性风险持续增强。构建富有韧性的乡村景观空间规划的科学范式，是乡村振兴战略和可持续发展理念下宁夏南部山区极为突出的需求及发展的瓶颈。以典型韧性实践案例的生态智慧研究为方法，以“韧性实践—生态实践智慧—韧性规划框架—新的韧性实践”为研究路径，以宁南山区彭阳县茹河流域乡村为对象，分别从聚落选址、坡面景观设施布局、雨水资源利用三方面对其景观韧性实践中蕴含的生态智慧进行研究。凝练出彭阳县茹河流域“以水定业”“化零为整”“化整为零”相结合、“开源”与“节流”并举的生态实践智慧；基于乡村社会生态“韧性”的适应力和变革力，从生态智慧、动态设计过程、控制要素及可实现途径4个方面构建茹河流域乡村景观韧性规划框架，为建设人与自然和谐共生的当代乡村提供了科学的景观规划方法，为宁南山区及黄土高原其他地区乡村振兴战略的实施提供指导和借鉴。

关键词：韧性；生态智慧；水适应性；生态宜居；茹河流域

Abstract: The spatiotemporal distribution of rainfall in the southern mountainous areas of Ningxia Province is severely uneven, and the landscape pattern continues to change, leading to a series of hydrological and environmental problems such as soil erosion, the coexistence of drought and flood, river network degradation, and water quality pollution. Unreasonable spatial construction disrupts natural hydrological processes, while the resilience of rural landscape space needs to be improved, resulting in a sustained increase in the vulnerability risk of the regional rural hydrological environment. The scientific paradigm of constructing resilient rural landscape spatial planning is a prominent demand and development bottleneck in the southern mountainous areas of Ningxia under the rural revitalization strategy and sustainable development concept. Using the ecological wisdom research of typical resilience practice cases as the method and taking “Resilience Practice-Ecological Practice Wisdom-Resilience Planning Framework-New Resilience Practice” as the research path, this study focuses on the ecological wisdom contained in the landscape resilience practice of rural areas in the Ruhe River Basin of Pengyang County, Ningnan Mountain Area, from three aspects: settlement site selection, slope landscape facility layout, and rainwater resource utilization. To condense the ecological practice wisdom of combining “water-based industry,” “breaking down into

---

① 本文已发表于《园林》，2024，41（07）：66-73。

② 基金项目：国家自然科学基金面上项目“宁南西海固地区乡村空间脆性作用机制与韧性规划模式研究”（编号：52078403）；国家社会科学基金项目“三江源农牧区藏族聚落乡村振兴的生态宜居模式研究”（编号：22BMZ031）；教育部人文社会科学研究项目“三江源地区藏族传统聚落文化基因保护与应用研究”（编号：21YJAZH037）。

smaller parts," and "breaking down into smaller parts" in the Ruhe River Basin of Pengyang County, as well as combining "open source" and "cost reduction"; Based on the adaptability and transformative power of the rural social ecosystem, a framework for rural landscape resilience planning in the Ruhe River Basin is constructed from four aspects: ecological intelligence, dynamic design process, control elements, and achievable approaches. This provides a scientific landscape planning method for building contemporary rural areas with harmonious coexistence between humans and nature and provides guidance and reference for the implementation of rural revitalization strategies.

Keywords: Resilience; Ecological Wisdom; Water Adaptability; Ecological Livability; Ruhe River Basin

引言

宁夏南部山区（简称宁南山区）位于黄土高原西北边缘，是中国主要生态脆弱区之一，1972年被联合国粮食开发署认定为全球最不适宜人类生存的地区之一。区域内三季干旱、降雨时空分布不均，加之历史上长期滥垦、滥伐、滥牧等不合理的土地利用方式，致使区域景观格局由“水草丰美”逐渐演变为“沟壑纵横”，继而引发水土流失、旱涝并存、河网退化、水质污染等一系列生态环境问题，严重影响区域内乡村的生态安全、产业发展和人居环境品质。近50年的小流域综合治理很大程度改善了区域生态环境，但随着城市化进程的加快，乡村聚落持续扩张，空间建设割裂了自然水文过程，而乡村景观空间韧性不足，对脆弱性反应滞后，导致区域乡村水文环境脆弱性风险持续增强。

乡村振兴战略中将“生态宜居”作为“五位一体”总体布局中的重要目标，《“十四五”住房和城乡建设科技发展规划》提出“围绕建设宜居、创新、智慧、绿色、人文、韧性城市和美丽宜居乡村”的重大需求。在此背景下，将“山水林田湖草沙”视为生命共同体，将雨洪控制、水文调控与乡村景观建设相结合，构建富有韧性的乡村景观空间规划的科学范式，是乡村振兴战略和可持续发展理念下宁夏南部山区极为突出的需求及发展的瓶颈。

“韧性”一词本意是“恢复到原始状态”[1]，其自提出以来经历了“工程韧性—生态韧性—演进韧性[2]—社会生态系统韧性[3]”的范式转换。20世纪60年代以来，韧性理念已广泛应用于城市规划、土地规划、景观规划等相关研究领域中。早在2012年前后，中国学者就在城市规划领域做出了韧性理念的相关研究[4]。早期韧性规划的研究多从城市防灾减灾规划[5-7]及对美国、日本等国家的韧性规划经验分析[8-10]角度展开，并尝试提出适宜中国城市韧性提升的策略和思路。随着生态智慧研究的兴起，诸多风景园林学者意识到生态智慧可作为自上而下指导韧性实践的理论依据[11]，有效应用于当代景观实践[12]，通过研究生态智慧引领下的社会生态实践，整合人类活动与自然环境，探讨社会生态韧性[13-14]。其在构建城市社区[11]、公园[13]的韧性规划设计框架方面取得了一定的成果。

宁南山区乡村有着复杂的社会生态系统，其韧性能够反映乡村系统与外界环境的交互作用机制[15]。面对水资源供需失衡、水环境破坏等压力，宁南山区乡村社会生态系统亟须以限制系统脆弱性并促进可持续发展[16]。文章对水资源约束下宁南山区典型的韧性实践案例进行研究，将其韧性实践中的成功经验转化为可实践的生态智慧，并将这种生态实践智慧作为自上而下指导新的韧性实践的理论依据[11]，从而对宁南乃至整个黄土高原地区乡村景观规划提出科学指导，探索生态脆弱区乡村可持续规划设计的科学路径。

1 水资源约束下宁南彭阳县茹河流域乡村景观韧性实践

彭阳县位于宁夏南部山区东南部，建县初期自然条件严酷、地形地貌复杂、生态环境脆弱。在40余年的生态修复和景观建设下，通过改善乡村与水资源的联动关系，缓解了区域内尖锐的人水、人地矛盾，产生了独特的生态脆弱地区乡村水适应智慧，并逐渐形成了以阳洼流域、南山流域、麻喇湾流域、孙阳流域等小流域为代表的生态景观，以旱作梯田和茹河两岸设施农业为代表的生产景观，以山地丘陵型、河谷川道型、平原团型和冲沟型传统聚落为代表的生活景观（表1），其生态治理的成功经验被列为全国人大1798号建议案，在黄土高原同类地区得到推广。彭阳县核心生态实践和景观建设成果集中在茹河流域，因此，本文以彭阳县茹河流域内乡村为典型对象，对其在水资源约束下的景观韧性实践进行研究，总结其中蕴含的丰富生态智慧，构建可指导区域景观韧性实践的规划框架。

茹河流域景观特征及内容　表1

景观尺度	景观分类	景观单元	景观要素
宏观、中观尺度	生态景观	景观镶嵌体	山体、聚落、林地、农田、梯田、牧草地、河流、冲沟、湿地、水库、动植物
中观、微观尺度	生活景观	民居院落	民居、窑洞、庭院、麦场、牲口圈棚、柴堆旱厕、草垛、玉米堆
		道路系统	道路、街巷、村口、水渠、植草沟
		公共空间	村委会、学校、医务室、工厂、戏台
	生产景观	河谷农田	田地、道路、设施（水渠、田埂、围墙等）、作物（小麦、马铃薯、小杂粮等）
		坡地梯田	田面、设施（水渠、塬边梗等）、作物（小麦、玉米、杂粮等）、维护植物（柠条、苜蓿等）
		村旁经果林	村边林地、田边林地、河滩林地、路旁林地、烤烟房
		庭院经济	沼气池、果蔬、菌棚、牲畜
	生态景观	生态设施	防护林、坡面水保林、自然封育林、雨水集流设施、蓄水设施

1.1 水资源利用主导下的聚落选址

水资源对于聚落选址，具有两方面的影响与制约：①保障生产生活。居民的生活生产都需要充足的水资源作为保障，所以聚落选址会靠近水源或依靠水源保存地。②保障居住安全。河水泛滥会造成洪水水患，所以自古以来人们皆居住在较高的位置，如河谷两侧的台地，既便于取水生活、灌溉，又可防止水患。茹河流域早期的聚落沿着河谷两岸的二级阶地发展，既有近水之便，又可避免洪水危害，且得狩猎、采摘之利[17]，具备了“依山、傍水、面川、背风、沿等高线布局”的分布特征，是选择理想栖居地时“趋利避害”思想的自觉体现（图1）。

茹河流域的乡村聚落在气候水文、地形地貌、生活生产方式等多重因素作用下，可分为平原团型、山地丘陵型、河谷川道型[18]和冲沟型[19]4种（图2），不同类型的聚落有着不同的产生依据和内部组织结构，其选址布局和结构形态都体现了与水资源适应及相互协调的智慧。

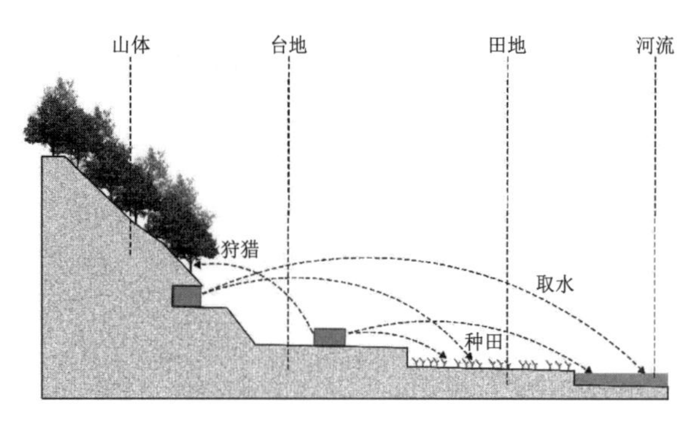

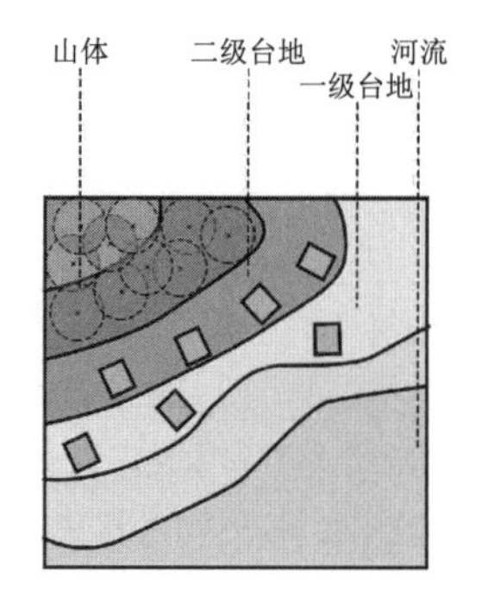

图1　聚落分布示意图

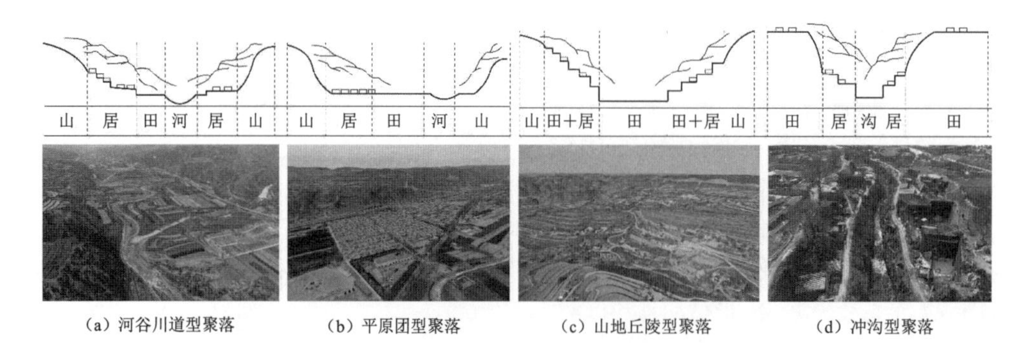

（a）河谷川道型聚落　（b）平原团型聚落　（c）山地丘陵型聚落　（d）冲沟型聚落

图2　4种类型聚落空间模式图

在长期以农业为主导的生产方式下，适宜的灌溉资源成为生活定居的首要考虑要素，因此自古就有“非灌不殖”“地尽水耕”之说。茹河流域南北降雨量差异较大，大部分区域的年均降雨量低于400mm，旱作农业是流域内主导的农业类型。茹河流域内的河谷川道型聚落及平原团型聚落皆是在“逐水而居”思想下发展起来的聚落类型，其景观形态也体现出了与水资源的协调与适应。

河谷川道型聚落主要分布在茹河流域南部，茹河主干的两侧河谷地带。河谷两侧地势平坦，土壤肥沃，灌溉便利。此类乡村聚落以河道的走向来排布民居，其空间演化呈线性延伸，在断面上形成“山—居—田—河”的形式[19]，因为考虑到适宜的生产半径，民居基本呈等距离均匀分布，整体空间布局较为松散。

平原团型聚落主要分布在茹河主干两侧山地之间的平原地带。生产用地位于居住空间的外围，沿茹河两岸分布。由于灌溉条件便利，形成了连片集中的灌溉农业区，因此生产景观与生活景观分布边界明显、布局紧凑。

1.2 应对水土流失的坡面景观设施布局

1.2.1 立体镶嵌，垂直空间景观格局优化

立体镶嵌指的是根据地区不同的地形、水热等条件，对各景观镶嵌单元进行垂直空间优化组合布局的模式。土地利用方式和景观类型的空间组合影响着土壤养分的流动规律，“坡耕地—草地—林地”和“梯田—草地—林地”的土壤全氮、有机质、有效氮、磷含量较高，有着较好的土壤养分保持和水土保持效益，是黄土区丘陵沟壑区梁峁坡地上较好的土地利用结构[20]。茹河流域景观镶嵌模式比这两种土地利用结构更为优化，这种多层立体镶嵌模式为“山顶林草戴帽子，山腰梯田系带子，沟头库坝穿靴子”（图3）。“山顶戴帽子”指的是在梁峁顶部种植以云杉（*Picea asperata*）、侧柏（*Platycladus orientalis*）为主的乔木，和柠条（*Caragana*）、沙棘（*Hippophae rhamnoides*）为主的灌木，这些植物可引起水汽凝结，改变局部环境的温度和湿度。“山腰梯田系带子”指的是在山坡的中部修建高标准水平梯田，梯田的田面可拦蓄雨水，增加土壤有机质含量，从而增加粮食作物产量，满足居民生活需求。“沟头库坝穿靴子”指的是在山坡下部陡峭处种植固土保水的灌草，在沟头营造防护林和用材林，进行沟头防护。茹河流域在生态治理和景观营建中通过对各景观单元因地制宜的排列，形成多层立体镶嵌模式，通过优化垂直空间镶嵌格局，达到了最优生态效益。

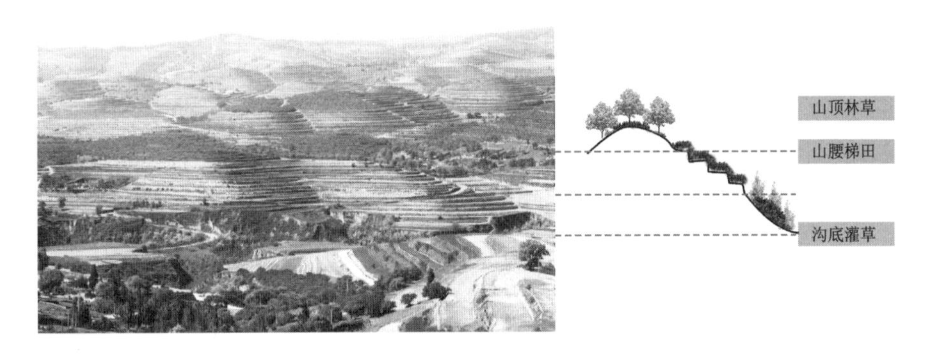

图3 景观立体镶嵌格局

1.2.2 创新整合，坡面景观设施布局

坡度是构成坡面的基本因素，是影响坡面径流量的重要因子[23]。茹河流域在20世纪80年代初期水土流失严重，长期的毁林开荒造成了流域内大量坡耕地的存在。通过对茹河流域各坡度梯度景观面积统计可知（表2），1986年茹河流域耕地大多分布在斜坡和陡坡地，坡度>8°的耕地面积总量为679.49km，占耕地总面积的63.78%；坡度>15°的耕地面积总量为246.57km^2，占耕地总面积的23.14%。

各坡度1986—2020年耕地面积统计（单位：km^2）

表2

坡度	1986年	2000年	2011年	2020年
平坡（0°~5°）	197.23	194.44	201.78	200.34
缓坡（6°~8°）	188.57	189.25	190.60	167.04
斜坡（9°~15°）	432.92	438.35	425.07	410.59
陡坡（16°~25°）	221.89	228.04	212.93	206.87
急坡（26°~35°）	22.69	23.90	10.58	7.92
陡峭坡（>35°）	1.99	2.06	1.05	1.01

坡耕地改建梯田是茹河流域防治坡面水土流失的主要措施。与坡耕地相比，梯田的容重小于坡耕地，而毛管孔隙度、总孔隙度、非毛管孔隙度、毛管最大持水量均大于坡耕地[21]。梯田的修建使得下垫面的水文过程受到影响，原本顺坡方向发育产生的顺畅径流系统被抑制，坡面长坡被截断为短坡，坡面变成了零度坡面[22]。降雨发生时，雨水蓄积在梯田田面，进行下渗，多余径流随排水沟流入下一层田面，最后蓄积于坡底的蓄水设施（图4）。在年降雨400mm条件下，以有效降水系数0.6计算，每公顷梯田可接纳降水2400m^3[23]，可完全实现雨水就地入渗集蓄。

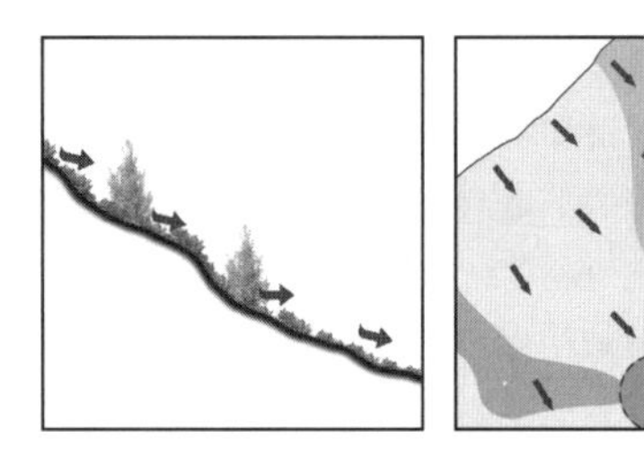

(a) 自然坡面水文过程

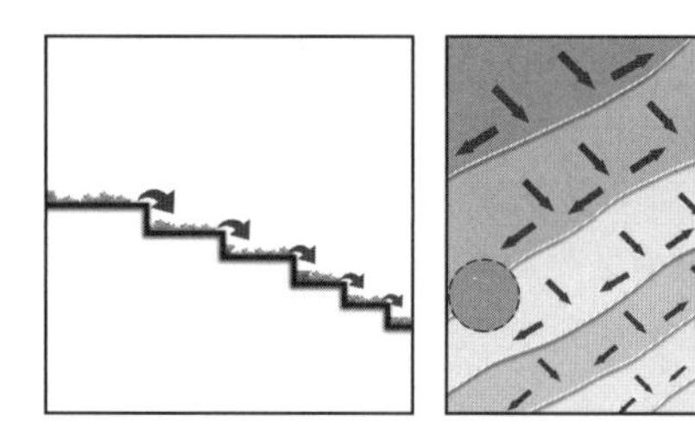

(b) 梯田水文过程

图4 自然坡面与梯田水文过程

茹河流域继承了黄土高原地区景观营建的传统方法，并根据自身条件因地制宜地创造和创新了坡面景观设施，将水平梯田与隔坡反坡水平沟、鱼鳞坑、塬边埂、植物设施等景观单元优化整合（图5），并与农业作物单元、经济林单元、经果林单元、优质牧草单元镶嵌布局，实现了对雨水叠加利用，做到了水不下山，并尽可能收集储存在水窖和水库中，实现了坡面雨水资源全部利用，深刻体现了当地人民对水土流失治理的生态智慧。

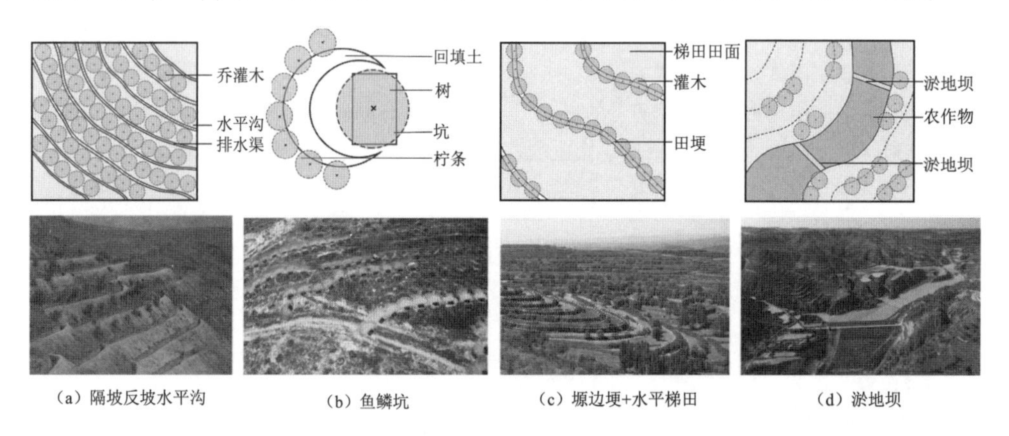

(a) 隔坡反坡水平沟 (b) 鱼鳞坑 (c) 塬边埂+水平梯田 (d) 淤地坝

图5 坡面景观设施

1.3 应对水资源短缺的雨水资源利用

1.3.1 庭院雨水蓄积利用

完善的雨水集流系统是雨水资源开发利用的基础，茹河流域大多乡村居民家庭采用屋面集雨设施。普通民居用于汇水的屋面通常铺设水泥瓦、青瓦、彩钢瓦等，由于彩钢瓦易于清洁打扫，其在茹河流域新修建的民居中使用较多。在屋檐下沿水线修建集流沟，收集屋面产流，可使屋面集水效率达到63%以上[24]。更为智慧的做法是在落水管下部安置一个可拆卸的阀门，下雨时刚集流的雨水包含较多的屋面尘土，可先打开阀门将水流入庭院，用于灌溉，之后将阀门闭合，将清洁的雨水汇集于水窖，实现了集雨设施的多功能切换（图6、图7）。

图6 庭院雨水收集系统

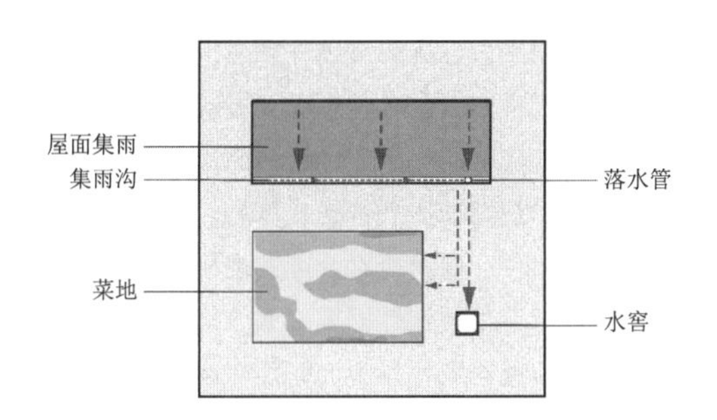

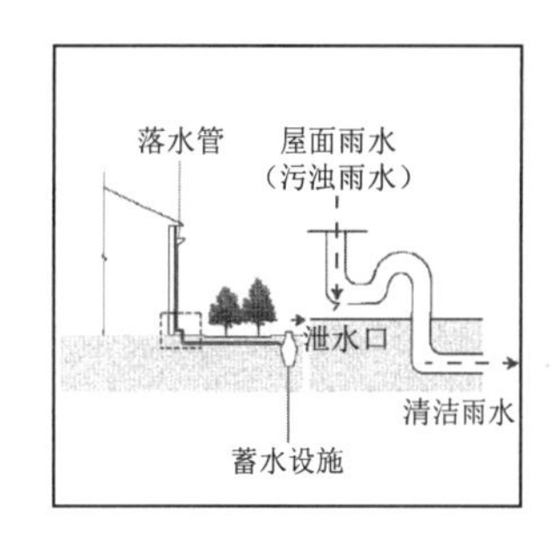

图 7　庭院雨水循环利用示意图

除民居院落外，通过村落内的小块绿地、道路排水组织、沟渠系统，及村内公共区域的涝池、水窖等传统雨水蓄积利用设施，丰富了村落可利用的水资源总量，最大化地提高雨水使用的效率，为生活、生产用水提供保障。

1.3.2　水资源节约利用下的庭院经济发展

茹河流域大部分乡村居民在自家院子发展庭院经济，而成功的庭院经济往往需要在规划建设前配置水窖、涝池等集水设施，以及提水、输水、微喷等设施。据数据显示，滴灌、渗灌、微喷节水、喷灌的节水率依次为 80%、60%、70%、50%[25]。尽管不同的节水灌溉技术的节水率有所差异，但是它们都节约了宝贵的水资源，起到了很好的“节流”作用。

以姬阳洼示范区为例，各户都有较大的场院、屋面，利用场院、屋面并配套屋檐接水设施收集屋面、场院的降雨径流，将其储存在场院的水窖中，发展庭院经济补灌和养殖业，共计发展庭院集雨节水灌溉面积 29.57hm^2[26]。主要的庭院经济类型有庭院经济林、温棚蔬菜、菌草培育及温棚养殖，具体的布局模式见图 8。

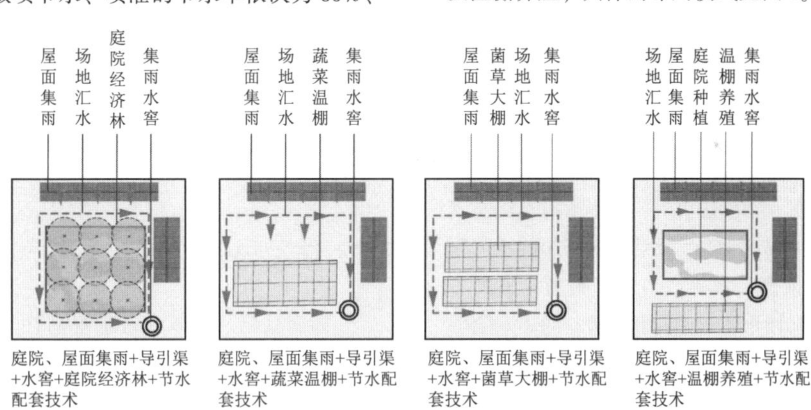

图 8　姬阳洼示范区庭院经济模式[27]
（图片来源：根据参考文献［27］改绘）

茹河流域乡村通过对雨水资源的收集解决了居民生活用水不足的问题，通过配合“节流”措施，对经济生产起到了促进作用，而经济生产的提高又给居民追求高品质生活带来了物质保障。

2　生态智慧引导下茹河流域乡村景观的韧性实践框架

2.1　茹河流域乡村景观韧性实践中的生态智慧

2.1.1　“以水定业”的景观设施布局

“以水定业”指的是在小流域尺度，各类景观设施的空间布局、排列组合，都以对场地水文过程的引导组织为关键目标，在改善水土流失生态问题的基础上，汇集利用雨水资源，改善土壤水分条件，实现“水资源利用—生态改善—产业发展”的良性循环。茹河流域在梁峁顶通过种植树木，从源头消减雨水；在易产生强烈坡面径流的陡坡地通过鱼鳞坑和隔坡反坡水平沟，实现径流资源的就地拦蓄；沟内种植山杏（Prunus sibinica）、山桃（Prunus davidiana），发展集流造林，并将多余径流向坡底转输；在较缓的坡面修建水平梯田，并配合塬边埂保水固土，发展种植业；在小流域水文单元的汇水口，根据流域的等级和面积、流量大小修建不同规模等级的水库水坝，拦蓄上游的雨水径流，可作为人畜饮水水源，也可与滴灌、喷灌等节水灌溉设施结合，集中发展集雨节灌农业；在冲沟前部修建淤地坝，拦蓄径流泥沙，淤积出的土地可发展农业种植。

2.1.2 “化零为整”与“化整为零”相结合的水资源再分配

雨水资源是茹河地区可利用的重要水资源。“化零为整”和“化整为零”的水资源再分配指针对区域降雨量小及时空分布不均的特点，通过各类景观设施，对小流域雨水径流进行跨时空调节，最大限度地利用地区雨水资源，改善土壤的水分及养分条件，从而发展农林产业。“化零为整”即把坡面产生的暴雨径流，通过一系列有效的引、蓄措施，将其集中利用[23]，提高地区抗旱能力，水窖、涝池、塘坝等都是“化零为整”设施的代表；“化整为零”是对集中的暴雨洪水采取分散拦蓄，就地利用，如梯田、鱼鳞坑、水平沟，其收集的雨水最大限度地就地下渗，满足区域农作物、经济林果的用水需求。

2.1.3 “开源”与“节流”并举的雨水回收利用

茹河流域在村落、院落尺度的雨水资源利用智慧可以归纳为“开源”与“节流”并举。“开源”关注雨水和污水的收集利用[28]，“节流”关注节水灌溉、节水型植物配置和土壤保水技术的应用。基于“开源”的雨水资源利用通过雨水集流系统来实现，主要措施包括：屋顶集流设施、集流场地、输水管道、水窖、涝池及村落内的小块绿地、道路排水组织、沟渠系统等。雨水集流系统完成了对雨水的收集，最大化地丰富了场地内可利用的水资源总量，通过配合节水灌溉技术等“节流”措施，解决了水资源约束下居民生活用水不足的问题，蓄积的雨水除了用于人畜饮水，还被用于庭院及村庄附近生产场地的灌溉。这种化劣势为优势，一举多得的水资源利用方式，是应对地域水资源约束下生态智慧的集中体现。

2.2 从“适应”到“变革”茹河流域乡村生活景观韧性框架

茹河流域乡村景观韧性实践，作为一种对水资源、水环境压力下的主动响应，是一种动态过程，复合演进韧性“恢复—适应—变革”的动态过程[29]，分别体现着乡村社会生态韧性的适应力和变革力。

适应力强调与自然过程的相互容纳和适应[30]，茹河流域居民在聚落营建时为了满足水源获取、食物获取、居住空间获取等需求，在极其有限的自然条件下实现了人与自然环境的高度融合，是适应力的体现。变革力把外界的扰动看作一种自我调整、改进的机会[30]，茹河流域在有限水资源下的水资源再分配和雨水回收利用，通过对自然水文过程的干预，提高了茹河流域乡村韧性，并同时具备生态、生产、生活三重效益。这种韧性实践因势利导，化被动的适应为主动防御，充分体现了茹河流域乡村生活景观韧性实践中的变革力。因此，从生态智慧、动态设计过程、控制要素及可实现途径4个方面构建茹河流域乡村生活景观韧性框架（表3），以期为宁南山区乃至黄土高原地区乡村景观的韧性实践提供指导。

生态智慧引导下茹河流域乡村景观韧性规划框架　　表3

生态智慧引导	动态设计过程	控制要素	可实现途径
聚落选址：“趋利避害”“逐水而居”“逐地而居”	适应力	河流、径流、地形、地貌、植被、动物资源、农业产业	适宜的取水及耕作半径；与河流的水平与垂直距离控制；植被的维护；优良的土地用于耕作；避免平地及河滩地大规模建房
景观设施布局：“以水定业”“化零为整”“化整为零”	变革力	淤地坝、鱼鳞坑、水平沟、梯田、塬边埂、植物设施	构建坡面排水渠网络；景观设施垂直布局；乔灌草搭配种植；持续推进坡耕地改造；农田+生态防护设施；生态防护与经济生产协同
雨水资源利用：“开源”“节流”		降雨、下垫面材质、屋顶材质、植被、绿地、集流设施	完善民居、院落、村落各层级雨水收集系统；倡导透水性铺装及透水绿地的使用；推广节水灌溉设施；增加村落四旁地绿化；适当发展庭院经济

3 结论与讨论

彭阳县茹河流域乡村景观韧性实践中“以水定业”“化零为整”“化整为零”相结合的生态智慧从区域最紧迫的生态问题出发，通过对雨水径流过程的分析，精准把控小流域水文过程的各个环节，既解决区域生态问题，又促进了产业发展；“开源”与“节流”并举的雨水回收利用智慧，通过生态设施和工程设施结合，在干旱缺水的地区实现了雨水资源化，具有促进庭院经济发展、优化提升人居环境的多重效益。彭阳县茹河流域乡村景观韧性实践，充分体现了少成本、低干预、低维护的生态设计策略，是一种充满生态智慧的可持续景观设计方法，对宁南山区乡村景观的规划实践有很强的指导意义。

生态脆弱地区乡村社会生态系统在面对特定约束条件下，表现出较强的风险与脆性特征，而长期实践中形成的生态知识和经验很好地体现了乡村面对自然环境约束下的动态适应能力。本文在生态智慧的引导下，对地区韧性实践的典型案例进行深度剖析，从中总结其面对特定地域资源约束而展现出的生态智慧。在这种生态智慧的引导下，从控制要素、可实现途径等方面构建区域乡村景观韧性框架，使区域乡村选择适宜自身条件的规划方案，为区域乡村在面对外部条件时表现出的韧性不足提供完善的智慧性生态规划策略，使乡村景观具备主动适应环境的变革力，这种自下而上的韧性规划模式为持续探索生态脆弱区乡村可持续规划设计提供了科学路径。

2023年的全国生态环境保护大会提出以高品质生态环境支撑高质量发展，而宁夏南部山区目前仍然是国内生态环境最为脆弱的地区之一，在乡村建设中应充分提高乡村环境对脆弱性的响应能力，坚持“山水林田湖草沙”一体化保护和系统治理，提高乡村社会生态系统韧性，发挥乡村自然生态系统自身对水资源的调蓄净化作用，推进人与自然和谐共生的当代乡村建设，以期实现区域乡村高质量发展，并为黄土高原地区乡村景观规划和乡村振兴战略实施提供借鉴。

参考文献

[1] KLEIN R J T, NICHOLLS R J, THOMALLA F. Resilience to Natural Hazards: How Useful is This Concept? [J]. 2004, 5(1-2): 35-45.

[2] 邵亦文，徐江．城市韧性：基于国际文献综述的概念解析[J]．国际城市规划，2015，30(2)：48-54.

[3] 田健，曾穗平．基于韧性理念的生态功能区乡村“三生”脆弱性治理与空间规划响应[J]．规划师，2023，39(7)：64-71.

[4] 刘堃．社会主义市场经济背景下韧性规划思想的显现与理论建构——基于深圳市城市规划实践(1979—2011)[J]．城市规划，2014，38(11)：59-64.

[5] 廖桂贤，林贺佳，汪洋．城市韧性承洪理论——另一种规划实践的基础[J]．国际城市规划，2015，30(2)：36-47.

[6] 郦启亮，李鑫，罗彦．韧性城市理论引导下的城市防灾减灾规划探讨[J]．规划师，2017，33(8)：12-17.

[7] 徐江，邵亦文．韧性城市：应对城市危机的新思路[J]．国际城市规划，2015，30(2)：1-3.

[8] 郑艳，王文军，潘家华．低碳韧性城市：理念、途径与政策选择[J]．城市发展研究，2013，20(3)：10-14.

[9] 邵亦文，徐江．城市规划中实现韧性构建：日本强韧化规划对中国的启示[J]．城市与减灾，2017(4)：71-76.

[10] 吴浩田，翟国方．韧性城市规划理论与方法及其在我国的应用——以合肥市市政设施韧性提升规划为例[J]．上海城市规划，2016(1)：19-25.

[11] 申佳可，王云才．基于韧性特征的城市社区规划与设计框架[J]．风景园林，2017(3)：98-106.

[12] 王志芳．生态实践智慧与可实践生态知识[J]．国际城市规划，2017，32(4)：16-21.

[13] 王忙忙，王云才．生态智慧引导下的城市公园绿地韧性测度体系构建[J]．中国园林，2020，36(6)：23-27.

[14] 颜文涛，卢江林．乡村社区复兴的两种模式：韧性视角下的启示与思考[J]．国际城市规划，2017，32(4)：22-28.

[15] 王成，任梅菁，胡秋云，等．乡村生产空间系统韧性的科学认知及其研究域[J]．地理科学进展，2021，40(1)：85-94.

[16] 孙宇，刘维忠，盛洋．基于PSR模型的新疆水资源经济生态韧性时空差异及影响因素分析[J]．干旱区地理：1-15.

[17] 李钰．陕甘宁生态脆弱地区乡村人居环境研究[D]．西安：西安建筑科技大学，2011.

[18] 王军．西北民居[M]．北京：中国建筑工业出版社，2009.

[19] 金林建．生态宜居视角下彭阳县冲沟型村落空间形态更新设计研究[D]．西安：西安建筑科技大学，2019.

[20] 傅伯杰，马克明，周华峰，等．黄土丘陵区土地利用结构对土壤养分分布的影响[J]．科学通报，1998(22)：2444-2448.

[21] 房正纶．宁夏南部山区生态建设理论实践与研究[M]．宁夏：宁夏人民教育出版社，2001.

[22] 李仕华．梯田水文生态及其效应研究[D]．西安：长安大学，2011.

[23] 卜崇德．宁夏水土保持实践与探索[M]．宁夏：宁夏人民出版社，2007.

[24] 樊廷录．黄土高原旱作地区径流农业的研究[D]．杨凌：西北农林科技大学，2002.

[25] 赵国宁．彭阳县节水灌溉技术推广与应用[J]．吉林农业，2011(12)：222.

[26] 刘学军，张煜明，刘平，等．彭阳县姬阳洼小流域雨水资源高效利用实践[J]．中国水土保持，2010(8)：36-38.

[27] 徐洁，辛鹏科，刘建平，等．彭阳县雨水集蓄利用技术模式与集雨节灌工程类型[J]．中国水土保持，2006(3)：31-33.

[28] 陈天，李阳力．生态脆弱性视角下城市水环境导向的城市设计策略[J]．中国园林，2018，34(12)：17-22.

[29] WALKER B, HOLLING C S, CARPENTER S. Resilience, Adaptability and Transformability inSocial-ecological Systems[J]. Ecology and society, 2004, 2(9): 3438-3447.

[30] 王敏，彭唤雨，汪洁琼，等．因势而为：基于自然过程的小型海岛景观韧性构建与动态设计策略[J]．风景园林，2017(11)：73-79.

作者简介

师立华，1985年生，女，陕西西安人，博士，西安建筑科技大学艺术学院，讲师。研究方向为西部乡土景观。

王军，1951年生，男，陕西西安人，西安建筑科技大学建筑学院，教授。研究方向为地域建筑与乡土景观。

（通信作者）靳亦冰，1976年生，女，陕西西安人，博士，西安建筑科技大学建筑学院，教授。研究方向为地域建筑与传统村落。电子邮箱：Jinice1128@126.com。

21 世纪以来中国传统村落研究综述[①]

A Review of Research on Traditional Chinese Villages since the 21st Century

袁 西 宋钰红* 陆泓邑 贺凯航

摘 要：我国安徽省的西递和宏村在 2000 年被列入世界文化遗产名录，这标志着中国传统村落的遗产价值已经达到全球公认的水平，此后国家陆续出台了一系列政策，以此来持续推动传统村落的保护与传承。当前在我国全面推进乡村振兴、推进建设宜居宜业和美乡村、实现农业农村现代化建设的时代背景下，立足风景园林学科内涵，借鉴多学科的优秀理论和方法来系统提升传统村落的认知价值及保护发展，从而借鉴传统村落的经验指导我国农业农村的振兴发展，对于提升乡村人居环境具有重要的指导意义，因此有必要对我国传统村落的研究情况进行系统梳理，以期进一步推动新时代中国传统村落的建设实践与深化研究。本文借助 CiteSpace 软件在 CNKI 数据库中以“传统村落”为主题检索，设置时间范围为 2000—2023 年，获取 1517 篇 EI、核心期刊、CSSCI、CSCD 期刊文献进行信息可视化分析。结果显示：①研究传统村落的机构多且分散，机构间联系紧密，呈现一定的跨学科合作频率；②研究受到国家政策的影响，与地区社会经济发展、村落分布及少数民族文化紧密相关；③研究内容主要聚焦传统村落的空间形态、保护传承、旅游开发、景观基因等方面。未来，应该从文化遗产视野持续关注传统村落的动态发展需求，积极探索传统村落价值的科学认定标准，构建多学科共研的科学保护发展模式，客观评价和科学指导传统村落保护，因地施策、不断完善地方性保护法规，深入研究传统村落实现乡村振兴的理论与实践。

关键词：传统村落；乡村振兴；人居环境；研究综述；CiteSpace

Abstract: Xidi and Hongcun in Anhui Province, China were listed on the World Cultural Heritage List in 2000, marking that the heritage value of traditional Chinese villages has reached a globally recognized level. Subsequently, the country has introduced a series of policies to continuously promote the protection and inheritance of traditional villages. In the current era of comprehensively promoting rural revitalization, promoting the construction of livable and beautiful rural areas, and realizing modernization of agriculture and rural areas in China, based on the connotation of landscape architecture, drawing on excellent theories and methods from multiple disciplines to systematically enhance the cognitive value and protection development of traditional villages, and drawing on the experience of traditional villages to guide the revitalization and development of agriculture

① 基金项目：由云南省“高层次人才培养支持计划”产业技术领军人才项目（编号：YNWR-CYJS-2020-022）、国家自然科学基金（编号：51968064）共同资助。

and rural areas in China, it has important guiding significance for improving the rural living environment, Therefore, it is necessary to systematically review the research on traditional villages in China, in order to further promote the construction practice and deepening research of traditional villages in China in the new era. This article uses CiteSpace software to search for "traditional villages" in the CNKI database, with a time range of 2000–2023. 1517 EI, core journals, CSSCI, and CSCD journal articles were obtained for information visualization analysis. The results show that: (1) there are many and scattered institutions studying traditional villages, with close connections between institutions and a certain frequency of interdisciplinary cooperation; (2) Research is closely related to regional socio-economic development, village distribution, and ethnic minority culture, influenced by national policies; (3) The content mainly focuses on the spatial form, protection and inheritance, tourism development, landscape genes, and other aspects of traditional villages. In the future, we should continue to pay attention to the dynamic development needs of traditional villages from the perspective of cultural heritage, actively explore scientific recognition standards for the value of traditional villages, build a multidisciplinary scientific protection and development model, objectively evaluate and scientifically guide the protection of traditional villages, implement policies according to local conditions, continuously improve local protection regulations, and conduct in-depth research on the theory and practice of realizing rural revitalization in traditional villages.

Keywords: Traditional Villages; Rural Revitalization; Human Settlement Environment; Research Review; CiteSpace

引言

传统村落承载着农耕文化，是中华文明的“基因库”，蕴含着丰富的文化景观，具有极大的历史文化与社会经济价值[1,2]。2011 年，国家相关部门对传统村落的定义进行了界定，此后对传统村落的研究从对空间的关注转向对村落自身历史文化、科学艺术、社会经济等更多价值维度的关注，其中乡土记忆的话题甚热。2012 年，我国正式启动全面深入调查传统村落的重点项目[3]，截至 2023 年 3 月，共公布了六批 8155 个中国传统村落列入国家级名录。乡村是集自然、社会、经济特征的地域综合体，具备生产、生活、生态、文化等多重功能；实施乡村振兴战略的关键是要激发乡村活力，提高乡村振兴的潜力，使乡村建设情况可感知、可量化、可评价。传统村落具备传统建筑风貌、地理位置、传统文化等独特的乡村优势，成为乡村振兴可借鉴的典型案例，因此系统了解传统村落研究重点及发展特征，把握传统村落价值的多维内涵和发展规律，对后续结合政策开展深层次、多领域、多学科结合的研究具有重要的指导意义。

1 传统村落研究知识图谱

1.1 数据来源及研究方法

本文选取 CNKI 为数据源，以“传统村落”为检索主题，以 2000 年 1 月和 2023 年 9 月分别作为文献源检索时间的起点和终点，以“主题”为检索方式，共筛选 1517 篇以 EI、核心期刊、CSSCI、CSCD 为类型的期刊文献，以 Refworks 格式导出这些文献的作者、关键词等信息。使用 CiteSpace 软件对引文空间进行分析，可以根据结果分析传统村落的研究热点、前沿、发展趋势及其各热点话题之间的关系。

1.2 关键热词

通过关键词共现和突现性分析，对图谱语言进行解读，揭示研究主题和方向。将关键词作为网络节点，设置一年为时间切片，以每个时间切片中被引用频率较高的关键词生成共现图谱，结果显示共有 459 个关键词节点、990 条连接、密度为 0.0094（图 1）。按关键词使用频率，提取前20个高频关键词汇（表1），其中“传统村落”引用频次最高，在2000年达到700次；2012年以前主要围绕传统村落保护、风景园林、村落文化、旅游开发、传统民居、人居环境、新型城镇化等关键词展开研究；2012年后聚焦乡村振兴、影响因素、空间分布、乡村振兴战略、乡村旅游等热点展开研究。

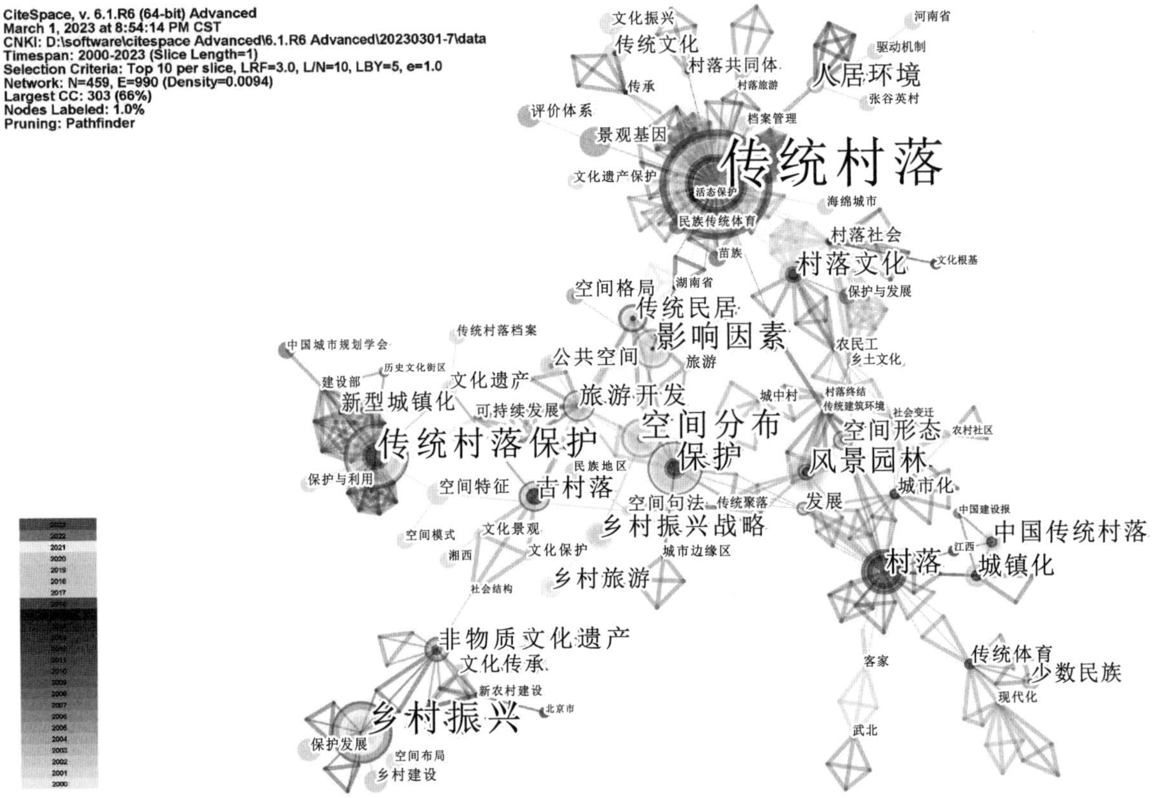

图1 2000—2023年传统村落关键词共现知识图谱

2000—2023年传统村落研究高频关键词汇总表 表1

频次（次）	中心性	时间（年）	关键词
700	0.56	2000	传统村落
95	0.05	2018	乡村振兴
60	0.11	2002	传统村落保护
47	0.13	2006	保护
44	0.02	2015	影响因素
44	0.01	2014	空间分布
28	0.05	2009	风景园林
23	0.26	2005	村落
21	0.1	2003	村落文化
19	0.15	2006	旅游开发
19	0.01	2018	乡村振兴战略
18	0.12	2011	非物质文化遗产
17	0.25	2001	传统民居
17	0.04	2010	人居环境
17	0.18	2006	古村落

续表

频次（次）	中心性	时间（年）	关键词
15	0.02	2012	城镇化
15	0	2013	中国传统村落
14	0.12	2011	空间形态
13	0	2018	乡村旅游
12	0	2012	新型城镇化

1.3 作者和发文机构

通过作者共现知识图谱，可以看到聚焦该领域研究的核心作者共现频次和合作强度情况（图2），从共现频次来看，排序最高的作者为刘沛林（40次）、李伯华（39次）、窦银娣（31次）、孙九霞（14次）、肖大威（13次）（表2）。学者们针对张谷英村的研究是传统村落研究的成熟范本，其中刘沛林、李伯华、窦银娣进行了一系列合作研究，包括传统村落景观价值居民感知与评价[4]、城镇化进程中的传统村落功能转型与空间重构[5]、旅游对村落人居环境产生的影响[6]、人居环境演化[7]、人居环境活化路径研究[8]、空间布局的图式语言[9]、景观基因数字化传播及其旅游价值提升[10]等研究。

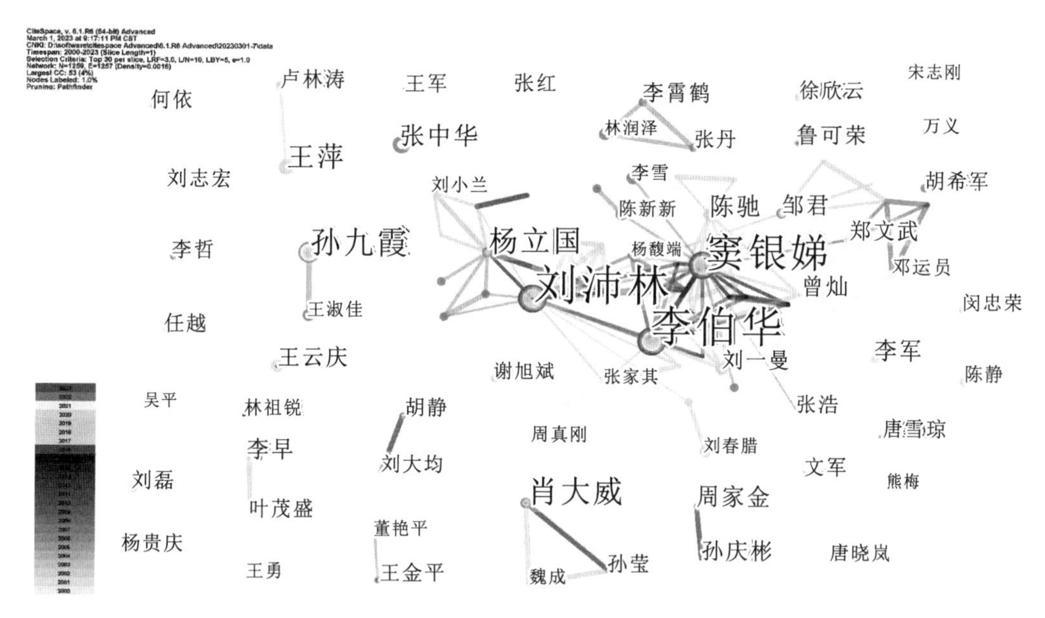

图 2　2000—2023 年传统村落研究作者共现图谱

2000—2023 年传统村落研究作者汇总表　　表 2

频次（次）	程度	时间（年）	作者
40	17	2015	刘沛林
39	16	2015	李伯华
31	19	2015	窦银娣
14	5	2017	孙九霞
13	12	2013	肖大威
10	8	2015	杨立国
9	2	2017	王萍
6	6	2017	陈驰
6	6	2014	周家金
6	5	2017	曾灿
6	4	2018	邹君
6	4	2017	李军
6	1	2021	张中华
5	6	2014	胡静
5	6	2016	张丹
5	6	2014	孙庆彬
5	6	2016	郑文武
5	5	2017	李早
5	5	2016	李霄鹤
5	5	2017	刘一曼

传统村落研究机构多且分散，存在多学科跨界合作的情况，且这些机构之间联系紧密（图 3）。各大高校作为研究主力，其中衡阳师范学院、湖南省人居环境学研究基地、西安建筑科技大学建筑学院作为最多的研究机构，发文频次较为集中。整体发现研究存在一定的地域属性，这与传统村落的分布地域、少数民族分布有着主要关系，研究机构的地理分布从一定程度反映我国不同地域的传统村落研究深度和广度（表 3）。

2000—2023 年中国传统村落核心研究机构汇总表 表 3

频次（次）	中心性	年份	机构
32	0	2016	衡阳师范学院城市与旅游学院
31	0.03	2017	湖南省人居环境学研究基地
28	0.02	2010	西安建筑科技大学建筑学院
26	0.01	2021	衡阳师范学院地理与旅游学院
18	0	2017	古村古镇文化遗产数字化传承湖南省协同创新中心
16	0.02	2002	华南理工大学建筑学院
15	0.01	2006	同济大学建筑与城市规划学院
15	0	2017	中山大学旅游学院
13	0.02	2014	西北大学城市与环境学院
13	0.02	2006	中国科学院地理科学与资源研究所
11	0.01	2013	中山大学地理科学与规划学院
9	0	2015	中南大学中国村落文化研究中心
9	0	2017	四川大学公共管理学院
9	0	2017	苏州大学建筑学院
8	0	2009	北京大学城市与环境学院

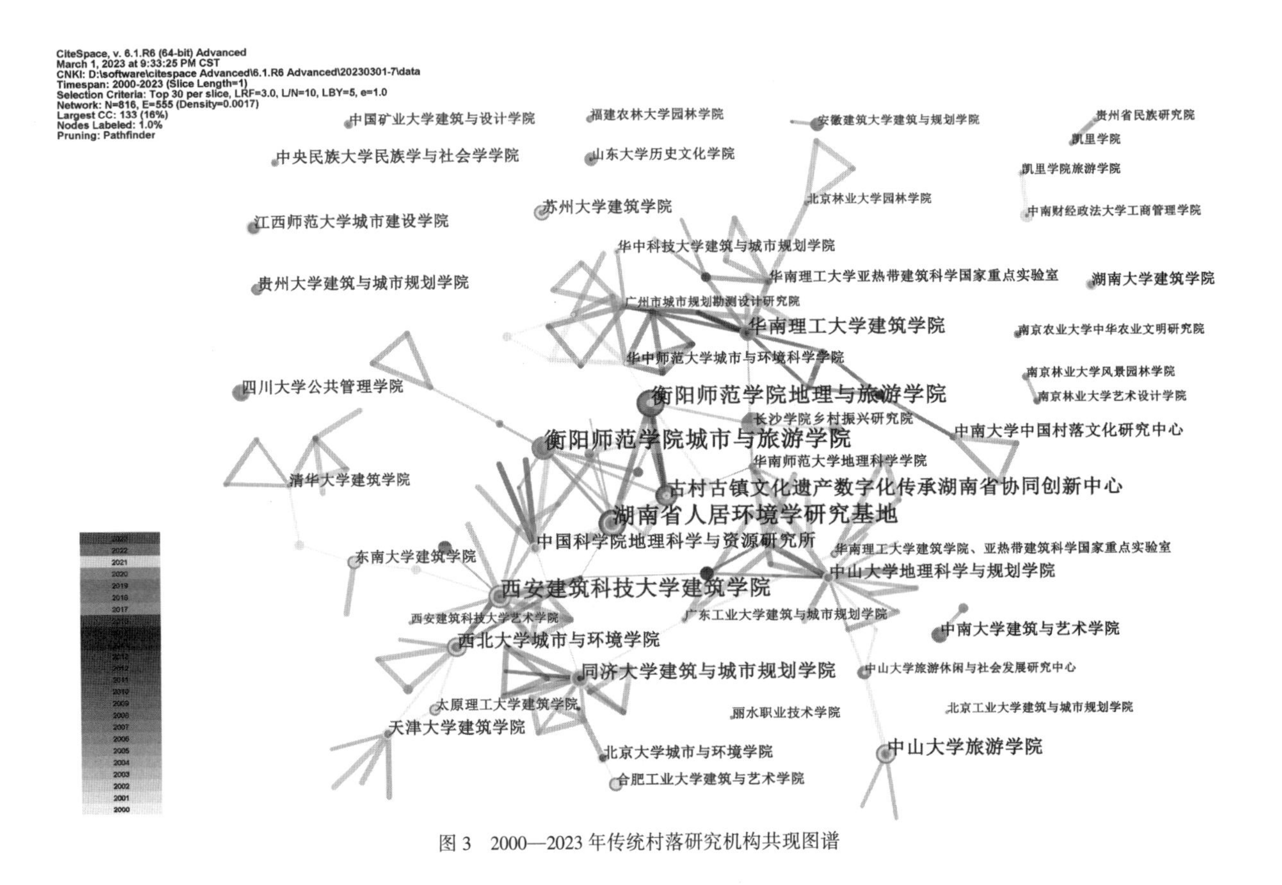

图 3　2000—2023 年传统村落研究机构共现图谱

1.4　研究进程及政策导向下的研究重点

我国传统村落的研究是在国家政策的指导下不断深化和发展的，排名前 20 位的突现词能够直观看到传统村落的研究进程（图 4），政策导向下各阶段的研究重点有所差异。传统村落是孕育农业文明的空间载体，受到快速城镇化进程的影响，农村经济发展带来的传统民居改建、扩建造成了传统村落逐渐丧失完整风貌。2005 年之前，学者主要围绕传统村落、村落保护、传统民居、村落文化、古村落、旅游开发等展开研究，这一时期传统村落的价值还未受到注视，文化遗存较为丰富的村落并未得到社会的普遍关注，导致大量传统村落默然消逝。2006 年到 2012 年，主要聚焦传统村落的文化传承、空间形态、人居环境、少数民族、非物质文化遗产、城镇化、新型城镇化等关键词展开研究；这一阶段多聚焦于传统村落物质要素层面的解读，以及对村落的保护及初步活化利用。在城镇化和新农村建设的大背景下，传统村落的生存面临严峻考验，人们逐渐意识到城镇化对传统村落的冲击力，开始认识到保护传统村落刻不容缓。2008 年，国家正式发文保护历史文化名镇名村；2011 年，住房和城乡建设部等三部门联合启动了中国传统村落保护工作，出台了一系列政策文件，遏制了传统村落的急速衰亡，传统村落的文化、经济等多重价值获得社会认可，保护维度拓展延伸至村落物质与非物质文化遗产的活态保护维度，研究不断呈现多学科融合的趋势，多维度指导着传统村落的保护和新农村建设的方向。

2012 年，党的十八大提出了“中国特色新型城镇化道路”概念；2012 年到 2015 年，立足“城镇化”“城市化”的社会背景，主要聚焦中国传统村落、空间分布、影响因素等关键词展开研究，关注“村落”“村寨”等概念内涵及其“保护”“传承”。2016 年，国家提出要大力发展休闲农业和乡村旅游；2017 年以后，主要是乡村振兴战略背景下传统村落的研究，中国传统村落研究进入了新阶段；2018 年，《国家乡村振兴战略规划（2018—2022 年）》提出要加大力度对传统村落进行专项保护、全面保护的方略，这一阶段各学科主要围绕乡村振兴、乡村振兴战略、乡村旅游、景观基因、空间格局、评价体系等研究热点展开诸多研究，传统村落的保护方向从以保护为主转变为保护与发展并重的新局面，研究呈现多维度、多学科合作的纵深发展趋势。党的二十大强调要举全党全社会之力全面推进乡村振兴，加快农业农村现代化；2023 年，

《中央中央 国务院关于做好2023年全面推进乡村振兴重点工作意见》指出，坚持农业农村优先发展，扎实推进宜居宜业和美乡村建设；未来关于传统村落的研究将会围绕政策持续向纵深发展。

关键词	年份	强度	起始年	终止年	2000—2023
传统村落保护	2002	5.26	2013	2019	
保护	2006	6.39	2014	2017	
村落	2005	4.37	2014	2016	
村落文化	2003	4.23	2015	2018	
发展	2008	2.83	2017	2017	
乡村振兴	2018	18.32	2018	2023	
乡村振兴战略	2018	5.77	2018	2021	
旅游开发	2006	2.95	2018	2021	
文化传承	2011	3.16	2019	2019	
公共空间	2016	2.76	2019	2020	
空间形态	2011	2.61	2019	2020	
空间分布	2014	9	2020	2023	
影响因素	2015	6.85	2020	2023	
乡村旅游	2018	4.27	2020	2021	
景观基因	2022	3.59	2022	2023	
人居环境	2010	3.57	2022	2023	
非物质文化遗产	2011	3.45	2022	2023	
评价体系	2022	2.99	2022	2023	
空间格局	2015	2.79	2022	2023	
少数民族	2011	2.41	2022	2023	

图 4　2000—2023 年中国传统村落研究排名前 20 位的突现词

2　相关研究情况

我国关于村落的研究始于传统民居研究，最初刘敦桢先生针对我国的民居建筑展开了深入研究，其代表作为《中国民居概说》；20 世纪 80 年代以后，研究内容逐渐广泛，对于村落的相关研究也有所触及，然而文字表述较少、深度较浅，侧重对建筑单体进行相关研究，对于建筑、建筑群与周边环境存在的关系，建筑居民的活动、生活方式与环境的关系，居民与建筑风格的关系上并未产生深刻全面的研究。然而，一些针对全国各个地区的民居研究著作相继问世，详尽描述了地区民居的特色，如《浙江民居》《云南民居》《福建民居》《广西居住文化》等。20 世纪 90 年代以后，我国学者逐渐探索各地的民居与村落、自然环境、社会文化等因素之间的关系，研究内容上开始重视建筑整体组合、整体村落空间环境的分析。随着乡村旅游的发展，很多关于古镇、村落的旅游观光方面的著作应运而生。我国西南地区是传统村落比较集中的地区之一，尤其云南少数民族众多，一直是传统村落研究的热门地区之一；截至 2023 年 3 月，云南有 777 个传统村落被列入国家级名录，数量位居全国第一。在国家相关政策的支持下，传统村落的研究热度持续增长，研究主题不断延伸，取得了丰硕的学术成果，本文主要聚焦传统村落空间形态、旅游开发、保护传承、景观基因四个部分展开讨论。

2.1　传统村落空间形态

在传统村落空间形态方面主要集中于对村落空间形态特征及其影响因素的研究，探究村落空间如何形成、组织、生长。刘沛林提出村落环境空间形成的理念基础是“人之居住，宜以大地山河为主”[11]，讨论了中国历史文化村落的“精神空间”[12]、中国传统人居思想对“诗意栖居”理念的追求和实践[13]；从“意象”的概念出发，对古村落景观的多维空间立体图像展开研究[14]。另外也有学者聚焦不同尺度的研究，比如从宏观层面将中国传统村落划分为 4 个空间集聚区，并指出偏远的边界集聚区有利于传统村落的留存与保护[15]；从微观层面切入，提出村落“神圣空间”的概念，并研究其空间形态、当代价值及研究范式[16]；认为宗法礼制和传统伦理道德是影响村落空间布局的重要因素[17]。在研究方法方面，有学者运用“空间句法”探讨村落的空间形态机制，关注“乡村振兴”背景下的村落“人居环境”建设，探究旅游开发与村落发展的调节机制[18]；通过分析村落空间布局的图式语言，探究村落发展的空间秩序、空间分布特征及影响因素，基于“三生”空间的传统村落人居环境演变及驱动机制[[19-20]；构建传统村落人居环境有机更新的分析框架[21]；研究传统村落人居环境转型发展模式[22]、人居环境转型发展的系统特征及动力机制[23]。

2.2 传统村落保护传承

传统村落体现着农耕文化的古老性和历史文化内涵的深厚性，处于人口流动、文化碰撞的村落时刻发生着变化[24]。传统村落是村民生活、情感和生命的载体，要积极探索不同类型传统村落的共生发展路径[25]。我国相继颁布的许多关于文化遗迹、文物保护等方面的法令和法规，为村落的研究打下了政策基础。从公布的六批中国传统村落名录看，入选的传统村落数量逐年上升，证明国家对传统村落投入了极大的保护力度。

随着国民经济水平的提高以及国家对乡村发展的重视，乡村旅游获得飞速发展，开发古镇、古村旅游，以及乡土文化的挖掘、打造逐渐成为热门。各高校及相关机构针对传统村落的保护传承展开了全面细致的研究，并提出保护建议，如清华大学陈志华教授对浙江省温州楠溪江村落进行研究；同济大学阮仪三教授主要关注古城、古镇、村落的保护工作；刘沛林课题组进行了大量关于景观基因、历史文化村镇与旅游文化遗产监测预警方面的相关研究，探究了传统村落保护度评价体系[26-27]。宋钰红课题组致力于滇藏茶马古道在多元文化影响下的传统村落景观特征研究，借助生态学或多个学科的相关理论，拓展了传统村落遗产价值的保护思路[28-29]。

2.3 传统村落旅游开发

我国的乡村旅游是在受到市场需求扩增，以及国外发达国家的影响而逐渐兴起的，和我国的旅游扶贫政策密切相关[30]。作为主体之一的乡村社区在旅游发展过程中能实现创新演化[31-32]。旅游开发对传统村落发展具有一定的带动作用，可以通过物质层、社会层和精神层等路径促进传统村落的可持续发展，实现传统村落的保护与活化[33-34]。刘沛林课题组借鉴催化反应动力学原理与城市催化剂理论，构建了旅游驱动型传统村落共同富裕催化机制、发展路径，同时构建了传统村落活态性评价指标体系，运用模糊综合评价法定量分析旅游开发对传统村落活态性的影响；探讨了新型城镇化背景下的古村镇保护与旅游发展路径选择，并研究了旅游型传统村落脆弱性影响因子[35-38]。窦银娣课题组从“三生”空间视角构建了传统村落旅游适应性评价指标体系，为传统村落旅游适应性研究提供了一个量化视角，构建了传统村落旅游开发潜力评价与发展策略[39-40]。

2.4 传统村落景观基因

传统村落是传统文化传承及延续的载体，因其地方性和文化性特征，进行景观基因识别是近几年的热点[41]。相关研究聚焦于景观基因的识别和景观的重塑[42-43]。通过构建传统村落景观基因信息链、重塑景观“自然共生、文脉延绵与伦理永续”的场所精神、尊重村寨原有场地和人居文化思想，从而使得传统村落健康可持续发展[44]。

景观基因是外在传统聚落景观历史风貌与内在历史文化特征的核心本质，研究景观基因能够系统化保护传统聚落景观发展。王兆峰等对武陵山片区30个国家传统村落构建了4类典型代表的景观基因组图谱，为景观区域划分、景观基因信息链修复奠定了基础[45]；刘沛林课题组系统总结了中国传统村落文化景观研究进展[46]、构建了传统村落文化景观保护性补偿模型[47]、基于侗族传统村落探讨了景观基因与地方认同[48]。李伯华课题组基于景观基因信息链视角进行了传统村落风貌特征研究，对湘江流域传统村落景观基因变异及其分异规律进行了研究[49]。窦银娣课题组对湖南省传统村落景观群系基因识别与分区进行了研究[50]。宋钰红课题组展开了村落文化景观基因研究，构建云南省少数民族传统聚落景观基因图谱[51-56]。识别景观基因是保护聚落景观的有效途径之一，留住少数民族文化景观内涵才能留住中国人的美丽乡愁，带动更多人口回流乡村，对民族文化的认同和自信才能真正实现乡村振兴[57]。

3 结论与讨论

传统村落一直是风景园林学、建筑学、人类学、社会学、规划学等多学科研究的重点。研究方法涉及定量、定性、定量与定性相结合几种类型[58,59]。呈现研究主题多元、范围尺度多样、内容领域宽广细致、综合应用性强的特点[60]。当前传统村落的保护与发展，依旧面临着诸多问题与挑战，首先，反映在思想观念、保护实践、评价标准等方面；其次，在快速城镇化进程中，存在一些与发展不适应、不匹配的问题；再次，针对村落兴盛和衰败方面的内生逻辑研究深度有所欠缺。

当前，在国家全面推进乡村振兴的时代背景下，风景园林学、规划学等多学科要深入探究传统村落多元价值的认知转化，不断将成果转化运用到传统村落在规划、建设、治理方面的实践；要加强理论研究，持续关注传统村落的动态发展需求及人居环境转型趋势，找到传统村落价值的科学认定标准，在规划编制和建设中统一思想认识[61-62]；要不断探索多学科融合的创新保护发展路径，客观评价和科学指导传统村落保护，加强人文视角下传统村落文化、生活方式及价值体系的保护研究；要从国家发展战略层面，基于乡村振兴视角，加强传统村落尤其是少数民族传统聚落的保护，引入先进理论，结合先进的数据支持平台，增强建设与管理方面的多重效应，明确保护实施主体，不断完善地方性保护法规，合理开发[63]；要树立正确的发展观念，注重居民对于村落遗产地域的文化认同，重塑村落景观特征的主导价值路径，积极探索“城市发展”与“村落保护”和谐发展、相互依存的新局面，走出一条传统村落保护与人文城市建设的健康耦合关系[64-65]。传统村落是民族文化传承的活载体，2023 年“普洱景迈山古茶林文化景观”被宣布成为我国的第 57 项、云南的第 6 项世界遗产，充分展示了遗产核心区的世居民族传统村落具备典型的文化遗产价值，因此要从世界遗产的角度对传统村落进行保护，以传统村落集中连片保护带动区域社会经济的发展，助力实现乡村振兴。

参考文献

[1] 胡燕，陈晟，曹玮，等. 传统村落的概念和文化内涵[J]. 城市发展研究，2014，21(1)：10-13.

[2] 孙九霞. 传统村落：理论内涵与发展路径[J]. 旅游学刊，2017，32(1)：1- 3.

[3] 传统村落保护与发展研究中心. 传统村落网-国家名录[EB/OL]. [2023-03-06]. http：//www. chuantongcunluo. com/index. php/ Home/ Gjml/gjml/ id/24. html.

[4] 李伯华，杨家蕊，刘沛林，等. 传统村落景观价值居民感知与评价研究——以张谷英村为例[J]. 华中师范大学学报(自然科学版)，2018，52(2)：248-255.

[5] 李伯华，周鑫，刘沛林，等. 城镇化进程中张谷英村功能转型与空间重构[J]. 地理科学，2018，38(8)：1310-1318.

[6] 李伯华，陈淑燕，刘一曼，等. 旅游发展对传统村落人居环境影响的居民感知研究——以张谷英村为例[J]. 资源开发与市场，2017，33(5)：604-608.

[7] 李伯华，曾荣倩，刘沛林，等. 基于 CAS 理论的传统村落人居环境演化研究——以张谷英村为例[J]. 地理研究，2018，37(10)：1982-1996.

[8] 李伯华，李珍，刘沛林，等. 聚落“双修”视角下传统村落人居环境活化路径研究——以湖南省张谷英村为例[J]. 地理研究，2020，39(8)：1794-1806.

[9] 李伯华，郑始年，刘沛林，等. 传统村落空间布局的图式语言研究——以张谷英村为例[J]. 地理科学，2019，39(11)：1691-1701.

[10] 刘沛林，刘颖超，杨立国，等. 传统村落景观基因数字化传播及其旅游价值提升——以张谷英村为例[J]. 经济地理，2022，42(12)：232-240.

[11] 刘沛林. 古村落：和谐的人聚空间[M]. 上海：上海三联书店，1997.

[12] 刘沛林. 论中国历史文化村落的“精神空间”[J]. 北京大学学报(哲学社会科学版)，1996(1)：51-55，135.

[13] 刘沛林. 诗意栖居：中国传统人居思想及其现代启示[J]. 社会科学战线，2016(10)：25-33.

[14] 刘沛林，董双双. 中国古村落景观的空间意象研究[J]. 地理研究，1998，17(6)：32-39.

[15] 康璟瑶，章锦河，胡欢，等. 中国传统村落空间分布特征分析[J]. 地理科学进展，2016，35(7)：839-850.

[16] 郭文. 传统村落神圣空间形态、当代价值及其研究范式再认识[J]. 人文地理，2020，35(6)：1-8.

[17] 宋玢，任云英，冯淼. 黄土高原沟壑区传统村落的空间特征及其影响要素——以陕西省榆林市国家级传统村落为例[J]. 地域研究与开发，2021，40(2)：162-168.

[18] 周密，吴忠军. 民族旅游村寨的异质性研究——以广西桂林龙脊平安壮寨为例[J]. 长江师范学院学报，2020，36(4)：41-50，122.

[19] 李伯华，尹莎，刘沛林，等. 湖南省传统村落空间分布特征及影响因素分析[J]. 经济地理，2015，35(2)：189-194.

[20] 李伯华，曾灿，窦银娣，等. 基于“三生”空间的传统村落人居环境演变及驱动机制——以湖南江永县兰溪村为例[J]. 地理科学进展，2018，37(5)：677-687.

[21] 李伯华，刘兴月，杨馥端，等. 传统村落人居环境有机更新的基本逻辑：一个分析框架[J]. 地理科学进展，2022，41(12)：2356-2369.

[22] 李伯华，郑始年，窦银娣，等. “双修”视角下传统村落人居环境转型发展模式研究——以湖南省 2 个典型村为例[J]. 地理科学进展，2019，38(9)：1412-1423.

[23] 李伯华，曾灿，刘沛林，等. 传统村落人居环境转型发展的系统特征及动力机制研究——以江永县兰溪村为例[J]. 经济地理，2019，39(8)：153-159.

[24] 马翀炜，覃丽赢. 回归村落：保护与利用传统村落的出路[J]. 旅游学刊，2017，32(2)：9-11.

[25] 高长征，付晗，龚健. “文化驱动”视角下传统村落共生发展路径研究——以河南浚县 5 个传统村落为例[J]. 地域研究与开发，2021，40(2)：169-173，180.

[26] 刘沛林，李雪静，杨立国，等. 文旅融合视角下传统村落景

观数字化监测预警模式[J]. 经济地理，2022，42(9)：193-200，210.

[27] 杨立国，龙花楼，刘沛林，等. 传统村落保护度评价体系及其实证研究——以湖南省首批中国传统村落为例[J]. 人文地理，2018，33(3)：121-128，151.

[28] 袁西. 滇藏茶马古道景迈山片区景观格局及美学特征研究[D]. 昆明：西南林业大学，2017.

[29] 田芸溪. 滇藏茶马古道景洪段基诺山传统村落景观格局特征研究[D]. 昆明：西南林业大学，2018.

[30] 王兵. 从中外乡村旅游的现状对比看我国乡村旅游的未来[J]. 旅游学刊，1999(2)：38-42，79.

[31] 朱烜伯，张家其，李克强. 乡村振兴背景下民族传统村落旅游开发影响机制[J]. 江西社会科学，2021，41(3)：229-237.

[32] 李文兵，吴蜜蜜，李欣，等. 认知重构与传统村落社区旅游创新演化——以湖南张谷英村为例[J]. 地域研究与开发，2021，40(2)：92-96，102.

[33] 高璟，吴必虎，赵之枫. 基于文化地理学视角的传统村落旅游活化可持续路径模型建构[J]. 地域研究与开发，2020，39(4)：73-78.

[34] 吴必虎. 基于乡村旅游的传统村落保护与活化[J]. 社会科学家，2016(2)：7-9.

[35] 杨馥端，窦银娣，易韵，等. 催化视角下旅游驱动型传统村落共同富裕的机制与路径研究——以湖南省板梁村为例[J]. 自然资源学报，2023，38(2)：357-374.

[36] 曾婷，邹君，郑梦秋，等. 旅游开发对传统村落活态性的影响研究——以永州市勾蓝瑶寨为例[J]. 资源开发与市场，2022，38(12)：1529-1536.

[37] 刘天曌，刘沛林，王良健. 新型城镇化背景下的古村镇保护与旅游发展路径选择——以萱洲古镇为例[J]. 地理研究，2019，38(1)：133-145.

[38] 邹君，朱倩，刘沛林. 基于解释结构模型的旅游型传统村落脆弱性影响因子研究[J]. 经济地理，2018，38(12)：219-225.

[39] 窦银娣，叶玮怡，李伯华，等. 基于"三生"空间的传统村落旅游适应性研究——以张谷英村为例[J]. 经济地理，2022，42(7)：215-224.

[40] 窦银娣，符海琴，李伯华，等. 传统村落旅游开发潜力评价与发展策略研究——以永州市为例[J]. 资源开发与市场，2018，34(9)：1321-1326+1309.

[41] 孙艺惠，陈田，王云才. 传统乡村地域文化景观研究进展[J]. 地理科学进展，2008，27(6)：90-96.

[42] 翟洲燕，李同昇，常芳，等. 陕西传统村落文化遗产景观基因识别[J]. 地理科学进展，2017，36(9)：1067-1080.

[43] 向远林，曹明明，秦进，等. 基于精准修复的陕西传统乡村聚落景观基因变异性研究[J]. 地理科学进展，2020，39(9)：1544-1556.

[44] 李伯华，刘敏，刘沛林，等. 景观基因信息链视角的传统村落风貌特征研究——以上甘棠村为例[J]. 人文地理，2020，35(4)：40-47.

[45] 王兆峰，李琴，吴卫. 武陵山区传统村落文化遗产景观基因组图谱构建及特征分析[J]. 经济地理，2021，41(11)：225-231.

[46] 李雪，李伯华，窦银娣，等. 中国传统村落文化景观研究进展与展望[J]. 人文地理，2022，37(2)：13-22，111.

[47] 刘春腊，徐美，刘沛林，等. 传统村落文化景观保护性补偿模型及湘西实证[J]. 地理学报，2020，75(02)：382-397.

[48] 刘沛林. 评《景观基因与地方认同：侗族传统村落的实证》[J]. 经济地理，2022，42(9)：239.

[49] 李伯华，李珍，刘沛林，等. 湘江流域传统村落景观基因变异及其分异规律[J]. 自然资源学报，2022，37(2)：362-377.

[50] 郑文武，李伯华，刘沛林，等. 湖南省传统村落景观群系基因识别与分区[J]. 经济地理，2021，41(5)：204-212.

[51] 张天杭，徐华，施成超，等. 基诺族传统村落景观基因研究[J]. 西南林业大学学报(社会科学版)，2022，6(3)：47-54.

[52] 张培森，訾文莉，徐华，等. 云南怒族传统村落文化景观基因识别与评价[J]. 绿色科技，2022，24(9)：15-20.

[53] 柴柏龙，张龙，徐满，等. 宁洱片区滇藏茶马古道文化景观相继占用动因探究[J]. 现代园艺，2020(6)：216-217.

[54] 徐满，张龙，柴柏龙，等. 巍山片区滇藏茶马古道沿线文化景观相继占用现象研究[J]. 现代园艺，2020，43(1)：149-152.

[55] 詹丹阳，宋钰红. 滇藏茶马古道易武片区文化景观"相继占用"研究[J]. 南方园艺，2018，29(6)：34-40.

[56] XU H, ZHANG T, GE B, et al. Developing of rural settlement landscape gene research system based on content analysis[J]. Journal of Asian Architecture and Building Engineering, 2023, 22(5): 2839-2850.

[57] 李世英，宋钰红. 传统聚落景观基因研究进展及展望[J]. 农业与技术，2022，42(23)：117-120.

[58] 邹君，刘媛，谭芳慧，等. 传统村落景观脆弱性及其定量评价——以湖南省新田县为例[J]. 地理科学，2018，38(8)：1292-1300.

[59] 户文月. 国内传统村落研究综述与展望[J]. 重庆文理学院学报(社会科学版)，2022，41(2)：13-23.

[60] 曾灿，刘沛林，李伯华. 传统村落人居环境转型的系统特征、研究趋势与框架[J]. 地理科学进展，2022，41(10)：1926-1939.

[61] 李伯华，刘沛林，窦银娣，等. 中国传统村落人居环境转型发展及其研究进展[J]. 地理研究，2017，36(10)：1886-1900.

[62] 潘颖，邹君，刘雅倩，等. 乡村振兴视角下传统村落活态性特征及作用机制研究[J]. 人文地理，2022，37(2)：132-

140，192.

[63] 李伯华，周璐，窦银娣，等．基于乡村多功能理论的少数民族传统聚落景观风貌演化特征及影响机制研究——以湖南怀化皇都村为例[J]．地理科学，2022，42(8)：1433-1445.

[64] PARASKEVOPOULOU A T，NEKTARIOS P A，KOTSIRIS G. Post-fire attitudes and perceptions of people towards the landscape character and development in the rural Peloponnese，a case study of the traditional village of Leontari，Arcadia，Greece[J]. Journal of environmental management，2019，241：567-574.

[65] KATAPIDI I. Heritage policy meets community praxis：Widening conservation approaches in the traditional villages of central Greece[J]. Journal of Rural Studies，2021，81：47-58.

作者简介

袁西，1992 年生，女，西南林业大学在读博士研究生，昆明学院讲师。研究方向为风景园林规划与设计，传统村落景观研究。电子邮箱：xi. y@ swfu. edu. cn。

（通信作者）宋钰红，1970 年生，女，西南林业大学园林园艺学院，教授、博士生导师。研究方向为风景园林历史与理论、传统村落景观和文化景观研究。电子邮箱：songyuhongkm@ sina. com。

陆泓邑，2000 年生，男，西南林业大学在读硕士研究生。研究方向为传统村落景观研究。

贺凯航，2003 年生，男，西南林业大学在读硕士研究生。研究方向为传统村落景观研究。

阳江海陵岛传统乡村的村落景观格局特征研究①

Characterization of Landscape Patterns of Traditional Villages on Hailing Island, Yangjiang, China

张 娜 潘 莹*

摘 要：基岩岛是我国海岛中的重要类型，丰富的自然资源使其在海洋经济发展中占有重要地位，也带来开发建设与乡村景观特征延续的矛盾。而现有文献对基岩岛乡村景观的研究缺乏自然和经济的整合分析，需要开发适合海岛特殊自然人文环境的分析框架。本研究以阳江海陵岛为例，旨在整合社会经济与空间规划分析视角，分析基岩岛地形特点对产业发展的影响，总结海陵岛人居环境营建逻辑，景观形成的动力机制和村落景观格局特征。海陵岛基岩山体的位置和朝向是影响海陵岛村落选址和产业发展的根本原因。海陵岛村落具有“山—塘—林—田—沙—海—村”的乡村景观格局，是岛民与基岩岛特殊环境长期互动，主动利用和安排各种自然资源的结果。本研究揭示了海陵岛村落产业发展与其特殊自然环境的耦合关系，总结的景观特征与人居环境营建逻辑不仅为海陵岛和其他基岩岛景观可持续发展提供参考，对海洋强国建设和“人—地—海”关系可持续性发展也有重要意义。

关键词：风景园林；基岩岛；乡村景观；聚落景观格局；海陵岛

Abstract: Tectonic islands are an important type of sea islands in China. They have rich natural resources, which makes them occupy an important position in the development of the marine economy. But at the same time, they bring about the contradiction between development and construction and how to inherit the characteristics of the rural landscape is a problem. As the existing literature on the rural landscape of tectonic islands lacks the integrated analysis of nature and economy, it is necessary to develop an analytical framework suitable for the special natural and humanistic environment of the islands.

TakingYangjiang's Hailing Island as an example, this paper aims to integrate the perspectives of socio-economic and spatial planning analysis, analyze the impacts of the topographic characteristics of tectonic islands on industrial development. The results of the analysis conclude that the location and orientation of the bedrock mountains on the Hailing Island determine the basic pattern of the island, and they are also the fundamental reasons influencing the location of villages, industrial development, and rural landscape patterns of the island. The rural landscape of the Hailing Island is the result of the long-term interaction between the islanders and the special environment of the island, the active utilization and arrangement of various natural resources, and the formation of the “mountain-pond-forest-field-sand-sea-village”.

① 基金项目：国家自然科学基金项目“基于文化地理学的岭南汉民系传统聚落景观的特征、区划与机制研究”的子课题“ 岭南小型海岛汉民系乡村聚落景观特征研究 ”。

This paper reveals the coupling relationship between the industrial development of villages on the Hailing Island and its special natural environment, and summarizes the logic of landscape characteristics and habitat construction, which not only provides references for the sustainable development of the Hailing Island and other bedrock islands, but also plays an important role in the construction of a strong oceanic country and in the sustainable development of the relationship between human, land, and sea.

Keywords: Landscape Architecture; Tectonic Island; Rural Landscape; Settlement Landscape Pattern; Hailing Island

引言

海岛景观是国土景观重要部分。其中基岩岛占我国岛域总数90%以上，是我国海岛中的重要类型[1-2]。并且大部分基岩岛都有人居住，传统时期的岛民依托较为丰富的自然资源发展了农、渔、林、盐等产业，营造出基岩岛特色的乡村景观。近几十年来，随着滨海旅游的发展，近岸中小型基岩岛的景观资源正在被迅速开发，给其乡村景观带来深刻变化[3-5]。与大陆相比，中小型基岩岛被海洋隔绝的地理环境，有限的土地面积和相对简单的生态系统，使其对人类活动扰动更加敏感，形成“人—地”关系更加紧密的人居环境系统。若是套用大陆海岸带的景观营建模式，不仅会破坏基岩岛乡村景观的地域特征，还会破坏海岛的“三生”平衡，对海洋生态保护和海岛产业可持续发展带来问题。

本文旨在整合社会经济与空间规划分析视角，以阳江海陵岛为例，研究基岩岛乡村景观特征。采用遥感影像解译、图形叠加提取和GIS数据分析等方法，对海陵岛传统时期历史卫星影像和实地航拍照片等资料进行分析，并根据《全粤村情·阳江市海陵岛经济开发试验区卷》等文献资料确定村落主导产业类型，得出村落分布规律与地形的关系，分析基岩岛地形特点对产业发展的影响，总结海陵岛人居环境营建逻辑和乡村村落景观格局特征。目的是在海陵岛现代化开发的过程中，为其海岛乡村景观地域特征的保护和可持续产业发展提供基础，同时为其他基岩型海岛的景观资源可持续开发提供参考。

1 海岛人居环境研究综述

景观是被认为具有可识别特征的区域，该特征是自然和/或人为因素相互作用的结果。地域文化景观是人类活动历史的记录和文化的载体，人类的开发活动与特殊地理环境长期适应和共同发展，在一定区域内产生了较为完整的文化景观体系。主要体现以建筑与聚落景观为核心的生活空间，以土地利用形态为核心的生产空间和以环境伦理为核心的生态空间3大方面[6]，组成“三生”（生态、生产和生活）景观体系。而传统乡村的景观格局，就是“三生”景观要素的物质空间形态和组合特征，具有典型性和模式化特点，可以抽象成特定的图示语言组合[6-8]。

目前国内的海岛人居景观研究对海岛人居单元识别划分[9-11]，居住模式和适应性设计策略[12,13]，海岛聚落的空间形态、建筑形制、用地布局、村镇体系[10-12,14-16]已有一定认识。但是大量研究中忽略了海岛村落与相关产业及自然环境之间的关联，存在建筑和景观研究的分离，使得海岛聚落相关研究缺乏系统性。此外，对于广东海岛的研究集中于海南岛[17-20]和火山岛[21]，缺乏对中小型基岩岛乡村景观格局的研究和比较。基岩岛地形地貌对“三生”空间安排的影响很大，乡村景观格局也存在差异。因此需要根据基岩岛的地理环境特点，从风景园林的视角统合海岛人居的“三生”景观，系统性地分析基岩岛传统乡村的景观格局特征和“三生”景观的协同作用和互动机制，为基岩岛可持续的“人-地-海”发展提供依据。

由于改革开放之前我国乡村发展较慢，空间变化较少，本研究采用1972年的遥感卫星影像（Keyhole）作为传统时期海陵岛村落空间关系的代表，来研究其传统村落景观与生产资料的耦合关系，总结村落营建智慧。由于我们采取的是一个时期的横断面数据，纵向数据的缺乏不允许我们探索海陵岛更早历史时期存在过的产业和村落分布的空间关系，因此，本研究仅分析海陵岛村落景观在传统时期一定时间段累积的稳定状态。

2 海陵岛资源环境概况及村落选址特征

2.1 基岩岛资源环境概况

我国海岛按成因可分为大陆岛和海洋岛，基岩岛是一类大陆岛，占中国岛域总数90%以上。基岩岛曾是大陆的一部分，由于地质构造运动、海平面上升或侵蚀作用，使其与大陆分离而形成[2,22-24]，因此基岩岛具有跟大陆相似的地理构造和地貌特征，如丘陵和平原兼具的地貌特点。但是被海洋隔断，环境相对封闭，土地面积狭小，地域结构简单，生态系统构成单一，自我调节与恢复能力低[1,25]；相对于大陆资源交换便捷的内地和沿海村落，海岛外部生存资源输入受限，村落营建受到海洋影响大，内部生态承载力较弱，海岛居民需要最大化利用海岛和海洋资源，并合理协调生产、生活和生态空间，来营建人居环境和维持村落发展。

本研究以阳江海陵岛的传统村落为研究对象，研究范围确定为海陵岛9个行政村辖界。海陵岛是广东省第三大基岩岛。主岛面积约107.8km²，主岛岸线长约75.5km。有132条自然村，是广东省中小型基岩岛中自然村数量最多的海岛，常住人口约9.8万人，是广东省人居海岛中人口承载力较高的海岛。因此海陵岛可以作为广东省基岩岛人居环境的典型代表。

2.2 海陵岛村落选址规律及特征

海陵岛最早记载源于清人顾祖禹的《读史方舆记要》(1680年)，书中记述："阳江西南大海中有'海陵山'，周三百里，旧名罗洲，又名螺岛，列为数峰，其中有'草王山'，高三百丈，其东有'平章山'，下有'平章港'，受海陵涨潦，以达于海。"可知，海陵岛低山丘陵广布的基岩岛地形因形似一只横在海中的螺壳，旧名螺岛。随着地质运动和海平面变化，海潮退去，螺岛渐渐从海上浮起来，变成一望无边、名副其实的"海中丘陵"了，这才叫作海陵。

基岩岛的显著特征是多丘陵，地形起伏较大，部分丘陵直逼海岸发育为海蚀崖和基岩岸线，坡度陡峭而多风浪，与其他类型平原和台地面积占比较大的堆积岛、火山岛相比，竖向空间变化大。以海陵岛为例，低山丘陵占据60%的海岛面积，使得原本就土地面积有限的海岛可以用来营建村落的平原更加稀缺。海陵岛主要地貌类型包括丘陵、平原和沙滩，丘陵以海拔和坡度分为高丘陵和低丘陵，其中村落主要分布于平原区域（图1）。海陵岛中部最高的草王山高程达385m。平原地区以海积和冲积为主，还包括宽广的砂坝、沙滩和沙泥滩。

2.2.1 高程、坡度对村落分布的影响

利用ArcGIS提取村落斑块后，结合要素转点，分析村落选址点位与高程的关系（图2）。可以看出村落分布受山体影响大，集中于山脚的海积平原。村落高程分布在10~20m的数量最多，高程最高值为37m。坡度是表示大地表面起伏变化程度的一个指标，是影响村落建设难易程度的一个重要因素，同时在基岩型海岛，陡坡或有悬崖的峡谷和海岸地带地质稳定性较差，加上雨季的暴雨和洪水冲刷，容易发生滑坡与崩塌[26]，对村落选址有直接影响。考虑研究区现状，将研究区坡度分为5级，分别为0°~5°平坡、5°~15°缓坡、15°~25°陡坡、25°~45°急陡坡、大于45°险坡。由村落分布与坡度分析图（图3），海积平原大部分为平坡，丘陵区域坡度较大，多为急陡坡和险坡，坡度25°以上无村落分布。

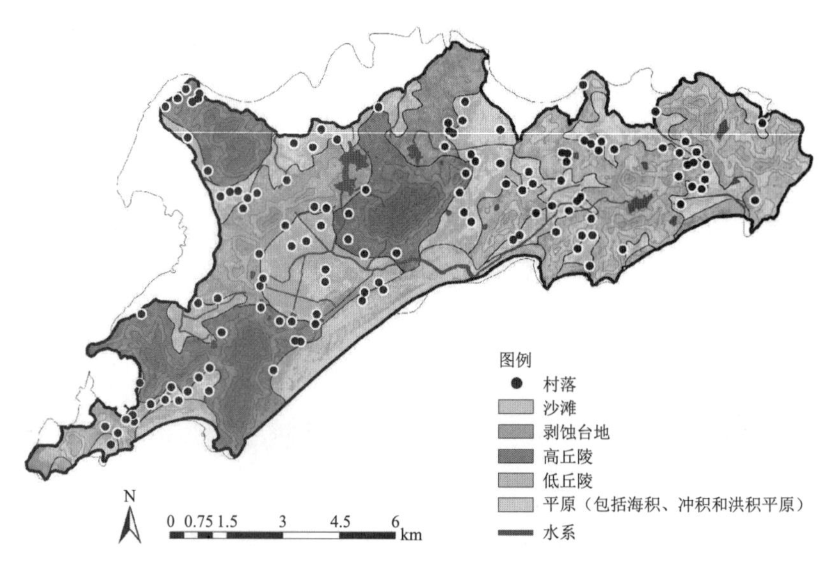

图1 海陵岛地貌分区图
（图片来源：地貌分类依据参考自文献［26］）

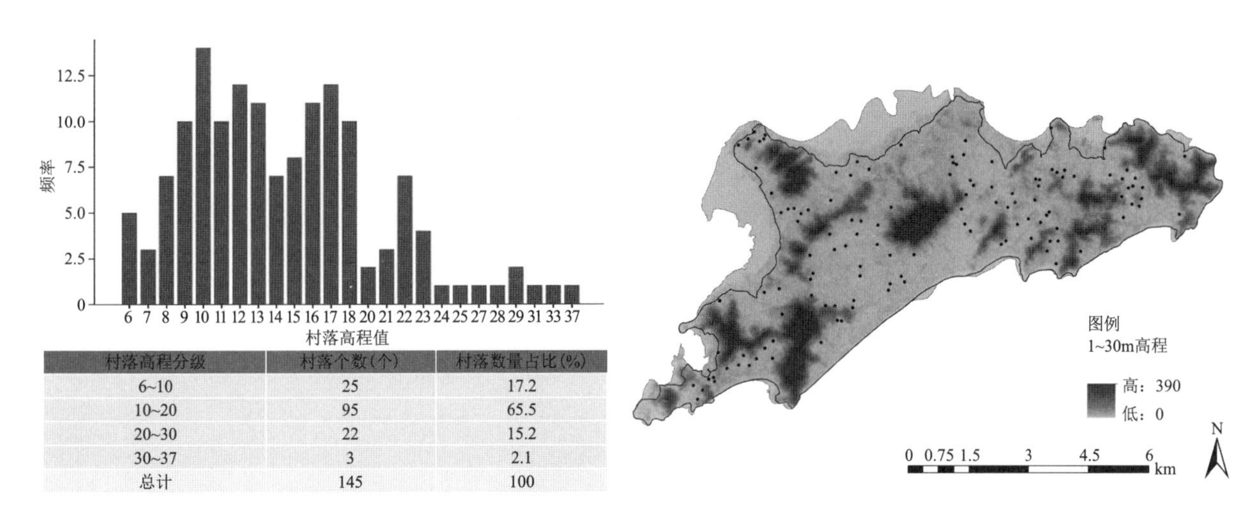

村落高程分级	村落个数(个)	村落数量占比(%)
6~10	25	17.2
10~20	95	65.5
20~30	22	15.2
30~37	3	2.1
总计	145	100

图 2 海陵岛村落分布高程统计图

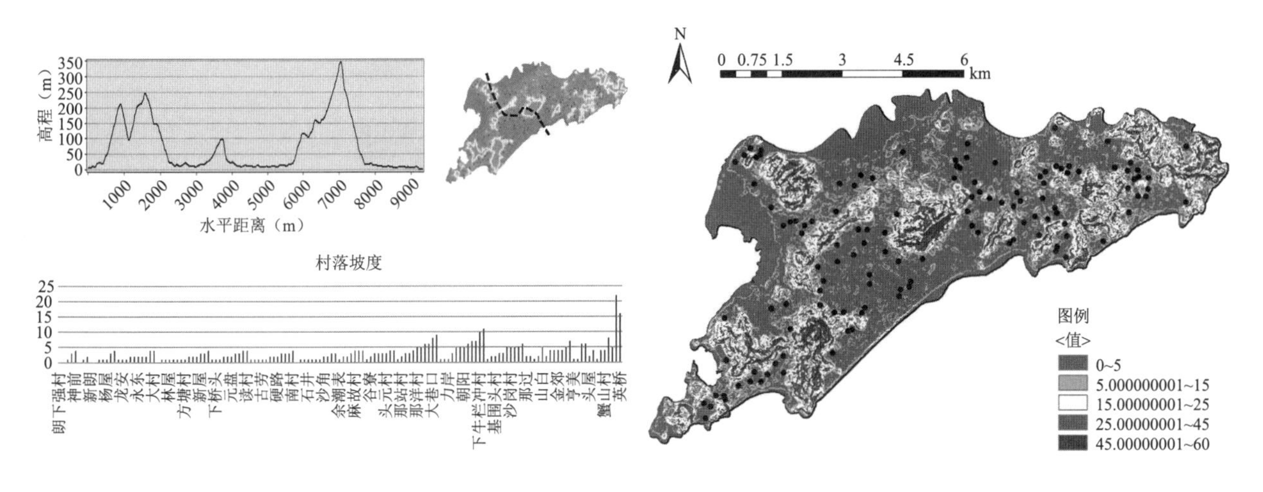

图 3 海陵岛村落分布坡度统计图

2.2.2 交通对村落分布的影响

交通是影响村落生成的重要因素之一，是各类资源输入、输出的重要通道，对于海岛聚落，道路交通与外界的沟通与运输能力格外重要。根据离交通道路的距离不同，研究将距离道路区缓冲带分为 6 个级别，分别为 0~50m、50~100m、100~150m、150~250m、250~500m 以及 500m 以外，得到海陵岛村落分布与道路缓冲区分析图（图 4），由图可知，在村落总体分布于平原的基础特征上，道路也依附山脚，在平原呈树枝状延伸，连接各个平原。村落分布与道路的相关性很强，50%以上村落分布在道路缓冲区 50m 范围内。在 50~150m 道路缓冲区内，村落斑块数目随交通道路的距离增加而递减，且村落规模也呈递减趋势。为了获得更多耕地、沙滩资源，部分村落选择距离道路稍远的平地发展，导致道路 150~250m 缓冲区内村落数量回升，密度较大；而在 250m 外，村落数量恢复递减趋势。

2.3 海陵岛自然基底与村落产业类型分布的关系

2.3.1 村落产业类型划分与土地开发时序

以《全粤村情·阳江市海陵岛经济开发试验区卷》《阳江市志》和《阳江文史资料》等历史资料作为基础，结合 Google Earth 卫星地图、ArcGIS 和 Excel 软件，选取海陵岛乡村景观保存较好的 124 个传统村落，确定村落建村年代和传统时期主导产业类型。本文的海岛村落主导产业指以村落为单位，传统时期海岛居民赖以生存的产业类型模式，主要包括渔业、农业、渔耕兼作和商业等类型。如表 1 所示，渔业型村落 3 个、农业型村落 37 个、渔耕兼作型村落 83 个和商业型村落 1 个。村落传统产业类型丰富，渔耕兼作型村落数量最多，占比 82.2%。与广东省火山岛的代表硇洲岛[20] 相比，如表 1 所示，海陵岛村落产业类型中，渔耕兼作型村落的占比较大。

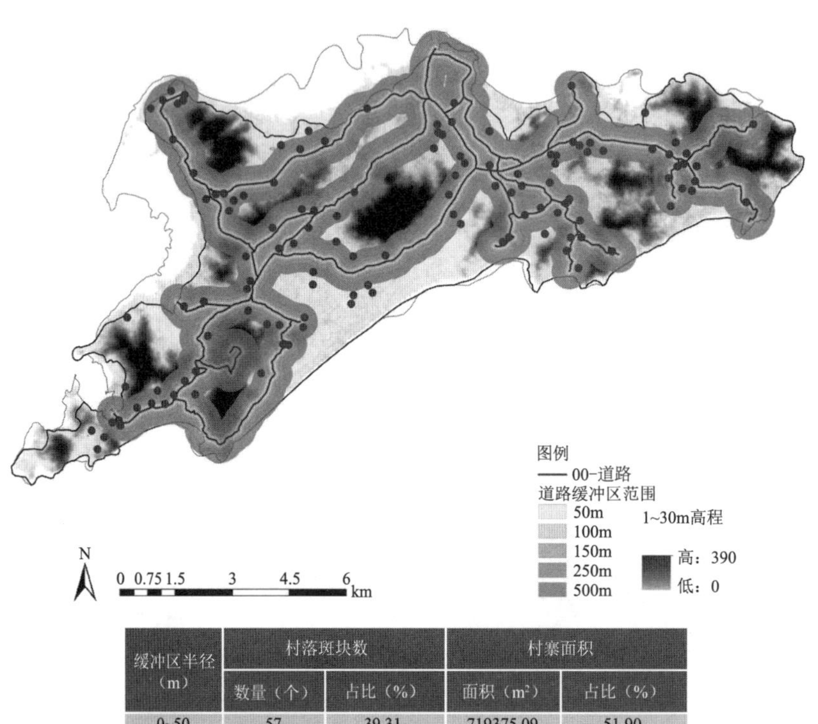

缓冲区半径（m）	村落斑块数		村寨面积	
	数量（个）	占比（%）	面积（m²）	占比（%）
0~50	57	39.31	719375.09	51.90
50~100	16	11.03	151685.09	10.94
100~150	8	5.52	46457.23	3.35
150~250	30	20.69	279206.95	20.14
250~500	20	13.79	122285.39	8.82
>500	14	9.66	67051.72	4.85

图4 海陵岛村落分布与道路缓冲区分析图

海陵岛和硇洲岛村落产业类型统计表　　表1

海陵岛	渔业型村落	农业型村落	渔耕兼作型村落	商业型村落
数量	3	37	83	1
占比（%）	2.42	29.84	66.94	0.81
硇洲岛	渔业型村落	农业型村落	渔耕兼作型村落	商业型村落
数量	11	54	34	2
占比（%）	10.89	53.47	33.66	1.98

结合不同年代村落斑块核密度分析图（图5），可看出，海陵岛自宋代开始，有来自南雄、阳江、江门等地的移民迁入，村落选址于西南部和东北部海积平原，村落产业以农业为主，少有渔业；元代开始向北部海积平原和中部海积平原岸线发展，依托砂质岸线的渔业逐渐发展，但仍需农业支持，村落产业中渔耕兼作型村落的比例开始增加；明代村落进一步向中部海积平原拓展，渔耕兼作型村落和农业型村落数量相当；清代至民国时期，海积平原中部资源分配到达平衡，开始向西部海岸发展，这一时期建村的村落多为渔耕兼作型村落，少部分为农业村。

2.3.2 水源对村落产业类型分布的影响

在四面环海的海岛上，淡水资源对于村落发展至关重要。海陵岛的水源主要包括山塘水库、灌渠和河流，分布与地形密切相关。山塘水库约有50个，分布在海拔较高的低山丘陵区。灌渠和河流分布在平原，由于地形限制，没有形成大型地表径流，为河流季节性，并存在海水倒灌，不利于灌溉。结合实地调研经验，海陵岛农业灌溉主要依靠山塘水库，耕地主要分布于海拔50m以下的平原，从事农业的农业型村落和渔耕兼作型村落分布于在水库和耕地之间的山脚，利于引水灌溉（图6）。

总体而言，灌溉水源与村落产业的分布密切相关（图7）。从事农耕的农业型村落和渔耕兼业型村落更加依赖水源，需要保持在一定距离之内，方便引水灌溉。虽然主要依靠山塘水库灌溉，但与山塘水库保持的距离大于河流灌渠，因为水库蓄水位于丘陵地带，海拔高，坡度大，不适宜营建村落。而渔业型村落和商业型村落都不依赖水源，全部分布在水源500m以外区域。具体而言，在水库山塘缓冲区，农业型村落和渔耕兼作型村落大部分都在500m以外，但是在250~500m范围，农业村比例大于渔耕兼作型村落，说明农业更加依赖水库灌溉，并且靠近山脚。在河流灌渠缓冲区，农业型村落大部分在250~500m范围，而渔耕兼作型村落大部分在500m以外范围，并且100m以内靠近河流灌渠的区域中农业型村落比例大于渔耕兼作型村落，也说明农业型村落更加依赖灌溉水源。

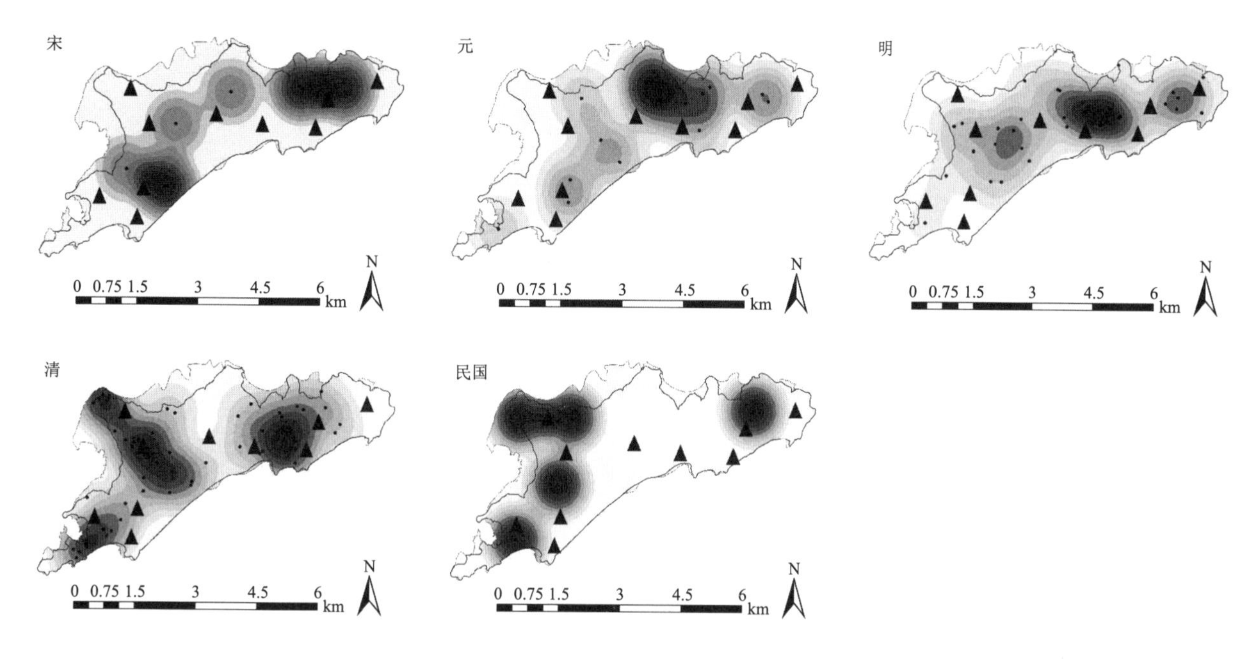

图5 海陵岛不同年代村落斑块核密度分析图

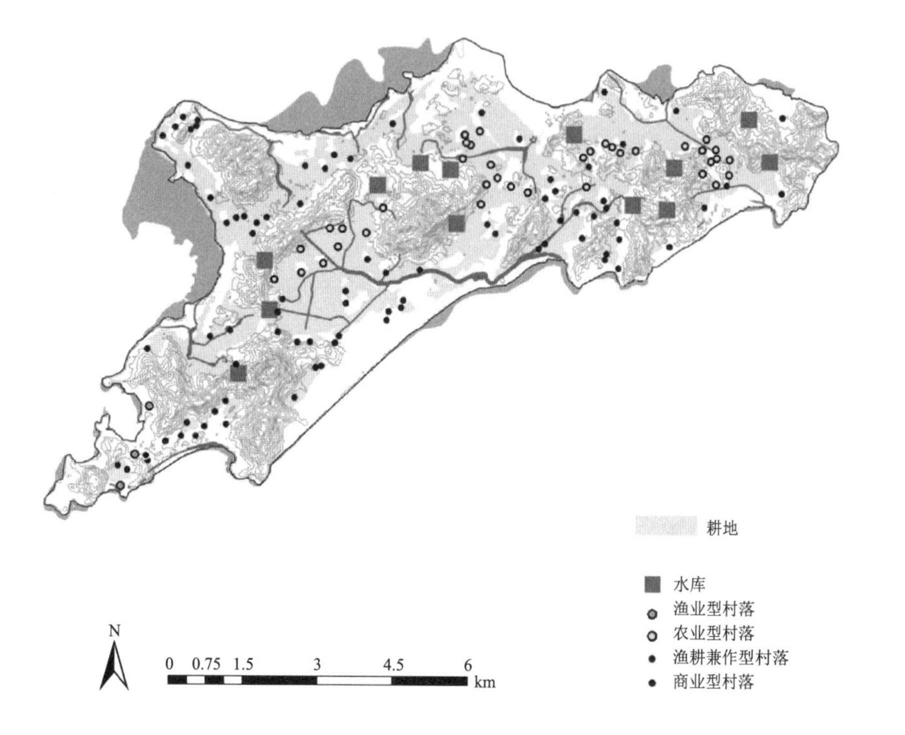

图6 海陵岛耕地分布与水利设施关系示意图

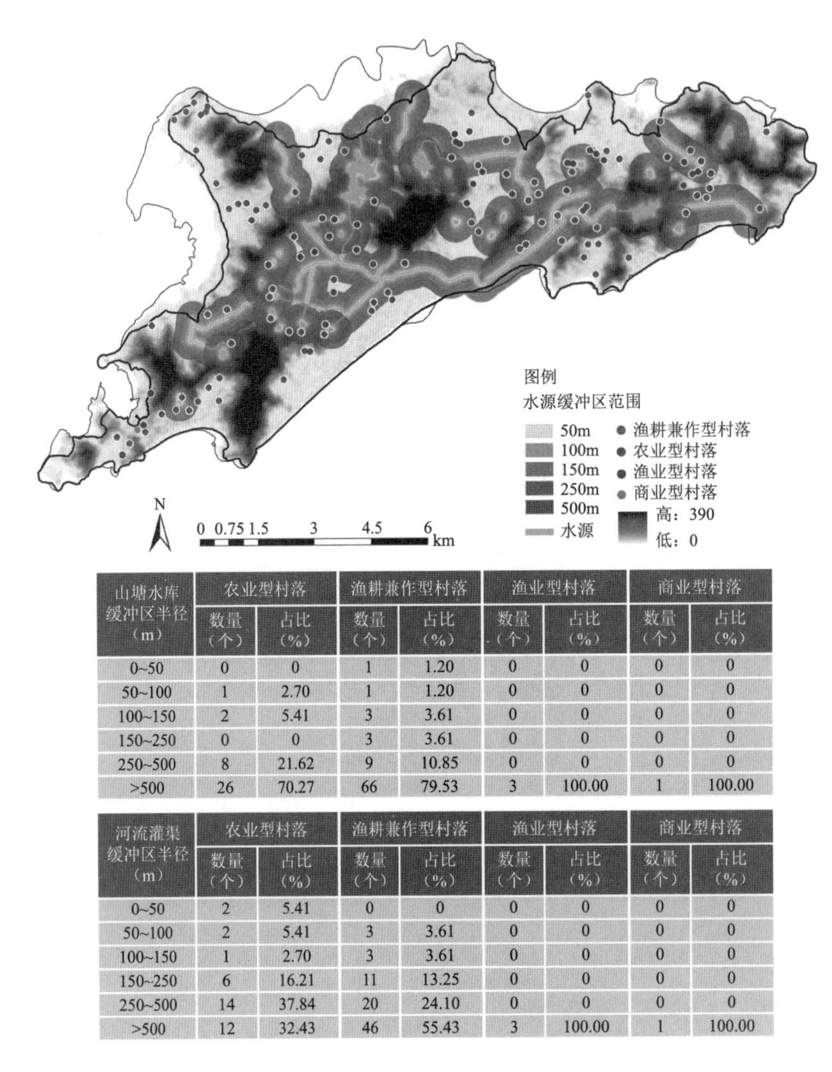

山塘水库缓冲区半径（m）	农业型村落		渔耕兼作型村落		渔业型村落		商业型村落	
	数量（个）	占比（%）	数量（个）	占比（%）	数量（个）	占比（%）	数量（个）	占比（%）
0~50	0	0	1	1.20	0	0	0	0
50~100	1	2.70	1	1.20	0	0	0	0
100~150	2	5.41	3	3.61	0	0	0	0
150~250	0	0	3	3.61	0	0	0	0
250~500	8	21.62	9	10.85	0	0	0	0
>500	26	70.27	66	79.53	3	100.00	1	100.00

河流灌渠缓冲区半径（m）	农业型村落		渔耕兼作型村落		渔业型村落		商业型村落	
	数量（个）	占比（%）	数量（个）	占比（%）	数量（个）	占比（%）	数量（个）	占比（%）
0~50	2	5.41	0	0	0	0	0	0
50~100	2	5.41	3	3.61	0	0	0	0
100~150	1	2.70	3	3.61	0	0	0	0
150~250	6	16.21	11	13.25	0	0	0	0
250~500	14	37.84	20	24.10	0	0	0	0
>500	12	32.43	46	55.43	3	100.00	1	100.00

图 7　海陵岛村落产业分布与水利斑块缓冲区分析图

2.3.3　土壤对村落产业类型分布的影响

海陵岛的土壤类型主要包括赤红壤、水稻土、滨海风沙土、滨海潮滩盐土和咸酸水稻土。其中丘陵地区大部分为赤红壤、平原地区大部分为水稻土、沙滩大部分为滨海风沙土，靠近岸线有少量滨海潮滩盐土和咸酸水稻土。如图 8、图 9 所示，土壤类型与村落产业分布高度相关。从事农业的农业型村落和渔耕兼作型村落大致分布在以水稻土为中心的平原，并向赤红壤区域扩散。并且，农业型村落比渔耕兼作型村落更加依赖水稻土，海岛西南角的渔耕兼作型村落均分布在赤红壤区域。

并且耕地不仅顺应平原分布，也与土壤类型耦合。耕地大部分集中于平原和水稻土兼具区域，部分分布在赤红壤区域，滨海风沙土、潮滩盐土没有耕地分布（图 8）。耕地大部分为水田，少部分为旱田。水田基本分布在水稻土区域，其他分布在赤红壤区域的耕地为旱田（图 9）。也可以看出海陵岛农业生产主要依赖水田，旱田作为补充，因此也更加依赖灌溉水源。

2.3.4　岸线距离对村落产业类型分布的影响

对于海岛村落营建，海洋不仅是地理隔绝和一些灾害的来源，也蕴含着丰富的资源，如渔业和海洋贸易，因此与海岛岸线的距离也是影响村落产业分布的因素。如图 10 所示，分析各产业型村落选址与海岛岸线每 500m 多环缓冲区的位置关系。总体而言，远离岸线，村落数量减少，体现出海岛村落对海洋资源的依赖，而不同产业类型的村落对海岸的依赖程度也存在差异。

海陵岛仅有 1 个商业型村落和 3 个渔业型村落，全部分布在离岸线 500m 的距离内，并且位于避风港，非常依赖海洋；一半以上的渔耕兼作型村落分布在距岸线 1000m

内的缓冲区，并且随离岸距离增加，村落数量快速减少，较为依赖海洋，但与纯渔业型村落相比，对远离岸线的适应性更强；而农业型村落大部分分布在距离岸线 1000～1500m 的范围内，并且在 1500m 范围内，村落数量随距离增加递增，说明纯农业型村落的发展需要和海洋保持一定距离。而 1500～2000m 范围内农业型村落数量减少，可能是因为海陵岛中部陆地被丘陵占据，不适宜营建村落。

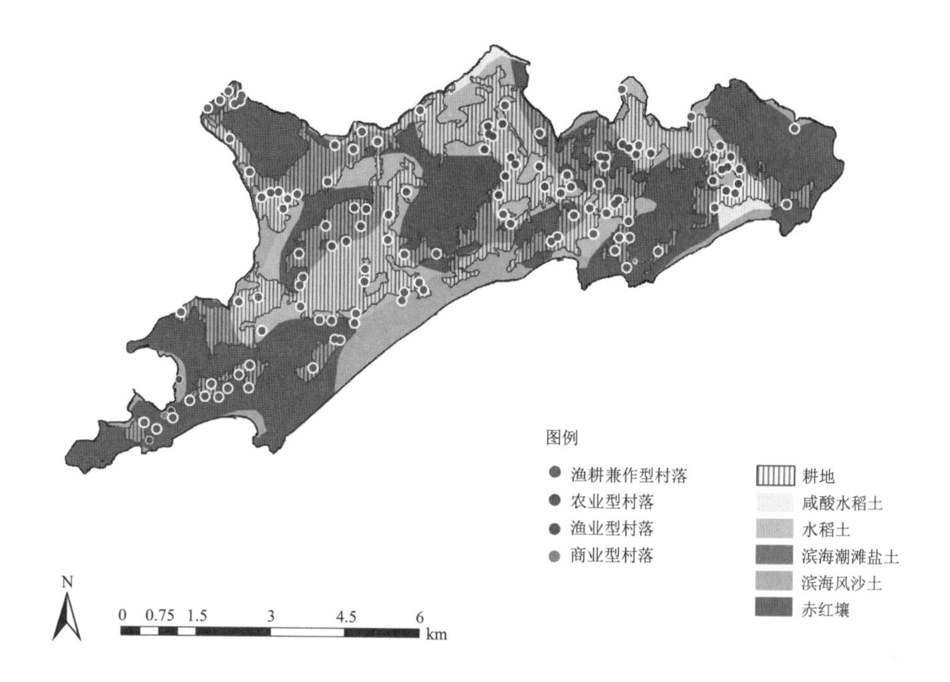

图 8 海陵岛土壤类型与耕地分布区域分析图

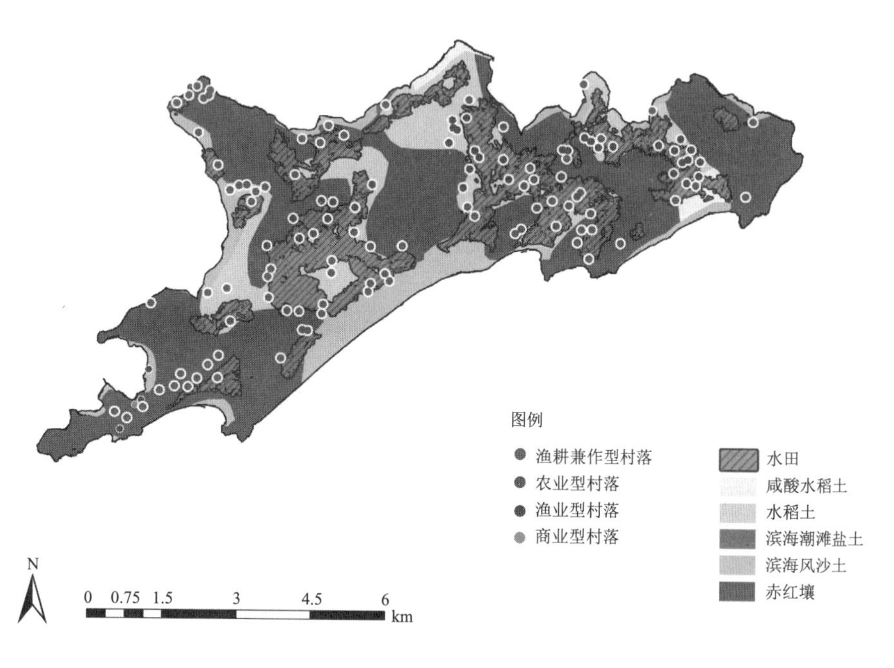

图 9 海陵岛土壤类型与水田分布区域分析图

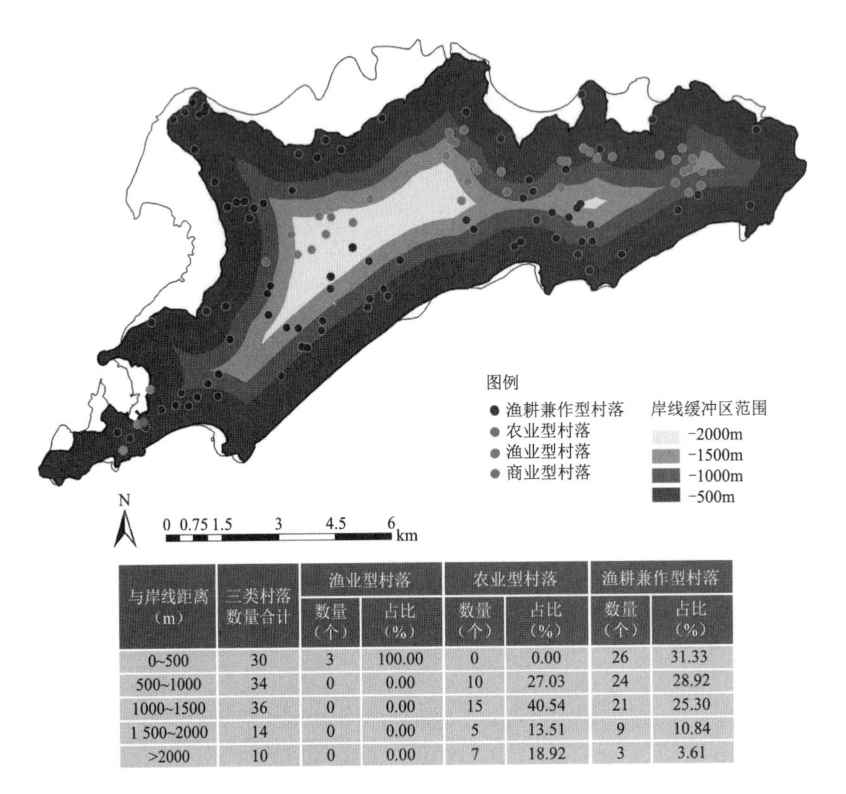

与岸线距离（m）	三类村落数量合计	渔业型村落		农业型村落		渔耕兼作型村落	
		数量（个）	占比（%）	数量（个）	占比（%）	数量（个）	占比（%）
0~500	30	3	100.00	0	0.00	26	31.33
500~1000	34	0	0.00	10	27.03	24	28.92
1000~1500	36	0	0.00	15	40.54	21	25.30
1 500~2000	14	0	0.00	5	13.51	9	10.84
>2000	10	0	0.00	7	18.92	3	3.61

图 10 海陵岛村落产业分布与岸线缓冲区分析图

总体来说，海陵岛的村落分布受多丘陵的基岩岛地形的限制较大，具有沿山脚平原分布，在枝状道路附近集中的特点。同时，不同产业类型的村落在平原上的选址考量也存在差异，不同产业依赖不同的自然基底条件，其村落选址和产业发展与相关生产资料呈现高度耦合关系。具体而言，渔业型村落和商业型村落偏好丘陵西北侧的近岸区域，提供避风良好的港湾；农业型村落偏好平原中部和山脚区域，有充足的耕地和良好的灌溉条件；渔耕兼作业型村落既不依赖山脚灌溉水源，又不需要贴近岸线，可以开发山脚平原到沙滩的大片平地，采用“渔农互补”这总较灵活的生计模式，提高了村落对海岛自然资源的适应性。因此渔耕兼作型村落成为海陵岛村落中数量占比最多，分布最广的类型。

3 海陵岛村落景观格局特征

3.1 基岩岛典型村落景观格局

3.1.1 基岩岛乡村景观的构成要素

基岩岛村落需要综合各种资源来维持发展，由此形成的乡村景观也不仅仅是由民居等构筑物组成的聚居地，而是包含了周围的基岩山体、水系、田地、树木和沙滩等环境，构成要素也较为丰富，体现基岩型海岛特色。通过分析以海陵岛为代表的基岩岛地貌和自然资源特点，总结村民访谈资料，我们认为山、塘、林、田、沙、海、村等，构成了基岩岛乡村景观的主要空间要素。

“山”构成了海岛的基本空间格局和地形骨架，尤其对于基岩岛，大面积的陡峭山体直接限定了村落发展的范围。

“塘”是基岩岛人居环境营建的重要条件。海岛淡水资源匮乏，山塘水库是基岩岛利用地形条件储存淡水的重要手段，储存的淡水除了提供人畜饮水，也是农田灌溉的重要来源。

“林”分布在村落后方的山脚，在基岩岛人居营建的过程中起到生态涵养等重要作用。在耕地和沙滩之间也有部分人工种植的木麻黄林，有一定的防风固土作用。

“田”是海岛村落长久发展的关键要素。虽然海岛有丰富的海洋渔业资源，由于技术限制，传统时期单纯的渔业收获往往难以支撑海岛村落的发展，只有少数地理条件极佳的村落才可以发展成纯渔业村。因此，开垦平原耕种是岛民在海岛定居的第一步，保证日常生活稻谷的来源，建村较早的村落偏好平原内部的山脚，保证充足的耕地资源；后来的村落没有择地优势才选择发展渔耕兼作的产业模式。所以田是海陵岛乡村景观要素的重要组成部分。

“沙”是沙、砾等松软沉积物质在海浪的长期作用下形成的相对平直砂质岸线，常表现为沙滩和沿岸沙坝等地貌。海陵岛的山体走向使得南岸发育大片沙滩，是岛民出海打鱼停泊渔船的场所，并且具备一定景观价值。

“海”是构成海岛与大陆隔离的自然条件，是海岛重要的景观界面，并且为海岛村落发展提供渔业资源和消化生活污水的生态保障。

“村”是以民居建筑和构筑物等人工建成空间为主的聚落，主要满足岛民的居住需求，是海岛人居环境的核心，在日常生活中处于重要位置。海陵岛的岛民大多迁徙自阳江、茂名和江门等地，属于汉民中的广府民系，因此聚落除了适应海岛气候环境，也体现广府民居的特征。

3.1.2 典型村落景观格局与动力学机制分析

由于海陵岛的地形条件和海洋环境限制，使得单一农或渔业难以支持村落发展，因此岛民需要充分利用基岩岛的多种自然资源维持生计，形成要素丰富的乡村景观格局。海陵岛村落普遍形成了“山—塘—林—田—沙—海—村”的整体空间格局（图11）。在这个格局中，山体为岛民的居住空间提供庇护；村落依山脚而建；山塘水库储存淡水，通过灌渠引水灌溉田地，并和村内的风水塘、水井、排水渠共同组成海岛村落水系统；海洋承接灌渠和河涌等地表径流，并通过蒸发降水加入水循环；田地占据了大部分山前平原，为村落发展提供主要食物保障；宽阔平直的沙滩为渔船停泊和开发海洋渔业资源提供依托；树林环绕村落、山脚和沙滩，有一定生态涵养作用，并为村落和田地遮挡风浪。

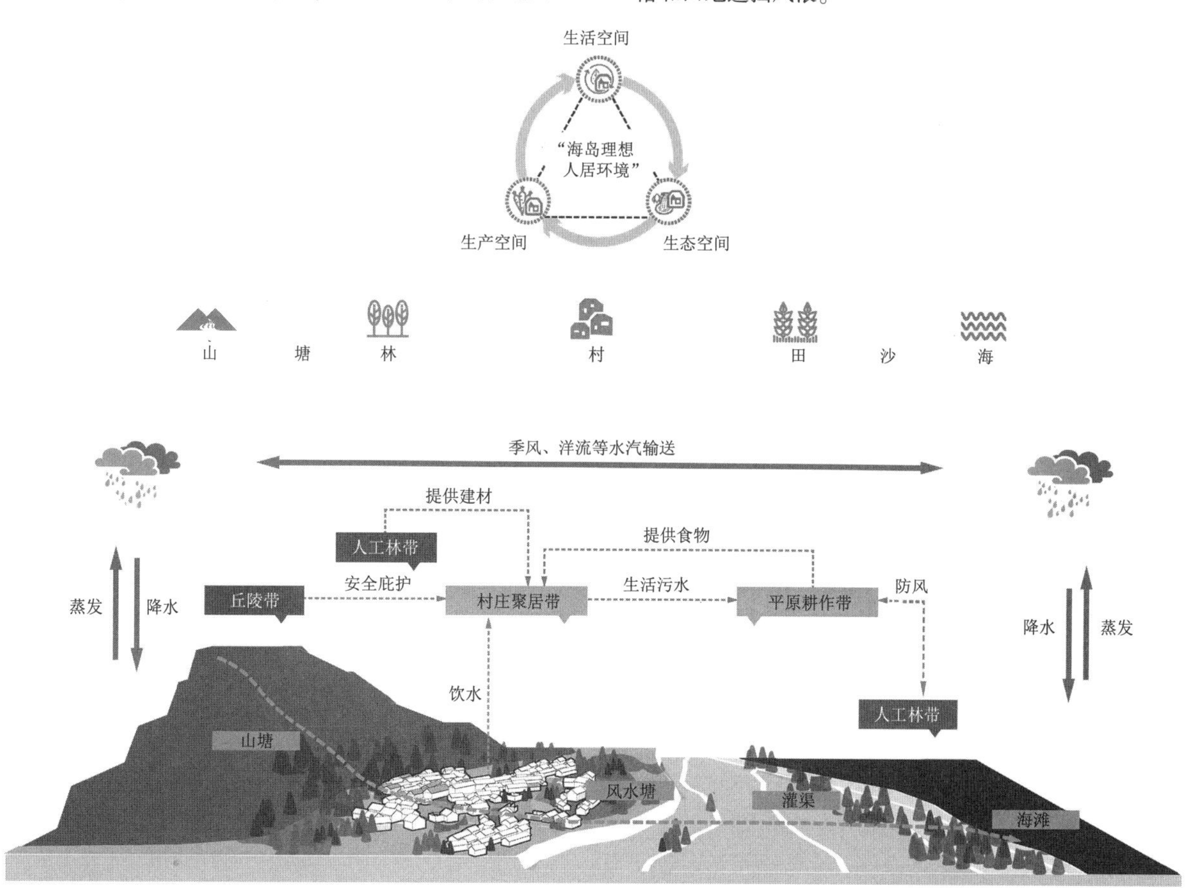

图11 海陵岛“三生”景观动力机制和典型村落景观格局分析图

在这个典型格局中，各景观要素分别具有鲜明的景观特色，并承担不可代替的功能，村落与各个要素之间的联系都与岛民的生存需求密切相关，并且要素之间的联系和制约也构成了村落可持续发展的环境，最终形成“山—塘—林—田—沙—海—村”这个整体系统，体现海岛人居智慧。

3.2 海陵岛不同产业类型村落的景观格局特征

前面总结了基岩岛典型乡村景观格局，而对于海陵岛具体村落，选址和资源条件往往不会如此理想。不同产业类型的村落景观构成要素和组合方式存在明显差异，体现为“山—塘—林—田—沙—海—村”基岩岛人居环境理想空间格局的变型。本研究从四个产业类型的村落中分别选取代表案例，以1km×1km的工作底图进行绘制，进行景观格局特征比较分析（图12），案例选择遵循以下标准：

（1）村落斑块规模相当，尽量控制在10000m^{2}左右。

（2）选择案例村落的环境尽量覆盖所有地貌类型和景观要素。

（3）选择案例村落周围也基本是同类型村落，而非局部个例。

（4）景观特征在该类别中具有代表性，并与其他类别存在明显差异。

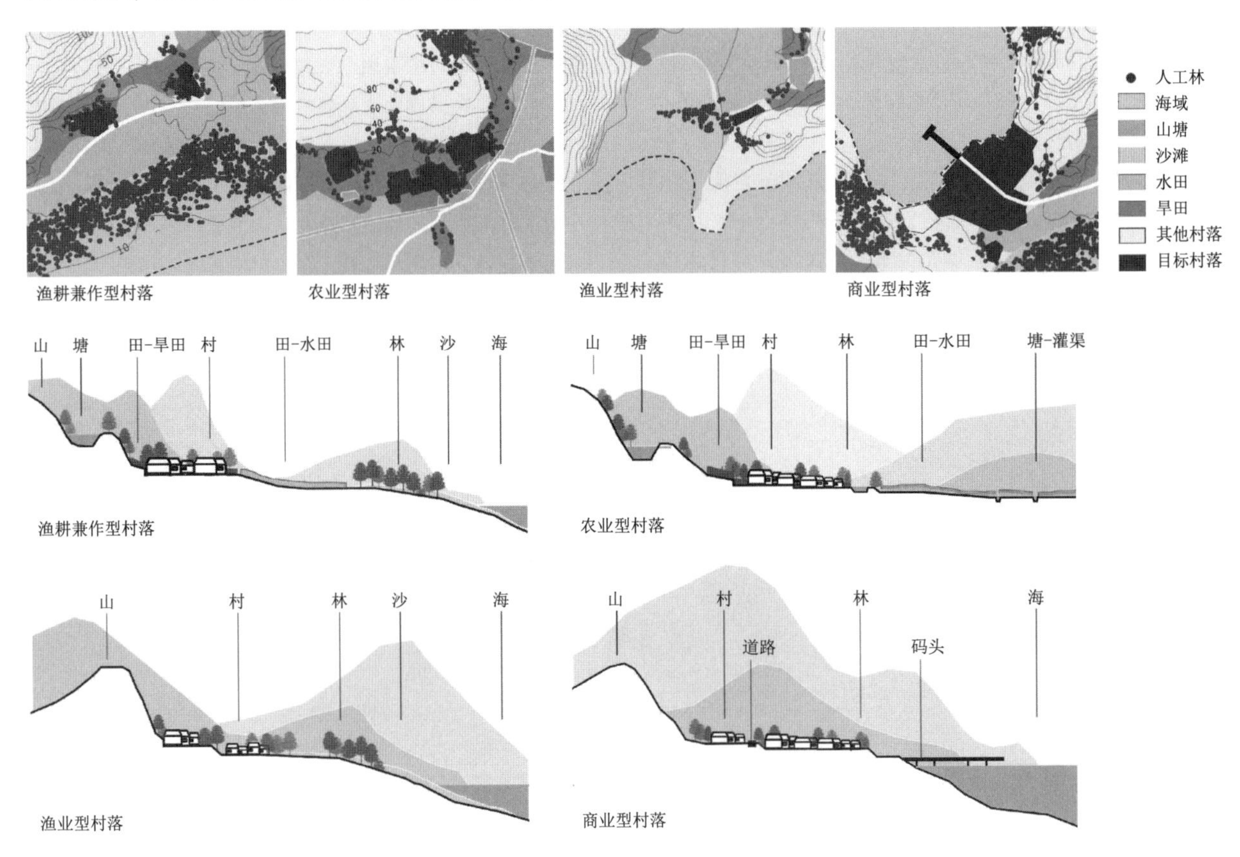

图12 不同产业类型村落景观格局示意图

3.2.1 远山近海的渔耕兼作型村落景观格局

渔耕兼作型村落广泛分布于山海间，一般距离丘陵山脚100~900m，距离海岸1500m以内。选取莳元和新村作为案例，位于海陵岛西南侧大角湾，村落规模分别为13099m^{2}和8480m^2，村落高程在13m左右。渔耕兼作型村落分布在靠近沙滩的平原，面朝大海，与丘陵有一定的距离，但是又在水利设施辐射范围之内，保证了丘陵山脚农耕资源和海岸渔业资源之间的平衡，综合利用多种生产资源服务于村落发展。具体而言，村落被耕地包围，并且位于水田和旱田之间，水田占据高程10m以下的平原，旱田分布在山脚，道路从水田之间穿过，连接村落。树林广泛分布在沙滩和田地之间，作为起到防风固土的作用，村落和山塘水库东西两侧也有少量树林分布，可以涵养水源。

与典型村落景观格局相比，渔耕兼作型村落更加靠近砂质岸线，平地有限，需要考虑如何利用沙滩，并防止风沙入侵田地。因此，被宽阔的防风林相隔的田地与沙滩，是此类村落景观格局的显著特征。

3.2.2 靠山远海的农业型村落景观格局

农业型村落分布环绕丘陵山麓而远离海岸，一般距离丘陵山脚100m以内，距离海岸1000m以上。选取那洋和下村作为案例，位于海陵岛中部最大的海积平原腹地，村落规模分别为12949m^{2}和10078m^2，村落高程在15m左右。农业型村落依靠农业作为主要生计来源，需要保证大面积的耕地，一般分布于海陵岛较大平原与丘陵的交界处，背靠山脚，面朝田地，远离海岸。村落附近借地势建有大型水库，用于灌溉田地。除了水田，农业型村落周围的旱田宽度也更宽，延伸到村落前，也是灌溉水源充足的体现。树林位于水库和村落周围，涵养水源。

与典型村落景观格局和渔耕兼作型村落的景观格局相比，农业型村落景观格局中山更高、水库面积更大、灌渠发达、田地宽阔、水田占比大，但缺少沙滩和海洋。

3.2.3 背山滨海的渔业型村落和商业型村落景观格局

渔业型村落和商业型村落位于避风条件良好而平地面积较为狭小的丘陵鞍部，一般距离丘陵山脚 50m 以内，紧贴海岸。这两类村落数量很少，都位于海陵岛西南角避风港湾，紧依高大的基岩山体。因为不需要农业生产，对平地要求不高，而靠近海岸，方便出海和对外贸易。选择北洛作为渔业型村落案例，村落规模 3388m^2，村落紧邻宽阔的沙滩，周围有少量树林，为村落和渔船停泊提供庇护；东风是唯一的商业型村落，规模 101987m^2，是全岛最大的村落斑块，村落周围和山脚有密集的树林，防风减浪。码头是其独特的景观要素，道路穿过村落斑块中心，说明通过航船的对外交流和与岛内其他村落的联系，对商业型村落的发展很重要。

与典型村落景观格局和其他产业类型村落的景观格局相比，这两类聚落都缺少田地和大型山塘水库，平地面积小，所处山体高大，防风林位于丘陵山脚而非沙滩平地，有基岩岸线和海蚀崖等特色景观。

4 结语

本文整合了社会经济与空间规划分析视角，从村落产业发展和地形分布等方面分析了传统时期海陵岛的乡村景观特征。分析结果表明，基岩山体的位置和朝向决定了海岛基本格局，也是影响海陵岛村落选址、产业发展和乡村景观格局的根本原因。研究结果揭示了海陵岛村落产业发展与其特殊自然环境的耦合关系。具体而言，基岩地形影响了水源、土壤、岸线等生产资料的分布，从而影响海陵岛村落的选址和产业类型。基岩岛居民面临的主要生存压力包括平地稀缺、淡水匮乏和多风浪。但是丘陵山体也可以成为海岛人居营建的重要生态屏障和有效的汇水地形，比如适当朝向的山体可为村落提供庇护，地势高差为储存淡水和水利设施修建提供条件。

因此，如何处理与山体的关系，达到趋利避害，对于基岩型海岛人居环境营建至关重要，这些人居智慧也体现在村落“三生”景观的安排中。海陵岛乡村景观是岛民在尊重海岛生态的基础上，综合利用各种海陆资源长时间营建而成的，并形成了“山—塘—林—田—沙—海—村”的整体空间格局。海陵岛乡村景观的形成是岛民与海岛特殊环境长期互动，主动利用和安排生产、生活和生态资源的结果，并形成了独特的“三生”景观系统，具有鲜明的地域特征和景观价值。

随着海洋经济发展和滨海旅游开发，基岩岛丰富的自然和人文景观资源使其成为被快速开发的一类海岛。在海陵岛打造国际旅游生态名岛的发展目标下，需要处理好开发建设与乡村景观地域特征延续之间的矛盾，可以通过振兴产业来维持景观可持续性，并注重海岛生态的平衡。

参考文献

[1] 徐元芹，刘乐军，李培英，等．我国典型海岛地质灾害类型特征及成因分析[J]．海洋学报，2015，37(9)：71-83.

[2] 中国大百科全书总委员会《中国地理》委员会，中国大百科全书出版社部．中国大百科全书．中国地理[M]．北京：中国大百科全书出版社，1993.

[3] 王芳．滨海旅游可持续发展研究[D]．南京：南京大学，2011.

[4] 任淑华，王胜．舟山海岛旅游开发策略研究[J]．经济地理，2011，31(2)：322-326.

[5] 彭超．我国海岛可持续发展初探[D]．青岛：中国海洋大学，2006.

[6] 王云才．传统地域文化景观之图式语言及其传承[J]．中国园林，2009，25(10)：73-76.

[7] 王云才，孟晓东，邹琴．传统村落公共开放空间图式语言及应用[J]．中国园林，2016，32(11)：44-49.

[8] 刘滨谊．风景园林学科专业哲学——风景园林师的五大专业观与专业素质培养[J]．中国园林，2008(1)：12-15.

[9] 郭睿，王竹，钱振澜，等．海岛“岙”的人地系统演进机制与营建策略——基于舟山群岛的人居环境研究[J]．城市规划，2023，47(12)：97-105.

[10] 张焕．舟山群岛人居单元营建理论与方法研究[D]．杭州：浙江大学，2013.

[11] 朱晓青，邬轶群，翁建涛，等．混合功能驱动下的海岛聚落范式与空间形态解析——浙江舟山地区的产住共同体实证[J]．地理研究，2017，36(8)：1543-1556.

[12] 王敏，彭唤雨，汪洁琼，等．因势而为：基于自然过程的小型海岛景观韧性构建与动态设计策略[J]．风景园林，2017(11)：73-79.

[13] 杨定海．海南岛传统聚落生成、演变历程及动因简析[J]．西部人居环境学刊，2017，32(1)：109-114.

[14] 盛昕．浙江省海岛聚落的形态特征及演变规律研究[D]．浙

江大学，2021.
[15] 张燕来．人地关系视野下的海岛聚落类型、特征与演变——以福建平潭为例[J]．建筑与文化，2020(02)：159-161.
[16] 唐孝祥，王鑫，杨定海．海岸乡村聚落景观的自然适应性研究——以海南岛为例[J]．南方建筑，2021(5)：138-143.
[17] 杨定海．海南岛传统聚落与建筑空间形态研究[D]．广州：华南理工大学，2013.
[18] 杨定海，肖大威．海南岛黎族传统建筑演变解析[J]．建筑学报，2017(2)：96-101.
[19] 潘莹，蔡梦凡，施瑛．基于语言分区的海南岛民族民系传统聚落景观特征分析[J]．中国园林，2020，36(12)：41-46.
[20] 潘莹，韩加米，施瑛，等．基于产业类型的粤西硇洲岛海岛聚落景观研究[J]．中国园林，2022，38(12)：70-75.
[21] PALMIOTTO C，CORDA L，BONATTI E. Oceanic tectonic islands[J]．Terra Nova，2017，29(1)：1-12.
[22] PALMIOTTO C，CORDA L，LIGI M，et al. Nonvolcanic tectonic islands in ancient and modern oceans[J]．Geochemistry，Geophysics，Geosystems，2013，14(10)：4698-4717.
[23] MENARD H W，ATWATER T. Origin of Fracture Zone Topography[J]．Nature，1969，222(5198)：1037-1040.
[24] 肖建红，于庆东，刘康，等．海岛旅游地生态安全与可持续发展评估——以舟山群岛为例[J]．地理学报，2011，66(6)：842-852.
[25] 詹文欢．海陵岛及邻区地质环境与灾害初步探讨[J]．华南地震，1998(03)：58-63.
[26] 赵焕庭．华南海岸和南海诸岛地貌与环境[M]．北京：科学出版社，1999.

作者简介

张娜，1999年生，女，华南理工大学建筑学院在读硕士研究生。研究方向为传统景观与乡土聚落、风景园林历史与理论。电子邮箱：naz272@126.com。

（通信作者）潘莹，1977年生，女，博士，华南理工大学建筑学院，教授、博士生导师。研究方向为传统景观与乡土聚落、风景园林历史与理论、乡村景观体系。电子邮箱：workpy2014@126.com。

风景园林植物

明清平遥古城建筑植物纹样探析

Analysis of Plant Patterns in the Architecture of Pingyao Ancient City during the Ming and Qing Dynasties

刘慧媛 云嘉燕*

摘 要：本文通过分类并归纳平遥古城各类建筑的植物纹样，总结出：①平遥古城建筑的植物纹样有30种，其中牡丹、桃花、荷花、菊花、梅花、松、竹应用最广泛，出现频率最多；②多使用本土植物，为了表达美好愿景也将少量非本土植物融入纹饰；③植物在不同阶层和职业中的文化意蕴存在差异性。通过研究平遥古城建筑的植物文化，可以清楚地感知其本身具备的社会文化。研究明清时期平遥古城的建筑植物纹样，不仅有助于保护文化遗产、深入理解历史、推动艺术创作和促进文化交流，具有广泛的社会和学术价值，也对国内外各古城建筑纹样的修复提供了借鉴和参考。

关键词：风景园林；平遥古城；建筑；植物纹样；文化

Abstract: This article classifies and summarizes the plant patterns of various buildings in Pingyao Ancient City, which concludes that: 1) There are 30 types of plant patterns in Pingyao Ancient City buildings, among which peonies, peach blossoms, lotus flowers, chrysanthemums, plum blossoms, pine, and bamboo are the most widely used and frequently appeared. 2) Use more local plants and incorporate a small amount of non local plants into the decoration to express a beautiful vision. 3) There are differences in the cultural connotations of plants among different social classes and professions. By studying the plant culture of Pingyao ancient city architecture, one can clearly perceive its inherent social and cultural significance. Studying the architectural plant patterns of Pingyao ancient city during the Ming and Qing dynasties can help protect cultural heritage, deepen understanding of history, promote artistic creation and cultural exchange. It has broad social and academic value which provides reference for the restoration of architectural patterns in various ancient cities in China even abroad.

Keywords: Landscape Architecture; Pingyao Ancient City; Architecture; Plant Pattern; Culture

引言

平遥古城始建于西周，有着2700年的悠久历史[1]，完整地保存了古代城墙、街道、民居、庙宇、票号及镖局等建筑。在1997年12月3日，平遥古城与城外双林寺、镇国寺同时被列入联合国教科文组织的《世界文化遗产名录》。平遥古城是中国古代城市建筑的典型代表，也是晋商文化发源地之一，整座古城由古城墙、古街道、古店铺、古寺庙、古民居组成一个庞大的建筑群，按照建筑功能的分类，其中主要分布有金井市楼、民居、县署衙门、寺观园林、票号及镖局（图1）。它不仅是中国明清时期汉民族地区县城的活标本，其布局也完美反映出超过5个世纪以来汉民族城市的建筑类型和城市规划的发展，展现了一幅历史城镇文化、社会、经济和宗教历史发展的完整画卷[2]。但当前对于平遥古城的研究主要集中在平遥古城信仰建筑的空间文化特征（石谦飞等，2019）、平遥古城悬鱼装饰艺术（王宇，2018）、平遥传统民居大门装饰中晋商文化的内涵特征（雷琳佳，2016）等。基于晋商大院的植物文化分析与应用模式探讨也以乔家大院、常家庄园以及王家大院等为主，对平遥古城各类建筑中植物文化及其纹样的探究则少之又少。

植物纹样是中国古代建筑艺术的重要表现形式，也是众多纹样中应用种类和形式丰富多彩的一部分。研究植物纹样在平遥古城的运用，有助于更深入地理解植物文化在明清古建筑艺术中的内涵和发展过程。这些纹样不仅代表了特定时期和地区的独特历史和文化，也推动了其文化遗产的认知、保护和传承，更有助于全面地理解时代的社会背景和发展，明确不同植物在不同类型建筑中的含义和精髓，同时对今后古城景观的开发保护起到积极推动作用，为晋中及周边地区古村落与古建景观再造提供参考。

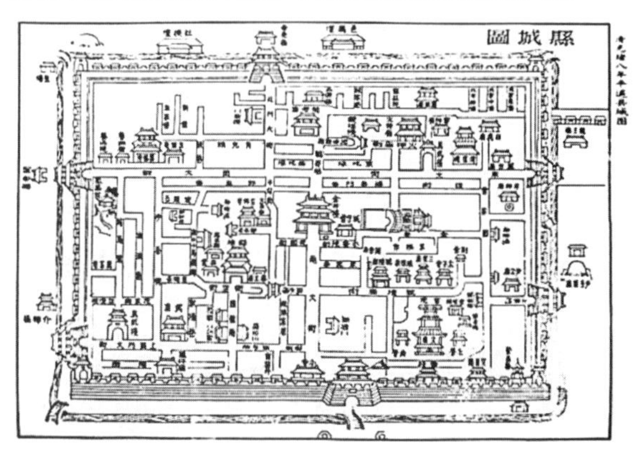

图1 清光绪八年（1882年）平遥古城图[3]

1 古城不同建筑的植物纹样分析

明清时期的植物种类大致可以分为观花类、观叶类和观果类，又可以分为花卉、树木、瓜果和蕈类。具体的植物如牡丹、荷花、桃花、梅花、桃子、葡萄、荔枝、葫芦、灵芝等，在平遥古城的各类型建筑中，即在金井市楼、民居、县署衙门、寺观园林、票号，以及镖局的应用中又呈现着不同的选择。

1.1 金井市楼及云路老街

平遥古城商业街的布局形式不同于其他古城，经过几百年的变迁，仍以“土”字形延续至今。在这条古老商业街上守望老街兴衰变迁的就是在古城最中心的金井市楼（图2）。清康熙和光绪年间纂修的《平遥县志》中记载，“金井楼不知始自何年，在县中街，下有井，水色如金，故名”[3]。对于金井之内是否“水色如金”虽不得而知，但足以说明平遥古城中金井市楼位置的重要性[4]。金井市楼是楼阁式建筑，外形雄伟壮观，做工极为精细。建筑的内外檐，以及梁、枋等装饰精美，或饰有植物、人物、鸟兽等吉祥纹样和图案，或绘制成彩绘。其中，在市楼的城墙壁（图3）和斗拱（图4）处可见牡丹花、桃花、荷花、牵牛花、葡萄和草的纹样。这些纹样均与人物、器物及文字进行组合，寄托了人们对于福禄寿喜和人丁兴旺的美好心愿。

图2 金井市楼及街景

图3 墙壁：荷叶纹样

图4 斗拱：牡丹纹样

此外，位于文庙街西段路南的云路老街也是一条古老的街道，长约百米，云路老街的尽头直抵平遥古城墙的南段。云路老街与金井市楼同样采用了缤纷夺目的蓝黄相间琉璃瓦屋顶，且在正脊（图5）和棂窗（图6，图7）中植物纹样的雕刻上同样选择了牡丹、菊花和梅花纹样。此外，附角斗（图8）处还绘制了竹子图案。

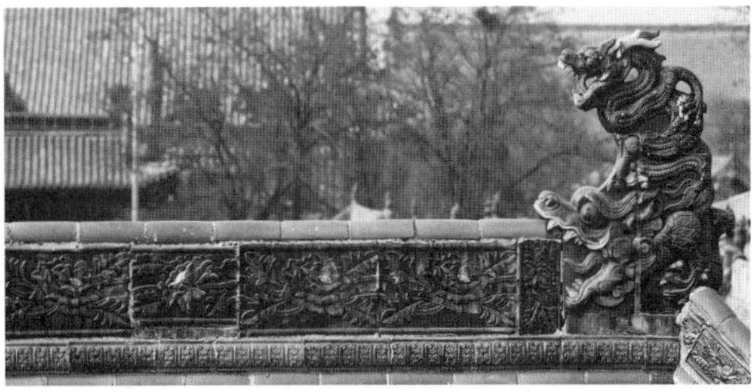

图5　正脊：牡丹纹样

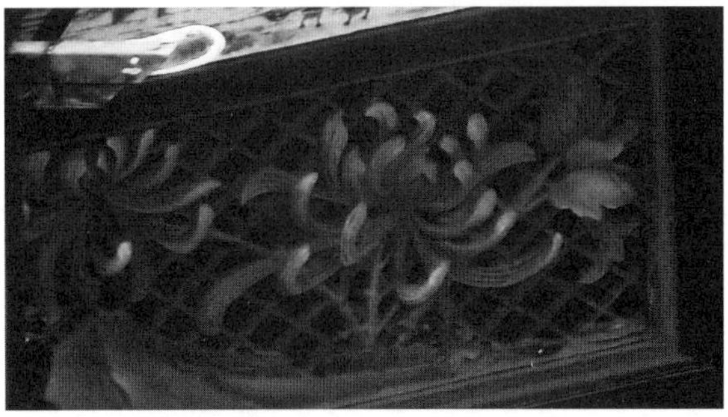

图6　棂窗：菊花纹样

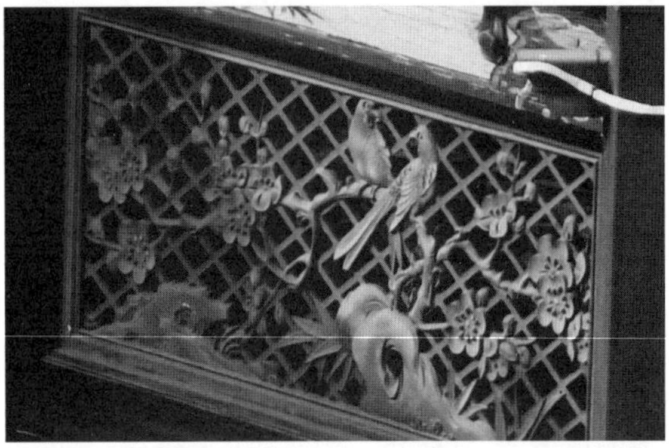

图7　棂窗：梅花纹样

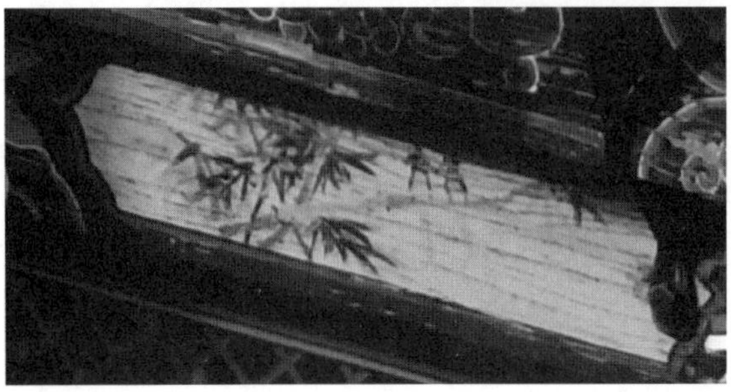

图8　附角斗：竹子图案

1.2　民居

古城中的民居建筑不仅体现着晋商的特色，建造时还充分满足了人们的日常生活所需，更是寄托了对于未来营商和家族发展的期望。这些民居在建设时选用的植物纹样也以美好的期许为基础，除了建造于高墙深院之上，植物种类也较其他建筑类型更丰富。

民居植物纹样多存在于驼峰（图9）、挂壁（图10）、正脊（图11）、垂花柱、石柱础、雀替（图12，图13）、棂窗（图14）、挂落（图15，图16）、门柱外檐檐廊、匾额、合楂、影壁、墀头（图17）等处。还有一些是通过植物与动物的结合而组合成寓意美好的纹样[5]，如常见的松树与鹤结合的纹样，松树是不畏严寒、四季常青的代表，也意味着坚毅绵长，仙鹤在古典神话中代表高洁和长生。从古至今，“松鹤延年”一直成为寓意健康长寿的吉祥图案[6]。除了上述常见纹样，经过实地考察，还有荷花、牡丹、梧桐、松树、兰花、竹、荔枝、柿子、石榴、梅花、佛手等植物纹样。墀头处的植物纹样同样表现丰富，有兰花、古松、草和竹子等不同形式。此外，在清代建造的雷履泰故居中，合楂纹样不同于以前民居中简单的纹样，而是多种形式的水浪卷草形纹样（图18），这些纹样更是传递着顽强不屈、生生不息的美好心愿。

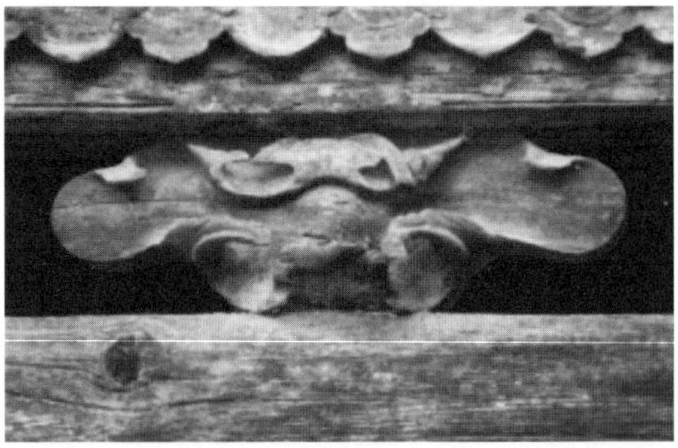

图9　驼峰：荷叶纹样

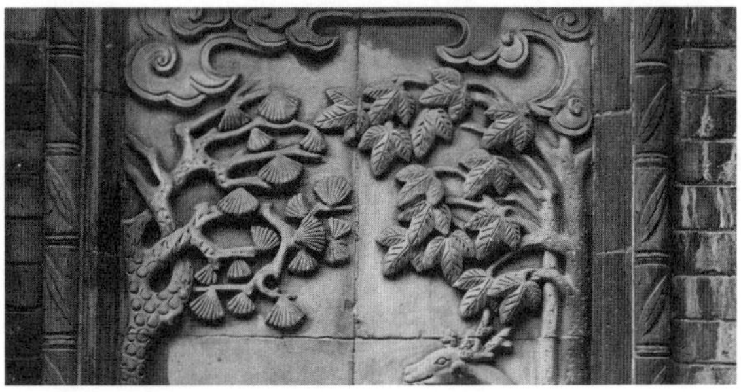

图10　挂壁：松、梧桐纹样

图 11　正脊：兰花、竹、荔枝纹样

图 12　雀替：牡丹、瓜纹样

图 13　雀替：佛手纹样

图 14　棂窗：石榴、柿纹样

图 15　挂落：松树纹样

图 16　挂落：石榴纹样

图 17　墀头：兰、松、草、竹纹样[7]

图 18　合楷：草纹样[8]

1.3　县署衙门

县署衙门始建于北魏，现在是清代遗构，位于衙门街中段路北。衙门的建筑群错落有致，结构合理。无论从建筑布局，还是职能设置，都堪称皇宫缩影[9]。县衙是主管平遥城的机构，却没有建造于城市中心，而是建在了平遥古城的西南方位。这是由于，西南位置是平遥城内海拔最高的地方，一方面可居高临下管控全城，另一方面也是为了防止发生水淹。县衙建筑的植物纹样也是围绕这样的功能性而雕刻绘制，比如县衙的常平仓大门（图 19）上有荷叶墩，在县衙大堂的牌匾装饰上可见灵芝、牡丹、木芙蓉、竹子、荷花、水仙、佛手和梅花等植物纹样（图 20）。在抱鼓石和外檐檐廊装饰上有梅兰竹菊等植物纹样，无不警示着县衙为官者应清雅和高洁。

图 19　门：荷叶纹样

图 20　匾额：灵芝、牡丹、木芙蓉、竹子、荷花、水仙、佛手和梅花纹样

1.4　寺观园林

古城内现仍保留着各个历史时期的庙宇、道观、佛寺等六七十座，且规模不等。其中，有 40 多座建造于明清时期[10]。除了城内的文庙、城隍庙、清虚观之外，还有位于城外的双林寺、镇国寺、清凉寺、慈相寺、白云观、金庄文庙等。这些寺观园林建于不同朝代，但应用最多的纹样仍以荷花和牡丹为主。

文庙中棂星门作为第一道门，门墩抱鼓石（图 21）雕刻也依然选用了代表富贵吉祥的牡丹。然而元代建设的清虚观，则与之不同，清虚观龙虎殿外檐栱眼壁（图 22）彩色壁画，绘制了色彩单一及造型简单的竹子与菖蒲，意在表达“万物有灵，脱俗出世”的道家思想。

图 21　抱鼓石：牡丹纹样

图 22　外檐栱眼壁：竹、菖蒲图案

被民间赋予“城市保护神”[11] 的城隍庙在建筑和装饰上则与清虚观完全不同，雕刻和色彩的运用上更充分体现出清代建筑的繁华与绚烂。献殿额枋彩画（图 23）有寓意多子多福的藤蔓植物和被誉为富贵荣华的牡丹等。而运用蓝绿色琉璃所装饰的葫芦（图 24）作为城隍庙的脊刹，不仅使建筑整体看起来更加富丽堂皇，具有包容性，也是将植物纹饰融入道教文化与民俗文化的表现形式之一。

图 23　献殿额枋彩画：牡丹图案

图 24　屋脊：葫芦装饰

经过文献查阅发现，在双林寺、城隍庙戏台等处均有悬鱼装饰，大多选用精雕细刻的植物纹，以及植物与动物纹，结合的形式。例如桃型纹饰（图 25），以中国古代象征福寿吉祥的寿桃为原型的纹样，也是平遥古城内悬鱼装饰最常见的纹饰之一[12]。还有古代传统图案卷草纹（图 26），运用了牡丹、荷花、兰花等植物为原型，变形后成为卷草纹，形式上更加丰富多彩，也便于设计者将当时的民风民情、所愿所期与纹饰形象地结合在一起，意在精神上祈求庇佑，祈福趋吉。

图 25　悬鱼：桃纹[12]

图 26　悬鱼：卷草纹[12]

1.5　票号

票号是山西商人创造的货币资本形式[13]。山西票号最鼎盛时期是清乾隆、嘉庆年间，达到 30 余家[14]，在平遥古城中著名的百年票号有日升昌、蔚泰厚和“蔚字五联号”，以及协同庆等。蔚泰厚票号中有常见的牡丹（图 27）、梅、兰、竹、菊（图 28）等植物纹样，更有象征着“延年益寿、百年营商”美好期许的灵芝和松树（图 29）等。此外，汇源涌票号的花窗则有别于其他票号，其在花窗上绘制有枫树纹样（图 30）。

图 27　花窗：牡丹、苹果、柿纹样[9]

图 28　花窗：梅、兰、竹、菊纹样[9]

图 29　挂落：灵芝、松树纹样[9]

图 30　花窗：枫树纹样

1.6 镖局

镖局又称镖行，是受人钱财，凭借武功，专门为人保护财务或人身安全的机构[9]。不同的镖局具有不同的建筑特点，随之变化的还有植物纹样。位于古城东大街的华北第一镖局，镖师均由师兄弟等自由组成，在建筑的营造中更注重“忠义当先”。一进院落便可看到“尚武”的大门（图31），其植物纹样为梅花、荷花和牡丹纹样。在“忠义当先”匾额下方的挂落（图32）则是松树、梧桐和灵芝纹样。这些纹样无一不体现着镖局并不是只有蛮力的汇集之所，而是透露着主人崇尚忠诚礼义和长兴不衰。

图31 大门：梅花、牡丹、荷花纹样[9]

图32 挂落：松树、梧桐、灵芝纹样

图33 棂窗：石榴、佛手和桃子纹样[9]

与华北第一镖局不同的是，位于古城南大街的家族式团体镖局——中国镖局。整个镖局的建筑风格采用了窑洞式的大门，在植物纹样及装饰上也更加注重选择寓意子孙绵延、多子多福和家业兴旺繁盛的植物。如棂窗（图33）装饰选择了石榴、佛手和桃子装满宝盆的形式。

综上，经过实地调研考察与查阅相关古籍文献，将六类建筑中的植物纹样做出如下总结（表1）：

植物纹样可分为观花类、观叶类、观果类，以及蕈类植物。具体来说，观花类纹样有牡丹、桃花、荷花、菊花、水仙、梅花、兰花、木芙蓉等。观果类纹样有葡萄、佛手、桃、苹果、柿、枇杷、石榴、杏、荔枝、瓜。观叶类纹样有竹、草、菖蒲、松树、芭蕉、梧桐、枫树、荷叶。蕈类植物只有灵芝。这些丰富生动的植物纹样分布在六类建筑的荷叶墩、挂壁、大脊、垂花柱、石柱础、雀替、门柱、外檐檐廊、匾额、棂窗、内檐、抱鼓石、合搭、影壁墙、墀头、风门、挂落，以及走马板等处。

植物纹样在各类建筑中的分类及总结　　表1

序号	建筑类型	纹样位置	观花类	观叶类	观果类	蕈类
1	金井市楼云路老街	附角斗、斗拱、大脊、棂窗、鸱吻、垂花柱	牡丹、桃花、荷花、菊花、牵牛花	竹（户外）、草	葡萄	—
2	民居	荷叶墩、挂壁、大脊、垂花柱、石柱础、雀替、门柱、外檐檐廊、匾额、棂窗、内檐、抱鼓石、合搭、影壁墙、墀头、风门、挂落	牡丹、桃花、荷花、菊花、水仙、梅花、兰花、木芙蓉	竹（户外及盆景）、草、菖蒲、松树、芭蕉、梧桐	葡萄、佛手、桃、苹果、柿、枇杷、石榴、杏、荔枝、瓜	灵芝
3	县署衙门	雀替、大门、匾额、外檐檐廊、石塔、挂落	牡丹、桃花、荷花、菊花、水仙、梅花、兰花、木芙蓉	竹（户外）、草、荷叶	莲藕、柿	灵芝
4	寺观园林	额枋、荷叶墩、屋脊、悬鱼装饰、外檐栱眼壁、内檐栱眼壁、殿内梁架	牡丹、荷花、菊花	竹（户外）、菖蒲	葫芦、桃	—

续表

序号	建筑类型	纹样位置	观花类	观叶类	观果类	蕈类
5	票号	棂窗、匾额、外檐檐廊、荷叶墩、门墩石、屋脊、雀替、挂落	牡丹、桃花、荷花、梅花、菊花、兰花	竹（户外）、松树、枫树	柿、苹果、石榴	灵芝
6	镖局	大门、外檐檐廊、门墩石、棂窗、走马板	牡丹、桃花、荷花、梅花、兰花、木芙蓉	梧桐、芭蕉	桃、佛手、石榴	灵芝

2 古城建筑植物纹样特征

2.1 植物文化的符号化表达

平遥古城中，用植物来表达的美好愿望及对未来的期许。在六种类型的建筑中均可见到牡丹、桃花和荷花纹样。其中，牡丹和桃花在平遥地区百姓家中是很常见的植物。牡丹和荷花纹样在六类建筑中也均有出现（图 34），它们都代表着富贵吉祥、纯洁清廉的意蕴。桃纹样的比例占 80% 以上，因桃既可观花也可观果，桃更是表达了平安康泰、多福多寿的寓意。不论是在观望古城兴衰的市楼金井，还是希望财富源源不断、兴旺发达的票号和镖局，都希望家族或事业能够人丁兴旺、瑞气盛门。此时的植物纹样不再是凝固的装饰，而是文化的载体，它表达着人们最强烈愿望的同时，更是当下各个阶层人民的意识和观念。

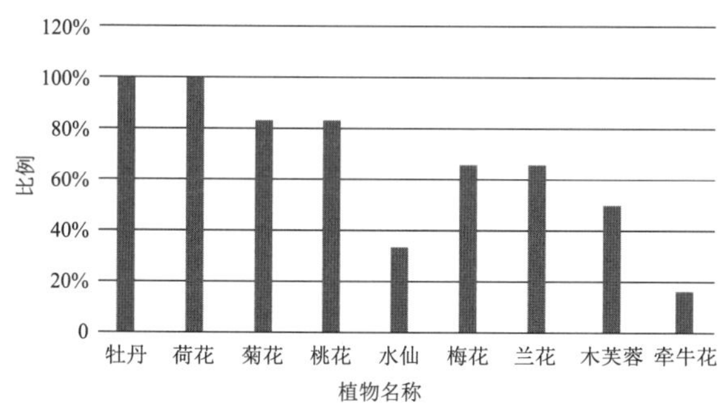

图 34　观花纹样在六类建筑中所占比例

2.2 观花纹样普遍多于观果、观叶纹样

除了民居，观花纹样在各类建筑中均多于观叶、观果纹样（图 35）。这是由于花卉更加常见于日常生活，且含义直白。大多数花卉纹样都是通过寓意联想、指物会意或吉祥谐音等方法形成的[15]。人们也希望通过这种形式，把心灵的希冀，对未来生活的向往凝集于新的视觉图像之中。观花类纹样的优势是造型更加形象具体，能够生动表现大众审美意识。民居中，观果纹样略多于观花纹样，是因为宅园主人将人丁兴旺、子孙满堂的愿望更多寄托于“累累硕果”的观果纹样。

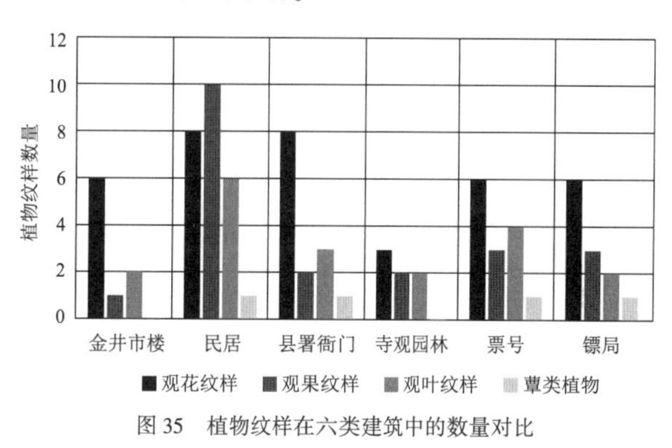

图 35　植物纹样在六类建筑中的数量对比

此外，在票号和镖局建筑中的观花类纹样虽类似，但观果和观叶纹样则大为不同。其中，票号的观叶纹样是竹、荷叶、松、枫。镖局的观叶纹样是梧桐和芭蕉。票号的主人更加注重枫树“落叶”的谐音表达安居乐业、繁衍后代的祝愿。而镖局则更加希望通过芭蕉和梧桐的纹样体现对“大业”功成名就、万物欣欣向荣的憧憬与向往。

2.3 寺观园林中的特有植物纹样

明清时期，随着晋商经济的飞速发展，也将旧时平遥古城各朝代寺观的艺术水平推向了高峰。然而，与大众观念不同的是，古城中寺观园林的植物纹样却较为简单，常见的如牡丹、荷花、菊花、草和桃。寺观园林中区别于其他几类建筑的是葫芦纹样的出现。在当时的社会背景下，受道家“无为”思想影响，人们追求人与自然和谐统一，也是当时所认为的美的最高境界。而葫芦作为仙家之物，在道教传说中象征着天人合一的境界，寓意祥瑞吉祥，也是“福禄”的代表。这也说明天人合一的哲学思想渗透到了当地文化和个人观念中，建筑装饰纹样正体现了这种自然之美。

2.4 观果类植物纹样种类丰富

各类建筑中观果类纹样的种类最为丰富，达到 13 种。民居中的观花类植物纹样与县署衙门中纹样一致，但民居中观叶类和观果类植物纹样更丰富多元。县署衙门的观果类纹样只有莲藕和柿子，民居中则有葡萄、佛手、桃子、苹果、柿子、枇杷、石榴、樱桃、荔枝。此外，葡萄纹样只出现在金井市楼和民居中。平遥建筑以四合院为主，布局与造型虽各不相同，但是在植物纹样的应用上呈现相似的模式。随着清代山西商品经济的发展，也使平遥的经济实力迅速地增长，宅园主人更想通过将家宅兴建得豪华精美来体现自己的实力。除此之外，各行各业的民宅主人也希望家族得以延续和发展，子孙绵延，家业兴旺，故而寓意“硕果累累”的各类观果类纹样被大量雕刻于建筑之上。

2.5 建筑所有者决定植物纹样的选择

票号和镖局建筑中的观果纹样均有石榴纹样，但是票号的观果纹样是柿子和苹果，而镖局的观果纹样是桃子和佛手，这取决于建筑所有者的个人趣向。在明末清初，人们对自然崇拜、祖先崇拜、儒释道三教融合的崇拜都应运而生，所有者在建造建筑时更是希望通过花卉纹样的种类和形式体现个人的审美意识、宗教意识、哲学意识和价值观念。如作为时代背景下出现的各类镖局，他们专门受雇于富商大贾、达官贵人，将当时的茶叶、瓷器、丝绸等运送到沿海地区甚至是海外，所以他们更多希望的是多福多寿，保证健康平安，故观果纹样更喜欢桃子和佛手。

对于票号的主人来说，除了希望自己的子孙后代能够绵延不绝，还寻求家“和”。镖局解决了票号专门押解金银财宝的风险问题，却不能保证票号的长久繁荣和永续发展，故而票号的主人将自己“事事如意”和“平平安安”的希冀寄托于雕梁画栋，在建筑纹样中选择柿子和苹果作为对未来“硕果累累”的祈愿。

3 植物纹样体现的社会文化意蕴

3.1 植物纹样成为社会风土民情的载体

通过对比六类建筑上的植物纹样，结合平遥地区历年来栽植的植物，发现较常见的装饰植物，观花类如牡丹、桃花、荷花、菊花、梅花等，观叶类如松树、枫树、梧桐等，观果类如葡萄、桃、苹果、柿、杏等，均与当地气候适应性条件下的种植有很大关系。

平遥县位于中国北方黄河中游、黄土高原东部的太原盆地西南处，全县属温带大陆性季风半干旱气候，故在种植时更多选择耐干旱和风沙的植物。明清平遥古城建筑所有者不仅将雕梁画栋结合了当地寓意美好的本土植物，使之成为当地代表性种植文化的载体，也让植物化身为雕刻精美的作品，年复一年记录着平遥日常人居环境的兴衰变迁。

3.2 植物纹样成为符号化的艺术表达

古城建筑中的植物纹样，如佛手、荔枝、芭蕉、木芙蓉等在明清时期的院落内无法种植，设计者就将这些寓意吉祥的植物通过艺术化的手法雕刻或绘制于建筑之上。这些植物与名人典故或花卉鸟兽等多种元素相结合，或与其他器物组合成具有象征寓意的雕刻，或以盆栽的形式组合成为画面，构图极具艺术价值。如民居主人常以佛手作为装饰，“佛”与“福”、“佛手”与“福寿”音似，不仅寓意吉祥，还寄托着人们对于福祉绵延、子嗣兴旺的愿望[16]。最常见的还有将瓜类、葡萄、桃子、石榴与佛手组合成一幅丰富的画面，表达民居主人希望子多、寿多、福多的理想期许。借助古典园林的传统文化和园林植物寓意结合，将植物纹样以图像符号化表现，体现人的思想文化和生活方式，也是属于植物纹样艺术价值的独特表现。

3.3 植物纹样成为晋商文化中的物质表现

山西商人秉持重义轻利观念，他们一边希望家族辛苦拼搏的家业能够发扬光大，人丁兴旺，繁荣发展下去，一边又不得不屈服于整个社会结构，在稳定、有序中寻求新的发展机遇。在社会发展的进程中，他们不仅是作为一个社会职业群体，更担负着家族的使命和期望。所以他们将自己的所念所愿皆化作对周边事物的寄托，将建筑建造得富丽堂皇彰显家族实力，同时他们也希望将晋商精神和财富都传承下去，通过借助植物来表达自己的意志。如在建筑植物纹样中广泛看到的藤蔓类植物葡萄，象征富贵不断，子孙满堂，绵延不绝和兴旺发展。此时植物纹样不仅是简单的艺术表达和历史见证，更是承载着晋商精神和文化传承的物质表现。

4 结论

本研究对平遥古城中的六类建筑的植物纹样进行了分类调查分析，探究了平遥古城中植物纹样的应用种类和形式，得到以下结论：

第一，平遥古城建筑的植物纹样有 30 种。观赏特性上，观花植物应用次数最多，余下依次为观果、观叶和蕈类植物。观赏品种上，观果植物应用次数最多，其次是观花、观叶和蕈类植物。牡丹、桃花、荷花、菊花、梅花、松、竹应用最广泛，出现频率最多。

第二，受山西地域条件以及气候条件影响，植物选择上具有一定的本土特点。但为了传递和表达美好的期许，植物纹样也结合了南方植物的植物特性，不仅与器物等结合绘制或雕刻，也将植物文化充分应用于雕梁画栋中。以不同的形式进行展现，也是将自己质朴的审美意趣、人生追求、精神信仰等寄托于传统建筑的纹样和装饰上。

第三，植物在不同阶层和职业中的文化意蕴存在差异性。民居、票号和镖局中的植物纹样更加注重家族子孙后代的平安和文化传承，以石榴、葡萄、苹果、佛手等纹样为主。金井市楼和县署衙门则更加关注百姓民生，以牡丹、桃花、菊花为主。寺观园林则更追求精神世界的清雅高洁，以荷花纹样为主。

通过研究平遥古城建筑的植物纹样，可以清楚地感知其本身具备的社会文化。丰富多彩的平遥建筑艺术，蕴含着当地人百年来流传不息的传统思想文化及审美内涵，赓续着传统建筑构造和植物文化艺术的继承和发展。作为装饰艺术中突出而极具特色的植物纹饰，有必要对这类植物艺术进行保护和探索，深入探寻其背后的内涵。平遥古城建筑的植物纹样不仅是不可再生的历史文化遗产，更是每个人的责任和担当。

参考文献

[1] 刘泽民．山西通史[M]．太原：山西人民出版社，2001.

[2] 联合国教育，科学及文化组织．平遥古城传统民居保护修缮及环境治理实用手册[S]．2015.

[3] 平遥县地方志编纂委员会编．平遥县志[M]．北京：中华书局，1999.

[4] 郑孝燮．留住我国建筑文化的记忆[M]．北京：中国建筑工业出版社，2007.

[5] 韩瑞婷．山西明清民居砖雕艺术中的植物纹样研究[J]．中国包装，2022，42(8)：75-78.

[6] 曹昌智．画说平遥古城[M]．太原：山西经济出版，2010.

[7] 阎伟．山西平遥传统民居墀头装饰图案研究[D]．太原：山西大学，2019.

[8] 焦洋．平遥古建筑大木构件装饰研究[D]．重庆：重庆大学，2006.

[9] 樊炎冰．中国平遥古城与山西大院[M]．北京：中国建筑工业出版社，2016.

[10] 董剑云，董培良．平遥古城文化史韵[M]．太原：山西经济出版社，2017.

[11] 董培良．平遥城隍庙[M]．太原：山西经济出版社，2001.

[12] 王宇．平遥古城悬鱼装饰艺术[J]．文物世界．2018(1)：23-24.

[13] 张正明，邓泉．平遥票号商[M]．太原：山西教育出版社，1997.

[14] 曹昌智，曹瑄．我国最早的票号建筑平遥日升昌[M]．北京：中国建筑工业出版社，1996.

[15] 郭娟．晋中传统民居装饰中的植物纹样研究[D]．太原：太原理工大学，2017.

[16] TANG Z X，WANG F F. The cultural meaning of plants in classical Chinese gardens[J]. Journal of Landscape Research，2009，1(7)：49-53.

作者简介

刘慧媛，1989 年生，女，首尔国立大学农业与生命科学学院在读博士研究生。研究方向为风景园林遗产保护、风景园林植物应用与保护。电子邮箱：liuhuiyuan@ snu. ac. kr

（通信作者）云嘉燕，1987 年生，女，博士，同济大学建筑与城市规划学院，助理教授、硕士生导师。研究方向为风景园林历史理论与遗产保护、风景园林植物应用与保护。电子邮箱：jy23078@ tongji. edu. cn。

屋顶花园植物景观美景度评价研究①②

——以同济大学运筹楼为例

Research on the Evaluation of the Scenic Beauty of Rooftop Garden Plant Landscape: A Case Study of Tongji University's Yunchou Building

阳光明媚 林泳宜 金董惠 陈 静*

摘 要：屋顶花园作为校园环境的重要组成部分，为师生提供了独特的学习和交流场所，并在改善校园环境和调节师生情绪方面发挥了关键作用。以同济大学运筹楼屋顶花园为研究对象，通过问卷调查和专家评价法提取评价因子，分别运用美景度评价法、审美评判测量法和语义差异法，深入研究了7个不同主题的花园地块以及两块向日葵对照田的美景度。研究结果显示，悠然花园在3种方法中的评分均较高，野趣花园在语义差异法中的美景度评分方面表现出色，而两块向日葵田在3种评价方法中的得分相对较低。为提升屋顶花园植物景观的美景度，建议在设计中多注重植物色彩和种植结构，增加植物的多样性，多种植开花植物以及芳香植物。此外，研究发现，美景度评价法在小尺度绿地植物景观评价中具有较好的适用性。

关键词：屋顶花园；小尺度绿地；植物景观；美景度

Abstract: The rooftop garden, as a crucial component of the campus environment, provides a uniquespace for faculty and students to learn and interact, playing a pivotal role in improving the campus environment and regulating the emotions of the academic community. This study uses the rooftop garden of Tongji University's Yunchou Building as the research object. Evaluation factors were derived from a combination of questionnaire surveys and expert assessments. Using the Scenic Beauty Estimation (SBE) method, the Balanced Incomplete Block design-Law of Comparative Judgment (BIB-LCJ) method, and the Semantic Differential (SD) method, the scenic beauty of seven different themed garden plots and two sunflower control fields was studied in depth. The results reveal that the Leisure Garden scored high in all three methods, and the Wild Garden performed well in the scenic beauty score of the SD method, while the two sunflower fields scored relatively low in all three evaluation methods. To further enhance the scenic beauty of the rooftop garden's plant landscapes, it is recommended to focus more on plant colours and planting structures, increasing the diversity of plants, and the quantity of flowering and aromatic plants in the design. In addition, the study found that the SBE method demonstrates good applicability in the evaluation of small-scale plant landscapes.

Keywords: Rooftop Garden; Small-scale Green Space; Plant Landscape; Scenic Beauty

① 本文已发表于《广东园林》，2024，46(2)：100-107。

② 基金项目：国家自然科学基金青年项目(编号：32001364)；上海同济城市规划设计研究院有限公司联合一般课题(编号：KY-2022-LH-B05)。

引言

我国正迈入城市高质量发展和高品质生活建设的新阶段，人们对城市环境品质提出了更高的要求[1]。随着城市人口的不断增加，城市绿地逐渐成为改善城市生态环境和人们亲近自然的关键要素[2]。与此同时，我国高等教育规模不断扩大，已进入普及化发展阶段，学生人数不断增加，导致校园用地日益紧张。屋顶花园作为一种半开放空间，为高校师生带来了多重文化、生态和社会效益[3-4]。研究表明，在不同环境条件下，屋顶花园对情绪调节产生积极影响[5-7]，为学生和教职工提供了绿色微休息（green micro-breaks）的场所，从而促进恢复感知、改善情绪和提升工作表现。鉴于高校屋顶花园的特殊性质，深入理解日常使用者的审美偏好，对于优化屋顶花园植物景观，提升其生态和美学价值至关重要。

目前，植物景观美景度的研究主要采用层次分析法（analytic hierarchy process，AHP）、美景度评价法（scenic beauty estimation，SBE）、审美评判测量法（balanced incomplete block design-Law of comparative judgment，BIB-LCJ）、语义差异法（semantic differentialmethod，SD）以及人体生理心理指标测试法（psychophysiological indicator，PPI）等方法[8]。这些方法在中到大尺度的景观评价研究中广泛应用，但在小尺度植物景观研究中应用较少。SBE法因其简便、客观的评分过程，在花境及其他植物设计评估中较为常见，但其不涉及不同样地之间的比较。例如，杨帆等[9~10] 通过SBE法结合照片量化分析公众对花境景观的偏好。BIB-LCJ法通过对比不同样地，弥补了SBE法的不足，如徐伟振等[11]采用BIB-LCJ法对样本进行排序计算，辅助构建滨水景观评价模型。SD法则以其简洁的叙述方式，减少专业背景差异可能导致的评价偏差，如王艳想等[12]采用SD法进行问卷调研，确立了城市展园中美景度评价的影响要素。AHP法和PPI法在类似尺度的案例评价中运用较少，评价过程复杂，因此本研究未予选取。

本研究以同济大学运筹楼屋顶花园为研究对象，采用了SBE法、BIB-LCJ法和SD法进行评估。这3种方法不仅各自独立，而且能通过相互比较和补充，综合提供更为全面的评价结果。研究旨在比较这些不同方法在小尺度植物景观评价中的适用性，并深入探讨影响美景度评价的关键要素。该研究不仅为屋顶花园未来的优化提供指导，同时也为小尺度植物景观的美景度评价提供有价值的参考。

1 研究内容

1.1 研究对象

上海同济大学四平路校区运筹楼屋顶花园于2021年11月由景观系师生共同设计，建设阶段广泛邀请全校师生参与，成为校内首个师生共建的劳动教育基地。该屋顶花园占地约755m²，包括9个3.5m×3.5m的方形地块（图1）。截至2022年，通过多次微更新，屋顶花园内的植物种类（含品种）已达到100种，且均为多年生、耐旱和耐贫瘠植物（表1）。其中，悠然花园（Ⅰ）和蜜源

屋顶花园主要植物 表1

花园	植物名称
Ⅰ悠然花园	火炬花 Kniphofia uvaria、落基山圆柏 Juniperus scopulorum、四月夜林荫鼠尾草 Salvia nemorosa ‘April Night’、卡拉多那鼠尾草 Salvia nemorosa ‘Caradonna’、大布尼狼尾草 Pennisetum orientale ‘Tall’、凌风草 Briza media、重金柳枝稷 Panicum virgatum ‘Heavy Metal’、虎耳草 Saxifraga stolonifera、花叶蔓长春花 Vinca major ‘Variegata’、银叶菊 Jacobaea maritima、裂叶锥托泽兰 Conoclinium dissectum、亮晶女贞 Ligustrum quihoui ‘Lemon Light’、微型月季 Rosa（Miniature Group）、金叶大花六道木 Abelia×grandiflora ‘Francis Mason’、金丝薹草 Carex oshimensis ‘Evergold’、青绿薹草 Carex breviculmis、肾蕨 Nephrolepis cordifolia、黄金香柳 Melaleuca bracteata ‘Revolution Gold’、花叶香桃木 Myrtus communis ‘Variegata’、狐尾天门冬 Asparagus densiflorus ‘Myersii’、火焰南天竹 Nandina domestica ‘Firepower’、草莓田粉红溲疏 Deutzia rubens ‘Strawberry Fields’
Ⅱ蜜源花园	蓝雪花 Ceratostigma plumbaginoides、幻紫鼠尾草 Salvia guaranitica ‘Purple Majesty’、重金柳枝稷、黄金络石 Trachelospermum asiaticum ‘Ougon Nishiki’、花叶蔓长春花、玫瑰欧洲荚蒾 Viburnum opulus ‘Roseum’、黄金菊 Euryops pectinatus、银叶菊、野菊 Chrysanthemum indicum、裂叶锥托泽兰、蓝花草 Ruellia simplex、山桃草 Oenothera lindheimeri、细叶美女樱 Glandularia tenera、亮晶女贞、微型月季、肾蕨
Ⅲ香草花园	大花萱草 Hemerocallis hybridus、蓝雪花、薄荷 Mentha canadensis、迷迭香 Rosmarinus officinalis、幻紫鼠尾草、卡拉多那鼠尾草、绵毛水苏 Stachys byzantina、薰衣草 Lavandula angustifolia、银叶菊、山桃草、亮晶女贞、黄金香柳、花叶香桃木、紫叶酢浆草 Oxalis triangularis ‘Urpurea’
Ⅳ野趣花园	火炬花、新西兰麻 Phormium colensoi、金叶石菖蒲 Acorus gramineus ‘Ogan’、花叶石菖蒲 Acorus gramineus ‘Variegatus’、穗花 Pseudolysimachion spicatum、矮蒲苇 Cortaderia selloana ‘Pumila’、画眉草 Eragrostis pilosa、小兔子狼尾草 Pennisetum alopecuroides ‘Little Bunny’、细叶芒 Miscanthus sinensis ‘Gracillimus’、重金柳枝稷、细茎针茅 Nassella tenuissima 、黄金菊、松果菊 Echinacea purpurea、烟花白色山桃草 Oenothera lindheimeri ‘Sparkle White’、亮晶女贞、圆果毛核木 Symphoricarpos orbiculatus、金叶大花六道木
Ⅴ药草花园	大花萱草、穗花、薄荷、多花筋骨草 Ajuga multiflora、卡拉多那鼠尾草、四月夜林荫鼠尾草、香茶菜 Isodon amethystoides、虎耳草 Saxifraga stolonifera、紫花地丁 Viola philippica、大吴风草 Farfugium japonicum、野菊、虎杖 Reynoutria japonica、金荞麦 Fagopyrum dibotrys、贯众 Cyrtomium fortunei、小叶栀子 Gardenia jasminoides、翻白草 Potentilla discolor、铜钱草 Hydrocotyle vulgaris、算盘子 Glochidion puberum、鸢尾 Iris tectorum

Ⅰ悠然花园　Ⅱ蜜源花园　Ⅲ香草花园

Ⅳ野趣花园　Ⅴ药草花园　Ⅵ流浪花园（北）

Ⅶ流浪花园（南）　Ⅷ向日葵田Ⅰ　Ⅸ向日葵田Ⅱ

图1　运筹楼屋顶9个主题花园

花园（Ⅱ）以开花植物为主要特色，香草花园（Ⅲ）以香料和芳香植物为主，野趣花园（Ⅳ）主要种植观赏草类，药草花园（Ⅴ）科普药用植物，两块流浪花园（Ⅵ和Ⅶ）则随机种植上述5类花园内的植物。本研究除选取上海同济大学四平路校区运筹楼屋顶花园为研究对象外，还选择两块向日葵田（Ⅷ和Ⅸ）作为对照地块。

1.2　研究方法

本研究结合照片和实地参观评价，选择在4月24日、5月15日和6月7日晴朗少云的下午16：30—18：00拍摄景观照片。使用FUJIFILM-X-T30相机，配备MOIS镜头。总计拍摄了345张照片，筛选出能够反映地块整体特征，高度角度及光照条件相似且无行人杂物的照片，最终保留了27张（每个地块3个角度的照片，共计9组），用于评价分析。

1.2.1　SBE法

SBE法是由Daniel和Boster于1976年提出的一种结合心理物理学的评价方法[8]，能科学地将主客观因素数学化关联[13]。问卷调查在分类采集受访者的基本信息后，要求受访者通过李克特7级量表，对9个地块的美景度按印象进行评分。笔者收集了教师、学生和校园工作人员对屋顶花园植物景观的个人审美评分，随后对数据进行了标准化处理以平衡个体差异[11,14]，标准化公式如下：

$$Z_{ij}=(R_{ij}-R_j)/S_j \tag{1}$$

式中，Z_{ij} 代表第 i 位评价者对第 j 张照片评价的标准化值；R_{ij} 代表第 i 位评判者对第 j 张照片的美景度评价值；R_j 为第 j 位评判者对全部样本美景度评价的平均值，S_j 为第 j 位评判者对全部样本美景度评价的标准差。

1.2.2 BIB-LCJ 法

BIB-LCJ 法，又称审美评判测量法或平衡不完全区组设计-比较评判法，结合了 SBE 法和比较评判法[15]，广泛用于植物美景度的评价[16]，可靠性高并能准确反映公众的审美态度[17]。

参照中国科学院数学所设计的 BIB 表，将 9 张全局照片按照 3×3 矩阵的方式进行 4 次编排[18]。评价通过问卷星和线下调研，让参与者对同组照片进行排序。最后利用实验心理的等级排列法，以最终得到的 T 值反映屋顶花园植物景观美景度，具体计算步骤如下：

参与者对每个植物景观样本按照 3 级进行排列，最佳对应 1 级，最差对应 3 级。在所有评价人群中，将该样本选为该等级的人数称为此等级的等级人数，而该样本各个等级与相应等级人数的乘积相加的总和则称为等级和(A)[19]。利用频率矩阵的方法计算得出选择分数的百分率，得出平均等级 MR，公式如下：

$$MR = A/n \tag{2}$$

式中，n 代表总次数，即各个群体的总人数。

最终以平均选择等级的修正值 T 作为各样地的美景度衡量值，公式如下：

$$T = 3 - MR \tag{3}$$

1.2.3 SD 法

SD 法，即语义差异法或感受记录法，由美国心理学家 C. E. Osgood 提出，利用形容词评价景观视觉效果，以量化心理感知[20-21]。

参考相关研究[22]，本研究选定 2 组共 14 对形容词(表 2)。遵循“二级性”原理，使用 5 级评分尺度（-2~2）来定量分析受访者对样本景观环境特征的感知。

屋顶花园植物景观评价的 SD 因子及形容词对　　表 2

分类	编号	评价项目	评价因子
植物群落特征	1	植物种类丰富度	单一的—多样的
	2	群落层次	杂乱无章—层次分明
	3	高低对比	无明显对比—有明显对比
	4	色彩丰富度	色彩单调—色彩丰富
	5	植物生长态势	长势较差—长势旺盛
	6	开花植物数量	较少的—较多的
	7	植被覆盖度	有明显裸露—植被覆盖率高
	8	异质体	不协调的—协调的
	9	枯亡植物	明显的—不明显的

续表

分类	编号	评价项目	评价因子
景观感受	10	第一印象	印象差—印象好
	11	吸引力	无吸引力—有吸引力
	12	新奇感	无新奇感—新奇感强
	13	美感度	缺乏美感—充满美感
	14	地方特色	无地方特色—地方特色强

注：“枯亡植物”指志愿者管理不善导致的部分植物枯亡。

2 结果与分析

2.1 屋顶花园美景度要素

参考过往植物景观美景度研究[9,12]以及现场照片，将影响屋顶花园植物景观的要素分为 10 种：植物色彩丰富度、群落层次丰富度、高低对比、植物生长态势、植物种类丰富度、开花植物数量、植被覆盖度、异质体、枯亡植物和花香气味（表 3）。

屋顶花园植物景观要素及评分标准　　表 3

代号	景观要素	要素评分标准		
		1~3 分	4~6 分	7~10 分
X1	植物色彩丰富度	≤2 种	2~5 种	≥6 种
X2	群落层次丰富度	只有草/灌/地被	灌草结合/地草结合/地灌结合	灌、草、地结合
X3	高低对比	较差	一般	较好
X4	植物生长态势	较差	一般	较好
X5	植物种类丰富度	≤3 种	4~7 种	8~12 种
X6	开花植物数量	<20%	20%~50%	51%~80%
X7	植被覆盖度	<45%	45%~60%	61%~75%
X8	异质体	存在	改良或与景物相融	不存在
X9	枯亡植物	明显	局部存在	几乎不存在
X10	花香气味	几乎没有	有很淡香气	有明显香气

本研究共邀请了 14 位风景园林行业专家对 9 个地块进行了评分。结果显示，悠然花园（平均得分 7.45）、蜜源花园（平均得分 7.10）和野趣花园（平均得分 7.10）因其植物种类丰富、植物生长态势良好、开花植物数量多、植被覆盖度高而获得较高评价。

2.2 SBE 法结果与分析

2.2.1 标准化计算

问卷星和线下调查共获得了 150 份问卷，其中有效问卷为145份，专业组有效问卷38份，非专业组有效问卷107份。分析显示，美景度评分平均值范围为-0.398～0.445（表4）。SBE值主要集中在-1～1（“比较不喜欢”～“比较喜欢”），这表明校内师生对屋顶花园的喜好程度一般。

屋顶花园植物景观美景度SBE平均评分　　表4

样地编号	平均值 Z	专业师生平均值	非专业师生平均值
Ⅰ	0.445	0.707	0.352
Ⅱ	0.399	0.476	0.371
Ⅲ	0.080	0.105	0.071
Ⅳ	0.072	0.503	-0.082
Ⅴ	0.027	-0.061	0.058
Ⅵ	-0.059	-0.259	0.011
Ⅶ	-0.251	-0.265	-0.246
Ⅷ	-0.313	-0.549	-0.229
Ⅸ	-0.398	-0.658	-0.306

比较专业和非专业人士的SBE平均值发现，专业组对悠然花园和蜜源花园的评价更高，而对向日葵地块的评价较低。两组人员最明显的分歧在野趣花园，专业组的评价较高，而非专业组给出了负面评价。这表明专业人士的评价可能更侧重于景观的复杂性和专业标准，而非专业人群的评价更受个人喜好和直观感受影响。

2.2.2　景观因子分解

基于14位专家的评分，通过将景观要素评分进行汇总和平均，得到了景观因素的量化值。然后，以样地的SBE标准化平均值 Z 作为因变量，专家评分值作为自变量，建立回归模型。通过SPSS22.0进行相关性分析，经过6次计算获得了景观要素之间的偏相关系数[23]，筛选出对屋顶花园SBE值影响显著的5个因子：植物色彩丰富度X1（偏相关系数值为0.952）、群落层次丰富度X2（偏相关系数值为0.999）、植物种类丰富度X5（偏相关系数值为0.981）、开花植物数量X6（偏相关系数值为0.950）和花香气味X10（偏相关系数值为0.902），运用回归方程建立模型：$Z=-1.902-0.231X1-0.758X2+0.761X5+0.386X6+0.092X10$。

通过回归方程的分析发现，屋顶花园植物色彩丰富度与SBE值呈负相关，即过于丰富的色彩可能导致视觉混乱，影响整体美感。因此，植物色彩应追求和谐与平衡，避免过度多样性。同样，群落层次丰富度与SBE值也呈负相关，表明层次过于复杂的植物群落可能使景观显得杂乱，影响视觉体验。因此，植物配置应适度控制层次，追求清晰合理的结构。与此相反，植物种类丰富度与SBE值呈正相关，增加植物种类的多样性有助于提高景观美观度，带来更丰富的视觉体验。开花植物数量与SBE值呈正相关，增加开花植物的数量可以提升景观美观度，吸引观者注意力。尽管花香气味与SBE值的相关系数较小，但仍显示出正相关的趋势，表明花香气味的提供可以为景观增添独特魅力。

综上所述，屋顶花园设计应适度控制植物色彩和群落层次的丰富度，同时增加植物种类和开花植物的数量，并合理利用花香气味，以提升整体景观的美观度。

2.3　BIB-LCJ法结果与分析

2.3.1　平均等级

研究共收回了154份有效问卷，其中包括38份专业相关师生（以下简称“专业组”）和116份非专业相关师生（以下简称“非专业组”）的问卷。通过频率矩阵反映各评价群体对每个样本的评价等级情况，并计算出平均选择等级 MR[24]（表5）。结果显示，悠然花园的 MR 值在专业组和非专业组中最低，分别为1.3026和1.4720；而向日葵田Ⅰ和向日葵田Ⅱ的 MR 值分别在专业组和非专业组中最高，分别为2.6250和2.3750。

各评价群体对屋顶花园样本的平均选择等级 MR　　表5

群体	Ⅰ	Ⅱ	Ⅲ	Ⅳ	Ⅴ	Ⅵ	Ⅷ	Ⅷ	Ⅸ
专业组	1.3026	1.6381	2.1250	1.3224	1.8421	2.2895	2.1842	2.6250	2.6053
非专业组	1.4720	1.5884	1.9418	1.8168	1.9591	2.3039	2.2112	2.2888	2.3750

2.3.2　美景度评价

本研究采用了修正值 T 作为各样本的美景度量值（表6）。根据Shapiro-wilk检验结果发现，数据符合正态分布，表明分析及结论具有可靠性。悠然花园、蜜源花园和野趣花园因种植结构丰富、色彩鲜明与花量多等特点，评分较高，而2块向日葵田因种植结构单一和缺乏景观设计等因素评分较低。

2.3.3　不同群体审美差异

专业组和非专业组对于5个地块的评价趋于一致，但在部分地块上存在显著差异。这些差异可能与他们的专业背景和审美偏好有关。根据不同类型人群的修正值 T 与标准差（专业组标准差=0.175；非专业组标准差=0.058），将9个地块分为优秀、中等与差地块（表7）。

屋顶花园美景度 BIB-LCJ 法评估值　　表 6

样地编号	综合		专业组	非专业组
	排名	综合 T 值	T 值	T 值
Ⅰ	1	1.5704	1.6974	1.5280
Ⅱ	2	1.3990	1.3619	1.4116
Ⅳ	3	1.3068	1.6776	1.1832
Ⅴ	4	1.0702	1.1579	1.0409
Ⅲ	5	1.0124	0.8750	1.0582
ⅦI	6	0.7956	0.8158	0.7888
Ⅵ	7	0.6997	0.7105	0.6961
Ⅷ	8	0.6272	0.3750	0.7112
Ⅸ	9	0.5674	0.3947	0.6250

不同群体美景度评价结果下的地块等级划分　　表 7

类型	专业组	非专业组
优秀地块	Ⅰ、Ⅱ、Ⅳ	Ⅰ、Ⅱ、Ⅳ、Ⅴ
中等地块	Ⅲ、Ⅴ	Ⅲ
差地块	Ⅵ、Ⅶ、Ⅷ、Ⅸ	Ⅵ、Ⅶ、Ⅷ、Ⅸ

注：优秀地块指美景度值>均值+标准差；中等地块指均值-标准差<美景度值<均值+标准差；差地块指美景度值<均值-标准差。

通过对优秀地块的分析发现，专业组和非专业组共同偏爱的 3 个花园（悠然花园、蜜源花园和野趣花园）具备以下特征：开花植物数量多、花香气味浓郁、植物种类丰富、植物覆盖度高和植物颜色丰富。这表明，在花园设计中，注重植物的多样性和生态性，同时考虑审美需求，是提升花园美景度的重要途径。然而，非专业组偏爱药草花园，可能因为他们更注重整体感受和环境氛围。药草花园独特的种植和布局风格，营造出郁郁葱葱且生机勃勃的视觉效果，因此受到非专业组的青睐。此外，对于评价为中等的地块，专业组和非专业组略有不同，进一步证实了不同人群在审美偏好和评价标准上的差异。因此，在花园设计和评价中，需要更加关注不同人群的需求和偏好，以实现更广泛和深入的认同。

2.4 SD 法结果与分析

2.4.1 美景度评价

鉴于屋顶花园的使用对象涵盖不同专业的学生和教职工，不同群体对景观环境的描述和评价存在一定差异，本研究共招募了 50 名评价者，其中专业组 30 人，非专业组 20 人。

根据 9 个地块的评价得分绘制了 SD 评价曲线图，直观比较各地块在 14 个评分项上的表现（图 2）。总体而言，植物景观呈现出长势旺盛、枯亡植物不明显、植被覆盖率高的特点，3 个相关要素的平均得分依次为 0.745、0.679、0.541；而植物景观的高低对比度不明显，地方特色较弱，2 个相关要素的平均得分仅依次为 0.117 和 0.156。受访者在感知屋顶花园的植物群落特征方面存在较大差异，尤其是在植物种类丰富度、色彩丰富度、植被覆盖率和高低对比度方面。相比之下，受访者对各地块的景观感受差异较小，特别是在感知地方特色方面，得分极差仅为 0.299。

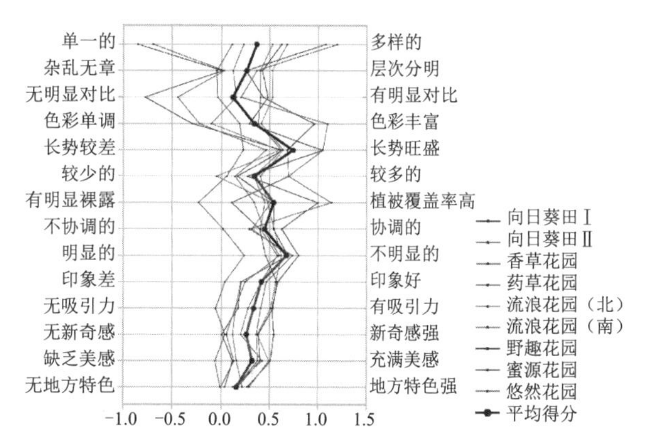

图 2　屋顶花园各地块的 SD 评价曲线

对比各地块的评价曲线与平均得分曲线的分布位置发现，向日葵田Ⅰ、向日葵田Ⅱ、香草花园和药草花园主要位于平均值曲线的左侧，更倾向于较为负面的形容词，总体感知特征偏负向，植物景观效果不佳。流浪花园（北）和野趣花园主要倾向较为积极的形容词，总体感知特征偏正向，景观效果较佳。蜜源花园、悠然花园和流浪花园（南）的评价倾向左右结合，存在部分劣势项。

2.4.2 植物群落特征因子

本研究对植物群落特征的评价内容进行了因子分析。通过主成分分析法及方差最大化正交回转法抽出评价因子轴，运用 PASW Statistics 18 软件进行数据处理，对变量的相关系数矩阵进行 KMO 和 BARTLETT 检验，取特征值为 1，KMO 检验值为 0.819，可知屋顶花园植物群落特征的 SD 评价内容适合做因子分析。植物种类丰富度、色彩丰富度、高低对比、群落层次、开花植物数量等描述植物群落组成丰富度和观赏效果多样性的评价因子组成复杂度因子，而植被覆盖度、植物生长态势、异质体、枯亡植物等描述植物群落整体协调性和长势特征的评价因子组成协调性因子（表 8）。

为进一步对屋顶花园各样地进行因子得分评价和对比分析，以各因子的方差贡献率的比重作为权重指标进行加权汇总，依据以下公式计算 2 个公因子的得分和综合得分，同时进行排序分析。

$$F=(36.034\times F1+32.889\times F2)/68.922 \quad (4)$$

式中，F 表示被访者对屋顶花园植物群落的评分；复杂度因子 $F1$、协调性因子 $F2$ 为各因子的得分。

旋转成分矩阵 表8

分类	植物群落特征评价因子	载荷值	
		成分1	成分2
复杂度因子	植物种类丰富度	0.913	0.097
	色彩丰富度	0.877	0.182
	高低对比	0.863	0.156
	群落层次	0.639	0.455
	开花植物数量	0.569	0.509
协调性因子	植被覆盖度	0.156	0.829
	植物生长态势	0.297	0.792
	异质体	0.216	0.784
	枯亡植物	0.064	0.706

根据计算结果，综合得分最高的是野趣花园，其次为悠然花园和流浪花园（北）。野趣花园在植物景观的复杂度和协调性方面表现出色，因此整体景观效果较好；悠然花园相对于流浪花园（北）在复杂度因子上更为突出，但两者均存在协调性不高的问题。此外，向日葵田Ⅰ与向日葵田Ⅱ的评价结果存在差异，主要是由于二者在总体生长状况及开花植物数量方面存在一定差异（表9）。

植物群落特征各因子得分 表9

样地编号	复杂度因子 $F1$	协调性因子 $F2$	综合得分 F
Ⅰ	2.243	0.141	1.240
Ⅱ	1.709	-0.441	0.683
Ⅲ	0.162	-0.028	0.071
Ⅳ	1.803	0.668	1.261
Ⅴ	0.759	0.645	0.705
Ⅵ	1.594	0.132	0.897
Ⅶ	1.345	0.185	0.791
Ⅷ	0.126	1.641	0.849
Ⅸ	0.142	1.209	0.651

3 结论

屋顶花园作为校园绿色空间的一种特殊形式，兼具独立性和开放性，为高校师生带来了多重的文化、生态和社会效益。其不仅拓展了室内教学场所，提供了劳动教育和社团活动基地，还成为增进情绪福祉的重要平台，为师生提供了多层次的生态、教育和疗愈体验。本研究运用SBE法、BIBLCJ法和SD法对屋顶花园植物景观进行了综合评估，得到以下结果：

（1）在花园总体美景度评价方面，3种方法均得出悠然花园和野趣花园的美景度较高。具体来说，悠然花园在SBE法中综合得分为0.445，排名第一；在BIB-LCJ法中综合得分1.5704，排名第一；在SD法中综合得分1.240，排名第二。而野趣花园在SBE法中综合得分0.072，排名第四；在BIB-LCJ法中综合得分1.3068，排名第三；在SD法中综合得分1.261，排名第一。相比之下，2块向日葵田在3种评价方法中的排名均较低。这反映了同济大学运筹楼屋顶花园的设计在吸引力方面存在差异。

（2）在因子分析中，SBE法通过回归方程确定了影响屋顶花园美景度评分的5个要素，包括植物色彩丰富度、群落层次丰富度、植物种类丰富度、开花植物数量和花香气味，此规律在BIB-LCJ法和SD法中也得到了验证。

（3）在人群分析中，SBE法和BIB-LCJ法都表明景观相关专业师生对美景度评价具有专业性和稳定性。专业相关师生更关注植物色彩、种类和种植结构等因素。

基于上述研究结果，在进行校园屋顶花园的植物群落设计时，需平衡非专业和专业群体的审美需求，确保色彩、植被结构和植物配置合理，保持适量的开花数量。因此，校园屋顶花园美景度的提升应遵循适度原则，具体包括：①采用适合屋顶环境的植被结构，重点关注开花植物；②规划植物颜色，确定主色调并搭配1~2种其他颜色，总色彩种类不超过5种，以避免视觉混乱；③适当添加设施和小品以丰富景观层次感，但应保持自然的视觉体验；④关注嗅觉体验。

此外，通过本研究的实践得到，3种评价方法在运用于小尺度植物景观评价时，SBE法适合快速评分，但需优化量表以提高准确性；BIB-LCJ法强调差异性，但需减少主观影响；SD法语言逻辑优化，但结果需进一步区分专业与非专业评价。因此，在小尺度植物景观评价中，尤其是在屋顶花园等场景下，主要采用SBE法，并结合BIB-LCJ法和SD法来进行全面的美景度评价，可以有效缩小3种评价方法之间的偏差，提高评价的准确性和可靠性。这将有助于更准确地了解屋顶花园及类似小尺度绿地植物景观的美景度，为植物景观的设计和优化提供支持。然而，评价结果还可能受到季节、天气、拍摄角度和技术等因素的影响而出现偏差，未来研究可以考虑应用虚拟现实（VR）和增强现实（AR）技术等手段进行补充。同时建议扩大样本量，以提高评价结果的可信度和实用性。

参考文献

[1] 陈静，王卓霖，闫红丽，等．医院附属花园疗愈功能提升策略研究——以叶家花园为例[J]．建筑与文化，2023(4)：247-251.

[2] 谭少华，李进．城市公共绿地的压力释放与精力恢复功能[J].

中国园林，2009，25(6)：79-82.

[3] 汪滋淞，杨雪．基于可持续发展理念的校园屋顶绿化设计及案例研究——以中小学、大学屋顶花园建设实践为例[J]．建设科技，2019(14)：31-36.

[4] 余文想，李自若．广州市屋顶栽植可食用植物的适应性评价[J]．广东园林，2019，41(4)：28-33.

[5] Mesimäki M，Hauru K，Lehvävirta S. Do small green roofs have the possibility to offer recreational and experiential benefits in a dense urban area? A case study in Helsinki，Finland [J]．Urban Forestry & Urban Greening，2019，40：114-124.

[6] Lee K E，Sargent L D，Williams N S G，et al. Linking green micro-breaks with mood and performance：Mediating roles of coherence and effort [J]．Journal of Environmental Psychology，2018，60：81-88.

[7] Reeve A，Nieberler-walker K，Desha C. Healing gardens in children' s hospitals：Reflections on benefits，preferences and design from visitors' books [J]．Urban Forestry & Urban Greening，2017，26：48-56.

[8] 张哲，潘会堂．园林植物景观评价研究进展[J]．浙江农林大学学报，2011，28(6)：962-967.

[9] 杨帆，姚雪晗，祝荣静，等．基于SBE法的合肥市蜀山区花境美景度分析[J]．合肥学院学报(综合版)，2020，37(4)：52-56.

[10] 王昕彦．上海辰山植物园月季园美景度评价[J]．广东园林，2022，44(1)：74-78.

[11] 徐伟振，张艳钦，王心怡，等．基于SBE和BIB-LCJ下的城市滨水景观影响因素分析——以莆田市仙游县木兰溪为例[J]．安徽农业大学学报，2022，49(1)：62-68.

[12] 王艳想，张琳，李帅，等．基于BIB-LCJ和SD法的郑州园博园城市展园景观研究[J]．河南农业大学学报，2018，52(3)：451-458.

[13] 杨书豪，谷晓萍，陈珂，等．国内景观评价中SBE方法的研究现状及趋势[J]．西部林业科学，2019，48(3)：148-156.

[14] 田玉辉，张奕，王政，等．基于SBE法和逐步回归法的南阳月季展景观评价[J]．黑龙江农业科学，2021(11)：9，48-54

[15] 俞孔坚．自然风景质量评价研究——BIB-LCJ审美评判测量法[J]．北京林业大学学报，1988(2)：1-11.

[16] 杨析墨．基于BIB-LCJ法与SD法的重庆市区居住小区主入口景观评价与设计[D]．重庆：西南大学，2021.

[17] 宋建军，易旺，张欣，等．基于BIB-LCJ法的长沙滨水绿地植物景观质量评价 [J]．绿色科技，2020(23)：20-22.

[18] 贾乃光．数理统计[M]．北京：中国林业出版社，1993.

[19] 刘颖，周春玲，安丽娟．青岛市居住区夏季植物景观评价[J]．北方园艺，2011(5)：136-140.

[20] 章俊华．规划设计学中的调查分析法16——SD法[J]．中国园林，2004，20(10)：57-61.

[21] 王德，朱玮，王灿．空间行为分析方法[M]．北京：科学出版社，2021.

[22] 杜艳宇，赵宏波，叶可陌，等．基于BIB-LCJ法的杜鹃花景观美景度评价[J]．现代园艺，2022，45(19)：45-48.

[23] 潘淑娟，徐奕，张鸽香．常州紫荆公园SBE景观美学评价与解析[J]．城乡建设，2014(6)：34-36.

[24] 张劲松．基于BIB-LCJ法及SD法的居住小区入口景观美学评价模型构建[J]．现代园艺，2018(10)：5-10.

作者简介

阳光明媚，1999年生，女，重庆人，同济大学建筑与城市规划学院景观学系在读硕士研究生。研究方向为风景园林植物规划设计。

林泳宜，1998年生，女，福建福州人，同济大学建筑与城市规划学院景观学系在读硕士研究生。研究方向为城市生态与风景园林植物规划设计。

金堇惠，1997年生，女，江苏南京人，硕士，同济大学艺术与传媒学院，科研助理。研究方向为艺术设计与艺术疗愈。

(通信作者)陈静，1980年生，女，江苏扬州人，博士，同济大学建筑与城市规划学院景观学系、上海市城市更新及其空间优化技术重点实验室、同济大学高密度人居环境生态与节能教育部重点实验室，副教授、博士生导师。研究方向为城市更新、城市生态多样性与风景园林规划设计。电子邮箱：jingchen@ tongji. edu. cn。

风景园林文史哲

闽南廊桥东关桥的营造特色和文化内涵①

The Construction Characteristics and Cultural Connotation of the Dongguan Bridge Covered Bridge in Southern Fujian

郑慧铭　姚洪峰

摘　要：廊桥又称"桥屋"，闽南的廊桥建筑既是交通空间，也是公共空间和宗教信仰空间，具有地域特色。廊桥不仅是区域景观的节点，同时还具有郊野园林意向。本文以闽南东关桥为例，分析其营造背景，发现其营造要素和文化内涵等融合了自然和人文环境，体现出劳动人民的智慧。本文通过对东关桥的解析，旨在深入理解廊桥的美学、哲学思想以及诗意景观等，有利于廊桥的文化传承。

关键词：闽南廊桥；东关桥；园林美学；文化内涵

Abstract: The covered bridge is also known as the bridge house, and the covered bridge building in southern Fujian is not only a traffic space, but also a public space and a religious belief space, with regional characteristics. The covered bridge is the node of the garden landscape, and it also has the intention of suburban garden. Taking Dongguan Bridge in southern Fujian as an example, this paper analyzes the site selection, landscape pattern, construction elements and poetic connotation of the ancient bridge, which integrates the natural and human environment and reflects the wisdom of the working people. Through the analysis of Dongguan Bridge, understanding the aesthetics, philosophical thoughts, religion and poetic landscape of the Covered Bridge is conducive to the cultural inheritance of the Covered Bridge.

Keywords: Minnan Covered Bridge; Dongguan Bridge; Garden Aesthetics; Poetic Landscape; Cultural Connotation

引言

廊桥是在桥面上盖建长廊或屋、亭、阁而形成的特殊桥梁，又称为屋桥、亭桥、瓦桥、风雨桥[1]。廊桥在我国广泛分布，浙江、福建、广西和贵州有不同的形式，体现地域性和多样性特征。廊桥位于亚热带湿润季风气候地带，气候温和、雨量充足、水资源丰富，周边茂密的山林为廊桥提供了充足的建筑材料。廊桥作为桥梁和建筑的结合体，既便于保护桥身，同时也为行人遮风避雨，是人们交流、休息、集会、贸易以及祭祀的重要公共场所，体现出民俗、文化、经济社会情况等，具有使用价值、艺术价值和文化意义。

① 基金项目：教育部人文社科青年基金（项目编号：20YJC760140）。

1 营建背景

东关桥，又名“通仙桥”，位于福建省泉州市东关镇的湖洋溪上，呈南北走向。据史料记载：“城东通仙古桥，建于宋绍兴年间（1145 年）”[2]，至今已有 800 多年历史，是长廊屋盖梁式桥。明弘治十三年（1500 年），里人颜尚朝修建桥屋。明正德三年（1508 年），颜尚朝之子颜时静于桥上砌砖铺路，列椅两旁，供给行人休憩，之后每个朝代都有修整。清康熙十八年（1680 年）续修，清乾隆四年（1739 年），里人尤元愈、尤锡观、万锡兰续修。清光绪年间知州翁学本重修，在碑文中记载“纵横叠木，以次加广，再架合抱巨木于上，筑土砌砖，顶覆以屋，广厦联楹，左右翼以扶栏，外加护版，以蔽风雨，以憩行人”[2]。民国 12 年（1923 年）李俊承捐资再修，并加固铁件拉结，留下石刻碑记。2002 年，旅居马来西亚华侨李深静捐资重修。2016 年因台风“莫兰蒂”导致桥梁部分损毁，2017 年修缮完成。现存廊桥仍保留有宋代桥梁的特点。东关桥为省级文物保护单位。

1.1 廊桥选址

闽南廊桥的选址成为关键，需注重与山水环境和人文的和谐统一。东关桥位于桃溪和湖洋溪的交汇处，是东关镇的中心地带。周边山体低矮，森林资源丰富，水面宽阔，水系流量相对较小。村落分布在廊桥附近，河流作为线性空间串联传统村落的组合模式，如图 1 所示。村落分布在河流两侧，成为“双侧分列型”布局。廊桥依托山林资源进行防御，选址处有较好的景观视野，水利和交通设施的建设满足了当地人民生活的需求。通过桥与水景形成的景观节点，廊桥强化了区域的空间格局，增加了空间的自然氛围。

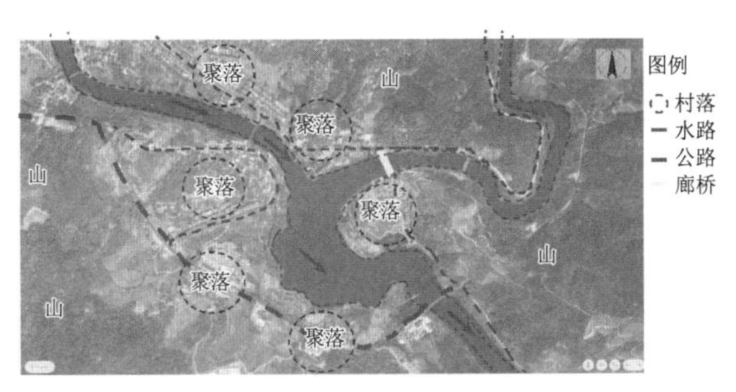

图 1 古桥布局与山水关系图

1.2 山水格局

东关桥村落依山傍水，充分考虑自然要素，强调村落和周边地形、山水的和谐，因地制宜营造优美的自然和景观，如图 2 所示。

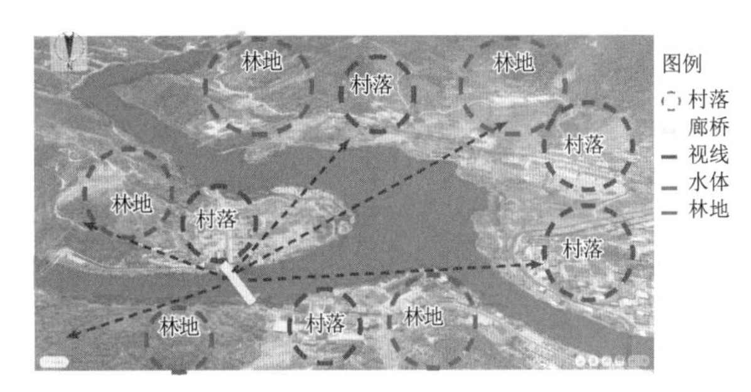

图 2 廊桥的景观格局

东关廊桥的山水轮廓是意境的主体，起伏的山脉营造出层次丰富的效果。东关桥在聚落出入的关键之处，成为区域的中心地标。廊桥布局在相对高程较低的区域，以降低建造难度，节约相关成本。古桥考虑自然地形的影响以解决交通问题，同时山水形成环抱之势也为廊桥提供了良好的环境，如画龙点睛。自然的水流对古桥也有影响，流水与廊桥构成景观，给人丰富和秀美之感。廊架的空间和开阔的水面形成对比，以廊桥的窄突出大水面的“阔”。开阔的水面扩大了廊桥的空间感，使游人在其中会有放松之感。古桥作为景点，与周边景物共同构成景观空间的节点，增加人们的停留空间。赏桥者亦借桥的远眺强化了游览体验，如图 3 所示。

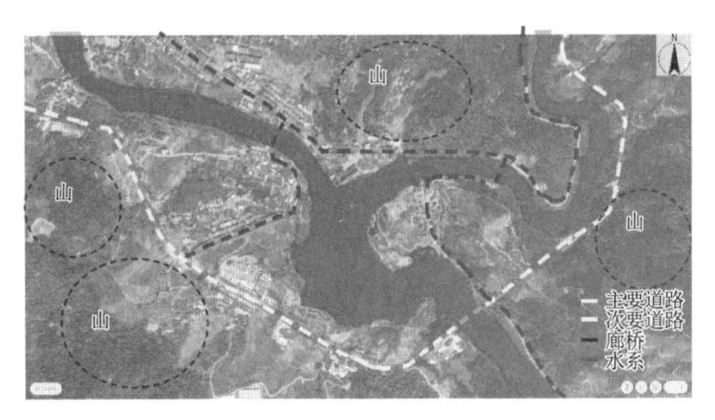

图 3 东关桥山水与交通格局

2 营造要素

我国的传统建筑典型结构分为屋顶、桥身和台基三段式。廊桥为上廊下桥，类似房屋，依据视觉划分为 3 段，即桥墩（台）、支撑（托架）系统和桥面。桥身主要由木构件组成，采用榫卯结合，上面有梁柱体系。结构、造型和做法运用当地的材料和营造技术。桥基托起桥身，底部敦厚，构成整体。

2.1 空间布局

中国的山水诗、山水画和古典园林相辅相成，均是对大自然的概括和浓缩。园林的营建在很大程度上受到山水诗和山水画的影响[3]。匠师把湖光山色的自然情趣和人工匠意结合为一体。东关桥的位置特殊、形式独特，是区域内的核心景致以及重要的视觉焦点。

廊桥周围可行、可望、可游。在廊桥内部，视野开阔，朝西看主山连绵，客山拱伏，山势平缓；朝东看，大面积水体造成空间的开朗气氛；朝北看，可见山林掩映，曲折幽深。在长廊上可以观看水中的倒影。桥内透过连廊形成框景，让人们感受空间的层次。

桥不仅连接两个空间，具有空间属性，还具有线路引导的功能，同时又具有园林文化价值。东关桥与山水自然融合，体现出精神自由的意境。东关桥还承担着游憩和宗教等功能。廊桥作为空间节点，解决交通问题，桥面属于道路系统。漫步廊中，湖光山色如画，山石、水景等被借景到廊桥中，廊内彩绘，吸引游人的驻足。通过廊桥内观景、框景和借景的手法，营造虚实相生的美景，供人们凭栏远眺，融入造园景观之中。

2.2 建筑造型

在园林建筑中，廊桥是特殊的“线形”建筑，起纽带作用，使空间相互渗透，成为有机整体。中国廊桥的材料和结构多样化。从材料来看，有全木结构、砖石结构和砖木结合三大类，中国古代廊桥以全木结构为主，与中国传统民族建材和结构体系相同[4]。东关桥是长廊屋盖梁式桥，全长为 84.03m，东西最宽处 4.5m，桥面最高处 4.67m，设有 2 台 4 墩 5 孔，建筑面积约 379m^2。东关桥为木石混合结构，其桥基、桥身和桥屋在视觉上形成三段式，比例和谐。桥屋的立面也为三段式的划分，以接近“黄金分割点”的比例形成优美的立面。东关桥采取对称均衡布局，平面上呈现“一字”造型，廊柱划分为 5 段，并充分结合地形地势和空间。神龛位于桥中心的东侧，并注重营造祭祀空间序列与节点。

桥基采用青花岗岩石条，承架平梁原木，基础以大松木作卧桩，以分担桥梁荷载。船形桥墩由大块石头做砖墙砌体干砌而成，桥墩下面压着一层大松木，古称“睡木沉基”。墩上用巨大的石头叠垒 3 层，用来架设大梁。每个桥孔用 22 根分上下两层铺设的特大杉木作梁，梁上部分采用木结构。桥面上有青瓦屋顶，桥屋有 26 间，木架砖墙，体现出地域性的材料和构造特色。

2.2.1 屋顶

东关桥的屋顶设计与闽南传统建筑相似，通过弧度和起翘增加建筑立面的层次感，丰富建筑造型。廊屋使用双坡硬山顶，屋面采用青瓦铺设，瓦的长度为 24cm、宽度为 25.5cm、厚度为 0.4cm，瓦垄间距 33cm，压七露三。15 轴至 16 轴开间的屋面上有燕尾脊，廊桥中置葫芦刹以提升廊桥的气势、呼应周边的山脉。东关桥的造型、尺寸和材料均借鉴闽南民居的形式，体现地域特征。

2.2.2 桥屋

东关桥上半部分是桥屋，桥屋采用榫卯结合的梁柱体系。桥屋的中部是桥身，为一条长廊式的通道。桥身采用四柱十椽九檩的五架抬梁式构架，穿斗式梁架支撑悬山顶。廊桥具有民众过河、休憩、祭祀和躲避风雨等功能，并可支撑社交等公共活动的使用需求[5]。桥屋由排架构成，排架之间为“间”，廊屋共有 26 间 76 柱。两侧的木栏杆与固定座椅连接柱廊。栏杆外设置一层风雨檐，防止风雨侵蚀，也可供人们避雨；桥头安置石碑，构成入口，适应闽南炎热多雨的气候，营造良好环境。

2.2.3 支撑拖架体系

廊下结构按材料，可分为木拱廊桥、石拱廊桥、平梁木廊桥、八字撑木廊桥和悬臂木廊桥 5 种类型[1]。木拱廊桥又称为“叠梁式风雨桥”或“虹梁式廊桥”。东关桥属于木拱廊桥，桥梁结构由圆木纵横相置，形成木撑架式的主拱骨架。木拱桥的结构方式和北宋《清明上河图》的汴水虹桥相似，东关桥的木拱技术已发展成榫卯结构，增强了廊桥的稳定性。桥面铺设厚 6.5~8cm、宽 16~65cm 的木板。神龛间铺设条石地面，并在两侧设木护栏，如图 4 所示。

2.2.4 桥墩

东关桥的下部分为桥基，采用花岗岩石条构建，迎水面采用锐角以及齿牙交错榫合叠压技术，比例合适，船尖形状减少了水流产生的阻力。桥的两岸有石头砌筑的桥台。桥墩下的基础以大松木作卧桩，以荷载整座桥梁。枯水期，水浅木现。桥墩上用巨石叠涩 3 层，逐层悬挑而形成伸臂石梁，石梁上做砖墙砌体，以承架平梁原木。每个桥孔分上、下两层铺架，平梁 16~20 根，长 8.92~18.7m。尺寸根据桥孔长度而定，上层平梁直径 14~17cm，下层平梁直径 18~25cm。

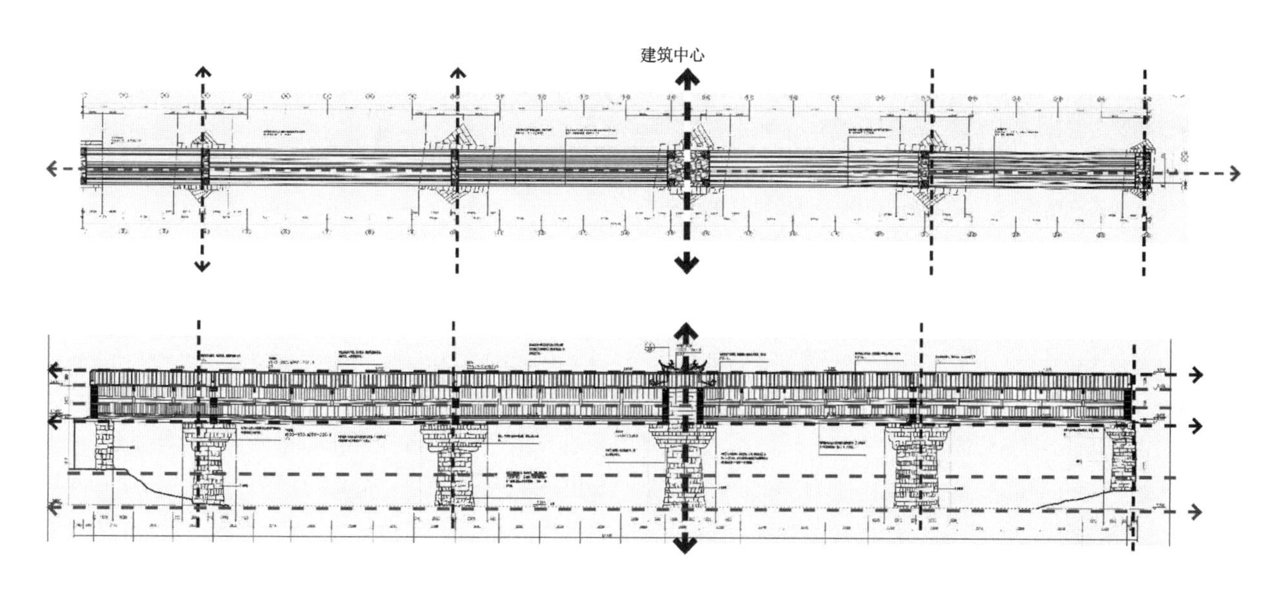

图 4　东关桥平面和立面分析

2.3　装饰丰富

廊桥一般都建造华丽，内部装饰丰富，闽东和侗族地区把它称为花桥、风水桥或福桥。桥的内部是装饰的重点，装饰集中在桥墩、桥亭和彩绘。东关桥桥廊木板漆成红色，美化建筑，营造氛围，传承文化，还有利于防腐。桥内的穿斗式梁架形成连续、重复的韵律美，如图 5、图 6 所示。东关桥彩画以苏式彩绘风格，彩绘与墨书结合，有人物纹和动物纹，题材包括八仙、文武官员和飞禽走兽等。彩绘中还有云与山、林、水的图像，表现世外桃源仙境世界，暗含民众的生活理想与宗教信仰。在陈设方面，成排的座椅做成红色。桥的端部作为廊屋的入口，匾额、绘画和历代文人墨客的题词体现出文化内涵。

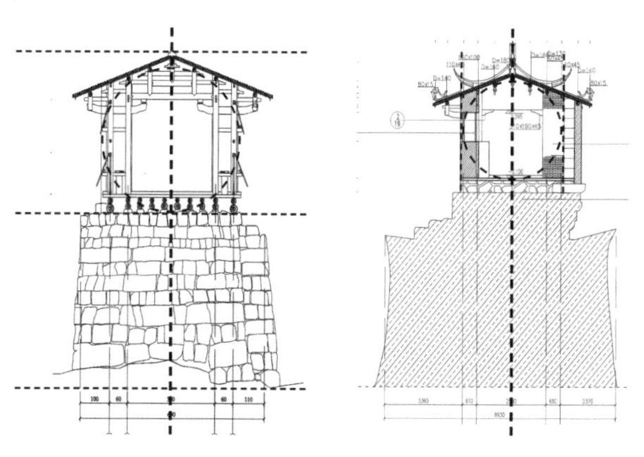

图 5　东关桥立面图

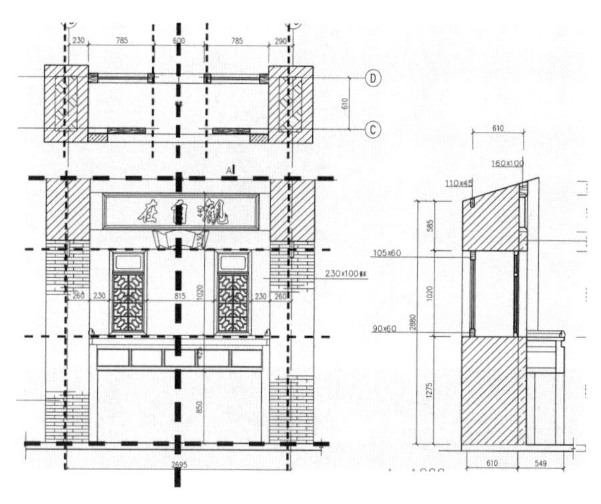

图 6　神龛立面图（图片来源：姚洪峰　绘）

2.4　场景营造

中国古典园林中通过具有风雨声的景点，赋予空间以园林意境。尤其在广袤的乡村，营造“望得见山，看得见水，记得住乡愁”的诗画风貌任重道远[4]。植物在园林中形成主景或配景，是中国古典园林的精髓。植物可以围合空间，赋予园林以生命和季节变化，形成风光秀美的景象，通过植物表现主客观情景交融。闽南地区属于亚热带季风气候，雨水充沛、植物茂密，多于山间形成云气。东关桥之东有大片毛竹林，翠竹和松树呈现出清幽的气氛，象征文人的隐逸情怀。东关桥周边植物有象征高风亮节的竹、坚韧不拔的松以及形态优美的香蕉树。繁茂的植物吸引鸟类栖息，为廊桥带来生机与活力。东关桥以山水为背景，巧借倒影，增加虚实相交的效果，如图7所示。东关桥以建筑为主体，内部便于感受风雨声景，水声、植物、建筑物与风相互作用，如图8所示。雨水在青瓦的屋顶材料中对雨声产生影响。东关桥的声源，包括风雨中植物的声音、构筑物的声音以及桥下的水声等。廊桥和花木共同营造出闽南传统建筑环境氛围，并通过雨与植物、雨与建筑、雨与溪水作用的声音增强表现力。东关桥的声景综合多种植物、建筑，产生了丰富的声景效果。东关桥形成以桥为核心的景观，声景与植物、建筑、山水融为一体，通过内景和外景营造诗情画意。

图7　廊桥与周边山水

图8　廊桥内部空间

3　文化内涵

东关桥除了具有实用、坚固、美观功能，还具有园林美学、哲学思想和文化景观等内涵，具有独特的艺术价值，体现出中国传统造园文化。

3.1　天人合一

东关桥的长廊屋盖梁式桥屋顶错落有致、呼应山形，于山水之间增添画意。东关桥融入中国古典园林和生态意境的审美，体现在桥基、桥身和桥屋三段式韵律美。中国古典园林主张师法自然，注重生态意境，寄托造园者的人生观和价值观。明清造园思想对廊桥空间和层级有深远的影响。山、水、植物和廊桥搭配，形成山林生态美景。于桥中游览，移步换景，景观多为翠竹；往西望去，山水具有野趣；往南看去，潺潺的桃溪，使得人感受生机与活力。祭祀文化中暗含“与天对话”，祈求风调雨顺，保障农业生产顺利进行。东关桥的建造、选址、植物配置追求顺应自然的天成之美，内化人文情怀，体现自然山水和天人合一的哲学思想。

3.2　景物比德

东关桥以对称式布局，强调中轴线的“礼”制。自宋代以来，廊桥作为建筑、诗歌和绘画的综合体，与当地文化结合，带有“普度众生”的意思。东关桥凝聚当地工匠的勤劳智慧，体现闽南桥梁的建造水平。

东关桥的地理环境展现了古人对于宇宙和人生的思考。廊桥的意境还受到当时哲学思想的影响，不仅是空间的纽带，通过内在的精神物化，将景观提升到君子比德的层次。

3.3　文化景观

自宋代以来，在宗教界、知识界向往山林、追求隐逸的文化和心态影响下，山水游览非常兴盛。山水胜地迎来大规模的开发。东关桥廊桥既是遮风避雨、休憩之地，也是祭祀的精神家园，加强了村落间的交流，成为文化传播的场所。廊桥的匾额“古通仙桥”，点名意境，赋予桥梁以文化内涵。廊桥作为临水性建筑，对周边的借景使历代文人留下诗句。自晋室南渡为始，漫游、隐逸之风盛行，寄身“山川之乐”成为清流雅士追随效仿的文化潮流，或是追求仕途的“终南捷径”[6]。文人在游观、默坐中感物寄兴，创作诗作，表达自我心志，丰富了东关桥的文化景观。如清王光华《通仙桥诗》：“桃谷寻源路不迷，垂虹人渡石林西，双鱼塔近残霞散，五岫台空落照低置驿此间通上国，放舟何日到仙溪，会当立马金鳌上，大笔淋漓认旧题”。[2]

儒家文化重视山水，追求整体关系的和谐，在传统园林中表现为自然美和人文结合的文人情怀。佛教尤其禅宗强调“意”，追求构思的主观性，使得廊桥情、景和哲交融。道家思想以自然美为核心，东关桥体现“山环水抱”的格局，符合道家的审美。

4 结语

东关桥廊桥是在特殊的地理环境、人文背景中形成的。东关桥作为交通空间以及园林建筑，能够遮风挡雨，用于休息、观景和祭祀，与周边自然环境和谐，体现了古人的营造智慧。东关桥“以点带面”，解决了交通问题。廊桥布局受地形和自然水系的制约。廊桥的营造加强了轴线布局，呼应空间环境。东关桥受到神仙思想、隐逸思想、宗教信仰等影响，模仿蓬莱仙境，展示古人心中山灵水秀、超凡脱俗的世外桃源。东关桥的功能、造型和地域特色，反映了人们的精神追求和文化观念，对现代园林空间组织和诗情画意具有启示作用。

参考文献

[1] 戴志坚，传统建筑装饰解读[M]. 福州：海峡出版发行集团，2011.

[2] 永春东关桥编委会，永春东关桥[M]. 福州：海峡出版发行集团，2019.

[3] 高大伟、孙震，颐和园生态美营建解析[M]. 北京：中国建筑工业出版社，2011.

[4] 李春玲，李绪刚，赵炜，基于古诗词语义解析的乡村景观认知：以成都平原为例[J]. 中国园林，2020(5)：76-81.

[5] 肖东，程霏. 福建贯木拱桥的廊屋平面规制[J]. 古建园林技术，2021(157)：59-64.

[6] 司马光. 资治通鉴 · 第60册 · 第222卷[M]. 北京：中华书局，2011.

作者简介

郑慧铭，1981年生，女，北京联合大学，副教授，研究方向为传统建筑和园林。

姚洪峰，1962年生，男，福建理工大学历史建筑保护专业，教授，研究方向为古建筑、石刻、彩绘保护和修复。

近代佛山华侨宅园的诗意栖居：秩序、功能衍生与糅合式重构①

The Poetic Habitat of Overseas Chinese Residential Garden in Modern Foshan: Functional Derivation and Hybrid Reconstruction

何司彦　曾丽娟　张艳华

摘　要：近代随着国家华侨管理制度的变化，来自佛山的华侨衣锦还乡后纷纷回乡营建宅园，同时该时期建筑营造行业的蓬勃兴盛，为宅园的实施提供了良好的营造环境。佛山市目前留存华侨宅园8座，水乡宅园选址别具诗意和特色。在宅园功能和风格形成的溯源方面，侨居地文化和审美、本土儒家文化和生活习惯均对造园产生影响，形成“宅园地域适应性”与中西造园风格的糅合重构。本文尝试对留存的佛山华侨宅园数量、面积、建设背景、空间布局、装饰风格、材料结构及装饰图案进行记录整合，同时对华侨园林的保护与修复提出建议，弥补佛山华侨园林研究工作的空白。

关键词：佛山华侨宅园；诗意栖息；功能衍生；糅合式重构

Abstract: With the change of the overseas Chinese management system in modern Foshan, the enthusiasm and diversity of immigrants have been revealed, and they have returned to their hometowns to build residential gardens after making a fortune; During this period, the building construction industry flourished, providing a good environment for the implementation of residential gardens. At present, there are 8 overseas Chinese residential gardens in Foshan City, and the location of the water town residential gardens is unique and poetic. In terms of tracing the origin of the function and style of the garden, the colonial culture and aesthetics of the overseas residence, the local Confucian culture and living habits all have an impact on the gardening, forming a combination of "regional adaptability of the house" and the Chinese and Western gardening styles. This paper attempts to record and integrate the number, area, construction background, spatial layout, decorative style, material structure and decorative patterns of the surviving overseas Chinese residential gardens in Foshan, and at the same time puts forward suggestions for the protection and restoration of overseas Chinese gardens, which is also a supplement for the research work of overseas Chinese gardens in Foshan.

Keywords: Foshan Overseas Chinese Homestead; Poetic dwelling; Functional Derivation; Blended Reconstruction

① 基金项目：国家社科基金艺术学项目“近代岭南华侨园林造园艺术与地区差异性比较研究”（编号：2020BH00197）；佛山市社科规划项目“佛山近代华侨园林造园特色与装饰图案寓意溯源”（编号：2023-GJ179）。

引言

佛山古称忠义乡、季华乡，是岭南水乡，以“桑基鱼塘”闻名。佛山同时也是侨乡，属于广东地区五大侨乡之一的广府片区。佛山华侨主要侨居国为新加坡、越南、马来西亚等东南亚国家，次要侨居国是美国、加拿大、澳大利亚和其他欧亚非国家。华侨们经过资本积累致富后衣锦还乡，兴建宅园。20 世纪 20—30 年代，华侨回乡置办宅园达至高峰。

华侨宅园是华侨历史的活化石。中式儒家文化与西式思维习惯同时渗透在地域居住环境中，形成独特的园林空间结构和装饰图案组合。这些丰富的“遗产”传承了地域文化精髓，是城市创新的底蕴。然而佛山地区近代华侨园林这一研究领域，目前仍处于研究空白，尚没有学者对近代佛山华侨园林进行田野调查和汇总分析。本研究旨在填补这一领域的空白。

本文采用田野调查法和文献研究法，对佛山近代华侨园林的留存数量、面积、建设背景、空间布局、装饰风格、材料结构及装饰图案进行记录整合，通过古籍文献查阅与实物进行比、归纳、分析，调研成果以基本信息表格、现场拍照和测绘图纸等 3 种形式记录，建立佛山华侨园林数据库，对佛山近代华侨园林功能布局与造园特色进行总结。

1 近代佛山华侨宅园建设背景

1.1 华侨管理制度与移民浪潮

第二次鸦片战争后，中英、中法《北京条约》和中美《天津条约续增条约》，促使英、法、美招工合法化。兴盛的矿业等的劳工需求引发佛山移民潮。佛山市留存的华侨宅园主的侨居地有美国、越南、马来西亚、南非、日本和印度（表 1），宅园呈现多样风格特征。

佛山市留存的近代华侨宅园一览表

表 1

序号	区域	宅园名称	占地面积	建造时间	园主/侨居地	建筑商和设计师
1	顺德区	伦教镇鸣石花园	$2000m^2$	清光绪六年（1880 年）初建	何萍、何鸣石/马来西亚/印尼	不详
2	顺德区	伦教镇南亨园	$1250m^2$	民国 36 年（1947 年）	卢枢基/马来西亚	省港环球建筑行；设计工程师稠万里，建筑师梁瑞军
3	顺德区	乐从镇刘氏宅第	$185m^2$	民国 22 年（1933 年）	刘菿/南非	新同泰
4	顺德区	陈村镇潭州何氏洋楼	2. 5 亩，建筑面积 $400m^2$	民国 24 年（1935 年）	何润/印度	陈状记
5	南海区	西樵镇朝山红楼	$1125m^2$，建筑面积 $329m^2$	民国 17 年（1928 年）	郭泽农/美国	九江市奇珍店；工程师陈启新设计
6	南海区	九江镇岑局楼	$5687m^2$，建筑面积 $746.2m^2$	民国 21 年（1932 年）	岑德馀（余）/越南西贡	九江市奇珍店；工程师陈启新设计
7	南海区	九江镇吴家大院	$7000m^2$，建筑面积 $2800m^2$	清光绪十三年（1887 年）建镬耳屋；1927—1932 年建洋楼	吴庚南及其子侄/越南	不详
8	禅城区	简氏别墅	$3200m^2$	民国 6 年（1917 年）	简照南（1902—1919 年）、简玉阶兄弟/日本	不详

1.2 家族纽带和民族情感变化

近代（1840—1949 年）在中国出生或有国内求学经历的华侨，与祖国有千丝万缕的情感关联。他们带着发家致富后回国返乡定居的美好愿望，在异国他乡拼搏，但在意识上处于寓居心态[1]。聚族而居的家族组织和累世同居的大家庭形成以孝为中心的封建伦理思想[2]，中国传统风俗和家族血缘纽带形成岭南华侨的“根”。

清末及民国时期，祖国内遭受战乱及列强欺凌。游走在北美、东南亚、日本等地的中国政治家们，通过宣扬变法维新和民主革命等运动思想寻求华侨资助，在一定程度上召唤并增强了离散在外的华侨的爱国意识和民族感情[3]。从留存的鸣石花园巴洛克拱门上饰有的中华民国国徽图案（图 1）可以看出华侨园主对民族的认同感和自豪感：圆形图形代表太阳，寓意中华民国全体勿忘先贤先烈为民主牺牲，圆形周边的 12 条曙光代表一年中的 12 个月份和 12 个时辰。日本发动全面侵华战争后，华侨们通过商业投资、福利捐赠等形式向国民政府捐款支持祖国抗日战争，通过家族汇款参与家乡建设；抱着“落叶归根”的侨民意识，把自己的政治效忠和政治认同对象倾注为祖国，而非侨居地[4]。他们怀着“落叶归根”的初衷回国生活，在家乡建设宅园。

(a) 巴洛克式拱门全景

(b) 拱门顶部民国国徽图案

图1 鸣石花园巴洛克拱门上饰有中华民国国徽图案

1.3 建筑营造厂行业成熟契机

华侨宅园建设需要建筑商支持。近代佛山市经济繁荣，西式洋楼遍布，建筑营造厂众多，既有本土营造厂，也有总行设在广州分行设在佛山本土的营造厂。广州营造厂总行按照《广州市建筑规则编》（下文简称《规则》）管理，要求从业者“领建筑照手续”。从《广州市营造工业厂商名录》（下文简称《名录》）看，该时期营造厂设甲等302间、乙等34间、丙等32间、丁等398间，甲等和丁等数量远远大于乙级和丙级。佛山顺德侨宅“南亨园”入口奠基石雕字显示其营造厂为“省港环球建筑行”（表2），《名录》显示此建筑公司等级属于丁等，总经理为禤万里，登记地址为广州市大南路七十五号，设有佛山顺德大良分行。该行在收据中印刷“设计新型建筑装修工程”字样，显示它属于兼顾设计、施工和装修的综合性建筑公司。除了营造厂需要登记和分等级，建筑师分为甲、乙等级；部分工程师持有中国工程师学会会员资格。

本土营造厂以佛山市西樵镇朝山红楼和九江镇岑局楼为例，他们的营造厂均为九江镇本土建筑商——船栏街的奇珍店（表1）；该行除了建筑工程设计和施工外，还承担砖瓦物料的供货。此外，从1949年佛山刊物《南顺桑园围抢救特刊》（下文简称《特刊》）中看到刊登广告的九江镇建筑营造店还有3家：船栏街兴记营造厂、儒林西路荣生建筑分行、潭涌口的关玉记营造店等[5]。可见当时建筑行业的兴盛。

1.4 宅园选址分布与诗意栖居

佛山自古为水乡，遍布桑基鱼塘。现留存的8个侨宅别墅均选址在塘边或涌边。其中隶属南海区的3个宅园在佛山“世界灌溉工程遗产”桑园围范围内；隶属顺德区的4个宅园均临近河涌，村落与河涌呈梳式结构；隶属禅城区的1个宅园建园时在塘边（现为闹市中心，水塘被填）。

1.4.1 桑园围保护下的侨园

桑园围筑堤始于宋崇宁年间（1103—1106年），兴盛于清中叶，是我国古代最大的基围水利工程，主要为灌溉、防洪、水运功能。随着明代中期一口通商市场开放和人口增多，村民通过改造低洼田地，挖田成塘形成围内基塘农业；近代桑园围内基塘密布，农业生产被产丝行业取代，河涌、水塘、街巷、屋面、内院、闸窦、渠道形成了一个以水为轴线或是中心的相对独立的系统，以水神祭祀为共同的地域认同。

九江镇吴家大院连通九曲涌，从1932年平面图（图2a）可看到宅园北面为九曲涌，其东北角设有码头水埠，当时正门设在东北角码头旁，宅园东北角、南面均为桑基鱼塘，西南面为鱼塘蕉林（现被填平改为市政马路），鱼塘在宅园周边星罗棋布。《南海九江乡志》记载这里是明代九江八景之一“铁滘浮蓝”及续八景之一“铁滘寻源”所在地。涌水常年呈蓝色，因此“铁滘”所在地又称为“蓝泉”“蓝泉社”。九江镇岑局楼宅园现仍处于连片鱼塘中央（图2b）。西樵镇朝山红楼现今也仍被连片水塘半包围（图2c）。

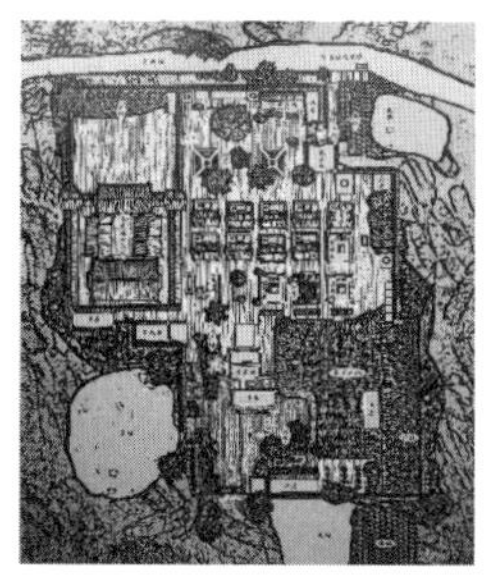

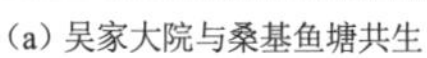

(a) 吴家大院与桑基鱼塘共生

(b) 连片鱼塘中的岑局楼

(c) 被鱼塘半包围的朝山红楼

图 2　桑园围保护下的佛山南海区侨宅的连片鱼塘外环境

1.4.2　河涌伴水的侨宅

顺德区两个留存的侨园（南亨园和鸣石花园）均位于羊额村。《顺德县志·卷一·舆地》记载：“羊额内河自上村头入东至关帝庙外河，则自上村头经仕贩至伦教巨渡小轮皆畅行无碍。”这里有古羊额八景：三元晚望、潭头鱼唱、卧龙吞日、红梅后洞、带河古松、平湖秋月、清海源流、竹涧书声。陈村镇侨园潭州何氏洋楼位于潭洲水道和平洲水道双江交汇处，大小河涌环绕宅园，这里也是《三字经》作者区适子的故里。乐从镇侨园刘氏宅第位于腾冲（涌）村，以曲折盘旋环绕村庄如山藤的小涌而得名。这些建在河涌旁并留存下来的宅园，因有了河涌伴水的外环境和历史人文底蕴而形成了诗意栖居的空间。

2　宅园功能和风格形成的溯源

2.1　侨居地文化和审美对造园的影响

佛山市现存的华侨宅园除了鸣石花园因园主侨居马来西亚，洋楼带有伊斯兰建筑风格（图 3）外；其余宅园并没有显示出与侨居地本土文化较强的关联性，但均带有外廊式建筑和折衷主义建筑特点。这个时期本土营造厂对西方建筑建造技术已熟练掌握，能提供不同建筑构件样式供业主选择。华侨宅园主可根据自己的喜好任意选择和模仿历史上的各种风格，并将它们组合成各种式样的洋楼和亭台，避免出现一模一样的设计样式，各个宅园都各有特色。

鸣石花园宅园的伊斯兰建筑风格体现在 4 个方面：三叶形券柱外廊式二层洋楼、盥洗台、方角圆边叠式喷水池和方角圆边双环型水池（图 3）。前两者主要服务使用功能，后两者主要为观赏功能。洋楼首层和二层的拱券风格相像但又有差别，具体表现在三叶圆弧的比例尺寸、柱式细节和装饰图案纹样各有不同，显示出华侨园主对宅园建设的细致与高要求。园中两个水池均为伊斯兰风格的方角圆边形状。佛山其他几个侨宅如朝山红楼、岑局楼、吴家大院也有水池元素，但平面图案均非伊斯兰风格。

2.2　本土儒家文化和生活习惯对造园的影响

佛山华侨宅园根据建造年代分为两类。一类是始建于 19 世纪末、随着年代不断增建的宅园，如鸣石花园、吴家大院等。因宅园主有着浓烈的家国情怀，宅园兼顾中式家族和西式生活习惯，中式庭园与西式庭园分开，西式庭园中也有中式元素渗透。另一类为 20 世纪初建造的宅园，庭园为纯西式风格。

(a) 方角圆边叠式喷水池

(b) 三叶形券柱外廊式洋楼

(c) 盥洗台

(d) 方角圆边双环型水池

图 3　鸣石花园伊斯兰风格建筑及水池园林小品

以鸣石花园为例，中式花园与西式花园以月洞门分割，中式花园与镬耳屋配套设置。花园两侧设置圆洞门；在中式镬耳屋群中轴线上设八角半亭式小戏台，设置两层台阶以抬高形成表演区域，并与镬耳屋大门形成对景，屋主可以坐在屋中观戏。小戏台两侧各设置一个反八边弧形花台，花台各面绘有中国传统吉祥图案。戏台西北和东北两侧设置梅花形植花区，种植香花植物桂花。镬耳屋内设置隔扇屏风、满洲窗、挂落、落地罩、花牙子等中式元素（表2）。镬耳屋外墙按照传统中式图案设有拐子龙纹、草龙纹（卷草缠枝龙），形成“龙吐莲华”。龙头部呈明显的龙头特征，身体、尾巴和四肢都变成了花叶纹样。整体呈现S形状的主旋律并继续延伸，龙嘴吐莲花，与龙身花叶装饰呼应。

鸣石花园——中式庭园造园要素与装饰符号 表2

内部元素	隔扇	屏风	满洲窗	挂落	落地罩	花牙子
风格元素	 镬耳屋	 半边亭（兼小戏台）	 梅花形植花池	 中式装饰花台		圆拱门
排水系统（明渠仓边排水）	 花台周边有一圈明渠连通排水		道路周边有一圈明渠连通排水		台阶周边明渠排水路线	
植物		 植物选种：金桂银桂等乡土香花或观叶植物			植物种植方式：对植	

2.3 宅园地域适应性与中西造园风格的糅合重构

2.3.1 宅园地域适应性

基于华侨园主在特定时期、兼顾家庭成员功能需求的宅园风格和造园要素选择与创新，中西造园要素被糅合并重新放置在不同的功能区域，形成了宅园的“地域适应性”（图4）。

以顺德区鸣石花园为例，作为清末顺德首富何鸣石的返乡养老地，该宅园融合中西风格，修筑极为精美和用心，兼顾了家族传统生活模式、园主海外生活习惯和园主伴侣生活习惯。园内分为住宅区和工作区，住宅区为中式镬耳屋和中式院落，设有戏台；工作区为外廊式建筑和西式庭园，设有喷泉、洗手池；实用性与装饰性深度糅合。民国25年（1936年）何鸣石返回马来西亚处理生意期间病故，其子何耀文携家眷到马来西亚继承父业，仅四姨太何惠宽留在国内。受战乱、生意、病痛等各种因素影响，华侨园主及其家眷在“落叶归根”后，最终还是选择了在侨居地“落地生根”。

2.3.2 中西造园风格的糅合重构

佛山市华侨宅园具有独特的中西融合的造园特色。华侨园主自身跨文化的深度与生活方式的西化程度，影响了华侨园林空间形态的构建与功能布局，中轴对称式与自由式并存，西式园林建筑小品（喷泉等）与中式亭子并存，形成中西融合的独特景观。

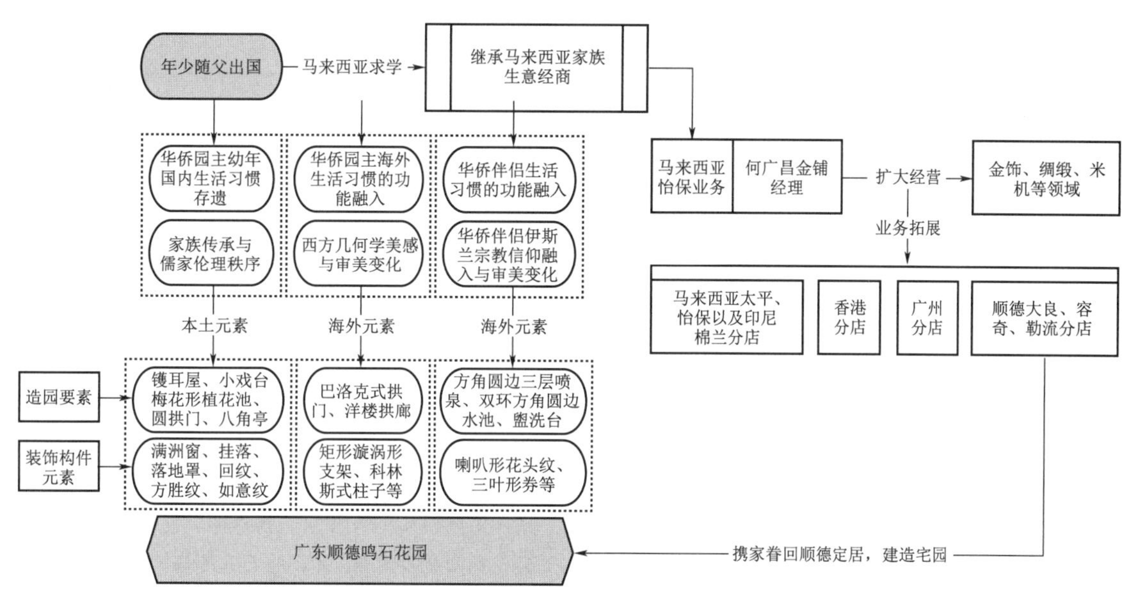

图 4 佛山市华侨宅园代表——鸣石花园地域适应性布置格局的形成过程

（1）总体秩序：轴线统领各类风格元素的对称式布局

对称式布局在中西方古典庭园中均存在，并不能定性为西式园林特征。佛山市华侨宅园中西造园风格糅合重构体现在轴线统领各类风格元素方面（图 5）。

（2）外廊式建筑成为宅园中镬耳屋的重要补充

佛山市留存的华侨宅园均有外廊式建筑的设置（表 3）。朝山红楼、潭州何氏洋楼等宅院是独栋外廊式建筑；鸣石花园、岑局楼等宅院建筑兼顾了外廊建筑和中式镬耳屋；简氏别墅是多栋外廊式建筑；吴家大院是碉楼式建筑、镬耳屋和外廊式建筑三者兼顾。

（3）园林建筑风格的中西杂糅（表 4）

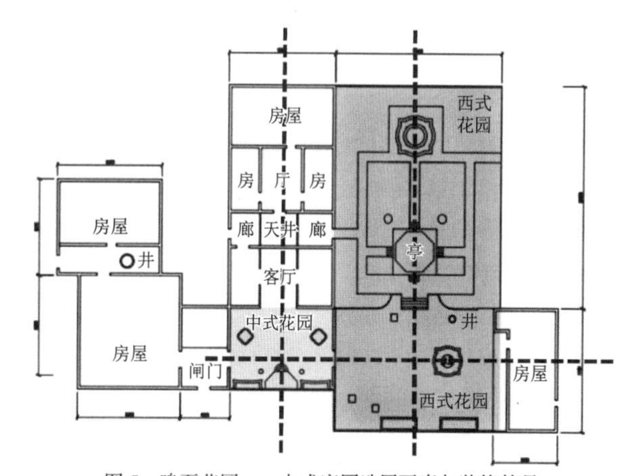

图 5 鸣石花园——中式庭园造园要素与装饰符号
（注：浅灰色：中式庭园；深灰色：西式庭园）

佛山华侨宅园中外廊式建筑 表 3

类型		宅园名称	廊式住宅建筑风格		
			顶部	柱子	装饰
中段入口为外廊、两侧为非外廊的角楼式建筑的宅园	单层式	南海区西樵镇朝山红楼	中式绿琉璃瓦面歇山顶	西式爱奥尼柱	artdeco 装饰风格
	双层式	南海区九江镇岑局楼	巴洛克式山花平顶	西式爱奥尼柱（涡卷简化为 4 个圆盘，下坠铃铛或流苏装饰）	artdeco 装饰风格
	三层式	禅城区简氏别墅	三角形山花平顶	主楼两层正面为古典复兴式风格，背面为外廊式风格。后楼二层及三层前檐设走廊，走廊其楼板下部为钢筋混凝土牛腿。走廊具水泥栏杆，每层栏杆上部设 4 根六边形钢筋混凝土柱，采用罗马柱头样式。柱下粗上细	窗洞上方为灰塑拱圈窗楣，山墙及后墙窗洞上方采用红砖砌筑拱圈过梁，中西式风格相结合
单面外廊式建筑为主要建筑的宅园		顺德区潭州何氏洋楼	巴洛克式圆弧拱山花平顶	洗石米罗马柱	窗洞上方为灰塑拱圈窗楣
单面外廊式建筑为附属建筑的宅园		南海区九江镇吴家大院	女儿墙平顶	半圆形拱券+方柱	artdeco 装饰风格
单面外廊式建筑与镬耳屋同等地位的宅园		顺德区鸣石花园	女儿墙平顶	伊斯兰三叶形拱券+西式爱奥尼式/科林斯柱	中式装饰风格

佛山华侨宅院园林构筑物的中西杂糅 表4

园林建筑	南海区西樵镇朝山红楼	南海区九江镇岑局楼	南海区吴家大院	顺德区鸣石花园
凉亭	伊斯兰穹隆顶风格（一层花园）	伊斯兰白色穹隆顶八角亭2个，方形平顶2个（屋顶天台）	中式四角/六角攒尖+水泥密封亭顶，均为蓝琉璃瓦面（一层花园）	中式角攒尖亭、中式攒尖半亭，均为绿琉璃瓦面（一层花园）
喷水池	3个长方导圆角水池	1个长方形水池	1个长方形带中国古典元素水池	1个三层叠水，平面为伊斯兰风格造型；1个双套环水池
门楼	巴洛克风格	巴洛克风格	中式风格	巴洛克风格

3 小结与讨论

3.1 近代佛山市华侨宅园的风格类型与功能的糅合重构

佛山华侨宅园根据建设时段的不同分为两个阶段。阶段一：19世纪末的独立的“中式宅园空间”+“西式宅园空间”；阶段二：20世纪中上叶“中西式元素”糅合式重构。第一阶段为鸦片战争后首批归国华侨回乡建园的时期，他们仍保留部分家族传统生活习俗和方式，宅园以“中式风格”起居功能为主，或“‘中式风格’生活功能院落+‘西式风格’工作功能院落”截然分开，前者如吴家大院，后者如鸣石花园。第二阶段进入民国时期，华侨已深度融入侨居地生活习俗，归国建设宅园呈现整体西式风格，如岑局楼、朝山红楼等。

3.2 近代佛山市华侨宅园的诗意栖居

佛山市作为岭南水乡，河涌密布，连片的桑基鱼塘成为华侨宅园的后花园。特别是处于世界灌溉工程遗产——桑园围内的华侨宅园：朝山红楼、岑局楼、吴家大院等，得益于延续了千年的生态营建理念，变水患为水利，既能享受到水乡生活，又可得到安全保障，展现出了人与自然交融共生的世界级典范。

3.3 近代佛山市华侨宅园的保护现状与修复建议

岭南地区华侨宅园从保存使用角度分为“宅园荒废停用—政府未认定为不可移动文物”“宅园荒废停用—政府已认定为不可移动文物”和“开发为商业用途或被政府接手保护后对公众开放”等三类。第一类“宅园荒废停用”类型如广东省佛山市顺德南亨园，该宅园目前破败，杂草丛生，未得到维修保护，也没有被政府认定具有历史价值的牌匾。第二类“宅园荒废停用—政府已认定为不可移动文物”类型如上东岑局楼，宅园荒废无人使用，也未得到维修保护，但佛山市南海区人民政府已颁发佛山市南海区不可移动文物石匾，并镶嵌在门口墙角一侧。与南亨园相隔百米的鸣石花园属于第三类，园主为马来亚华侨何鸣石，家属均移居国外，宅园目前由政府接管，翻新后对公众免费开放。

佛山市目前留存的8座华侨宅园，仅2座（鸣石花园、吴家大院）得到政府所拨的专项款进行修复和定期维护，其中吴家大院被开发为九江侨乡博物馆并设有完善的讲解科普设施；其余6座均未得到有效修复。建议政府把华侨宅园保护与佛山世界灌溉工程遗产保护结合，解决宅园保护资金来源问题；并可根据历史文献资料，在宅园周边重现桑基鱼塘的生态人居环境，把华侨宅园与生态农业相结合，为市民呈现出多维度的近代华侨宅园。

参考文献

[1] 游俊豪．移民轨迹和离散论述：新马华人族群的重层脉络[M]．上海：三联书店，2014：9-11.
[2] 徐扬杰．宋明以来封建家族制度论述[J]．中国社会科学，1980(4)：115-117.
[3] 王赓武．南洋华人民族主义的限度．东南亚华人——王赓武教授论文选集[M]．氏著，姚楠，译．北京：中国友谊出版社，1986：200-201.
[4] 宋燕鹏．马来西亚华人史——权威、社群与信仰[M]．上海：上海交通大学出版社，2015：70-71，85，88，90.
[5] 朱觉超．透过民国刊物广告看南海九江之商贸历史[EB/OL](2022-02-02)[2023-10-05]．http：//www.360doc.com/content/22/0202/21/30159286_1015757668.shtml.

作者简介

何司彦，1983年生，女，博士，广东环境保护工程职业学院人居环境学院，副教授。研究方向为岭南园林历史与理论、风景园林职业教育。

曾丽娟，1979 年生，女，硕士，广东技术师范大学学院美术学院，副教授。研究方向为岭南园林历史与理论、城乡环境设计。

张艳华，1988 年生，女，本科学士，佛山市顺德区勒流街道城建和水利办公室，风景园林设计助理工程师。研究方向为岭南园林设计应用与施工管理。

中国绍兴寓园的园林营造研究

Study on Garden Construction of Shaoxing's Yuyuan Garden in China

杨碧香

摘　要：寓园位于浙江绍兴，该园林已毁，原址已做其他用途。本研究结合文献研究和原园林图分析，从寓园的建设过程、营造理念、要素分析以及人文价值等方面进行探究。通过对寓园的园林营造研究，以期未来有望将寓园的原貌重现。研究结果如下：第一，寓园与祁彪佳符合了“三分园，七分人”的传统造园特点，寓园园林的各个方面均体现出园主人建设园林蕴含的独特精神内涵。第二，寓园的兴建以及园中活动促使园主、工匠、文人等进行合作，尤其是围绕寓园展开的鉴赏、题咏、记录，并编撰了《寓山注》，也充分体现了园林计划过程和意图。第三，在建造寓园的各个阶段，通过园林的名字、景观、植物、诗赋、评价等可以体现寓园景观的丰富程度和各个景观的关联性，起到了寓园设计草案的作用。

关键词：祁彪佳；造园；寓山注；寓山图；寓山49景

Abstract: Yuyuan Garden is a Chinese landscape garden ruin in Shaoxing, whose original site has been repurposed. Nonetheless, its tight-knit relationship with Qi Biaojia(祁彪佳), the property owner, in his final decade can physically validated through the original landscape garden's map and written accounts, among various other sources. In light of this, this study conducted literature review and analyzed the original landscape garden's map, delving deep into the garden's construction process, construction philosophy, spatial analysis, and significance from the perspectives of humanities and culture. The findings are as follows. First, the construction philosophy of traditional Chinese landsccape gardens is often predicated on the principle of "displaying its owner more than itself"—a characteristic criterion that Yu Garden and Qi Biaojia had inarguably satisfied, as evidenced by the idiosyncratic spiritual connotations found in various aspects of the garden. Second, the garden's construction and the activities engaged therein seemed to have convened some sort of multi-party cooperation, at least among the property owner, craftsmen, and literati, in particular on activities that revolved around Yu Garden itself. Such activities might involve garden landscape appreciation, followed by spontaneous poem creations, documenting, and the compilation of Yushan Zhu, or the Annotations of Mount Yu. This discovery is also a well-justifiable reflection of the courtyard's planning process and underlying intentions. Third, the name and scene of, choice of vegetation in, as well as poetry and appraisal of Yu Garden, given or taken place at various stages of its construction, had embodied the richness and relevance of the scene at every nook and cranny of the garden corresponding to every stage of Yu Garden's construction.

Keywords: Qi Biaojia; Landscape Architecture; Annotations of Mount Yuyuan; Drawing of Yuyuan Garden; The Forty-nine Landscapes of Yu Garden

引言

中国传统造园往往是“三分园、七分人”，寓园位于浙江绍兴，该园林已毁，原址已做其他用途，目前仅剩陈长耀绘制的《寓山图》存世。祁彪佳①是寓园的园主，“一字虎子，又字幼文、弘吉，号世培，别号远山堂主人，寓山居士等。”[1] 寓园是1635年祁彪佳辞官回乡开始兴建，与祁彪佳在世最后十年的造园理念、人文思想、结社活动、时局动荡等有着非常密切的关系。祁彪佳为明代忠臣，1645年因拒清朝出仕而自沉寓园池中，以死明其志。

本研究目的主要是通过寓园的营造过程、理念手法、要素关系等探究分析寓园变化过程中如何反映寓园的概貌以及园主人的精神追求。由于寓园没有现存的实体，加之寓园的原型研究资料甚微，希望本研究能够作为今后寓园复原的基础资料。

1 研究方法

祁彪佳不仅兴建寓园，还为寓园撰写了《寓山注》，并邀请友人陈长耀绘制《寓山图》，分上、下两幅，同时也邀请了各方名仕对寓山进行题咏，这些在他个人的日记中有所记载。《寓山注》《寓山图》和《祁彪佳日记》是本文最重要的研究资料。

本文通过文献研究、园林原绘图、原址分析，从祁彪佳对寓园的营造过程、造园理念、空间要素等方面进行探究，对《寓山图》和文献记载进行比较、关联、分析，探讨祁彪佳对寓园园林演变过程中景观及要素的运用，有助于了解整个寓园的园林原貌。

虽然目前只限于纸上园林，但对于研究祁彪佳营造寓园的思想以及晚明绍兴园林的补充研究是有一定意义的，希望能够为寓园今后的复原提供一定的借鉴。

2 研究结果

2.1 寓园的营建过程

寓园的营建过程可以分为以下6个阶段，各阶段园林的营建时间和主要区域景点如图1、图2所示。

2.1.1 开园之始，选址在寓山

寓园的选址在祁彪佳《寓山注》序中有明确的记载，原文如下：

“予家梅子真高士里，固山阴道上也。方干一岛，贺监半曲，惟予所取；顾独于家旁小山，若有夙缘者，其名曰‘寓’。……予自引疾南归，偶一过之，于二十年前之情事，若有感触焉者。于是卜筑之兴，遂勃不可遏，此开园之始末也。”[2]

寓山原本只是荒芜山丘，自栽松二十年后当年的植松成了寓山造园的底色。寓山选址与祁彪佳住宅有“三里之遥”[2]，寓山外围有河道，原住宅可以通过水路到达这座寓山私家园林，既方便也颇有意趣。

2.1.2 始建寓园，构筑在山顶

1635年冬至1936年夏，园林开始动工，主要以山顶远阁为主，构筑的多为建筑，一开始祁彪佳也是“卜筑之初，仅欲三五楹而止”之意，后听取友人意见，如何处构亭、何处构榭，又琢磨徘徊数次，逐渐建成了寓山草堂、志归斋、静者轩、友石榭等建筑。

2.1.3 营构山下，凿池及筑堤

1636年冬到1637年春，开始兴建山下，园内凿池之后可以山水一色，中间引出踏香堤，一池为二，南边让鸥池曲折于水明廊，浮影台则在水中央，人可以环视水中芙蓉。《寓山注》多次提到水的重要性，如廊、池、堤、桥、幌等都是围绕寓山的水来营造景致。

2.1.4 农圃之兴，北丰庄南豳圃

1637年春夏之交，园林初成，北面是丰庄，南面为豳圃。丰庄种有桑叶、蓬蒿菜，可摘桑养蚕，亦可种田。豳圃长200多尺，栽种桑、梨、桃、杏等，甚至种有红薯异种二三亩地，收获颇丰。丰庄和豳圃南北相呼应，成为园林赋予田园风光的景致。

2.1.5 园成之初，绘制《寓山图》

1638年，祁彪佳邀请陈国光（字长耀）作画《寓山图》两幅，分上、下图，这在他的日记中有着明确的记载：“十六日稍霁午后雨。陈长耀至寓山画图，蒋安然为之指画，予以意中所欲构之景，如回波屿、妙赏亭、海翁梁、试莺馆、八求楼，令长耀补之图中。”[1] 当时所绘制的《寓山图》实际上是寓山造园现状的写实，也是描绘未来建筑的总体规划。园主在且建且观的过程中对寓园不断地进行修建，使其原本疏旷的园区逐渐围合和完善。

2.1.6 寓园改造，以三次进行

1643年邀请张轶凡改建寓园，分三次进行。在此过

① 祁彪佳，浙江山阴人，1603年1月3日出生于仕宦藏书家之家，殉节于1645年7月28日，明末文学家、戏曲家。

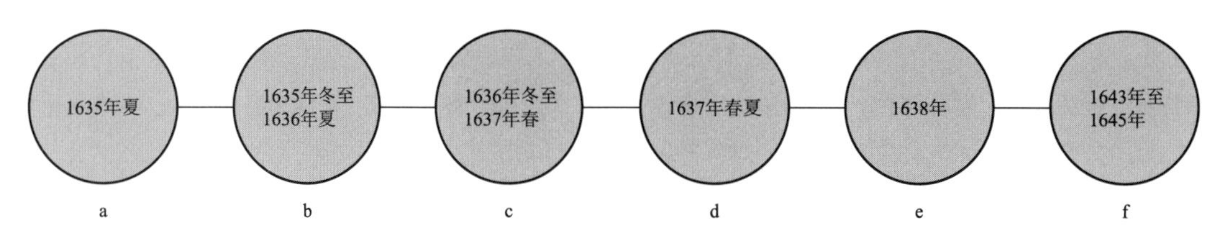

图 1 寓园的营建时间

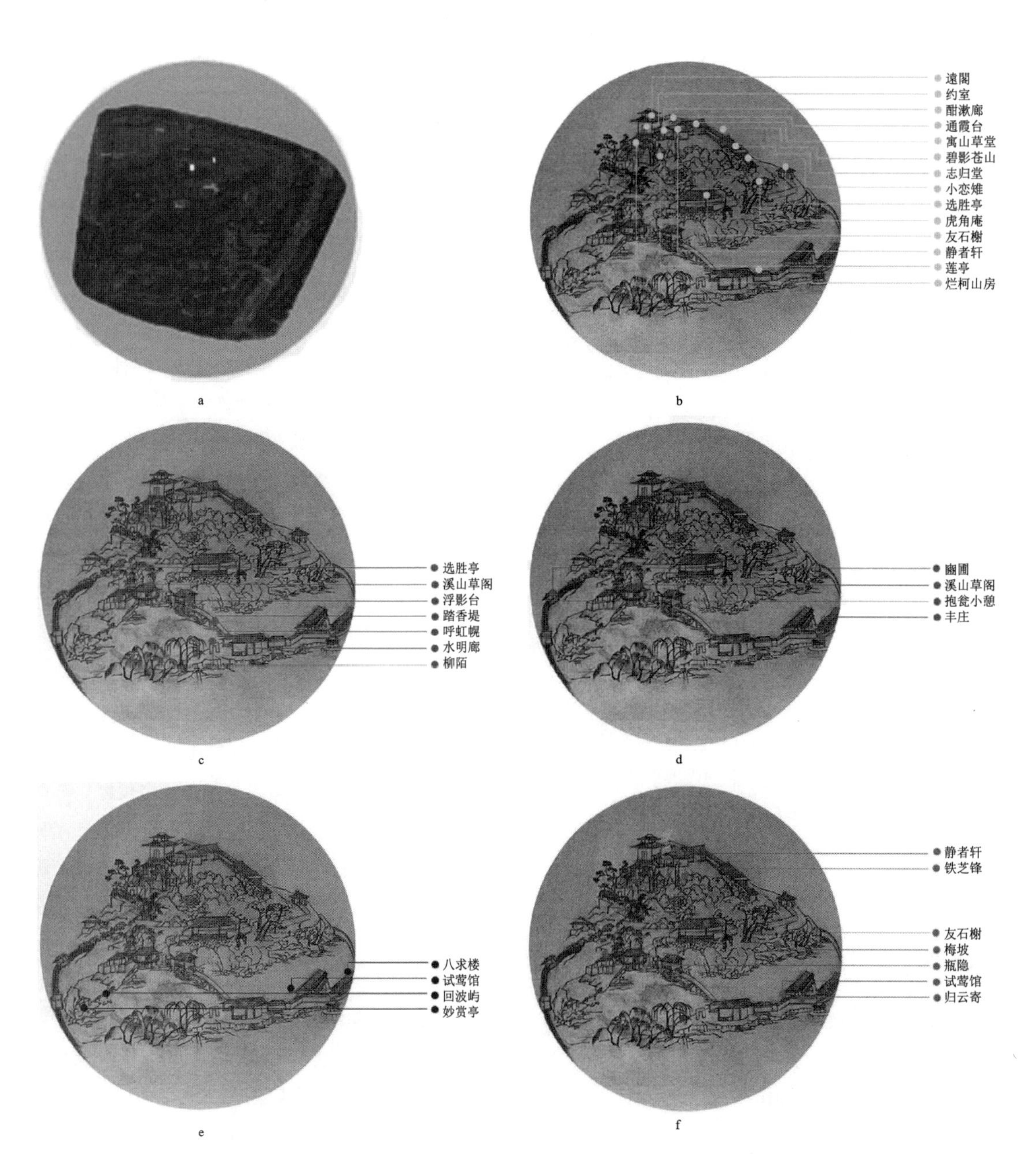

图 2 寓园的主要景点

程中，重点改造和修改的部分有梅坡、铁芝峰、静者轩、友石榭、瓶隐、试莺馆、归云寄，以及虎角庵、曲廊、回波屿、竹圃、选胜亭、宛转环。其中，园林建造内容详细描述了累石、删石的方法，改建内部环境以及筑墙方法等（表1）。

寓园局部改造方式 表1

	累石	删石	改建	筑墙
梅坡	○			
铁芝峰		○		
友石榭		○		
静者轩				○
归云寄	○			
瓶隐				○
试莺馆			○	

2.2 寓园的造园理念

2.2.1 视为自身与寓山的交流

祁彪佳有诗《卜筑寓山闻何芝田开果园奉寄》，其中提到“缺陷犹未补”及“补之以人工”，寓山原本是普通的山头，却遇到祁彪佳园林造境，赋予诗境，尤其是“尔我抱奇癖，夙志在老圃”成为寄心之所，人与园心境相应。四十九景的志归斋，瓶隐、小斜川、静者轩，以及寓园中的四负堂、八求楼等都是反映祁彪佳生命精神的场所。

2.2.2 系着四负与时局的关注

随着寓园的不断营建，祁彪佳对时局的无力感也植入造园行为之中，自认为“负君、负亲、负己、负友”，“四负堂”由此得名，也是祁彪佳时刻关注时局变化的写照，其“名四负堂，以志吾过”正是此意。寓园内外是桃源烟霞风景与乱世烽火的对比。“盖一刻而忧喜之环生，一日而荣辱之迭现，百相尝、百相摇、百相变也，不可谓不冗矣。”[3]

2.2.3 倾注心智与财力的园痴

从兴园开始到辞世当年，可以以自述中“卜筑之兴，遂勃不可遏”来概括祁彪佳在寓园投入的精力。“构园忘寒暑，拙癖也。”[1] 兴建过程中虽有友人王金如、妻子商景兰的劝阻，但仍然如病人愈后又复病般对造园成痴，1637年2月20日的《山居拙录》有记：“与金如至寓山，金如以予盛饰土木，殊为不怿，晚，得其手书，以予负君、负亲、负己，而金如自愧不能谏止，亦是负友，予为之竟日悚惕。”[3] 甚至在1645年遗书中云：“寓山兴造是我失德，今欲将山下堂楼一带舍出为寺，一以资我福德，一以彰我忏悔。”[3]

祁彪佳从走访、考察越中众园为寓园提供实际的案例借鉴，到从日常和梦醒间的斟酌，再到邀请张铁凡改建、友人名流游园画园题咏等，将对山水的深情以及对人世的感慨倾注其中。

2.2.4 结集诗文与景观的景品

这里提及的“景品”，主要是指对景点的品鉴。祁彪佳在寓园的营建中注重精神的寄托，诗文的吟咏题写是对园林另一种方式的完善，寓园中景观的景品和景名都会邀请文士名流来赏景、吟诗、作文，如日记记载：“莆中孝廉周吉人偕明经张兄昌龄过访，出《寓山志》求题咏，共游山园。”[1] “又至书陈自眢（謦），乞为《寓山词》。”将四十九处的景观结集为《寓山注》，园中景致脉络清晰，每景为一篇，注重自然的感受以及审美意趣。张岱对寓园的命名和景品曾有过极高的评价：“造园亭之难，难于结构，更难于命名。盖命名俗则不佳，文又不妙。……寓山诸胜。其所得名者，至四十九处，无一字入俗，到此地步大难。”[4]

寓园除了《寓山注》的四十九景，对于这一园林的品鉴还有寓山十六景，这缘起于1637年秋天，祁彪佳与友人共登云门钧台，蒋安然、柳集玄二人拟寓山十六景，分为内外八景，在其日记写道：“由平水抵达云门道旁，共登钩台。即至季超兄之新庄……薄暮，季超兄先归，二友拟寓山十六景，各赋蝶恋花诗余一阕。”[1] 关于寓山十六景的内、外八景可以从表2看到，日、月、云、水、雨、雪、霞等自然与园内的阁、台、泉、石、岸等相呼应。

寓山十六景的内外八景 表2

内八景	远阁新晴 小径松涛	通台夕照 虚堂竹雨	清泉沁月 平畴麦浪	峭石冷云 曲沼荷香
外八景	柯寺钟声 隔浦菱歌	镜湖帆影 孤村渔火	长堤杨柳 三山霁雪	古岸芙蓉 百雉朝霞

十六景里的内八景中，前四景的景致较为旷远，形制与“西湖十景”相似，命名的内在根源则和“潇湘八景”有关。“寓山十六景”的提出突破了之前将独立景点作为吟咏对象，把风景意境和各个自然要素关联起来。

2.2.5 结合自然与人工的处理

《卜筑寓山闻何芝田开果园奉寄》中提到“补之以人工”，寓园的“补”，主要以柯山东面的寓山作为底色，因据山面水，其自然条件较为疏旷，为了补充疏旷的不足，祁彪佳傍水挖池，形成了山体、水面两个部分相依的格局。在特殊的地形地势环境下活用造园理论，其造园理念认为构园如作文不用格套，比如用较多的建筑和亭廊对寓园空间进行围合，以至于祁彪佳评论寓园的特点是以亭台胜。除此之外，自然和人工景致也虚实相生、聚散结合、动静互衬。全园最高峰登远阁，可以全景式观景，远眺四周。另外，妙赏亭则“置屿于池，置亭于屿，如大海一沤”[2]，既可以看到山间云雾，又可以听到水激石的声音，赏景介于意象与真实之间。

2.2.6 听声曲调与园境的意象

祁彪佳对于戏曲的曲品和剧品深有研究，他的《远山堂曲品剧品》是明代著录名人杂剧的唯一专书，在戏曲评价、收录、补漏等方面具有一定价值。在寓园的营造过程中园品与曲品似乎是异曲同工，如园中有一景为“茶坞”，在山上品茶，却可以赏“沁月泉”因水面高差而产生水声，茶的意境与泉的音色正好形成了淡远的声景。园境同曲境，在造园过程中隐含着美学思想。

祁彪佳在寓园的营造时提道：“如良医之治病，攻补互投；如良将之治兵，奇正并用；如名手作画，不使一笔不灵；如名流作文，不使一语不韵。”[2]将造园比如治病、治兵、作画、作文，在园与造两者中（图3）运用了攻补互投、奇正并用，而一笔不灵、一语不韵则要规避，在营建、改造、题咏等方面淋漓尽致地呈现出造园的手法，同时也使得寓园在营构上也有了虚实、聚散、险夷的对比（图4）。

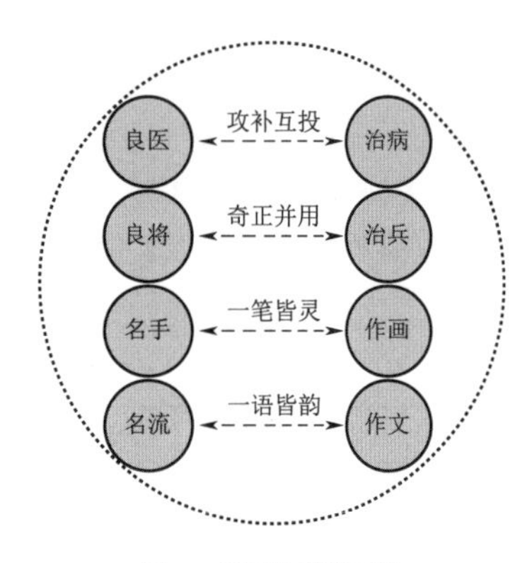

图3 寓园的营造手法

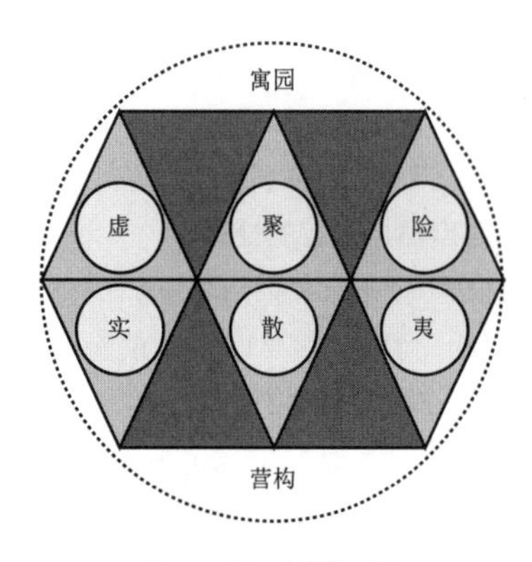

图4 寓园的营构对比

2.3 寓园的园林要素分析

寓园的总体布局上是山水相依，山与水的景致互相辉映，建筑占据了园区近一半的面积，阁、亭、台、池、坞、堤、馆、廊等建筑形式多样丰富，植物既可观赏也有耕种之乐。西为山、东为水，南北各有豳圃和丰庄，园内园外景致有别。

2.3.1 山与水

“园以藏山，所贵者反在于水。”[2] 寓山的山体相对四周明显有高度优势，在空间的营造过程中使用了隐与隔的手法，对依山而建的景点，在造园中设置曲折蜿蜒廊来实现移步换景或是泛舟赏园，使得山水相映。

2.3.2 廊与亭

廊在寓园中形成了线性的空间，整个园约有6处长廊（图5）。如穿过水明廊则可以对寓山景致进行赏鉴，又如芙蓉渡也是曲廊，成为溪山草阁和瓶隐之间的通道。整个园区疏密、节奏的把握达到了移步换景的效果。廊为动，亭为静，如水中设屿，亭设于屿，又如妙赏亭的设立既可以远观和环看四周又可以静观心境，可谓动静结合。

图5 寓园的廊亭

2.3.3 建筑与景

从《寓山注》和《寓山图》可以推出园区有27处建筑类景点，从表3可以看出建筑在四十九景中占了一半之多。

寓园中各类建筑各有其特点，轩与斋类幽敞各极其致，居与庵类纡广不一其形，室与山房类错落别致。

2.3.4 木与石

寓园内植物繁多，《寓山注》里提到“园尽有山之三面，其下平田十余亩，水石半之，室庐与花木半之”以及“花木之繁，不止七松、五柳”[2]，从园内四十九景中可知，在读易居中可以听到丝竹之响；在樱桃林可唱晓风残月；祁彪佳自称“寓园佳处首称石”，如冷云石；又如芙蓉渡“红英浮漾，绿水协通，都不是主人会心处，惟是冷香数朵，相像秋江寂寞时，与远峰寒潭，共作知己”[2]。这与芙蓉渡置石有关，此处奇石兀起，空间又长于旷短于幽，植物与石峰意境更能凸显“渡”字。

寓园营建的主要建筑类景点　　表 3

建筑分类	寓园景致名称	数量
居室类	约室、读易居、烂柯山房、瓶隐、志归斋、寓山草堂、溪山草阁、远山堂、即花舍、试莺馆、静者轩、抱瓮小憩、四负堂、八求楼、虎角庵……	约 15 个
廊类	水明廊、酣漱廊、海翁梁、归云寄、宛转环、芙蓉渡等	6 个
游眺的亭类	太古亭、选胜亭、妙赏亭、笛亭	4 个
游观类	友石榭、远阁	2 个

综上所述，从表 4、图 6 中可以看到祁彪佳对寓园园林的营造概况。

寓园的营造概况　　表 4

始建时间	1635 年
园名	《说文解字》写道：“寓，寄也。”寓园为了寻找宅心之所
园景	阁、亭、台、池、坞、堤、馆、廊等
植物	松、竹、梅、柳、樱桃、稻、麦、桑、麦、荷、菱等
咏景	十六景、四十九景
园评	“深在思政，妙在情趣”[5]
园注	《寓山注》

图 6　寓园的主要景点概况

3　结语

寓园从“卜筑小山”的兴建开始，园中活动促使园主、工匠、文人等合作，在祁彪佳生命的最后十年也即是明朝最后的十年，使这座原本荒芜的山丘成了当时园林的代表作品之一，尤其是围绕寓园展开的鉴赏、题咏、记录，并结集了《寓山注》，甚至自己明白个人对园林营建的执着全于一种痴癖，但仍在当中深领趣味，营建的不同阶段组成使得寓园成了有意义的园林，也看到了园主人祁彪佳国亡骨节存的品格。文中各个景品的呈现，细品则相当于文人造园的设计稿，虽然寓园已经荡然无存，但从文稿中可以看到当中蕴含了文人造园的思想内涵和人文价值。题寓山十六景或《寓山注》的四十九景都具有自然与人文结合的审美倾向。

总而言之，祁彪佳的造园营造主要有以下几点：

第一，寓园与祁彪佳符合了“三分园林，七分人”传统园林建造理念的特点，寓园园林的各个方面均体现出园主建设园林过程中所蕴含的独特的精神内涵。

第二，寓园的兴建以及园中活动促使园主与文人、工匠合作，尤其是围绕寓园展开的鉴赏、题咏、记录，以及《寓山注》的编撰，充分体现了园林计划的过程和意图。在隐逸山水中，祁彪佳对于寓园的营建，包括期间与友人进行的文化活动，在卜筑造园上具有独特的园林历史价值。

第三，在建造寓园的各个阶段，通过园林的名字、景观、植物、诗赋、评价等可以体现寓园景观的丰富程度和各个景观的关联性，起到了寓园设计草案的作用。祁彪佳详细记载的营造寓园的始末以及设计建制的诸景，是该园的重要历史文献。

（注：文中出现的图与表均为作者绘制。文中的寓山图是依明刻本陈长耀的寓山图重绘并进行标示）

参考文献

[1]　祁彪佳．祁彪佳日记[M]．杭州：浙江古籍出版社，2017.
[2]　陈从周，蒋启，赵厚均．园综[M]．上海：同济大学出版社，2011.
[3]　赵海燕．寓山注研究：围绕寓山园林的艺术创作与文人生活[M]．安徽：安徽教育出版社，2016.
[4]　曹淑娟．流变中的书写：祁彪佳与寓山园林论述[M]．台湾：联经出版，2006.
[5]　赵海燕．“潇湘八景”与中国古典园林——从祁彪佳的《寓山十六景词》分析[J]．艺术探索，2011，25(4)：20-23.
[6]　付阳华．恋物以及救赎：以造园为例析明清之际士人对“物”的态度转变[J]．南京艺术学院学报(美术与设计)，2016(3)：54-60.
[7]　秦柯．张氏叠山造园管窥——以祁彪佳寓园为例[J]．华中建筑，2017，35(12)：18-22.
[8]　张诗洋．论祁彪佳戏曲批评的突破与局限[J]．文艺理论研究，2021，41(2)：158-166.

作者简介

杨碧香，1979 年生，女，博士，北京理工大学（珠海）。研究方向为风景园林建筑工程、环境设计。

当代观演场景构成视角下的古典园林空间模式①②

Spatial Pattern of Classical Gardens from the Perspective of Contemporary Performance Scene Composition

曹宇超　张　楠*　师晓龙

摘　要：园林观演活动在历史演进过程中得以延续，成为与园林空间紧密结合的活动类型，由此引发对园林空间与观演活动耦合关系的思考。基于园林当代观演的场景构成分析，从“演”“观”及“观—演互动”三类行为的空间需求出发，挖掘与之对应“景观舞台建构”“视觉画面塑造”“视线结构控制”的园林营造内在机制，以空间要素和组织规则建立园林空间模式语言表达式。通过图解的方法提出园林中线形、面域、复合的景观舞台建构模式，并从层次媒介、中心补白、背景参照三方面提取园林景观构造中的视觉画面构造模式，同时归纳出园林空间布局中层状分离、扇式内聚、环形包裹的视线结构控制模式，提出对园林空间与观演活动互馈模式的新认知，以期建构场景构成视角下古典园林空间的当代转换途径。

关键词：观演活动；场景构成；古典园林；空间模式

Abstract: Existing classical gardens are not only static objective entities, behavioral events and character activities are also essential parts of the classical gardens, in which the performance activities are closely integrated with the garden space type of activity. Classical garden performance activities originated from the ritual system, followed by the rise of hedonistic and finally tending to art, in the process of historical evolution to continue and in the contemporary needs of new forms of expression. Aesthetic and artistic descriptions dominate existing researches on classical gardens and performance activities and lack exploration at the operational level of garden space. Therefore, from the perspective of “behavior-space” interaction, this study focuses on the coupling mechanism between garden space and performance activities. Based on the analysis of the scene composition of the performance activities, this paper discusses the method of constructing the spatial pattern of classical gardens under the demand of the performance activities to build a modern way of transforming the language of gardening at the level of design methodology.

In the composition of the scene of the performance activity, the behavior of participation contains three levels: the actor “performing”, the audience “viewing”, and the “viewing-performing interaction”. Thus, revisiting garden design in terms of behaviorally derived spatial needs, this paper categorizes the garden patterns that influence the composition of the scene of performance activities into three groups: the stage of the landscape constructed by bodily reference, the visual image produced by the pictorial set, the structure of sight in the context of a theatrical experience. Firstly, analogous to the four types of constituent elements in the stage space, namely, area, path, fulcrum,

① 本文已发表于《西部人民环境学刊》，2024，39（5）：103-109。
② 基金项目：国家自然科学基金青年基金项目（编号：52408035）；国家自然科学基金重点项目（编号：52038007）。

and transformation, the study regards landscape stage construction as the process of spatial hold on the body to advance the scene narrative, and through the method of space graphics, it proposes three modes of landscape stage construction in the garden, namely linear, surface domain, and composite state; Secondly, based on the relationship between the scene and the construction of the picture in the creation of visual scenery, it is proposed that the visual effect of the contemporary garden performance activities are based on the shaping of the layers, centers, and backgrounds in the visual picture through the natural landscape and building interface, so as to produce a pictorial visual effect similar to that of the stage set, and then derive the three ways of shaping the visual picture: The "frame" is to strengthen the perception of the depth of the visual space by adjusting the levels of the picture, the "point" is to create the visual center by controlling the whole picture with the help of the main scene, and the "screen" is a scene that reinforces the environment as a reference system, activating the "figure-ground" relationship by emphasizing the limited elements of the stage background. Finally, it analyzes the layout characteristics of the classical garden space that expresses visual constraints through "seeing and being seen", considers the spatial form of performing arts with the comprehensive vision of "viewing-performing", and expresses the organization of sight lines, viewpoints and focuses in the structural relationship of "viewing-performing" through the method of space graphics, and summarizes the structural control modes of the line of sight in the layout of garden space, including layer-like separation, fan-type cohesion, and ring-type wrapping.

Based on the perspective of "behavior-space" mutual feedback, the study reveals the coupling mechanism between performance activities and garden space from three aspects: body reference, pictorial scenery, and theatrical experience, and proposes three garden space modes, namely, landscape stage construction, visual picture shaping, and sight structure organization. On the one hand, this study improves the understanding of the narrative capacity of classical gardens. It explores the value of the place experience of the garden space in accommodating behavioral activities, which contributes to the sustainable development of cultural heritage. On the other hand, it also builds a possible way for the contemporary transformation of the classical garden space vocabulary, combining the garden space with the current needs of the performance space through a clear event theme, which provides references for the design of the performance space in the landscape environment.

Keywords: Performance and Viewing Activities; Scenario Formation; Classical Garden; Spatial Pattern

引言

古典园林作为集视觉、听觉等感官为一体的综合性艺术空间[1]，是凝聚文化审美的理想生活场所。观演活动是园林生活的重要组成部分，可追溯至周文王灵台的钟鼓之乐及西周乐舞祭祀的舞雩台①，早期园林观演以沟通天神、祈求庇佑为目的，这种礼教仪式性演乐与园林雏形中的高台构筑关联密切，《洞冥记》曾记汉武帝起高台以招仙，吹篪唱曲②。然而，受礼制下化的影响，两汉时期园林观演逐渐从仪式性活动转变为贵族阶层的娱乐活动，《上林赋》就展现出皇家苑囿中歌舞唱和的盛景③。魏晋以降隐逸文化的兴起促使士人阶层以自然山水构筑琴、曲等艺术场所，如王维辋川别业的竹里馆④。两宋之际伴随词体文学及诗画艺术的日常化发展，观演活动融入园主人日常社交生活，《中园赋》曾记晏殊逢佳客以歌乐相佐的

① 《诗经·大雅·灵台》记：经始灵台，经之营之……於论鼓钟，於乐辟廱。《周礼·春官·司巫》记：若国大旱，则帅巫而舞雩。

② 汉郭宪《汉武洞冥记》（卷一）记：武帝起招仙之台于明庭宫北。明庭宫者，甘泉之别名也。于台上撞碧玉之钟，挂悬黎之磬，吹霜涤之篪，唱来云依日之曲。使台下听而不闻管歌之声。

③ 汉司马相如《上林赋》记：千人唱，万人和，山陵为之震动，川谷为之荡波。

④ 王维《竹里馆》：独坐幽篁里，弹琴复长啸，辋川图局部有描绘其外部环境。

园林场景①。在明清享乐思想的影响下，戏剧歌舞与私家造园艺术几乎同时期鼎盛[2]，出现了一系列与曲艺切磋和观演活动相关的园林空间，如戏曲家乔莱的纵棹园中有用于乐器演奏、歌舞吟唱的台榭，并可泛舟欣赏[3]，李渔的芥子园中有月榭亦设歌台，作为演出观剧的场所[4]。由此可见，观演与园林艺术在历史演进中交融共存，观演活动内容的拓展和形式的变化成为园林空间演变的一条内在线索。在当代语境下，二者的互动关系表现在观演场景式的园林使用方式上：网师园自1990年就推出园林剧演活动，沧浪亭《浮生六记》已演出近两百场，拙政园《拙政问雅》观演活动成为当代园林保护利用的优秀案例，此外还出现上海课植园昆曲剧场等专业性园林剧演场所；同时借助网络媒介，古典园林可提供舞台空间和环境布景，如寄畅园线上音乐会等。在当代语境下，观演活动与园林空间互动的历史接续，表明古典园林与观演活动的空间需求相适配，相关园林营造方法可为当代观演空间设计提供参照。

对古典园林与观演空间关联性的讨论源于园林美学研究，金学智指出园林空间与戏曲表演均为传统艺术的集萃式系统，二者艺术同构、功能相通[5]。陈从周谈及造园中的花厅、水阁在古代兼作顾曲之所，曲境亦园境[6]。其中涉及园林空间营造的研究大致归为两类：一类从史料文献中挖掘园林观演活动的场所意向，指出园林中亭台楼阁的空间组织构成了山水环境观演的场域形态[7-8]，强化水在园林演出空间中的特殊作用[9]；另一类关注“布景”“舞台”等观演空间与园林营造的共通性手法[8,10]。但现有研究较少涉及古典园林中的当代观演，缺乏对观演活动中行为与空间在微观、具象层面上互动方式的深入分析，导致对园林空间与观演活动关联机制的认知仅限于抽象的艺术与审美领域。本研究基于对古典园林空间中当代观演场景的构成分析，将观演活动分解为“观”“演”及“观—演互动”三个行为范畴，解析场景表达中引导相关行为展开的园林空间要素的组织方式，从景观舞台建构、视觉画面塑造及视线结构控制三方面提取园林空间模式语汇，以期在具体设计方法层面构建造园语言的现代转换途径。

1 园林空间与观演活动

1.1 观演场景构成

场景（scene）在戏剧、电影领域有“场面”“布景”的含义[11]，指人物活动产生的时空景观[12]。在建筑学中，“场景”以人的视角审视空间的内在价值，构建行为与环境的纽带[13]。在园林空间中，“场景”研究揭示“行、游、居、望”等与视景营造和空间体验相关的“行为—空间”引导机制，可从山水、建筑、植被等构成要素、组织规则，及其所形成的场景特征三方面来理解[11]。在观演活动的场景构成中，参与的行为包含三个层面：一是演员“表演”；二是观众“观看”；三是“观—演互动”。因此，以行为衍生出的空间需求重新审视园林营造，本文将影响观演场景构成的园林模式分为三组：身体参照所构建的景观舞台、画意布景产生的视觉画面、剧场性体验下的视线结构。

1.2 园林空间模式语言

亚历山大（Christopher Alexander）认为活动和空间是不可分的，通过“空间中的一个事件模式”[14]描述空间中存在的要素和结构规则如何支持事件的生发。参与观演场景构成的园林模式包含景观舞台、视觉画面和视线结构三个层面，在具体空间层面可转换为园林要素间的组织关系，由此形成观演场景下的园林空间模式语言表达式：

$X \rightarrow r\{A, B, C\} \rightarrow r\{t_n(a1, a2, a3\cdots\cdots), q_n(b1, b2, b3\cdots\cdots), p_n(c1, c2, c3\cdots\cdots)\}$，其中X表示园林空间模式，r则代表“观演”这一主题场景，A、B、C指的是景观舞台、视觉画面、视线结构的次级空间模式；t，q，p则分别代表相应景观要素的组织规则；a1，a2…b1，b2…c1，c2则是构成园林空间的基本要素（图1）。

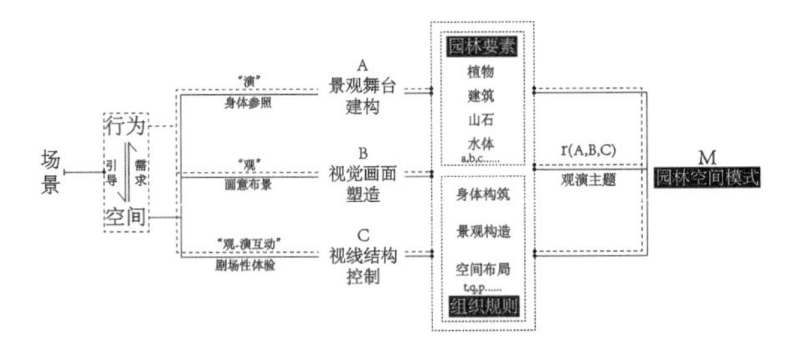

图1　观演场景视角下园林空间模式表达

在景观舞台建构层面（A），园林要素组织为“演”提供拟合形体表达及叙事表现的舞台空间。明邹迪光曾记寄畅园中表演情景“柘鼓轻挝留白日，刀环小队踏飞虹”[15]，三折的飞虹桥刚好契合台步的节奏[16]，表演者踏着舞步到亭中表演，亭与桥通过对舞者行为的牵制，以身体为参照构筑景观舞台。在视觉画面塑造层面（B），

① 晏殊《中园赋》记：送归鸿兮海壖，揳鸣瑟兮宾右。舞长袖兮相属，命欢谣兮递奏。

园林图景式的节点构造将景观要素有规则地组织起来，用类似“布景”的方式获得“画意”效果[17]。其中层次、中心、背景是画意布景的关键，如李渔“尺幅窗”“无心画”通过前景遮罩和背景衬托呈现画面感，主景有统领画面中心的作用。在视线结构控制层面（C），园林空间布局方式决定“看与被看”的视线结构，可形成分离、内聚、包裹等模式，如《红楼梦》描述众人宴饮观演的场景：“舞台”置于水上，表演乐声“穿林渡水”而来①，水体、林木等环境要素在“表演—观看”间构建层状序列，从而形成多层次分离的视线组织结构。可见，观演场景下的三种次级空间模式通过特定园林营造方法建立起“行为—空间”的耦合关系。

2 景观舞台建构：身体参照

明计成《园冶·兴造论》所述“巧于因借，精在体宜”强调“能主之人”的作用，陈植解释“因”为因人、因地、因时制宜，“体”有体制、规划、意图之意[18]，张家骥则提到“凡人身之所处”皆要合宜[19]，二者均影射主体即造园师对园林空间的影响。常青从“主体—身体”这一视角提出园林中的“体宜”源自造园者的身体习惯和感性经验，即依照身体移动和行为需求来布局的“化身空间”[20]，当代园林观演将上述隐含的主体意识经由演员这一媒介展现：以演员的身体为参照，通过动作与空间的互动构建景观舞台。在舞台设计领域，动作空间包括包含区域、路径、支点、转换[21]，借此园林景观舞台的建构可被视为空间对身体的牵制以推进场景叙事的过程：景观环境划分出连续舞台区域，通过路径联系各区域，支点在路径上辅助形体动作的呈现，同时组织场景画面的转换。这点与传统绘画场景中“人—环境”互构的表现手法别无二致，如《金明池争标图》和《踏歌图》中“演员”身体形成的连续支点与路径空间形态相辅相成，通过类似“舞台”表现的方式赋予景观空间以场景叙事内涵（图2）。在景观舞台建构中，路径和支点是园林空间与演员形体互动的关键，根据其形态与分布可将园林景观舞台分为线形（平面与立体）、面域与复合三类。

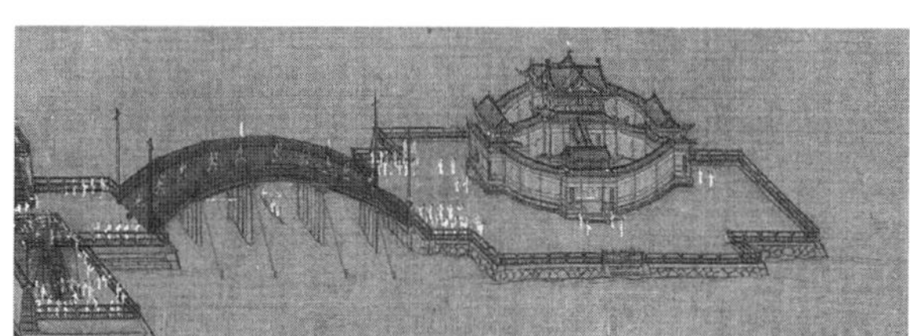
北宋张择端《金明池争标图》天津博物馆藏

南宋马远《踏歌图》北京故宫博物院藏

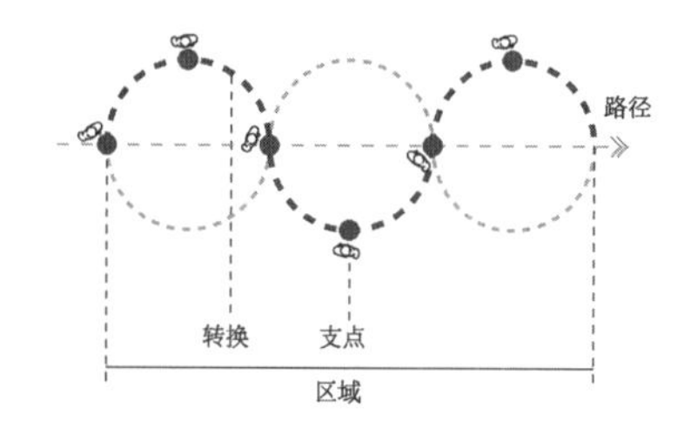

图2 身体参照下的景观舞台建构过程

2.1 平面线形

园林空间中线形路径连接各景域单元，不同形态的路径空间控制演员移动的节奏和身体动作，通过“身体—空间”的配合建构舞台空间。寄畅园音乐会的舞台选在锦汇漪北侧的七星桥，桥体成水平线条贴水而过，形成均质化的线形舞台，演员身体支点在舞台上均匀分布，路径两端支点形成转场效果，创造一种打破平静走向高潮，又消失于水岸山林中的舞台空间叙事（图3a）。

① 《红楼梦》第四十一回记：正值风清气爽之时，那乐声穿林渡水而来，自然使人神怡心旷。

相较而言，折桥以多支点方向的连续转换打破均质性。狮子林湖中心的九曲桥从西山和北山洞石间延伸而来，汇于湖心亭，演员从两侧洞石山林间走上九曲桥，曲桥转折处支点控制表演节奏，演员于湖心亭处相汇，到达表演高潮，支点所在路径方向的连续变化丰富线形舞台的表现内容（图3b）。

（a）寄畅园平桥舞台

（b）狮子林折桥舞台

（c）拙政园香洲L形组合线形路径舞台

（d）网师园濯缨水阁L形组合线形路径舞台

图3　平面线形的园林景观舞台构建方式

在由蹬道、平台、连桥、外廊等园林要素组合成的线形舞台中，不同路径连接处提供多元支点，在丰富演员形体表现的同时产生“起承转合”的场面转换效果。拙政园香洲三面环水，北侧水域开阔，南侧环境幽闭，从南向北建构起“山林—溪涧—石桥—挑台”由奥转旷的组合线形舞台。两演员穿石洞亮相（起），一前一后跨过石桥（承），走上船舫前平台进入表演高潮（转），最后二人相伴穿过屏门消失在船舫内（合）（图3c）。再如网师园濯缨水阁临水外廊通过天然石板与假山前沿池步道相连，水尾处架设小石拱桥，与水阁前廊、山前步道组合成线形舞台。表演发生时，分别以粉墙、溪涧、黄石假山为背景，各区域路径连接处支点作为场景画面转换的关键，濯缨水阁外廊是核心舞台空间，外檐长窗半开半闭，以中部固定长窗为轴，形成"内—外"交替的环形路径，增强对演员形体与互动表现的空间调度效果，最后在L形组合舞台的引导下，画面延伸至濯缨水阁深处，营造具有层次感的景观舞台（图3d）。组合的L形舞台空间在演员移动过程中持续切换景域，路径转换处支点控制表演节奏和动作呈现，以承接相应的叙事表现。

2.2 立体线形

相较于平面线形，立体线形空间增加垂直维度上的位移，如园林中拱桥、叠石等景观组合。立体舞台可表现"起—落"的动力学特征，配合演员轻落亮相、登高展示、高下对望等身体语言表达，如个园通过景观环境高差与演员动作配合，在空间中表现垂直方向上的两极特征（图4a）。狮子林指柏轩前出广台，南有方形水池，其上架设拱桥，连接水池南侧假山洞口与广台。舞蹈演员从洞口处亮相，抬升的桥身对其形成遮掩并创造视觉期待，演员缓步走上拱桥，支点抬升占据整个画面的视觉高点，将动作完整展现给观者，后顺势从拱桥走下，节奏加快并进入指柏轩前平台，实现由收转放的舞台空间转换（图4b）。拱形舞台通过支点在垂直维度上的"起—落"控制画面转换的节奏，同时空间形态与演员形体的动势叠加产生画面张力。寄畅园锦汇漪水尾处的拱形桥体抬升作为独舞展示的舞台，拱起的桥身轮廓线与下方曲涧的对比强化垂直方向上的空间动势，配合演员向上伸展的舞蹈动作，增强舞台表现力（图4c）。

在二维曲线形空间的基础上叠加垂直动势可形成螺旋式立体舞台，园林空间中常见于假山蹬道：穿行的路径嵌入山石之中，螺旋上升过程中形成明暗、高下、内外转换的空间体验。螺旋式舞台与山石洞壑配合，使表演者在画面中交替出现，产生蒙太奇式的画面调度。拙政园香洲南侧叠石假山作为表演舞台时，演员于假山顶部亮相，后沿螺旋蹬道消失于山石丛林中，经过短暂的画面空白，演员从洞壑间缓缓走出，画面的间断呈现与转换产生戏剧性的舞台效果（图4d）。沧浪亭《浮生六记》中也有这样的舞台配置，演员于山顶丛林中出场，与山下演员产生高下互动，后沿着假山蹬道短暂消失，又从洞口的阴影中走出，螺旋式立体舞台与假山、林木的配合能够在有限的空间内，增强舞台叙事的表现力（图4e）。

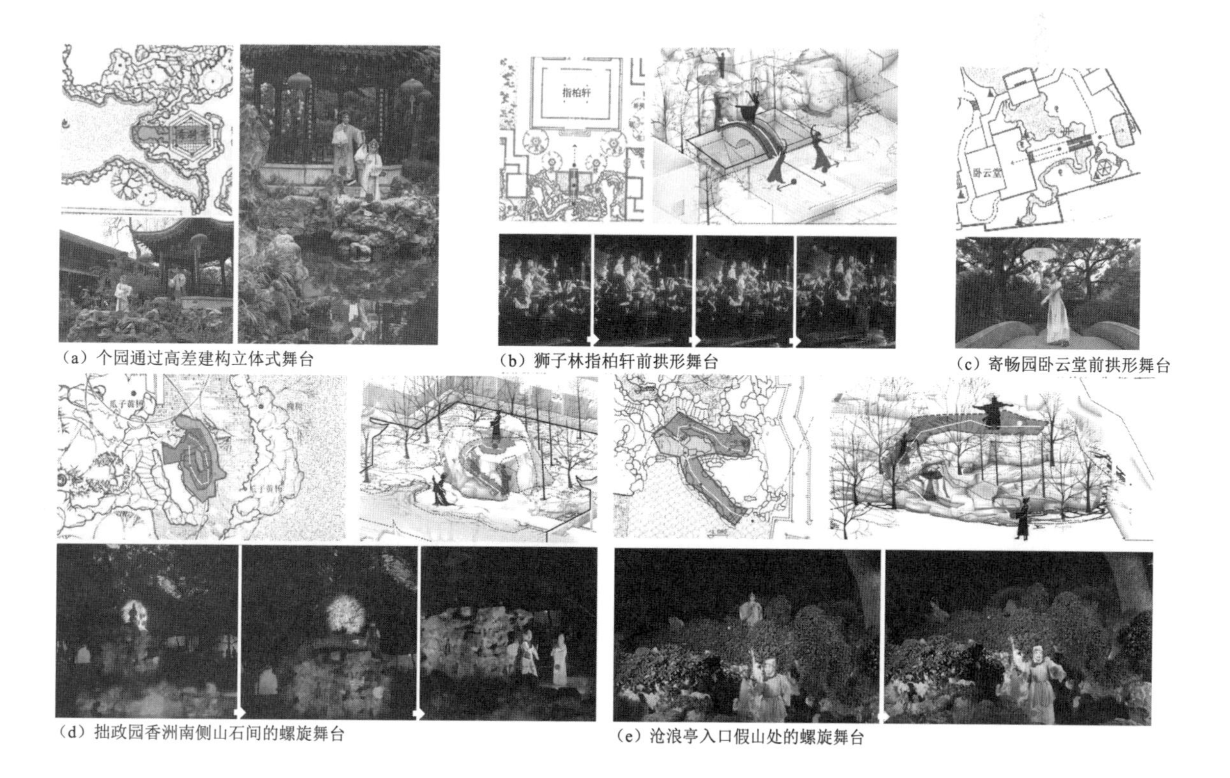

（a）个园通过高差建构立体式舞台

（b）狮子林指柏轩前拱形舞台

（c）寄畅园卧云堂前拱形舞台

（d）拙政园香洲南侧山石间的螺旋舞台

（e）沧浪亭入口假山处的螺旋舞台

图4 立体线形的园林景观舞台构建方式

2.3 围合面域

线形舞台强化空间路径与演员身体支点的转换与配合，注重演员动作的细节刻画，而面域舞台弱化路径的具体形态以适应群体表演的空间需求，面域式舞台往往设置于不同类型的围合院落中，以台阶、树木等景观要素划分舞台领域。《浮生六记》“秋兴”一折在沧浪亭明道堂庭院上演：以瑶华境界外廊为舞台围合界面，院落中的植被作为限定演员活动范围的舞台道具，同时也形成对演员位移路线的控制（图5a）。此外园林面域空间利用平台、台阶在舞台中划分不同高差的区域，以创造多层次的舞台空间。寄畅园凤谷行窝和含贞斋庭院作为表演舞台时，在凤谷行窝院落，围墙与两侧植被强化舞台的纵深感，表演空间利用平台、台阶划分表演区域，以容纳不同类型的表演同时展开（图5b）。含贞斋四周茂林，如处谷壑间，院内树木限定出中心舞台，台阶与外廊形成第二层舞台，打开的门窗与厅堂屏风则形成第三层舞台（图5c）。

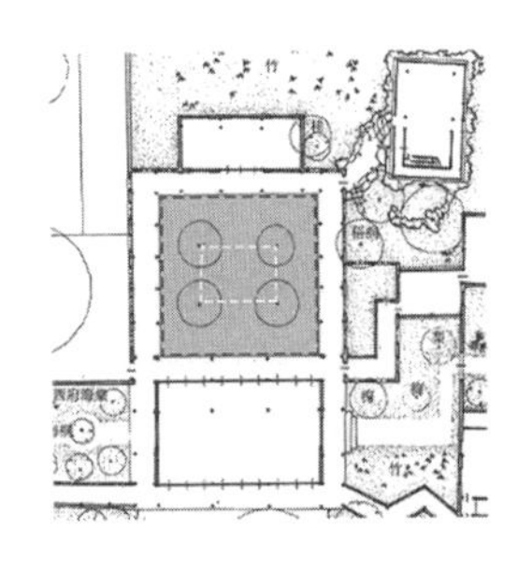
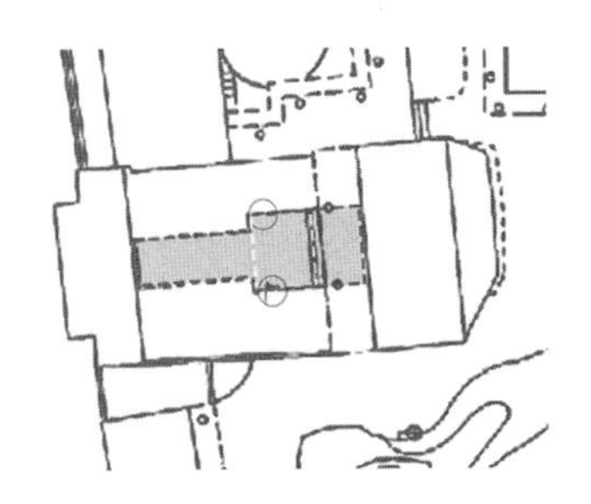
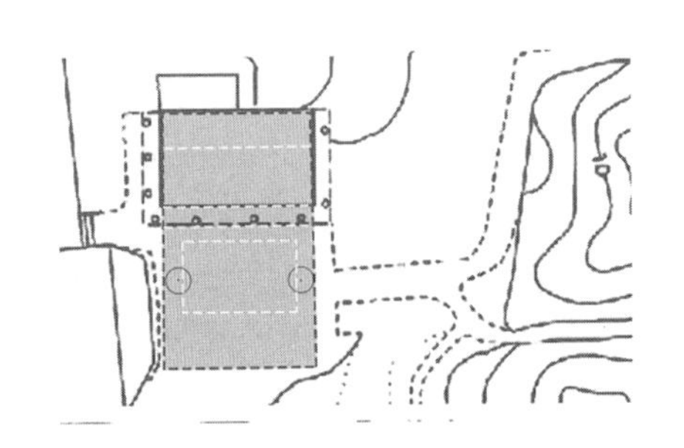

（a）沧浪亭明道堂面域舞台

（b）寄畅园凤谷行窝面域舞台

（c）寄畅园含贞斋处面域舞台

图5 围合面域的园林景观舞台构建方式

2.4 多元复合

以上相对独立的舞台空间适合单一场面的表演呈现，而一些表演需要多场面调度，即需根据不同布景需求，将多元景观舞台统合起来，如上海课植园园林剧场就将不同舞台单元分散到园林各处，通过主景观要素将各舞台整合起来，形成复合式舞台空间。多景域拼合是园林山水组景的常见方式，如文徵明《为槐雨先生作园亭图》中，延展的水景作为空间线索，将远与近、高与低、跨越与对望等不同空间关系的景域组织在一起（图6a）。上海课植园园林剧场的复合式舞台以一条萦绕开合的水系作为复合舞台的结构骨架，观看区位于两溪交汇口，利用水岸凹口增建平台作为观众席，T字形水系在此交汇放大，园林的湖光山色收入眼底：对岸增建亭式舞台，前出平台延展至水面形成三面环水的小岛，天然石阶伸入水面形成石滩，亭和石滩一高一低组合成半拱式线形舞台空间；北侧水系支流蜿蜒蛇行，消失于深林中，其上搭设木栈道联系两岸空间，另一条栈道从远方贴水而来，与前者形成交叉组合式线形舞台；远处丛林间，清镜堂前面域式舞台若隐若现；近处驳岸节点放大，树林掩映下形成小型面域舞台；小岛南侧架设拱桥、下行小舟，构成立体式线形舞台。观演场景中不同景深的舞台以主体水景为线索拼合起来，多类型表演被安排在不同景域中[22]，建构多空间流转的景观舞台（图6b）。

(a) 文徵明《为槐雨先生作园亭图》北京故宫博物院藏　(b) 上海课植园实景观演复合式舞台

图 6　多元复合的园林景观舞台构建方式

3　视觉画面塑造：画意布景

童寯提及造园三境界之一的“眼前有景”，即强调视景营造中对景关系和画面构造的作用机制[23]。园林组景受到“看—被看”视觉关系的制约，当代园林观演的视觉效果则是建立在此基础上，通过自然景观与装折界面对视觉画面中层次、中心、背景的塑造，以类似舞台布景的方式产生画意视觉效果，进而引申出三种视觉画面塑造方式：“框”通过调节画面层次以强化对视觉空间深度的感知，“点”借助主景对整体画面的控制创造视觉中心，“屏”则是强化环境作为参照系统的景面，通过强调舞台背景的限定元素以激活画面“图—底”关系。

3.1　框：层次媒介

“框”是自然从“风景”到“图画”的转换媒介[24]，古典园林的“框”常借助垂直和水平构件的组合，进行画面的切分与拼合，形成连续观看图景（图 7a）。沧浪亭一舞台取景闻妙香室南侧庭院，居内向外截取庭院景观舞台：门框作为摄景媒介分割画面空间，使观赏者与视觉对象分离，构建观与被观的场域关系（图 7b）。狮子林燕誉堂作为古琴表演空间，从外向内摄取内景舞台，其面向庭院的界面为可开启的门扇，表演者坐于正间屏门前，柱、枋、门框在观者视野内形成叠合的取景媒介，在有限空间内增加舞台画面的视觉层次（图 7c）。观演空间限于厅堂内部时，内檐装修如隔断、屏门等层状界面在观者视线方向上叠合，通过“框”的层次变化强化视觉焦点。同属空间艺术的传统造像也存在类似的视觉表现手法：以叠加遮罩平面丰富层次，在浅空间中表现空间深度，并改变各层次面阔形成视觉焦点[25]（图 7d）。网师园梯云室正间后步柱间设雕花镂空落地罩，前设栏杆限定出表演空间，前步柱、围栏、落地罩形成不同面阔的框，从两边向中间层层叠加，表演者坐于高凳上，强调画面的深度中心（图 7e）。此外，网师园小山丛桂轩正间南侧漏窗两环交叠，内框透空，外框纹理化，正对北侧黄石假山，水平和垂直的限定柱框与嵌套的窗框，将连续的内外层状空间压缩，以不同面阔呈现在画面中，表演者于步柱间抚琴，透空漏窗减少对此处空间深度的压缩，强调出视觉中心（图 7f）。

3.2　点：中心补白

古人以“天然图画”来描述理想中的园林，以画入

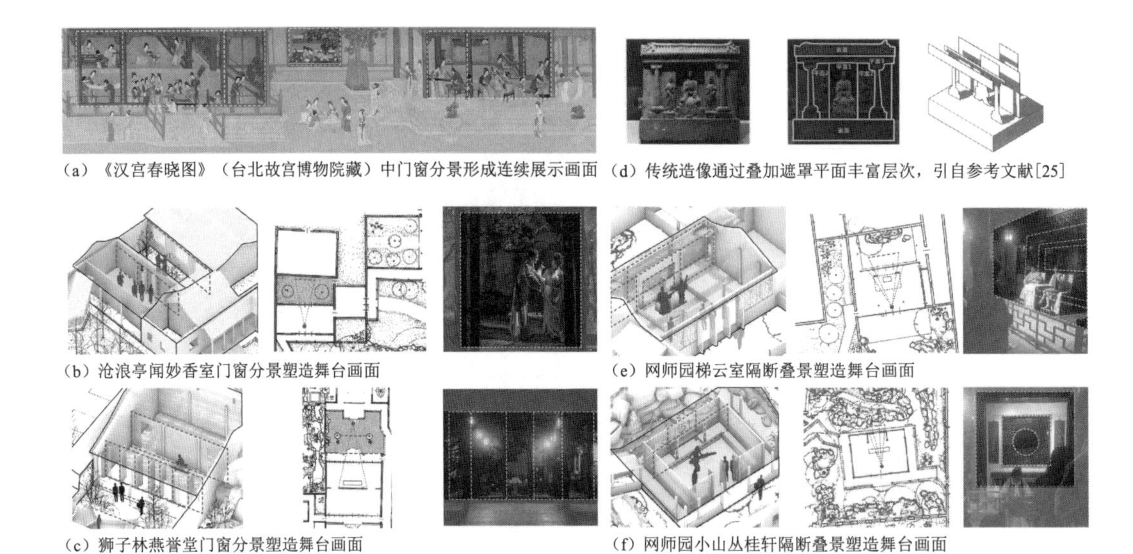
（a）《汉宫春晓图》（台北故宫博物院藏）中门窗分景形成连续展示画面 （d）传统造像通过叠加遮罩平面丰富层次，引自参考文献[25]
（b）沧浪亭闻妙香室门窗分景塑造舞台画面 （e）网师园梯云室隔断叠景塑造舞台画面
（c）狮子林燕誉堂门窗分景塑造舞台画面 （f）网师园小山丛桂轩隔断叠景塑造舞台画面

图7 视觉画面塑造中层次媒介的方式

园，因画成景[26]：将山、水、建筑和植物等造园要素组织成和谐画面，同时为使众景物繁而有主，需要有统摄镇定的视觉中心，即利用实体景物轮廓在景观薄弱处点景补白[27]。当代观演以点景的园林构筑物作为舞台，塑造视觉画面的焦点。其中“亭”因结构简单、形式多样，常发挥点景的作用，比较典型的是“亭踞山巅”的画面构造[28]，亭有陪衬山景、加强立体轮廓的作用。沧浪亭中处山之巅的敞亭增加山势、塑造视觉焦点，《浮生六记》“冬雪”一折以沧浪亭为舞台，亭虚敞而临高，成为整个画面的控制中心（图8a）。相较于沧浪亭借峰安亭、借高俯远以塑真山林的组景方式，一些小型庭院微缩山水于方寸间，以山亭写意。例如网师园殿春簃小院的冷泉亭作为表演舞台，该庭院中空而边实，山石、池涧沿西南靠墙布置，从庭院东侧沿墙向西，洞壑、涧池、山径等景观意象穿插其间，冷泉亭依西墙凌石而建，在有限的院落空间中表达山亭组景的空间序列意向——出“幽郁”以达“旷如”[29]，“亭”在平衡院落空间布局的同时作为写意山林的点景要素，成为景观画面的中心（图8b）。

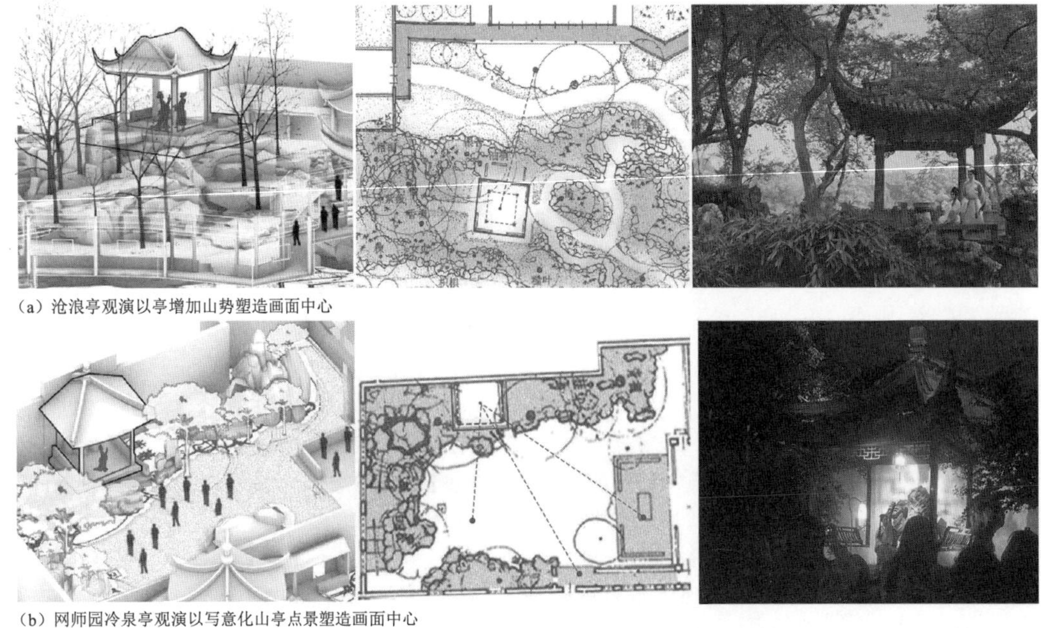
（a）沧浪亭观演以亭增加山势塑造画面中心
（b）网师园冷泉亭观演以写意化山亭点景塑造画面中心

图8 视觉画面塑造中中心补白的方式

3.3 屏：背景参照

《园冶·掇山》记峭壁山的构法："靠壁理也，藉以粉壁为纸，以石为绘也"[18]，可见"以屏承物"是画意布景的重要方式。前文提及网师园殿春簃庭院、沧浪亭闻妙香室天井均以粉墙为舞台背景。此外，园林中"屏"还可拓展至"围屏"的空间内涵——通过山水景观形成人在画中、声随景发的视觉形式效果。沧浪亭《浮生六记》"春再"舞台取自山谷幽壑之中，石山与深潭作为景观围屏，演员于其间表演，产生群山环绕、空谷清音的立体画意（图9a）。再如狮子林石船画舫为乐器演奏提供舞台：石船点缀于湖中，仿徐徐前进的小舟，演奏者立于开敞的船头。船身与自然山水融为一体，共同作为舞台布景，产生乐音回荡的画中韵味（图9b）。由此可见，园林中的"屏"作为画面背景，不仅在实体要素层面上通过塑造景面以强化画面中"底"的部分，同时结合园林空间意境与山水意象，引导画面叙事，以激活"图"的画境营造机制。

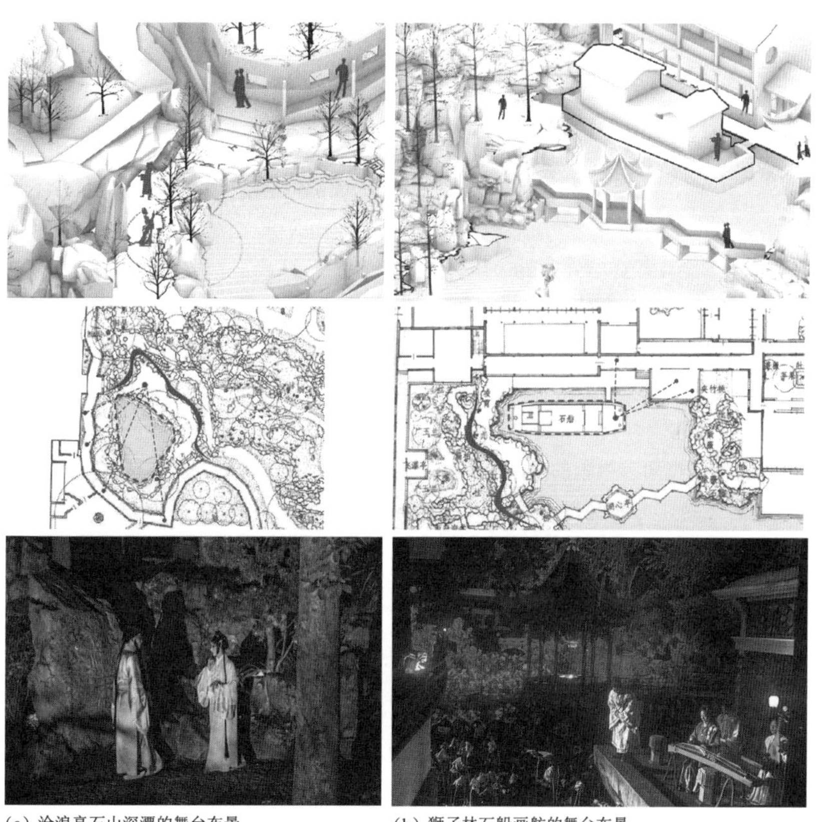

（a）沧浪亭石山深潭的舞台布景　　（b）狮子林石船画舫的舞台布景

图9　视觉画面塑造中背景参照方式

4　视线结构控制：剧场性体验

古典园林的景观布局通过"看与被看"表现含蓄、隐晦的视觉制约关系[30]，视线、视点及焦点的组织将"观—演"结构关系在空间中呈现出来。清水裕之《剧场构图》中以"表演—观看"综合性视野考量表演艺术的空间形态，将其分为包围式、对向式、扇式，引入表述"观—演"关系的"视轴"概念，明晰三种形式特征：对向式以对等、均势的空间结构产生"观—演"距离感；包围式以强大的空间内聚性形成对中心的压力；扇式属于二者折中[31]。园林观演将这三类视线结构在空间布局层面表达出来，包含层状分离、扇式内聚、环形包裹的空间结构（图10a）。

4.1　层状分离

若对"观—演"整体空间进行前景、背景、观、演的层次结构划分（图10b），层状分离是通过前景层产生间离感，背景层强化视线方向上的画面边界和景深，建立并置、对立的空间关系，形成隔空对望的视线结构模式。例如上文提到的拙政园香洲舞台，观者于对岸平台隔水观看，南北延伸的前景水体强化“间离”的空间感受，舞台与观者的空间对等关系促成表演行为的正面化。这种模式中，前景和舞台间除了有明晰的边界外，亭式舞台常融入前景层和背景层的景观构造中，如狮子林观演活动中，真趣亭作为观看空间，舞台布置在前景水面中，船舫与湖心亭在不同视线方向和深度上形成两处观演舞台；再如个园观演活动中，清漪亭及周围石阶作为舞台空间，融入背景层假山的景观构造中，与对面主厅的观看平台隔水相望。分离式“观—演”强调前景空间“视点—焦点”间景观介质的存在，观众与舞台保持相对静观如画的疏离关系（图10c）。

4.2 扇式内聚

当“观—演”视线结构呈聚合态势时，产生内聚焦点，外侧包裹部分视轴群集中。以水池为中心的园林布局形成内聚式的景观结构，表演空间居于内侧时，外围观看空间呈扇式布局。例如网师园中濯缨水阁作为昆曲表演的舞台时，与游廊、亭、榭等环水构筑组成内聚式的观演空间，不同停留空间提供多视点、视角、视距的观看体验。同样，沧浪亭“流玉”石旁空地作为表演舞台时，观者于水池对岸起伏的游廊处观看，围合态游廊汇聚视线，水池作为前景层介质调节视距的同时强化空间的内聚性。除“演”位于内侧焦点区域外，“观”也可作为能量汇聚的焦点，此时内聚结构模式中“观—演”关系的反转将内向视野转变为发散性的流动视线。例如上海课植园园林剧场的复合式景观舞台中，拱桥、亭子、栈道等散点舞台组合成半围合态演出空间，观看空间位于视线内聚的焦点，外围舞台通过对流动视线的引导，为观者提供半环绕式的全景体验（图10d）。

4.3 环形包裹

在环形包裹的“观—演”结构模式中，由于中心空间的存在，所形成的环绕辐射的视觉制约打破正面观看的限制，形成广范围、多视角的观看体验。当舞台置于环形中心时，例如何园庭院以水池为中心，四面建筑、景观围合布局，二层立体回廊强化中心视觉焦点的存在，水心亭戏台立于水面，汇聚不同方向的视觉力线。此外，当观者位于包裹式空间布局的中心，形成向四周极目远眺的“点”状观看空间，如明代《环翠堂园景图》中坐隐园的昌公湖段描绘一湖心亭筑于水中，其上五人围坐在桌旁，或交谈或听曲，一人站在桌头为歌曲之人鼓掌[32]，宴乐表演发生在游船中，表演空间依托广阔水域自由环绕观看空间，观者可从不同方位感受到流动舞台的存在，产生游目返顾的观看体验（图10e）。但要说明的是，这种“观—演”互动模式在当代园林观演中并不多见，但可为未来园林观演使用提供参考。

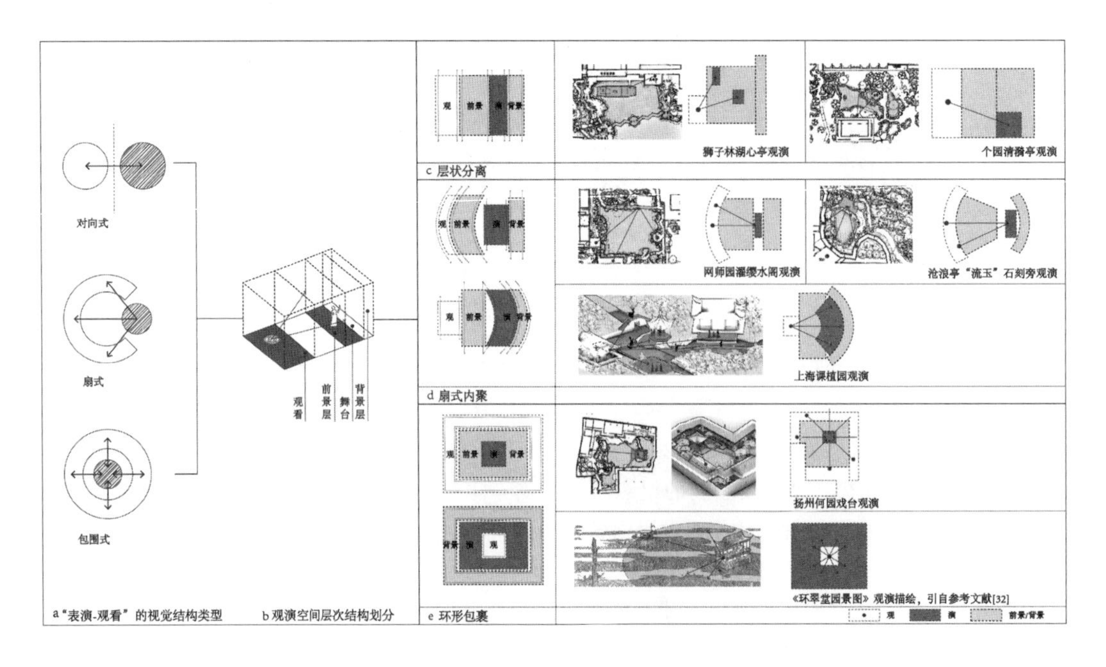

图10 三类园林“观—演”视线结构模式

5 结语

园林观演活动源于礼、兴于乐而趋于艺，并在当代需求下有着新的书写方式。“观看—表演”可类比园林营造中的“观景—景观”，因而二者具有可叠合的空间模式。研究以场景构成的综合性视角，通过模式语言的分析方法解析园林空间与观演活动的耦合机制，分别从“观”“演”及“观—演”互动中行为与空间的关联性出发，探究当代观演活动中古典园林空间要素的组织方式，指出其中关涉的“景观舞台”“视觉画面”和“视线结构”三个核心方面：承载表演的舞台参照演员身体形态，存在线形、面域、复合三种拟合方式；相较而言，观看行为更注重对观者视觉画面的处理，画意视觉形式牵涉到画面层次、中心和背景的处理手法，研究从中获取画框选择、视觉中心塑造、画面底景衬托三方面的“园林—观演”空间关联设计方法；此外，在“观—演”的互动行为中，针对观众和演员的位置关系，提出古典园林存在的层状分离、扇式内聚和环形包裹三种的空间布局模式。

既存的古典园林并非仅是静止的客观实体，其中的行为事件与人物活动同样是古典园林的重要组成部分。场景视角的引入，一方面增进对古典园林叙事能力的认识，发掘园林空间容纳行为活动的场所经验价值，对文化遗产的可持续发展有所裨益；另一方面也为古典园林空间语汇的当代转换构建可能的途径，通过明确的事件主题将园林空间与当下观演空间需求结合起来，为景观环境下观演空间的设计提供参考。

（注：文中图3~图9为作者根据高居翰，黄晓，刘珊珊．不朽的林泉——中国古代园林绘画［M］．北京：生活·读书·新知三联书店，2012；杨鸿勋．江南园林论［M］．北京：中国建筑工业出版社，2011；陈薇，是霏．中国古建筑测绘大系·园林建筑［M］．北京：中国建筑工业出版社，2022；朴世禺．藏在木头里的智慧［M］．南京：江苏凤凰科学技术出版社，2020；惠山古镇景区．“锦绣70·云上寄畅音乐会”邀请函［EB/OL］．［2022-12-16］．https：//mp. weixin. qq. com/s/x1mBnrej0VbnLGh_Utr39A；中国江苏网．昆曲亮相扬州个园，园林沉浸式演绎令人惊艳［EB/OL］．［2019-04-20］．http：//k. sina. com. cn/article_2056346650_7a915c1a02000y8y4. html? from=news&subch=onews；爱生活看壹周．在沧浪亭入梦《浮生六记》［EB/OL］．［2018-09-14］．http：//szgdb. yunpaper1. cn/Article/index/aid/2426072. html. 247 tickets；实景园林昆曲《牡丹亭》［EB/OL］．［2020-04-23］．https：//www. 247tickets. com/t/d-203491004；幻境．沉浸式昆曲《浮生六记》，赏沉浸式体验活化非遗之美［EB/OL］．［2021-10-06］．http：//illuthion. com/exchange-center/six-records-of-a-floating-life/. 以及作者拍摄的图片整理绘制）

参考文献

［1］贾梦雪，张莉，郭明友．浅析苏州园林中的戏曲环境设计［J］．浙江园林，2018（2）：17-20.

［2］董雁．晚明文人园林观演剧活动及其戏曲史意义［J］．西北大学学报（哲学社会科学版），2010，40（3）：78-81.

［3］戈祎迎．清初宝应纵棹园水景空间和舟游活动关系研究［J］．风景园林，2022，29（3）：136-142.

［4］史文娟．前世与今生：文本中的“芥子园”［J］．建筑师，2018（5）：98-106.

［5］金学智．中国园林美学［M］．北京：中国建筑工业出版社，2000.

［6］陈从周．陈从周讲园林［M］．长沙：湖南大学出版社，2009.

［7］董雁．明清士人戏曲活动的园林文化空间叙说［J］．戏剧（中央戏剧学院学报），2017（2）：69-76.

［8］杨翼．明后期戏曲对江南园林的变化的影响［J］．中国园林，2017，33（7）：119-123.

［9］张帆．明清水上戏曲传播活动考述［J］．艺术传播研究，2021（3）：69-79.

［10］边思敏，朱育帆．景观空间与戏剧舞台之关系辨析［J］．新建筑，2019（1）：76-81.

［11］郭淞，李路珂，钱勃．乾隆时期北海镜清斋的空间场景研究［J］．建筑学报，2021（11）：8-17.

［12］马强．论电影场景设计的美学风格［J］．电影文学，2011（17）：24-25.

［13］阿摩斯·拉普卜特．文化特性与建筑设计［M］．常青，译．北京：中国建筑工业出版社，2004.

［14］C·亚历山大．建筑的永恒之道［M］．北京：知识产权出版社，2002.

［15］邹迪光．诗三首（其二）［M］// 秦志豪．锡山秦氏寄畅园文献资料长编．上海：上海辞书出版社，2009.

［16］高居翰，黄晓，刘珊珊．不朽的林泉——中国古代园林绘画［M］．北京：生活·读书·新知三联书店，2012.

［17］邵星宇．明末清初江南园林“画意”布景手法探析［J］．建筑学报，2023（9）：102-108.

［18］计成．园冶注释［M］．第2版．陈植，注．北京：中国建筑工业出版社，2023.

［19］张家骥．读《园冶》［J］．建筑学报，1963（12）：20-21.

［20］常青．建筑学的人类学视野［J］．建筑师，2008（6）：95-101.

［21］胡妙胜．阅读空间：舞台设计美学［M］．上海：上海文艺出版社，2002.

[22] 张冉，夏华．实景园林昆曲与舞台昆曲的艺术创作比较[J]．戏剧丛刊，2013(1)：82-85.

[23] 童明．眼前有景 江南园林的视景营造[J]．时代建筑，2016(5)：56-66.

[24] 朱雷．有关李渔“便面窗”的分析——借助于媒介的思想看空间的转换[J]．华中建筑，2006(10)：162-163.

[25] 朴世禺．藏在木头里的智慧[M]．南京：江苏凤凰科学技术出版社，2020.

[26] 周维权．以画入园，因画成景——中国园林浅谈[J]．美术，1981(7)：45-49.

[27] 梁敦睦．中国传统园林的点景艺术[J]．中国园林，2000(6)：65-67.

[28] 顾凯．中国传统园林中“亭踞山巅”的再认识：作用、文化与观念变迁[J]．中国园林，2016，32(7)：78-83.

[29] 刘滨谊，赵彦．结“亭”组景的旷奥理论研究[J]．中国园林，2019，35(7)：17-23.

[30] 彭一刚．中国古典园林分析[M]．北京：中国建筑工业出版社，1986.

[31] 清水裕之，姚振中．论演出空间形态的生成(上)[J]．戏剧艺术，1999(5)：53-76.

[32] 许浩．明清园林图像艺术[M]．南京：东南大学出版社，2021.

作者简介

曹宇超，天津大学建筑学院在读博士研究生。

（通讯作者）张楠，天津大学建筑学院，助理研究员。电子邮箱：zhangnan_ arch@ 163. com。

师晓龙，天津大学建筑学院在读博士研究生。

中国古典园林的核心精神

——以晋祠为例

The Core Spirit of Chinese Classical Gardens

—Taking Jinci Temple as an Example

贾泽慧

摘　要：中国古典园林的生命力源源不竭，对于其核心精神的研究与传承尤为重要，文章选取古典园林晋祠作为实例，通过对晋祠的造园手法进行分析，探究中国古典园林的核心精神，为将中国古典园林的造园思想运用到现代景观设计之中提供参考。

关键词：中国古典园林；晋祠；核心精神；造园思想

Abstract: The vitality of Chinese classical gardens is inexhaustible, and it is particularly important for the research and inheritance of its core spirit. This article takes Jinci, a classical garden as an example, and analyzes the gardening techniques of Jinci to explore the core spirit of Chinese classical gardens. The gardening ideas of classical gardens are applied to modern landscape design to provide reference.

Keywords: Chinese Classical Garden; Jinci Temple; Core Spirit; Garden Thought

引言

中国古典园林是中华传统文化的智慧结晶，具有深厚的历史价值、文化价值和艺术价值，而如今对于中国古典园林的研究具有一定的局限性，“休矣论”和“复兴论”大行其道，中国古典园林的传承之路任重而道远。通过对于典型案例的研究和分析，可以对传统的造园思想进行阐释，是尊重中国古典园林的真正表现，也是助力中国古典园林生命力发展的不竭动力。

晋祠作为中国古典园林的典型代表，深受哲学思想与文化的熏陶，本文通过对于晋祠造园手法的分析，了解其体现的中国古典园林核心精神内涵，提出了延续中国古典园林精神内涵的设计方法，可为现代的园林景观设计师们提供设计灵感。

1　从晋祠看中国古典园林的造园特色

山西省地处黄河中游，为孕育中华民族文化做出了重要贡献，历史源远流长，山西省内的古代建筑数量众多，被誉为“中国古代建筑博物馆”。与建筑相应而生的是园林，山西省内存有大量古典园林，造园历史也已有千年之久。晋祠是山西省内最大的古典祠堂园林，也是国内最早的皇家祭祀园林，北魏时期，地理学家郦道元就曾在《水经注》中对晋祠进行记载，内容包括晋祠的起源、地理位置等。晋祠地处于山西省太原市西南 25km 处的悬瓮山山麓，邻近汾河。晋祠之中山水环绕，与历史建筑及文物相映成趣，大有情景交融之态。

晋祠的总体布局为主景突出式（图 1），以圣母殿为建筑主体，与水镜台、会仙桥、金

图1 晋祠全貌（图片来源：晋祠博物馆）

人台、对越坊、钟鼓楼、献殿及鱼沼飞梁形成轴线[1]。同时结合集锦式的布局方式，于这条轴线的周围共有四组建筑相应成景，分别是善利泉亭、苗裔堂、朝阳洞、老君洞、三台阁、待凤轩；叔虞祠、东岳庙、关帝庙、文昌宫；胜瀛楼、同乐亭、三圣祠、难老泉、水母楼、公输子祠、奉圣寺塔院[2]。历代造园者巧思妙想的造园手法将整个晋祠园林打造得主次分明、错落有致，使其具有极高的美学价值和历史文化价值。通过对晋祠造园手法的研究，可以在一定程度上了解中国古典园林的造园特色，为探究中国古典园林的核心精神奠定基础。

1.1 山水环境

中国古代园林在营建之初有一要事——相地，也就是选址，即《园冶》中提及的“凡造作，必先相地立基”[3]。而山水环绕之处向来备受古典园林造园者的青睐，晋祠亦是如此。晋祠依傍悬瓮山而建，悬瓮山位于太原盆地西部的西山山脉之中，受西山山脉所护，地理意义上具有防护的功能，还可以抵御寒流，并且悬瓮山山麓内有晋水源头，晋祠营建于此处，临近汾水和晋泽湖，借水得柔，便于晋祠园林内部的理水，同时也对发展水利、进行农耕灌溉起到了重要作用。

1.2 空间格局

晋祠的总体空间格局以圣母殿（图2）为主轴，四周各有建筑组群，错落有致，既彰显了圣母的精神统领地位，又能够体现儒释道三家文化的兼容并蓄，而难老泉、鱼沼泉、善利泉贯穿于晋祠之中，蜿蜒其下，串联起各个建筑，营造出的景观布局幽静有致，且遵循自然。

具体到晋祠的主轴线圣母殿—鱼沼飞梁—献殿的空间布局中（图3），自进入晋祠山门，映入眼帘的便是位于中景的水镜台，其后，距离水镜台9丈（约30m）的是会仙桥，不同于之前的视野有限，会仙桥的景色平铺直叙的展开，其后是金人台、香炉亭，以及对越坊，至此，视野再次收束，并形成框景，台阶、木柱、牌匾、斗拱巧妙组合，出现在画面之中。对越坊之后，距离会仙桥9丈（约30m）的是献殿，从献殿看去，鱼沼飞梁与圣母殿一同被献殿的后檐明间框在画面之中，圣母殿的轴心位置得以体现，整体空间的序列感得以强调。并且，圣母殿作为整个晋祠最重要的建筑，其体量也是最大，高为19m，台基宽为31.09m，进深更是达到了25.46m，直观体现出神的权威感和神秘感。

图2 圣母殿模型

图3 圣母殿、鱼沼飞梁、献殿

1.3 置石理水

晋祠中的山体多为土石结构的阜岗，阜岗这种山体于重要部位叠石，以固定山体形态，保证安全性的同时，还与周围的景致相连，让观赏者可以在山间自如穿梭，丰富观景体验。

晋祠是借水造园，晋祠园林景观的中心便是水，园内有泉、沼、泽、塘、渠、池、河等多种水态，营建了智伯渠、八角池、分水石塘等水景，园内水生态生生不息，呈现出可持续发展的生态观。并且，晋祠的理水方式也非同寻常，有瓜蔓之势，蜿蜒缠绕，有如玉带一般。造园者借水造景，以水贯祠，完美结合建筑与自然，达到了虽为人作，宛自天开[4]。

1.4 植物花卉

晋祠作为古典的祠堂园林，园内的植物以高大、长寿的乔木为主，尤其是具有宗祠象征意义的松树、柏树（图4），此外还有槐树、桑树、柳树、榆树等。园内树龄超过千年的古树近20株，百年以上的更是近百株，这些古树的存在，烘托了晋祠的苍古本色，能够引起观赏者的思古之情。除了松柏一类的高大乔木，晋祠中还有不少果实类的树木，如杏树、枣树、桃树、梨树等，花卉方面多为能够象征文人气节的种类，如莲花、菊花、竹子等。晋祠整体的植物布局以高大乔木为重点，以花卉为点缀，整体的园林气氛十分和谐、灵动，由此可见造园者高超的审美趣味和艺术修养。

图4 周柏

2 晋祠中的中国古典园林核心精神体现

中国古典园林深受哲学思想的影响，其中包括儒家的“中庸之道”，于晋祠之中，体现在以圣母殿—鱼沼飞梁—献殿为中轴线，而轴线四周均有建筑组群这一点；佛家的“宇宙中心论”，按照佛教的观点，空间中一定有最中心的建筑物来代表佛教的“须臾山”，如晋祠中的圣母殿，以此来象征至高无上权力的神秘和威严；道家的“道法自然”思想，指的是世间万物遵循自由、无为的意志，而不是拘泥、收束[5]，正如晋祠园林中的理水之法，自然灵动、蜿蜒曲折。

中国古典园林营建与所处的文化环境有很大相关性，晋祠由于其独特的地理和人文环境，受到了不同文化的影响，首先是“三晋文化”，这是由晋祠所处的地理空间而决定的，三晋地区重视血缘关系，强调孝亲文化，因此而产生了对于叔虞、圣母的崇拜，也就是祖先崇拜。然后是祭祀文化，晋祠位于兵家必争之地的晋阳古城之中，这里的人们自古以来便有求吉纳福、保佑平安的愿望[6]，祭祀活动的举办，正是百姓寄托自己愿望方式的体现，晋祠内围绕祭祀主题的祠庙、雕刻、壁画等不胜枚举，神灵、天、地、人、物都是晋祠祭祀的对象，每逢祭祀，便有“丁男子妇，攘往熙来”的盛况。通过举办祭祀活动，封建礼教文化更加深入人心，社会秩序则得以稳定。最后是龙狮文化，龙在中国传统文化中是至高无上的权力的象征，晋祠的圣母殿前檐廊柱上雕刻有蟠龙（图5），台基左右则雕刻有骊龙，唐叔虞祠的廊柱上也雕刻有蟠龙，通过匠人们的精心制作，统治阶级的威严得以淋漓尽致的体

图5 蟠龙柱

现。起源于古印度的狮子形象，与中国的传统文化相结合，加之狮子本身所代表的强大、凶悍、守卫的意向，也被广泛应用于晋祠之中，在鱼沼飞梁的两侧及前方平台处便各有一对，此外，水镜台、对越坊也各有一对，这些狮子的年代、造型、材质各有不同，神态却都活灵活现，生动有趣。

中国古典园林强调自然之美，不同于西方园林所推崇和钟爱的几何制式一般的、偏好人为打理的、强调征服自然的规整之美，在中国古典园林的营建中，更希望呈现出一种未经人工参与的、不受制式约束的天然之美，如文人山水画一般，富有诗意与自由。晋祠中的建筑排布便体现了山水画论的美学观念，如圣母殿建于悬瓮山边，水母楼则筑于难老泉之上等，模拟自然的排布，灵活多变、意趣盎然。

3 晋祠中体现的中国古典园林核心精神的现代传承

随着时代的不断发展，西方园林设计思想的引入，对于中国古典园林也造成了一定的冲击，部分学者认为，中国古典园林的发展已经处于穷途末路的状态，而且，由于其营建背景，中国古典园林被视为封建社会贵族阶级统治之下所产生的糟粕，已经无法适应现代社会的生活需求，是与现代社会格格不入的“死物”，还提出了所谓的“休矣论”这种论调，对于中国古典园林的贡献枉然不顾，对于中国古人的营建智慧熟视无睹，忽视了中国古典园林所具有的历史文化传承性。还有一种论调是“复兴论”，即在进行设计实践时，全然不考虑项目的时代背景和实际情况，直接将中国古典园林的造园手法照搬照抄，由于缺乏对于造园手法理法的全面了解和深入研究，设计的作品往往忽视现代语境，亭台廊榭、假山、石桥被生硬地拼凑在一起，误读了中国古典园林的传承方式。

因此，在当下，现代景观设计的领域中，继承与发展中国古典园林的核心精神尤为重要。通过前文对于晋祠的造园手法的分析，及其体现的中国古典园林核心精神的考虑，可以从以下几个方面来进行。

第一方面，中国古典园林蕴含着丰富的哲学思想，具体到现代社会，对立统一的规律尤为明显。在如今的城市发展中，欣赏真正的自然山水风光已然触手可得，似乎不必再像古代人用假山假水聊以慰藉，这也就引发了一个思考，中国古典园林中的人造山水还有存在的必要吗？可是，城市的发展不单带来了便利的交通，而且带来了繁忙又快速的生活节奏，人们与真山真水的接触几乎只存在于短暂的假期当中，并且，出于对生活品质的要求，居于山林之中也不是长久之计，因此，人工山水的存在对于日常栖居而言很有必要。只是现代的山水造景需要思考如何适应现代的城市发展，正如吴良镛教授所提到的“山—水—城”理念，将山水园林的思想融入山水城市的建设中，实现中国式的生态人居环境，满足中国人的骨子里对于“诗意的栖居”天然的向往，不止局限于居住环境，还要着眼于公共环境中，运用中国古典园林的造园手法进行营建，实现传统造园意境的同时符合人们对于“逸居”的构想。

第二方面，中国古典园林深受所处的文化环境影响，在前文提到的“复兴论”中，部分设计师一味使用古典的造景元素和材料，忽视了场地与文化环境的结合，这其实就是对于“传承”内涵的误读，自古至今，园林所使用的元素、形式、材料都极具地方特色，若为了迎合所谓的“古色古香”，一定要使用某种材料来“返古”，则容易弄巧成拙，使设计水平失了精良。因此，在现代设计中，因地制宜地选用设计元素和材料，同时注重设计中不同文化环境对于空间的把握，深挖中国古典园林中起承转合的奥秘、主次分明的秩序、相互穿插的精髓，才有可能实现真正意义上的“古色古香”。

第三方面，中国古典园林强调自然之美，在进行设计时，我们可以按照设计环境选择设计方式。例如，中国古典园林讲究“无水不成园”，但是，对于缺水的北方而言，显然是不易实现的[7]，若是为此而投入过多的资源，反而违背了“天人合一”的哲学思想。因此，在设计中，可以遵循生态设计的理念，在对于场地内部的自然条件详尽剖析的前提下进行设计，将对于原有生态环境的干扰和破坏降到最低，与场地有机结合，“因高堆山，就低凿池”，符合“师法自然”的生态智慧，达到人与自然的融合。

4 结语

本文通过对于晋祠的山水环境、空间格局、置石理水、植物花卉的研究，了解了晋祠作为典型的中国古典园林的造园手法，进一步探讨了中国古典园林的核心精神，在此基础上反思了中国古典园林的研究和发展现状。将晋祠中体现的中国古典园林的核心精神应用于现代的园林景观设计之中，以期为延续中国古典园林核心精神的生命力作出一点贡献。

参考文献

[1] 朱向东，杜森．晋祠中的祠庙寺观建筑研究[J]．太原理工大学学报，2008，39(1)：83-86.
[2] 张树民．试论晋祠古典园林的造园艺术特色[J]．文物世界，2015(4)：23-24.
[3] 朱青青．拙政园之画境研究[D]．济南：山东大学，2012.
[4] 陈文琦，高峰．浅谈包公园浮庄造园要素[J]．花卉，2019(12)：85-86.
[5] 杨国哲．先秦道家生态思想及其当代价值[D]．武汉：武汉科技大学，2019.
[6] 郭文婷．卡通化表现在旅游地图中的应用——以晋祠旅游地图为例[D]．浙江：浙江理工大学，2018.
[7] 杜莹，姜涛，杨芳绒．中西方古典园林的差异、原因及本质探析[J]．河北工程大学学报(自然科学版)，2013(2)：38-41.

作者简介

贾泽慧，1996 年生，女，天津大学建筑学院在读博士研究生。研究方向为风景园林学。电子邮箱：1713909490@ qq. com。

诗意栖居的东方美学①

The Oriental Aesthetics of Poetic Dwelling

李丹秋子　杨芳绒*

摘　要：社会经济的不断发展与文化实力的逐渐增强使人们开始追求高品质的人居环境。以东方美学内涵为基础，诗性智慧与诗歌文化为指导，总结生活环境、生产环境和生态环境的东方美学特征，并提出对诗意栖居在场景创造、材质选择、元素搭配等方面的思路与策略，旨在增强人居环境建设中的文化自信与审美价值，促进“三生”共荣的和谐发展。

关键词：人居环境；传统文化；哲学思想；审美价值；诗词文化

Abstract: The continuous development of social economy and the gradual enhancement of cultural strength make people start to pursue a high-quality living environment. Based on the connotation of oriental aesthetics and guided by poetic wisdom and poetic culture, we summarize the oriental aesthetic characteristics of the living environment, production environment and ecological environment, and put forward the ideas and strategies for poetic habitat in the creation of scenes, material selection, and element collocation, aiming to enhance the cultural self-confidence and aesthetic value of the construction of human habitat, and to promote the harmonious development of the three symbioses.

Keywords: Human Habitat; Traditional Culture; Philosophical Thought; Aesthetic Value; Poetic Culture

引言

东方美学作为独特的审美力量，不仅在世界范围内成为风向标，在生活中也影响着人们的衣食住行。尤其是在建设健康中国、美丽中国，以及环境友好型社会的背景下，将东方美学蕴含的审美价值与思想意境注入我国良好的人居环境营造是十分必要的。无论是生产、生活，还是生态环境，国人不再满足于干净舒适，开始追求高品质的空间质量及精神文化需求。

东方美学是一个千年传承的文化，它强调人与自然的和谐相处，追求深邃含蓄的审美感受。其价值不局限于“美”本身，还包含传统文化、哲学思想等。自古以来，我国文人墨客的诗画艺术中所勾勒的场景和传达的意象最本真地反映了东方美的风骨，极具参考和利用价值。未来的人居环境建设可以以古为今，从千年的美学文化中汲取东方神韵，提升空间质感，彰显文化自信，塑造诗意栖居。因此，基于东方美学的文化内涵，挖掘人居环境中的东方文化基因，以及探索人居环境中的东方美学营造，是本研究的目的。

① 基金项目：河南科技智库调研课题（编号：HNKJZK-2020-01C）和2023年度郑州兴文化工程文化研究专项课题（编号：xwhyj2023118）共同资助。

1 东方美学的文化内涵

美学作为“第一哲学”，深受思想和意识形态的影响[1]。东方美学的历史可追溯至古代中国的儒家、道家和佛教等哲学体系[2]。儒家提倡德政、礼治和人治，注重人与人之间的和谐关系，其美学思想强调“君子修身，以致天下”，认为美是一种道德的体现。道家则强调道法自然，无为而治，崇尚自然为最高的美。佛教的传入对中国美学也产生了深远影响，它主张达到超凡脱俗的境界，修炼心境与智慧。中国的文人墨客将佛教思想融入艺术创作中，形成了“禅宗美学”。因此，提起东方美学，也与诗意、禅意、画意等抽象思想意境紧密关联。相较于西方美学的理性、秩序和比例，东方美呈现和谐、自然和内敛的特征。

在人为构建的地理概念层面，东方美学涵盖了中国美学、日本美学、印度美学，以及东南亚各国的美学，一些学者甚至把中近东地区及阿拉伯各国的美学也纳入远东美学范畴[3]。然而，中国美学依然是东方美学的代表，在国际舞台上展现着东方印象。中国古典绘画、书法、诗歌、舞蹈和建筑等艺术形式都展现着东方美的影子，传递着东方美学理念。尤其是诗歌，它在中国传统文化扮演重要的角色。我国自古以来浩如烟海的诗歌用文字与意境渲染着东方美的风骨，且诗性的思维从某种程度上影响着整个传统哲学思维。诗歌作为一种文学体裁，通过赋予文本内容生命张力，使其内容延伸出思想意义与审美价值，且给予了充分的想象与留白空间[4]。无论是中国山水诗中显现的画意，田园诗蕴含的禅意，或是咏史诗所凸出的个体意识，它们所蕴含的节奏韵律与思想意境都构成了特有的中国诗性智慧[5]。换言之，诗性智慧是一种艺术化的思维方式，基于自我的感官感受，外加想象力和创造力来解读万事万物秩序和客观世界。同理，空间环境中的许多要素也可以被创作者赋予感性解读与精神特性，作为诗性与理性的交汇，哲学与美学的融合。

2 人居环境中的东方美学特征

生产环境、生活环境、生态环境作为人居环境的构成部分，是展现东方美学魅力的重要途径之一。以诗为据，利用我国诗歌文化与诗性智慧诠释东方美的具体特征，是抽象美学生活化的前提。

2.1 生活环境的静谧性

在佛教禅蕴的影响下，东方美学注重内心的平静与净化，寻找生命的意义，并追求一种洗尽铅华的状态。这种思想从印度传入中国和东亚后形成本土文化的突破，体现了东方文化的包容性和融合性。佛教东传带来的生活氛围是自然化、艺术化和人间化的，它引导着人们对于生活环境和园林艺术的美学认知[6]。

禅、茶、画三者结合而成的审美情趣使具有东方精神的环境带有和、清、静、寂的风格特色，常让人身处其中生出“幽静”的感受[7]。这种“禅之静境”在我国许多诗词里也均有体现，例如，南朝诗人王籍在《入若耶溪》中用“蝉噪林愈静，鸟鸣山更幽”描写了若耶溪的深幽清净，同时“动中兼静意”的美学效果也跃然纸上。唐代诗人常建在晨游山寺时写道“竹径通幽处，禅房花木深”，当他看到幽静的竹林、清澈的水潭和焕发的青山，这样的环境消除了他的杂念，心中豁然平静，抒发了寄情山水的隐逸之情。许多文人雅士的笔下都展现了生活环境中的虚空美与寂静美，从而表达大隐于市的思想内涵。在喧哗的市井生活环境中，人们渴望回归自然，寻找一方宁静的山水空间，过清秀淡雅的诗意生活。

2.2 生产环境的和谐性

平衡与和谐在传统美学文化中很重要，东方美学主张通过人与人、人与自然，以及自我的和谐相处来绽放生命的真善美[8]。和谐社会思想的渊源之一是儒家“以和为贵”的思想，其中“仁”和“礼”等丰富的思想教化也让人与人之间和睦相处、友善对待自然环境中的生灵。

在我国的田园诗歌中就经常表现出邻里之间喜悦和睦、田间劳作惬意闲适，以及孩童嬉闹一派祥和的景象。宋代诗人范成大在《四时田园杂兴》中用“新筑场泥镜面平，家家打稻趁霜晴。笑歌声里轻雷动，一夜连枷响到明。”描写了田家打稻的情景，体现了农民们对收获的欢乐和劳动的愉快。杨万里有一首描写童趣的诗十分出名，《宿新市徐公店》中“篱落疏疏一径深，树头新绿未成阴。儿童急走追黄蝶，飞入菜花无处寻。”表现了春日生机盎然，儿童嬉闹的美好景象。在《江畔独步寻花》中，杜甫用“黄四娘家花满蹊，千朵万朵压枝低。留连戏蝶时时舞，自在娇莺恰恰啼。”记叙了赏花时的场面与感触，描写了草堂周围充满花、蝴蝶和黄莺的烂漫春光，表达了对和谐之景的适意之怀。中国文人大部分都有“田园梦”，寄情山水田园，释放闲情雅趣。同时，在一幕幕和谐与共的田园劳作画卷中，可见古人追求与自我、他人，以及自然环境的友好互动。

2.3 生态环境的情感性

东方美学认为天地之美来自于自然万物的生气，每个物体都有自身形态、律动和精神。自然界中的一草一木都有其灵性，人类需要尊重自然，天地万物才能同生共荣。道教崇尚“天人合一”，即人与自然是血肉融合的整体，万物并无高低贵贱之分，皆是由道生化演变而来[9]。“道”集中体现了宇宙情感，具有明显的情感意志色彩[10]。所谓“草木有情，万物有 灵”，代表着生态自然中的花草树木被认为具备生命力和延续性，古人愿意以朝圣者的姿态去敬畏，用自己的心经与思想去阐释无法被掌控的植物内心。

先民在创作诗歌时总是会触物生情或者借物抒情。《诗经》作为现存最早的一部诗集，对于植物意象的塑造影响着后世。在《诗经·小雅·采薇》中“昔我往矣，杨柳依依。今我来思，雨雪霏霏”，用杨柳的乐景衬托难分难离、恋恋不舍的心意。在《诗经·周南·桃夭》中不仅将“灼灼”的桃花形容女子，更明确认为“桃之夭夭，有蕡其实。之子于归，宜其家室”。所谓“蕡”是指果实成熟后肥大的样子，结果时常硕果累累的桃树被用来寓意新婚女子多子多福。此外，诗经中还有很多具有文化意蕴的植物，例如木瓜象征着丰收的喜气，蒹葭（芦苇）象征着心中的追求，蓬蒿象征着天涯游子等。

3 人居环境中的东方美学营造

东方美学主要追求“言”“象”“意”之间的统一，是相对感性的主张[11]。从传统文化的诗词画卷中提取具象的东方元素，从而注入流动的东方意象，将诗意栖居有形化。通过场景的创造，材质的选择，元素的搭配，尽可能地搭建体现东方审美及文化背景的城市绿地格局，还可以改善喧嚣尘世中人们的身心健康，推动“美丽中国”和“健康中国”的快速发展。

3.1 场景创造

创造不同的城市绿地场景在营造诗意栖居时是必要和首要的，人们能够获得文化的归属、艺术的洗礼和情感的共鸣。此外，场景的产生可以让环境“活”起来，与大众产生“对话”，满足人们的功能与情感双重需求。

在功能需求方面，离不开活动空间，交往空间和独处空间。田园诗歌对于乡村和谐景象的描写中，田间劳作和邻里友好是主旋律，闲适自得的“留白”空间也不可或缺（图1）。在现代快生活节奏下，人们对身体活动、和睦交往，以及独处思考依然存在强烈渴望。所以，在规划设计城市绿地及公共空间时，应该提供进行园艺休闲、身体活动、社交互动、自我相处的“树洞”等空间场景，重现归园田居的生活[12]。园艺休闲尤其与我国自古以来精耕细作的农业传统息息相关，延续至今已成为一种养生和健康的生活方式。上海四叶草堂团队所打造的创智农园，就是上海第一个建在开放街区中的社区花园，人们可以在该空间内种蔬菜、开讲座、搞活动等，周边居民从冷冰冰的“水泥森林”中走入了一个互相关爱、连接、学习的世外绿洲（图2）。除此之外，该团队已经协助政府部门在上海12个区的不同类型社区营造了超过200个社区花园，支持了超过900个居民自治的迷你社区花园及超过1300场社区营造工作坊，目的就是希望在一个现代高度商业化的社会过种植植物的生活，激发社区互动，建立一个有机的公共空间场景。

图1 南宋画家楼璹《耕织图》第十一图：插秧

满足具有东方文化内涵和诗意的人居环境，还需要融合大众的情绪价值。在情感需求方面，花草空间、声音空间、山水空间和光影空间是需要营建的。传统的山水诗人，常在追寻俯仰山水间求得内心与自然的融合，排解内心的愁闷。因此，人们面对紧张的现代生活时，内心压力和焦虑在与大自然的接触与契合中得到解脱，获得愉悦。花草与山水的空间场景可以给予人们良好的视觉体验与精神寄托，满足了人们见物之性、感物之境的审美体验。声音空间是由鸟飞鸟鸣、枝叶摩挲、潺潺流水等组成的听觉情景，其静中有喧、静中有动的节奏渲染着恬静而不孤寂的东方美感。除此之外，光线的生命力超越时空。通过调

图 2　上海创智农园

图 3　红砖美术馆内部空间

整阳光下的植物斑驳光影，以及建筑空间折射的光影，营造惬意的东方美学氛围。在光线照射下产生浓厚的阴影与光束，演绎虚实相依、有无相生、刚柔并济、生生不息的文化底色，滋生出“万物有灵”的美感。北京红砖美术馆就将红墙绿树和光影完美结合，利用线条与空间的交织，打造出一座配备有当代山水庭院的园林式美术馆，融合了传统东方审美与现代艺术（图 3、图 4）。

3.2　材质选择

在场景空间的基础上，材质和色彩的选择也要注重提炼其文化性与地域性的质地、性能与肌理美感。东方美像是一种含蓄、淡然、意味深长的情感，在选材上崇尚天然、古朴、厚重的材料质感，呼应了木、瓦、石、砖、竹、瓷、藤、草这些传统的乡土材料，它们广泛应用于室

图 4　红砖美术馆外部庭院

内空间、园林景观、建筑结构等多个环境领域。

越来越多的设计师崇尚道法自然的哲学思想，以自然为师来打造高品质的居住环境。例如王澍先生，他的中国美院象山校区、杭州南宋御街、宁波五散房、宁波历史博物馆等作品都在立意与环境营造上受中国诗画艺术的影响，主要使用竹、土、砖石、旧瓦来修建建筑、墙体、道路、景观小品等[13]（图 5）。身处其中，充满无限联想与情趣，让环境变得可观、可游、可居。

原始材料在空间里除了基本使用功能，还是连接人与自然、古与今、环境与建筑的桥梁，其独一无二的厚重、张力和沧桑，结合了过往、当下与将来，也留下了兼具思性与诗性的物质寄托。原始材料是环保与可持续的，它们来自大地，保留了原汁原味和本土本色，是诗情画意的田园生活写照。许多时刻，古老与原始的材料触感才让人们感觉到环境的真实性。在高科技发展的今天，它们与筑成城市“水泥森林”的钢筋水泥材料形成巨大的对比冲击，以柔克刚（图 6）。同时，将大自然的鬼斧神工、沉淀的历史文化转化为具有情感态度和人文韵味的人居环境肌理，方能演绎出诗意古雅的东方美感。

3.3　元素搭配

场景与材质的搭配有利于形成东方美学的物境，然而，要想传达给观赏者以意境，需要在绿地环境营造中适当加入具有东方属性的景观元素，画出“点睛”之笔。

地形与植物：地形是园林的基础与骨架。在《园冶》中，明代造园家计成将园林分为六类，即山林地、城市地、郊野地、村庄地、傍宅地和江湖地[14]。其中，山林地、村庄地、郊野地与江湖地属于自然山水，地形起伏变化较多。在计成看来，“园地唯山林最胜，有高有凹，有

曲有深，有峻有悬，有平有坦，自成天然之趣，不烦人事之工”。高低错落的地形能够自然而然地形成变化丰富的景致。城市地与傍宅地作为居住区景观，以平地为主。因此，在城市造园时要因地制宜，针对不同特征顺势而为，适宜利用“微地形”发挥天然野趣。在地形的基础上打造诗情画意的空间还离不开有趣的设计与绿植。植物在构园中常常起到渲染气氛的作用，应选择具有地域特色和文化基调的。例如，青苔、芭蕉、银杏、竹子、海棠、柳树、松树、桂花、国槐等，是无论“形”与“意”都极具东方气质的植物，在古典园林中经常出现。正如梅、兰、竹、菊在中国传统文化中被称为“四君子”，以分别表示傲、幽、坚、淡的品格。树木和花卉的组合应根据其形、色、香而“拟人化”，在多样的场景空间中被赋予不同的品性，合理配置显示其象征寓意[15]。

图5 宁波博物馆

图6 北京故宫与国贸 CBD 的同框

山石与水景：在进行水景营造的过程中，可以将山石与水景当成一个完整的景观部分，将景观山石、水岸等与水景进行融合、穿插，使二者形成统一的整体。受古典园林文化的影响，具有东方诗意的水体常曲折有致，并使用山石堆筑驳岸或置假山点缀两岸，彰显深远意境。在有限的空间里模拟天然山水的全貌，追求的是“一峰则太华千寻，一勺则江湖万里”的立意。此外，亭榭、荷花、鲤鱼、孤舟等自古以来为文人墨客所钟爱，用它们来装点水景，具有很强的山水韵味。在中国传统文化中，荷花和鲤鱼都寓意美好，二者结合更是大自然的恩赐。“孤舟向晚亭”的诗句更是将木舟与亭子的山水间的故事感体现得淋漓尽致。

花窗与门洞：中国传统门窗背后有着不凡的境界，沉淀着古色古香的传统之美。在苏州古典园林中的门洞、漏窗大多是两面通透的，且有不同图样的精美花纹，人们从室外通过漏窗、门洞就可看到室内外景物。每个窗棂和门框都犹如一个极富装饰性和艺术质感的镜框，通过框景、漏景、透景等设计手法，将园林中的景致构成一幅幅图画，汇聚人们赏景观望的视线[16]。随着四季更迭和空间变化，更造就了“步移景异，季相变幻”的园林艺术，体现了虚中有实、实中有虚的境界，这是属于中国人独有的美学及哲学观。

匾额与楹联：匾额，是古代在门头或墙洞门上用以书写景点名字或建筑名的木板或石板，以三字或四字为多。楹联与匾额相配，树立门旁或悬挂在楹柱上。匾额楹联作为一种装饰，不但能装饰门墙，还可以点缀堂榭，与园林景观相得益彰且情景交融。上至皇宫王府，下至富商名流宅第、商铺民居，匾额楹联与人们的日常生活有着不可分的联系。其次，匾额楹联的提字中包含了精妙的书法艺术与隽永的文学意境，它将中国传统文化中的诗文辞赋与书法雕刻和周边的环境遥相呼应，为山水名胜添姿增色，成就了一种具有中国气派与东方秀逸的园林艺术品。

4 结语

像“作诗”一样营造人居环境，本质是以东方美学概念为基础，将中国传统哲学思想与文化融入生活，为每个生活场景赋予文化属性，滋养生活，美化心境。除此之外，打造诗意栖居是符合时代精神和现代审美的一种生活方式，即艺术生活化、生活艺术化，把我们生活中的吃、穿、用、住都赋予美学元素。最重要的是，真正能够"天人合一"的方式，就是真的走入诗意画卷的环境中，保持与自然长久的连接性，哪怕只在城市咫尺之间，并非用虚山幻水的方式感受。因此，生活环境、生产环境和生态环境的和谐发展是值得期许的栖居境界，未来一定会在东方大地上谱写出古今相融，"三生" 共荣的最美诗句。

参考文献

[1] 仲霞."美学是第一哲学"的中国论说[J]. 学术月刊，2022，54(7)：161-170.

[2] 赵建军. 东方坐标：儒、道、禅及其审美意识追求[J]. 临沂师专学报，1998(1)：22-26.

[3] 黎遥. 东方美学发展的困境及前瞻[C]//广西外国文学学会. 东方丛刊. 桂林：广西师范大学出版社，1998.

[4] 段建军. 诗性智慧与诗意创造——文学创新及其限度[J]. 文学评论，2007(1)：59-64.

[5] 刘士林. 在中国语境中阐释诗性智慧[J]. 南京师大学报(社会科学版)，2003(1)：106-113.

[6] 金川，田跃萍. 论佛教文化对清代中国园林的影响——以扬州瘦西湖为例[J]. 中国园林，2016，32(9)：94-97.

[7] 徐捷. 茶道与禅——以和·静·清·寂为中心[J]. 中国文房四宝，2013(7)：1.

[8] 乔永强，尹中东，拓云飞. 中国园林与儒家思想[J]. 北京林业大学学报(社会科学版)，2005，4(4)：4.

[9] 李保印，张启翔."天人合一"哲学思想在中国园林中的体现[J]. 北京林业大学学报(社会科学版)，2006(1)：16-19.

[10] 李健. 道"悦"与道"救"：老子之道的情意性特征[J]. 中国哲学史，2022(1)：75-80.

[11] 郭玉格. 基于东方美学的公共空间设计策略探析[J]. 美与时代(城市版)，2023(7)：96-98.

[12] 蔡淦东，蔡明洁. 城市中的精神需求——东京孤独树洞计划[J]. 景观设计学，2020，8(6)：120-131.

[13] 周姣. 浅析古典园林营造符号与王澍建筑作品的相似性[J]. 中外建筑，2013(2)：51-53.

[14] 王劲. 论园林"相地"模式与水源[J]. 中国园林，2018，34(6)：43-48.

[15] 李娇. 宋画中的园林三境[D]. 郑州：河南农业大学，2020.

[16] 杨芳绒，刁锐民，王金平，等. 环境中角域空间的艺术处理手法探讨[J]. 北京林业大学学报(社会科学版)，2006，5(3)：57-60，84.

作者简介

李丹秋子，1999 年生，女，河南农业大学风景园林与艺术学院在读博士研究生。研究方向为风景园林规划与设计，康养景观。

（通信作者）杨芳绒，1963 年生，女，博士，河南农业大学风景园林与艺术学院，教授、博士生导师。研究方向为风景园林历史与理论、风景园林规划与设计。

折柳送别习俗视角下的柳树文化与造景研究

Research on the Culture and Landscaping of Willow Trees from the Perspective of the Custom of Folding Willow for Farewell

王　熠　赵纪军　李景奇

摘　要：柳树作为中国园林中适用最广的树种之一，其与人类的共同发展中衍生出了多种文化习俗，其中折柳送别习俗尤在中华文化中占有一席之地。本研究旨在通过史料收集，对折柳送别这一习俗文化进行研究，并分析总结在折柳送别习俗的影响下，柳树与各种园林要素的不同营造手法。最后，提出当代园林造景中应该借鉴传统习俗，提取其文化精神，发扬其艺术手法。

关键词：折柳送别；柳树；传统园林；造景

Abstract: As one of the most widely used tree species in Chinese gardens, the willow tree has developed together with human beings in a variety of cultural customs, among which the custom of folding the willow to say goodbye has a special place in Chinese culture. The purpose of this study is to study the development of the custom of folding the willow to say goodbye through historical data collection, and to analyze the different techniques of creating willow trees and various garden elements under the influence of the custom of folding the willow to say goodbye. Finally, it is proposed that contemporary gardening should draw on traditional customs, extract its cultural spirit and carry forward its artistic techniques.

Keywords: Folded Willow Farewell; Willow; Traditional Chinese Garden; Landscaping

引言

柳树在我国园林中应用历史长、应用范围广，以至于在中国传统园林和诗画之中柳树的身影随处可见。时至今日，柳树依旧在各类园林工程项目之中发挥着重要作用。相应地，柳树在人的日常生活中参与度极高，在与柳相伴的岁月里，我国人文活动之中也应运而生出了许多不同的柳文化习俗。其中最广为人知的柳文化习俗便是“折柳送别”这一园林习俗活动，这一习俗是指在人们分别之际，留下的人往往会赠予远离的人柳条，作为离别礼物。直到今天，折柳送别仍然是我们日常生活中的一种美好文化传统。2022年北京冬奥会闭幕式趋近尾声时，最后一个节目便是人们手捧柳枝聚在场地中央“送别”（图1），这一传统而又浪漫的中国“折柳送别”不仅传达了对各位世界友人的送别与思念，也由此将中国的传统文化用艺术的手法传递到了全世界。

在早先的一系列研究之中，有关折柳送别这一习俗历史根源的探讨，文化的传播、发展探讨颇多，对于折柳送别习俗的源头，李晖指出“折柳之风源于春秋时期的关中地区”[1]。戴明玺在研究中发现折柳的意义其一是作为民间习俗的折柳，而后逐渐向外延伸传播；其二

图 1　冬奥会闭幕中的“折柳送别”

是将折柳视为诗歌典故，在隋唐时“折柳”被诗人们在别离意义上有意识地加以运用，从此折柳与送别便有更紧密的关系[2]。随后李立[3]、李亚军[4] 等学者也对折柳送别的传播发展做出了更多探讨。对于折柳送别的文化寓意来源，刘蕊杏在研究中提出可能是因为柳树易活的生物特性，由此柳枝象征对于游人的美好祝愿：愿友人如柳条，在旅途之后能平安生活，就似柳条一样容易生根发芽，保佑友人平安顺利[5]。

关于折柳送别习俗的溯源、历史发展等已有不少学者做出了研究讨论，但是着眼于折柳送别这一传统园林习俗与造园造景之间的相关研究甚少。因此，本文的研究就是旨在借助史籍、书画等材料探讨梳理中国折柳送别习俗文化与中国古代园林造景的关系及影响。

1　折柳送别习俗源流

在人类的发展史中，植物与人类的关系一直都十分密切，在中国古代园林之中，植物不只是一类物件，而是一番别致美景，更是蕴含人的思想抱负和灵魂载体。基于此，柳树在与人类的共同发展之中衍生出了多种文化体系，折柳送别习俗（图 2）中蕴含的“离别之时的美好祝愿”这一文化，则是柳树之中最具特色，也是传播性最广的柳树文化。

我国《诗经》中“昔我往矣，杨柳依依”被认为是咏柳伤别的起始。到了汉代，记录京师长安生活的《三辅黄图》记载西安灞水两岸广植有柳树，在灞桥两侧“汉人送客至此桥，折柳赠别”。灞桥折柳是文字记载中最早将折柳与送别相关联的事迹，这一事迹极大地推动了柳树象征离别之物这一文化的传播，“折柳送别”渐渐流行，送别的含义也在柳树之中越来越浓厚。唐宋时期的“折柳诗词”的繁荣更是大大推动了这一文化的发展和传

图 2 《折柳送别图》（现代）

播。李白在《劳劳亭》中写“天下伤心处，劳劳送客亭。春风知别苦，不遣杨柳青”，张九龄在《折杨柳》中写“纤纤折杨柳，持此寄情人”，这些都展示出了行人与亲人好友在杨柳之侧相互惜别的画面。直到今日，折柳送别这一习俗仍在很多地区流传。

折柳送别也是中国传统“天人合一”思想的体现，古人认为自然万物与人类的情感和生活是息息相关的，甚至认为应有“天人感应”之说，即自然现象可以显示人生在世的灾祥，人间福祥和灾祸也有相应祈取和禳除之法[6]。因此人们为了“求福、除祸”，给自然万物也加上了其特定的主观色彩，“折柳”给远行人“祝愿”这一习俗活动也是如此。

2　折柳送别习俗对园林营造的影响

在数千年的柳树种植史之中，相比其他植物如松、柏等，柳在园林中的富贵性、独特性并不强，反之亲民性十分显著，它默默存在于各个路旁、湖畔、屋前等大量生活场景中。《红楼梦》描写大观园时的用的第一副对联就是“绕堤柳借三篙翠，隔岸花分一脉香”，可见柳树应用之广[7]。

隋炀帝大业年间，隋堤运河两侧广植柳树，《古今事文类聚后集》记载提到“隋堤柳，隋炀帝自板渚引河筑街，道植以柳，名曰‘隋堤’，一千三百里”[8]。虽后世隋朝衰亡，柳树延绵之景不再，但到了北宋时期，太祖建隆二年春，“缘汴河州县长吏，常以春首课民夹岸植榆柳，以固堤防”[9]。虽时代更迭，柳树之用仍代代相传。在历代画作记录中，柳树在园林中的广泛种植也同样得到

了验证，如明代仇英绘制的《独乐园》（图3），其描绘了司马光的私家园林。后世学者在研究中皆围绕其竹景，却忽视柳树在造园营景中低调陪衬之用。画中桥梁与亭园中都使用了柳树用以造景，如在卷首的弄水轩，柳树植于房屋前，屋后亦植数棵，室外柳树是建筑配景，室内柳树是屋外对景，相映成趣。在宋代《柳荫归牧图》（图4）中，牧童与牛漫步于数棵柳树下，在柳荫中穿行。诸多记录皆可断定柳树在中国古代私家园林和公共园林造景中均具有广泛的普适性。

图3 《独乐园》(明)

图4 《柳荫归牧图》局部（宋）

2.1 柳与水

柳树“柳色如烟絮如雪”，造园者往往以水景相配。李渔在《闲情偶寄》中指出“柳贵于垂”和“植柳不宜太密”，意思便是旨在发挥柳枝朦胧的美感。同时由于“折柳”给柳树赋予的“离别感”和水体一经结合，其在文化上的传播性、创造性也更广泛，使得柳景的内涵更加丰富，具有“破碎感”和“故事感”。加之自折柳送别习俗传开，特别是汉代“灞桥柳”的渲染，更加促进了水岸边栽植柳树之风。前文中的隋堤运河在古代发挥着不可或缺的水运作用，唐代诗人姚合描述“江亭杨柳折还垂，月照深黄几树丝。见说隋堤枯已尽，年年行客怪春迟”，隋堤之侧的柳树在漫长的岁月中，也在为离人游子的相送提供情绪价值。在后世的修建堤坝中，也常见水岸广植柳树的手法，《苏堤春晓》（图5）是中国古代园林中最著名的水堤柳景之一，柳树遍布苏堤，在柳水之景中柳树群植于水畔时，远观好似漂于水上，与轻柔的水融为一体[10]。

此后柳与水的配合营造在私人园林中也应用得更加频繁，湖堤旁的水柳之景被引入庭院，虽然在庭院内柳大多不再蕴含“离别”之意，但其水与柳的造景手法却被广泛应用。《宋史》中记载宋代私家园林沈园“横跨南北两山，夹道植柳”，《扬州画舫录城西录》中记录明代影园“池外堤上多高柳，柳外长河，河对岸，又多高柳”。从这些文字记载中都足以证明庭景之中柳与水搭配形式十分常见。另外在各种画作中，柳与水景搭配的出现频率非常之高。《水殿招凉图》（图6）中柳树植于殿堂旁，水流穿园而过，柳枝垂下与水景相衬；《月漫清游图》（图7）中，仕女们在庭院中嬉戏，柳树成群，枝叶繁茂，一幅清闲舒畅之感跃然纸上。

图5 《苏堤春晓》局部（清代）

图6 《水殿招凉图》局部（宋）

图7 《月漫清游图》局部（清）

以上这些画作皆描绘出了柳与水的极佳园林范式组合，也表明了柳与水的搭配在古代园林中应用之广，亦增强了柳水搭配范式之传播。画中的风起、飘柳、荡水，三者融为一体留存于画人笔下，其飘逸朦胧的氛围使得图中园景的韵味得到大幅增强。

2.2 柳与桥亭

在中国送别山水画中，“送别图”几乎都与“江岸水景”联系在一起[11]。而在对水岸送别的主题古画整理过程中（表1），亦可以发现柳与桥亭的搭配在古代园林中十分经典。

送别图园林要素 **表1**

图名	类型	朝代	作者	主要园林元素
《金阊别意图》	送别图	明	唐寅	树（含柳）、桥、亭、水、山
《京江送别图》	送别图	明	沈周	树（含柳）、桥、水
《浔阳送别图》	送别图	明	仇英	树（含柳）、桥、亭、水、山
《秋浦送别图》	送别图	明	文伯仁	树（含柳）、亭、水、山
《送别诗意图》	送别图	清	王原祁	树（含柳）、桥、亭、水、山
《垂虹别意图》	送别图	明	唐寅	树（含柳）、桥、水、山
《金台别意图》	送别图	明	戴进	树（含柳）、亭、水、山

在山水画之别离中，柳与桥的造景运用在各处，有桥的地方往往搭配孤植或对植柳树，在古代，中国水域的宽广和造船业的发达使得乘船成为最常见的交通方式，所以水边桥头常成为送别的场所。用另一方式说，也就是在水边别离的地方往往都有柳树。《金阊别意图》（图8）、《京江送别图》（图9）之中都是画家对当下留别场景的再绘，画家都选择有意地刻画了桥边的群柳：柳枝垂下似是不舍，为画里画外的送别场景都增添了一股送别的悲

图8 《金阊别意图》局部（明）

图9 《京江送别图》局部（明）

切。“朋友亲人在桥上相送，柳树在旁摇曳”，可以说这是折柳在离别之地最经典的景观营造，这种桥旁植柳的方式也可以看成“灞桥柳”的另一种传承方式。

在送别图中，除柳与桥外，柳也常会与画中的亭台形成微妙的搭配，在《浔阳送别图》（图10）、《秋浦送别图》（图11）等图中，主客相互作揖告别，柳配于精巧的亭园之侧，微微侧倾，作为陪衬于画面之中增添离别伤感之意。送别与柳之于园林建筑的造景手法，也可从此类画中见微知著。

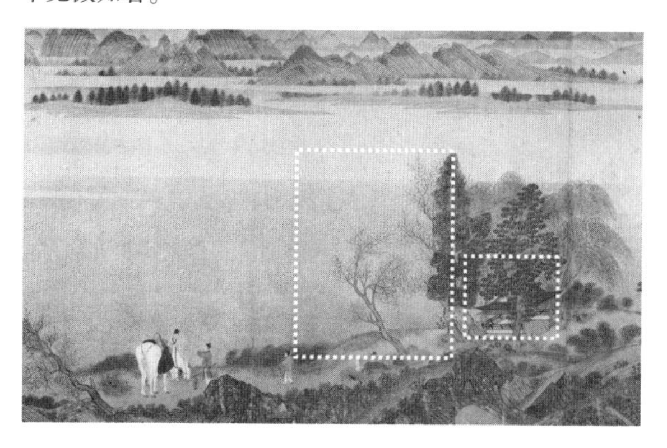

图10 《浔阳送别图》局部（明）

图11 《秋浦送别图》局部（明）

2.3 柳与意境

在送别图之侧留下诗词歌赋，使文字入画从而让作品具有“送别”的意境，这也是文人画家创作送别图的传统。同样的，在我国古代园林中，最大的特色便是通过园林景观的题名、楹联、诗文等文学素材的烘托，表达和深化园林的“意境”。自“折柳送别”风俗席卷整个中华地区，“折柳桥”“折柳亭”“送客亭”等园林建筑层出不穷。在唐代，关于柳的离别诗文的产出数量非常大。如刘禹锡《杨柳枝》“长安陌上无穷树，唯有垂杨管别离”，罗邺《途中寄友人》“秋庭怅望别君初，折柳分襟十载馀”等，在诗句中可以看到杨柳在送行人之侧供人祝福、道别，也为整个柳景的意境增添了悲伤、祝愿的氛围。直到今天，“折柳”这一典故也仍然在园林、诗歌、表演、绘画等各类创作中被大众所应用。民国期间，吕芋农在广西壮族自治区修建的私人庄园谢鲁山庄就借用折柳送别之意修建折柳亭，两侧对联刻画“万象在旁控物在富，独鹤与飞握手已违”二句[12]，将送别之情推上高潮。因此“折柳送别”的兴盛与传播除了促进了园林之中对于柳树的造景应用之外，更是以诗文、牌匾等形式为柳堤、柳园、柳亭等园林环境渲染上了一层忧愁离别之情，升华园林景象，使其形成带有诗情画意的艺术境界。

在古代，很多关于柳树的造园记录中往往只记录柳树用来搭配春景、庭景，而对于其营造送别之意的“伤感”景观却少有提到。借由以上文字和画作的分析，“折柳送别”赋予柳树送别之意后，它作为背景分布于各类分别送行的诗词歌赋之中，不难看出折柳习俗对于柳景的设置产生了多方面的、潜移默化的影响。

3 折柳送别习俗对柳树种植范围的影响

“折柳送别”这一习俗也对扩大柳树的种植范围作出了不小的贡献。在文成公主和亲时，她特意从长安携带柳苗种植在布达拉宫周围，由此表达自己对故乡、故人的思念。后来，拉萨的这些柳树被称为“唐柳”或“公主柳”，至今在拉萨留有遗迹，为拉萨增添一份柔情之景。如今也成了独特的汉藏人民友好交往的历史见证[13]。

简单看，似乎柳树的广泛应用只是由于人的迁徙活动顺便带动了柳树的传播，但仔细思考则会发现这正是因为“折柳送别”这一习俗的盛行，给予了柳树“送别”“祝愿”“思念”的美好意向，而这对于内敛的古人来说便是一个最美好且方便的寄语。因此，人们在赶赴下一个行程时，友人赠柳或自行带柳，在所到之地随手插柳，且依托于柳的顽强生命力，游人的离散分布也使得柳树在我国的种植范围不断扩大。

可以说，折柳送别习俗文化与柳树种植之间具有文化意义上的高度关联性，折柳送别这一习俗文化也极大地推广了柳树种植的范围。

4 折柳送别习俗对于园林造景的启示

园林根植于生活，各种习俗就是古人生活的一部分，人们折柳送别，咏柳释怀都是独特的中国式园林行为。传统习俗文化的传播发展、应用变形都有着独特的人文色彩。在柳景的营造中，折柳送别习俗的传播使得柳树与水、桥等一系列园林要素产生了不一样的反应，也使得公共园林或私家园林产生了不同形式、不同韵味的柳景，从而又在不同的造景配置中升华了园林环境的精神意境。

物质文化飞速发展的当下，大众精神层面意识形态的缺失不仅会使个体意识走向虚无，更会引发社会的失范，文化、内涵愈来愈受到人们的重视，隐匿于世的各类大小园林绿地则是城市传统文化最好却又最容易被忽视的文化载体，因此在我们当代的园林设计中，不应局限于追求单一的形式美，而应在设计中把自然环境、现代生活和当代文化、传统文化融合在一起，使人通过接近自然而获得更具有人文关怀的当代园林景观，将中国的独特浪漫习俗文化通过园林之景传达给世界。

参考文献

[1] 李晖. 唐代“折柳”风俗考略[J]. 中南民族学院学报(哲学社会科学版)，1998(1)：95-101.

[2] 戴明玺."折柳"的历史演变、文化意蕴和宗教情感[J].北京科技大学学报(社会科学版),2002,18(3):79-83.
[3] 李立.折柳送别[J].文史知识,2002(6):78-86.
[4] 李亚军."折柳送别"解——论"折柳"民俗蕴涵的树神崇拜、生殖信仰观念[J].阴山学刊,2006,18(4):5-11.
[5] 刘蕊杏."折柳赠别"民俗考略[J].安顺学院学报,2007,9(1):10-11,23.
[6] 曹瑞娟,商光锋."折柳"与送别诗词中的杨柳意象[J].济宁师范专科学校学报,2006,27(2):88-91.
[7] 余君.中国古代柳树的栽培及柳文化[J].北京林业大学学报(社会科学版),2006,5(3):33-39.
[8] 祝穆.古今事文类聚后集[M].上海:上海古籍出版社,1987.
[9] 脱脱.宋史·卷九三·河渠志三[M].北京:中华书局,1977.
[10] 唐珣.柳与园林造景[D].武汉:华中农业大学,2010.
[11] 俞丹.明代"江岸送别"图式的演变——以沈周《虎丘送客》为例[J].湖北美术学院学报,2014(1):10-13.
[12] 陆琦.陆川谢鲁山庄[J].广东园林,2012,34(4):79-82.
[13] 李卉.我国柳树的种植及文化意蕴[J].商业文化(上半月),2011(9):344.

作者简介

王熠,1999年生,女,华中科技大学建筑与城市规划学院景观学系在读硕士研究生。研究方向为风景园林规划与设计。电子邮箱:812463693@ qq. com。

赵纪军,1976年生,男,博士,华中科技大学建筑与城市规划学院景观学系,教授。研究方向为风景园林历史与理论。电子邮箱:jijunzhao@ qq. com。

李景奇,1964年生,男,硕士,华中科技大学建筑与城市规划学院景观学系,副教授。研究方向为风景区与旅游区规划、城市生态规划、乡村旅游规划、乡村与乡村景观规划。电子邮箱:LJQLA@ 163. com。

清末广东潮阳三园营造特征探析①②

Construction Characteristics of the Three Gardens in Chaoyang of Guangdong Province at the Late Qing Dynasty

梁泳茵 李晓雪* 郑焯玲

摘 要：1860年汕头开埠后，潮汕地区对外贸易达到顶峰，潮阳县治商业贸易不断发展，商人群体活动更加活跃，为九邑之最。“潮阳三园”是这一时期兴起的3座私家园林，3个园主海外经商或游学的身份背景使得海外的建筑文化、样式和技术得以被引入园中。以清末潮阳三园为研究对象，采用文献研究、实地调研、口述访谈等研究方法，从潮阳三园造园历史背景和3位园主的身份出发，重点对比潮阳三园的园林空间布局、游线组织、营造材料与意匠营造的特征，探讨其在多元文化交流影响下的滨海园林营造特征。潮阳三园在积极吸收与应用西方技术与材料的同时，不忘彰显对潮汕本土园林形式与文化内核的尊崇。

关键词：近代园林；岭南园林；潮阳三园；私家园林；园林营造

Abstract: In 1860, after the opening of the port of Shantou, the foreign trade of the Chaoshan area peaked, and Chaoyang County saw the continuous development of commerce and trade the activities of merchants' groups became more active, which was the most important of all the Nine counties. The Three Gardens in Chaoyang were the three private gardens that emerged during this period, and the background of the Three Gardeners' status as overseas merchants or overseas students made it possible for overseas architectural cultures, styles, and techniques to be introduced and applied to the Three Gardens in Chaoyang. Taking the three gardens in Chaoyang at the end of the Qing Dynasty as the main research object, this paper adopts research methods such as documentary research, field research and mapping, oral research, etc. Starting from the historical background of the three gardens in the era of gardening in Chaoyang, the paper focuses on comparing the background of the identity of the owners of the Three Gardens in Chaoyang, the garden spatial layout, the organization of the tour line, the construction materials and techniques, and the cultural connotation of the three gardens in Chaoyang, to explore the specific performance and historical value under the influence of multiculturalism. While actively absorbing and applying Western techniques and materials, the Three Gardens in Chaoyang have not forgotten to respect the inner core of Chaoshan's indigenous garden forms and culture.

Keywords: Modern Gardens; Lingnan Garden; The Three Gardens of Chaoyang; Private Garden; Garden Construction

①本文已发表于《广东园林》，2024，46（3）：96-103.

② 基金项目：广东省哲学社会科学规划学科共建项目“基于口述史方法的岭南园林遗产保护传承研究”（编号：GD23XLN33）、教育部人文社科课题“乡愁记忆视角下岭南水乡传统村落文化景观的保护与更新路径研究”（编号：22YJA850009）。

引言

广东潮阳县位于我国东南部沿海，从唐代建县邑至今已有1100多年的悠久历史，是清代潮汕地区（古称潮州府）九邑①之一。其地处汕头西南部，滨临南海，有练江、榕江两大水系穿境而过，自古以来水运发达，拥有海门港、关埠港、棉城港等重要港口并毗邻汕头港，历史上一直是潮汕地区重要的对外贸易门户，更是古代海上丝绸之路的组成部分。汕头在1860年开埠之后，迅速发展成为潮汕主要海港及商业中心，一跃成为“商船总泊之要汇”[1]。这一时期，潮阳县治商业贸易不断发展，商人群体活动变得更加活跃，为潮州九邑之最。

“潮阳三园”是位于潮阳县的3处私家园林，三者均建于清代光绪年间[2]（表1）。潮阳三园的3位园主——萧钦、林邦杰、萧凤翥均出生于潮阳县城，他们的海外经商或游学的身份背景以及该时期潮汕地区繁盛的海洋贸易，使得海外的建筑文化、样式和技术得以被引入和应用在潮阳三园。目前对潮汕地区私家园林的研究集中在对单一园林的造园手法、园林空间与意境等方面进行分析[3]，或针对其园林现状和特征提出保护策略[4]，以及其对现代岭南园林设计的影响[5]等。本文将潮阳三园的营造特征置于中外文化交流与材料技艺交融的社会历史背景之下，并从3位园主的身份背景出发来探讨同时期3座私家园林的意匠和营造特征，窥探清末岭南园林的近代发展。

潮阳三园园林概况 表1

概况	西园	林园	耐轩园
园主	萧钦（1857—1908年），汕头买办商人	林邦杰（1861—1915年），汕头买办商人	萧凤翥（1857—1920年），潮阳教育家
建园时间	建于清代光绪十四年（1888年）至光绪二十四年（1898年）	建于清代光绪年间（1875—1908年）	建于清代光绪二十四年（1898年）至宣统元年（1909年）
园林概况	占地约1330m^2，由泥木结构的二层洋楼住宅、中庭、以假山为主体的庭园组成	占地约600m^2，由圆亭、假山、鱼池和一座2层的西式楼房建筑组成	占地面积约500m^2，由南北2个庭院组成，北部庭院由外书斋、光远楼等组成，南部庭院主体为假山
现状	2018—2022年进行修缮，现除家祠被拆外，建筑保存较为完整	2022年修缮完毕，住宅建筑、园林假山原貌保存较完整	2019年开始修缮，现园约占原面积的1/5。北部庭院、书斋建筑现已不存，耐轩园楼已改建，仅剩南园假山部分，现仅在节假日对外开放
现管理主体	由萧家家族后人管理，现作为萧家家族和潮阳诗社等组织开展活动的场所	现位于平和东学校内，由学校管理	现由潮阳文化馆管理，由专人对园林进行管护

1 潮阳三园建造背景

潮阳三园建造时，正值汕头开埠、潮阳对外贸易最繁荣的时期。因此，潮阳当地的生活、建筑或园林等方面都存在着受外来文化影响并与之融合的现象。这构成了潮阳园林建设与发展的条件与背景。

从潮阳地理区位上看，密布的水网条件与依山傍海的地理环境为清代潮阳园林的景观建设和园外借景提供了重要的条件，同时亦促进了交通运输和商业贸易的发展。潮阳古城东侧护城河为明朝修建，连通练、榕两江。潮阳古城扼两江出海口要冲，且县民依赖舟楫之利发展，使潮阳成为县民向海外发展贸易和移民的重要口岸和交通枢纽。

汕头港开埠后至同治六年（1867年），英、法、德、荷兰等国家先后在汕头开设怡和、太古、德记和新昌等洋行[6]。同时，西方各国在礐石一带建设了众多的领事馆、邮局、洋行、教堂和医院等。这些建筑运用拱券、柱式等西方建筑形制，采用国外运来的钢筋、水泥等材料建造，为本地居民展示了西方的建筑文化及生活方式。繁盛的贸易往来带动了潮汕地区经济发展和城市建设，也促进了“买办”这一特殊社会群体的诞生。买办作为洋商在国内开展贸易的代理人，在中外贸易和文化交流中扮演了非常重要的角色。这些买办商人一方面积累大量财富，成为该时期最富有实力的文化消费群体，构建精巧雅致的私家宅园，以此作为自己身份及地位的象征；另一方面，在频繁的外贸往来过程中，其在一定程度上成为中外连接的桥梁，掌握了新型的技术与材料来源渠道，为园林建设提供了重要条件。

2 三园园主：仕商底色与文人追求

潮阳三园诞生在中外文化碰撞的大背景下，3位园主同为潮阳棉城人，深受潮汕地区“海滨邹鲁”崇文重教的儒家底色影响，并都曾有海外经商或游学的经历（表2）。这些坚守传统文化又兼容多元文化的商人与教育家，不可避免地成为潮汕地区早期经济近代化的重要领导者和实践者[7-8]。

① 清乾隆三年（1738年）至清末，潮州府共辖海阳、潮阳、揭阳、饶平、惠来、大埔、澄海、普宁、丰顺9县和南澳1厅。

潮阳三园园主身份背景简介 表2

园主	海外经历	民生事迹	文学艺术
萧钦	英国怡和洋行买办	与澄海商贾捐资共建同庆善堂①；在潮阳设立义渡、疏浚护城河，方便潮阳等县与汕头间的客货运输。曾参与汕头埠的房产开发，对西方建筑技术和材料有所了解[8]	曾邀多名文人雅士聚集在西园，如康有为、林伯虔、夏同龢、吴佐熙和丘逢甲等，并留下一批诗文
林邦杰	英国太古洋行买办；曾在上海、新加坡等地经商	与多名绅商捐资建立存心善堂	—
萧凤翥	曾赴日本东京留学	1904年任东山书院总教习期间首倡将东山书院改办为潮阳第一所小学，并附办师范传习所，一年培养物理、化学、算术、体操、音乐等学科教师近百人，解决了废除八股之后师资缺乏的问题。后任民国国会议员	科举出身，与夏同龢为同科举人。萧凤翥兴建园林之时，适值夏同龢来潮游访，遂为题书“耐轩”匾名

此外，西园园主萧钦与耐轩园园主萧凤翥为族亲，而西园假山和耐轩园的设计师是萧钦族人萧眉仙（1846—1926年）。萧眉仙考中秀才后多次乡试未中，但擅于雕刻、绘画，在西园建成后，被邀请参与耐轩园的设计。萧钦常招待文人于西园开展雅集，并邀请其为园林题字，耐轩园也常作为萧凤翥与文人商谈县内教育、文化、民艺民风的活动基地。因此，两园在面对外来文化的本土表达上虽然风格各异，但具有相似的文化追求与思想表达。

3 三园空间特征：经世致用与传统延续

潮阳三园在私家园林的营建中展现了园主对外来文化的独特吸收与融合。3座园林维持了原有的院落布局和传统礼制思想，同时灵活改造园林空间，强调功能、形式、意境的统一（表3），体现了兼收并蓄、经世致用的共同特征。

3.1 空间布局

在园林整体布局上，潮阳三园庭园与建筑的组合方式虽然不尽相同，但整体都呈现出宅园并置的特征，在空间布局上对西方元素又有不同程度的吸收。耐轩园和西园为传统私家庭院，在空间上大体延续了中国传统园林和潮汕传统民居的特征，局部点缀异域元素。林园位于当时的郊野地中，相对于西园、耐轩园这2座城市山林，其在空间布局上则更贴近西式的别墅庭院，以西式的别墅建筑为主体，花园部分结合中式园林做法围绕建筑四周。

耐轩园为别墅式府第与园林相结合的私家园林，采取“前宅后园”的格局。门开北向，前庭西侧建书斋，东侧筑楼房。后园以叠山为布局中心，营造曲折幽深的山林气氛。西园整体宅园采用中庭“左宅右园”的布局手法，可以分成3个区域空间：北面住宅区南北朝向，平面接近于潮汕传统民居“五间过”的布局格式，但吸收了西式建筑的布局格式，以内廊洋楼建筑替代中间的天井，中西结合，巧妙经营[3]；中庭临街开门3间，中心为曲池，池端置扁六角重檐亭，与门房形成对景；主园则以曲桥与中庭相通，由书斋、会客厅以及假山、水池所组成。林园整体呈轴线布局，以一座两层的钢筋混凝土结构的西洋别墅建筑作为园林主体，采用罗马拱券式风格外廊。建筑坐北朝南，前为开阔草坪的庭院空间。草坪东侧为一四柱圆亭，西侧为塑石假山、荷池和小桥，二层假山上另建有一座西洋式四柱圆亭与东侧亭俯仰对望。林园几何式布局结合中国传统的造园要素，呈现中西杂糅的园林空间。

另外，在吸收外来文化的过程中，西园、耐轩园仍保留蕴含传统礼制思想的书斋、家祠等世俗建筑功能空间。家祠、庭园和洋楼相结合的空间布局，兼顾了宗族家庭与个人修身之间的相互关系。潮汕园林多为以书斋建筑为主体的庭院表现形式，“宝贵之家，住房必有家庙及书斋”[9]。书斋园林作为儒家礼制建筑的延伸，亦彰显了潮汕地区深厚的崇文重教传统。《潮阳县志》中记载西园建有家祠（今已不存），康有为曾到访西园并为家祠题写“明德堂”匾额。耐轩园亦建有书斋，设置在园林入口旁。

3.2 游线组织

由于3座园林面积较小，如何扩展有限之界，在有限的空间中实现优游之乐，追求“小中见大”的园林意境和造景效果成为园林营造的目标。

潮阳三园都以假山为庭园主景，假山上均建亭台，一方面满足小空间游憩之需，一方面亦可引导假山的游园路径。此外，园内假山还通过石梯、蹬道与楼面、屋顶相连，形成立体式的环游路线。西园假山路径设计复杂精

① 后由丘逢甲（1864年生，晚清抗日保台志士、爱国诗人、教育家）改办为同文学堂。

巧，连通四面八方，在狭小的庭园中创造出若干条复杂迂回的游径。为营造“可行、可望、可游、可居”的山林空间，假山中构建了数个形态各异的洞室，洞室内置有石桌、石椅和石床等设施。每个空间借“蕉堨”“耸翠”“钓矶”“蓬壶”等题名，在增强园林文化氛围的同时，构建出一条通览假山的游园路线（图1）。假山亦与建筑交通流线相融，设板桥、石径和蹬道，可通至书斋天台及会客厅的二层檐廊和三层天台（图2）。山顶设琴台，登临假山可以停留休憩，俯瞰园内全景，亦可眺望园外海港，意趣相得。林园与耐轩园的假山亦设有回旋石径通往宅居二楼，连接室内外空间，使其功能性和气候适应性更好地统一。

潮阳三园空间特征　　表3

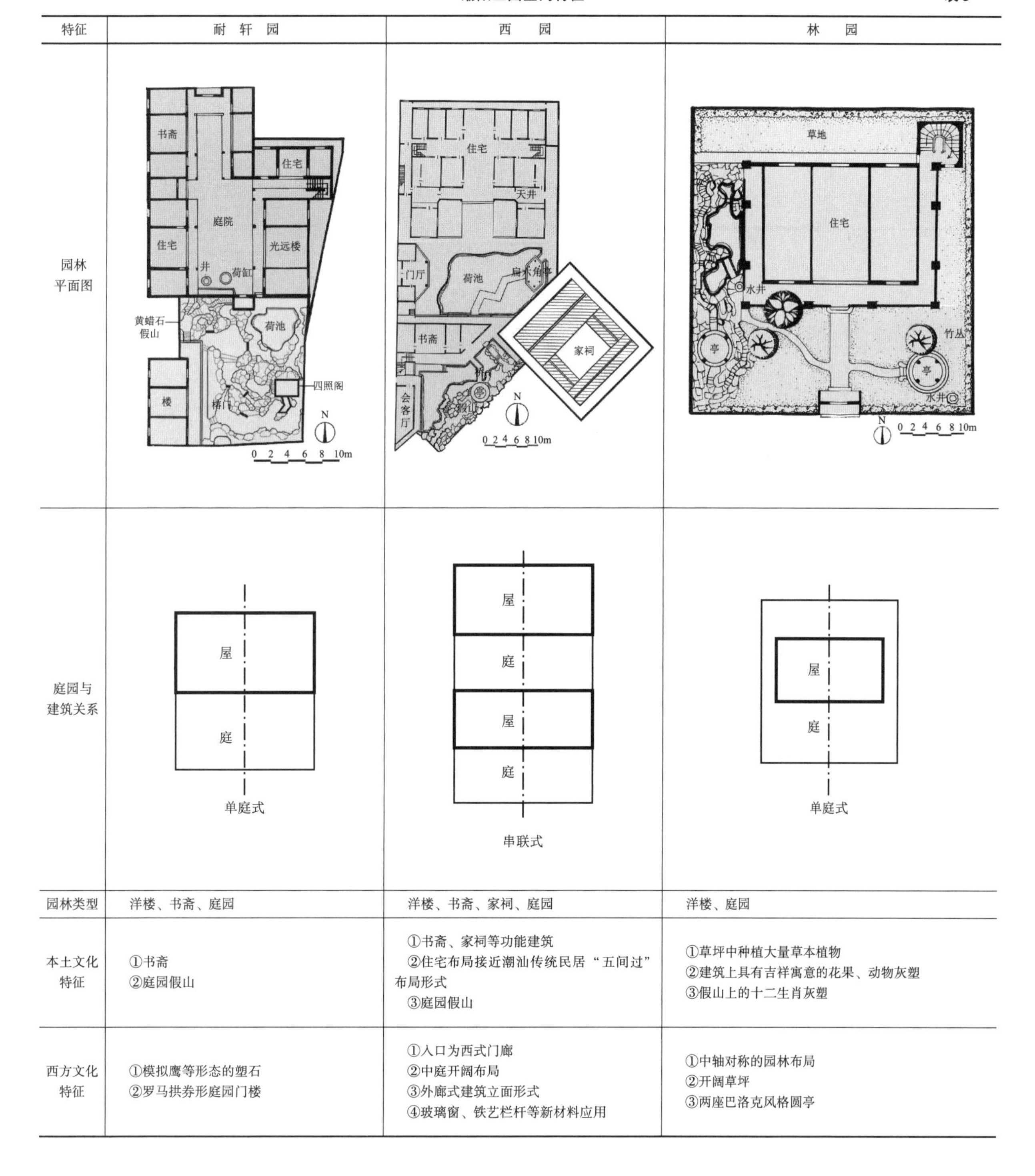

特征	耐轩园	西园	林园
园林平面图			
庭园与建筑关系	单庭式	串联式	单庭式
园林类型	洋楼、书斋、庭园	洋楼、书斋、家祠、庭园	洋楼、庭园
本土文化特征	①书斋 ②庭园假山	①书斋、家祠等功能建筑 ②住宅布局接近潮汕传统民居“五间过”布局形式 ③庭园假山	①草坪中种植大量草本植物 ②建筑上具有吉祥寓意的花果、动物灰塑 ③假山上的十二生肖灰塑
西方文化特征	①模拟鹰等形态的塑石 ②罗马拱券形庭园门楼	①入口为西式门廊 ②中庭开阔布局 ③外廊式建筑立面形式 ④玻璃窗、铁艺栏杆等新材料应用	①中轴对称的园林布局 ②开阔草坪 ③两座巴洛克风格圆亭

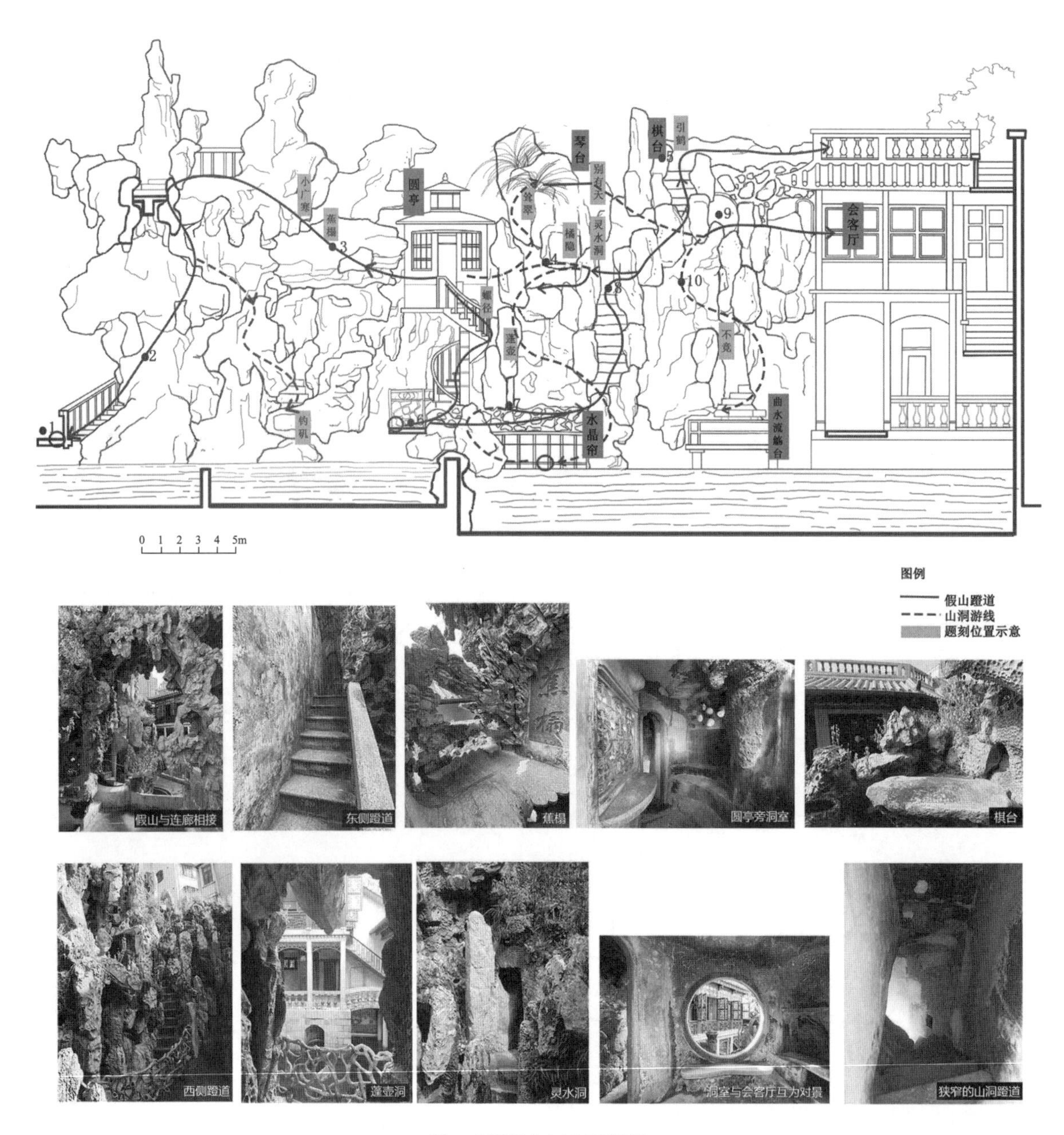

图1 西园假山立面交通游线

潮阳三园在游园路线组织上亦有传统造园手法与新材料、新元素的融合。如耐轩园利用玻璃、水银镜等材料，结合借景等传统造园手法，设计出步移景异的游赏动线和空间效果。在潮阳文史老人李起藩先生的《潮阳园林忆游》① 描述中，耐轩园的光远楼（现已不存）犹如一座“镜楼”[10]。其首层正厅室内墙面镶嵌有两面大水银镜和若干小水银镜，灵感或许来自凡尔赛宫的“镜厅”。人入厅中，左右而视，人影互照。二楼南侧厅内设有一面玻璃镜，采用借景的手法，将耐轩园全部景致收入镜中，游园人与观镜人通过镜子互打招呼，使玻璃镜变成一座“交互式假山”。萧凤翥为光远楼题词“树石琴樽共一楼”，“树石”指的是通过镜子“进入”光远楼的假山景物，“琴樽”指的是陈列在大厅中的钢琴与名贵酒樽器皿。这些接近于现代艺术的元素与传统造园理法的融合，不仅体现了设计师的包容和巧思，也折射出园主萧凤翥的前卫思想。

① 为李起藩先生于1949年前屡次游历西园及耐轩园后追忆所作。

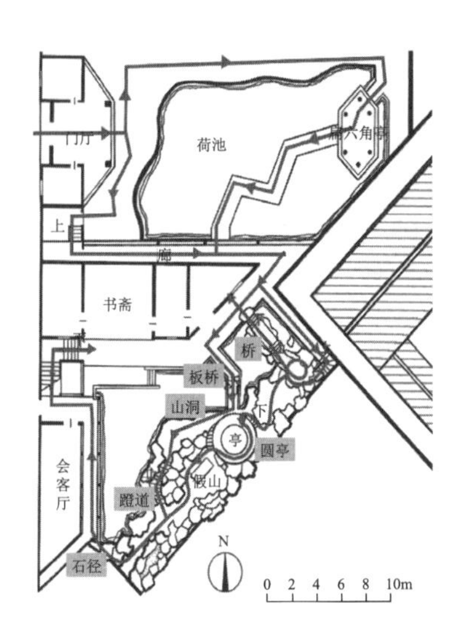

图 2　西园游线关系（荷池、曲桥现已不存）

图 3　西园重檐六角扁亭

4　三园材料技艺：开放包容与创新发展

园主常年游历在外，其接触海外建筑样式和材料的经历，为潮阳三园的营造带来了新的材料和形式。在园林建造过程中，外来文化与本土传统文化相融合，混合多元的园林造园要素在强化观赏性的同时，也反映了园林的西化趋势，体现了园主创新务实、开放包容、不拘一格及崇新尚奇的审美观念。

4.1　园林建筑装饰与材料

首先在建筑整体形式上，潮阳三园宅屋均吸收了西方的装饰元素和色彩搭配，景亭造型及用材也趋于西洋化。如西园入口为潮汕传统门房建筑，造型上却采用西洋平顶柱廊式结构。西园的重檐六角扁亭顶部屋脊采用旋涡纹饰与金球收顶（图 3），红瓦屋面剪绿琉璃边，无飞脊起翘，有中西融合的意趣，又近于粤中格调。而林园的 2 座圆亭为巴洛克风格，采用西洋柱式与拱券，檐下饰有卷草[5]（图 4）。西园假山中心的重檐玻璃圆亭整体采用钢筋混凝土结构，园亭顶部和窗户则采用玻璃和木头结构，窗户可旋转开关闭合，巧妙节省空间。园亭与植入假山中的石柱旋梯相连，两侧被假山所环抱，使园亭所在之处有强烈的山中之感。将传统中式假山结合西洋建筑，是中国传统园林中少见的营造类型。

潮阳三园的建筑装饰与工艺，体现出同时期岭南地区行赏园林的审美属性，在注重世俗功用的同时，审美倾向也表现得更为强烈和浓郁。一方面以实用为目的进行融合和改造。潮阳三园广泛地使用玻璃材料，既有利于采光，

图 4　林园四柱圆亭

又能更好地欣赏园内景色。其次，西园、林园的建筑、假山中都大量使用釉面竹节和琉璃宝瓶式栏杆，这些局部亮色点缀可以缓解大体量的假山的厚重感，兼具装饰性，亦有防虫防潮的实用效果。

另一方面则以装饰效果为目的。如潮阳西园中建筑和假山中都大量运用铁栏杆、铁扶手等铁艺构件，具有更好的通透性和装饰性，纹样上则以圆形、椭圆形等几何图形拼接，在造型上更为轻巧。西园的会客厅又叫“延晖楼”，是园主招待文人名流在园内雅集、吟诗作赋的场所，其楼梯采用了蝉形图案的铁艺扶手，体现了设计师的

精妙巧思（图5）。会客厅整体建筑采用平顶琉璃瓦屋檐，下有出挑的垂花柱，中间用西式拱形的镂雕挂落装饰，墙面采用玲珑通透的彩色玻璃窗扇。

4.2 园林假山营造技艺

潮阳三园的假山营造大胆运用近代新材料和技术手段与本土建筑文化、材料与气候环境相结合，设计和创造了新颖的园林假山式样，同时继承了岭南传统园林精髓，促进了岭南园林建造技术进步。

西园假山整体山势为东北-西南走向，占地约 130m²，虽面积不大，但其竖向体量巨大且空间变化复杂，为园主耗资38万两白银建造而成[11]。假山于水池上，约3层楼高，其主体选用潮阳桑田乡一带的海石为主要构筑石材，内采用水泥和铁条搭建骨架。假山下还设有仿西洋水晶宫的地下水族馆，内以钢筋混凝土浇筑主体结构，白墙做洞壁，以条石压洞顶，临水一面以玻璃相隔，上刻“水晶簾”三字。据园主后代所述，在“水晶簾”内可休憩玩乐，亦可坐观池中游鱼嬉戏（图6），有一种西方水族馆的异国情趣。其顶部还巧妙地设置了通风口与山顶相通，可以将东南吹来的海风引入地下室中，使得洞内无郁闷、潮湿之感，且冬暖夏凉。

图5 西园铁栏杆纹样

注：水位线据西园园主后人口述示意。

图6 西园假山水晶帘“水族馆”

耐轩园、林园中的假山，创新地采用天然山石与塑山结合的做法，将山石作为主体材料，后辅以灰浆、砂浆填补缝隙或补假山“形之不足”，或仿照中国绘画皴法纹理覆于骨架之上，之后使用水泥掺少许乌灰对与假山颜色不同的石材以及缝隙进行覆盖，以求得颜色上的统一，由此便产生各种各样的石景。林园假山整体南北长约15m，宽则不足3m，通过纵向拉伸，使得山体虽小亦有山林景深之感。石径曲折多变，高低起伏，石间巧植花木，为住宅和前庭遮蔽西晒日照。假山内另藏有十二生肖主题的灰塑，与厦门菽庄花园中的“十二洞天”假山有异曲同工之趣。

5 三园园林意匠营造

潮阳三园因地制宜地将外来文化与本土气候、材料相结合，受到了空间现代功能的影响，同时也有对中国传统私家园林“壶中天地”的继承，寄托园主人的内心理想，充分体现了“中体西用”这一时代思想。

西园建成后，大批的文人墨客到园中题咏，留下一批诗文。仅爱国诗人丘逢甲在光绪二十四年（1899 年）三月至二十五年（1900 年），就为西园留下 38 首诗，记录了西园景色及雅集活动。这些诗被记录在《岭云海日楼诗抄》《西园杂咏》《韩江闻见录》中。西园、耐轩园亦邀请文人匠人参与造园活动，刻石题匾。这些题刻在展现园林意境的同时，亦能体现园主心境（表 4）。西园假山上有 13 处题刻，以点明假山之中各处景致意境。其中“别有天”“耸翠”二景将假山高耸险峻之意体现得淋漓尽致，为园林增添了一分山林幽深之意境。耐轩园中有篆、隶、草、行等字体的题刻 21 处（图 7）。除部分名人题刻外，大部分为园主萧凤翥自题，主要附于庭园假山当中。其中如“通曲”等题名则预示着下一处景致，有移步异景之趣。部分题刻亦能展现园主志趣和品性追求，如“乐山”“抱朴”“洗眼”，表达了园主通过在庭园中游览休憩而获得亲近山林自然、洗涤身心的乐趣。“独立苍茫”“如有所立卓尔”等石刻也能折射出园主萧凤翥在这个新旧交替的时代中，作为一个追求先进的教育家推行教育改革、移风易俗的处境与心境。

耐轩园与西园部分名人题联石刻 **表 4**

园林	类型	题写者	题写者身份	题写内容
耐轩园	书斋前厅两侧楹联	董其昌（1555—1636）	明代著名书法家、山水画家	鸟向枝头催笔韵，梅从香里度书声
	正门题额	夏同龢（1874—1925）	清代戊戌科状元、书法家，中国历史上第一个以状元身份出国留学的学生，攻读工业和经济，学成归国	耐轩①
西园	大门牌匾、假山石刻题景	夏同龢（1874—1925）	同上	西园、蕉榻、小广寒、蓬壶
	假山石刻题景	林伯虔（1848—1909）	光绪年间举人，广东揭阳书法名家	螺径、耸翠、水晶帘
	假山石刻题景	吴佐熙（1846—1929）	潮汕知名书法家	引鹤

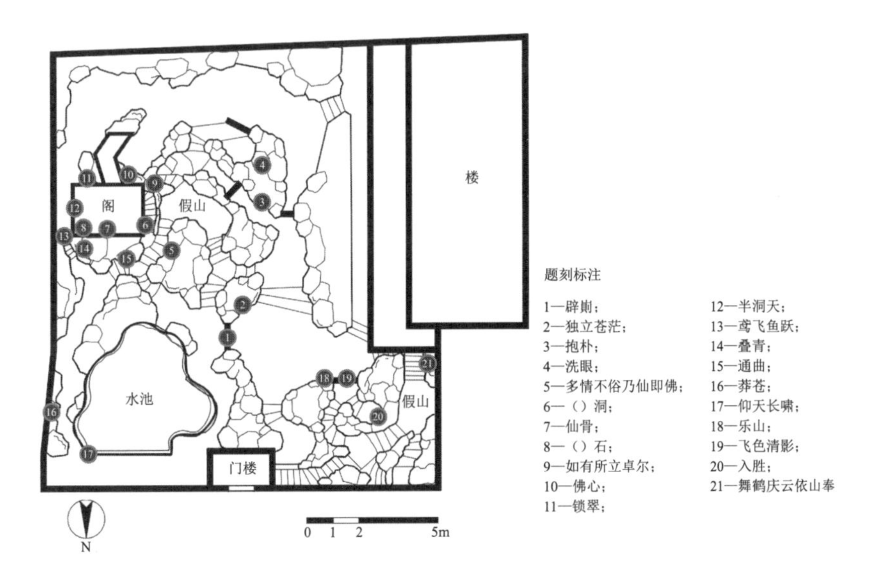

图 7 耐轩园题刻位置示意图

① 1909 年，夏同龢至潮阳，为“西园”题写匾额。适逢萧凤翥位于亭脚路的新居也竣工，遂为题书“耐轩”题名，并赠格言五句：“处境宜耐艰苦，应事宜耐繁剧，圣贤平易宜耐看，义礼渊邃宜耐思，忠厚药石宜耐听。”耐轩园由此得名。

从西园和耐轩园的园林布局与营造手法的异同可以看出，海外交流带来的文化碰撞，更多地体现在匠人的营造手法上，并未影响到传统的造园思想和文化内涵的表达，园主人和设计师依然使用传统的空间处理手法维系传统园林空间体验与精神内涵。

6 结语

园林空间的营造，可以反映出某一历史节点中空间参与者的观念与造园技术材料的集合对社会物质、文化语境的判断与回应。潮阳三园建于清末开埠后，正是潮汕地区海外贸易和城市建设快速发展时期。这些清末潮汕买办商人和海外游学华人最先受到外来文化思潮的影响，在私家园林营造中，并不是完全处于被动的文化接受者，而是选择了统一调和、博采众长和为我所用的积极策略，在积极吸收与应用西方技术与材料的同时，不忘彰显其对潮汕本土园林形式与文化内核的尊崇：1）从园林布局上看，在吸收外来建筑文化的过程中，西园、耐轩园仍维持蕴含传统礼制思想的书斋、家祠等世俗建筑功能空间，“家祠+庭院+洋楼”的民居庭院布局正是园主修身齐家的生活目标与精神追求的缩影；2）园主和工匠通过巧妙运用西方形式与材料以适应本土环境和近现代的园居生活，使得园林呈现出经世致用、开放包容的特点；3）西方材料与技术的引用并未影响到传统的造园思想和文化内涵的表达，潮阳三园依然使用传统的空间处理手法维系传统园林空间体验与精神追求。

此外，本研究在实地调研与口述访谈的过程中还发现，当地的私家园林和祠堂等建筑营造或来自于同一地区的工匠。对于这些工匠之间是否存在家族或社交关系，以及他们对当地的园林、建筑营造风格、技术产生了怎样的影响，或许还有进一步探讨的空间。

参考文献

[1] 汕头港口管理局. 汕头港口志[M]. 人民交通出版社，2010：18.
[2] 潮阳市地方志编纂委员会. 潮阳县志[M]. 广州：广东人民出版社，2003.
[3] 邓其生，彭长歆. 潮阳西园——中西合璧的岭南近代园林[J]. 中国园林，2004，20(6)：57-60.
[4] 汤辉，沈守云. 基于私人产权的潮汕传统宅园现状与保护研究[J]. 中国园林，2015，31(9)：43-46.
[5] 庄少庞. 由潮汕庭园形态特征析其对现代岭南建筑庭园的影响[J]. 建筑与文化，2015(10)：129-132.
[6] 王琳乾. 汕头市志[M]. 北京：新华出版社，1999.
[7] 黄瑾瑜. 论近代汕头的买办和买办资本[J]. 汕头大学学报(人文社会科学版)，2011，27(2)：22-27，94.
[8] 曾娟. 论近代岭南私家园林造园材料革新与技艺发展[J]. 中国园林，2009，25(10)：99-102.
[9] 陆琦. 潮州莼园[J]. 广东园林，2007，29(6)：74-75，92-94.
[10] 中国人民政治协商会议广东省潮阳市委员会，《潮阳文史》编辑委员会. 潮阳文史(第十辑)[M]. 潮阳：出版者不详，1993：67-72.
[11] 姚作良. 潮阳县志：人物传[M]. 广州：广东人民出版社，1997.

作者简介

梁泳茵，2000年生，女，广东广州人，华南农业大学林学与风景园林学院在读硕士研究生。研究方向为风景园林遗产保护与管理、传统园林技艺保护。

（通信作者）李晓雪，1980年生，女，吉林长春人，博士，华南农业大学林学与风景园林学院，讲师、硕士生导师。研究方向为风景园林遗产保护与管理、传统园林技艺、园林历史与理论。电子邮箱：14193005@qq.com。

郑焯玲，1998年生，女，广东汕头人，华南农业大学林学与风景园林学院在读硕士研究生。研究方向为风景园林遗产保护。